化工原理

（上册）

主　编　李　宁　孟祥春
副主编　李传强　贾乾发　叶　梅　王　巍
　　　　刘方彬
参　编　徐冬梅　牟　莉　刘学成　谷德银
　　　　李天一　许　锐　李　伟　于在乾
　　　　李　敏　张治山　刘珊珊　马艺心
　　　　周海峰

华中科技大学出版社
中国·武汉

内 容 提 要

本书由重庆工商大学、长春工业大学、山东科技大学、重庆交通大学、长春理工大学、长江师范学院、长春大学等院校长期工作在教学第一线的教师，根据多年教学实践，参考国内外同类教材编写而成。

全书分为上、下两册，上册包括绪论、流体流动、流体输送机械、搅拌、非均相系统的分离、传热、蒸发等，下册包括吸收、蒸馏、气液传质设备、液-液萃取、固体干燥、其他传质分离过程等。每章设置了本章的学习要求。除绪论外，每章均有例题、习题和思考题。习题后附有参考答案，以供读者自我检查和复习，强化学习效果。书中设置了二维码，读者可以根据需要，扫码阅读课程思政及与课程相关的知识。

本书可作为普通高等院校化学工程与工艺、制药工程、环境工程、应用化学专业及相近专业相关课程的教材，也可供轻工、食品、石油、生物等专业选用及有关技术人员参考。

图书在版编目(CIP)数据

化工原理：上、下册/李宁，孟祥春主编. —武汉：华中科技大学出版社，2024.1
ISBN 978-7-5772-0495-6

Ⅰ.①化… Ⅱ.①李… ②孟… Ⅲ.①化工原理-高等学校-教材 Ⅳ.①TQ02

中国国家版本馆 CIP 数据核字(2024)第 008276 号

化工原理(上册)
Huagong Yuanli(Shangce)

李 宁 孟祥春 主编

策划编辑：王新华
责任编辑：王新华
封面设计：原色设计
责任校对：朱 霞
责任监印：周治超
出版发行：华中科技大学出版社(中国·武汉) 电话：(027)81321913
武汉市东湖新技术开发区华工科技园 邮编：430223
录 排：武汉正风天下文化发展有限公司
印 刷：武汉市洪林印务有限公司
开 本：787 mm×1092 mm 1/16
印 张：39.5
字 数：1002 千字
版 次：2024 年 1 月第 1 版第 1 次印刷
定 价：98.00 元(上、下册)

前　言

本书系统地阐述了“三传”基础理论、主要化工单元操作的基本原理和过程计算、典型设备的结构及性能，涉及流体流动、流体输送机械、搅拌、非均相系统的分离、传热、蒸发、吸收、蒸馏、气液传质设备、液-液萃取、固体干燥和其他传质分离过程等单元过程，突出工程观点，力求做到理论联系实际，并适当引入过程强化措施、新型分离技术等前沿领域的研究内容。

本书分为上、下两册，由李宁、孟祥春主编，杜长海审阅了本书的部分内容。本书由重庆工商大学、长春工业大学、山东科技大学、重庆交通大学、长春理工大学、长江师范学院、长春大学等院校教师编写。参与本次编写的人员如下：李宁（重庆工商大学）、孟祥春（长春工业大学）、李传强（重庆交通大学）、贾乾发（长江师范学院）、叶梅（重庆工商大学）、牟莉（长春大学）、王巍（长春工业大学）、刘方彬（长春理工大学）、徐冬梅（山东科技大学）、李天一（长春工业大学）、许锐（长春工业大学）、李伟（长春工业大学）、于在乾（长春工业大学）、刘学成（重庆工商大学）、谷德银（重庆工商大学）、李敏（山东科技大学）、张治山（山东科技大学）、刘珊珊（山东科技大学）、马艺心（山东科技大学）、周海峰（山东科技大学）。

本书融入了课程思政元素，以培养学生的家国情怀和工程伦理意识；每章设置了本章的学习要求，使学习时有所侧重；设置了二维码，链接数字化内容，以期为读者提供“纸数融合”的新形态教材。

在本书编写过程中，参考了国内外公开出版的同类书籍，并偶有引用，特在此说明并表示感谢。

由于编者水平有限，书中难免存在不足之处，敬请读者批评指正。

编　者

2023 年 12 月

目　录

第0章　绪　论

0.1　化学工业与单元操作

化学工业是对原料进行化学和物理加工而获得产品的工业。化工产品在国民经济中占有重要地位，它不仅是工业、农业和国防部门的重要生产资料，也是人们日常生活中的重要生活资料。

化工产品种类繁多，生产工艺流程各异，但是众多的化工生产过程，都是由化学反应和若干物理操作有机组合而成的。化学反应为化工生产过程的核心，物理过程则为化学反应准备必要条件和将反应混合物分离而获得有用的产品。这些物理过程在整个化工生产中占有极其重要的地位，它们在工厂的设备投资和操作费中占主要比例，决定了整个化工生产过程的经济效益。

一种化工产品的生产过程通常需要几个到数十个物理过程，分析这些物理过程的基本原理，可以将其归纳为若干种基本操作过程，称之为化工单元操作，简称单元操作。

随着化学工业的发展，单元操作不断发展，本书不能逐一列述，按照各单元操作所遵循的基本规律和工程目的，表0-1列出了化工常用单元操作的主要类型。

表0-1　化工常用单元操作

单元操作名称	过程目的	传递过程
液体输送	输入机械能，输送液体、气体	动量传递
搅拌	输入机械能，使物质均匀混合或分散	
沉降	利用密度差，分离非均相混合物	
过滤	通过对不同尺寸颗粒的截留，分离非均相混合物	
换热	输入或移出热量，使物料升温、降温或改变相态	热量传递
蒸发	汽化溶剂，使物料浓缩	
蒸馏	利用各组分间挥发性差异，分离均相液体混合物	质量传递
吸收	利用溶解度差异，分离均相气体混合物	
吸附	利用各组分在吸附剂中的吸附差异，分离均相流体混合物	
萃取	利用各组分在萃取剂中溶解度的差异，分离均相液体混合物	
膜分离	利用各组分对膜渗透能力的差异，分离均相气体或液体混合物	
干燥	加热汽化湿固体物料，使固体物料干燥	热、质同时传递
结晶	利用物质在不同温度下溶解度差异，使溶液中溶质结晶析出	

在研究上述单元操作时，人们逐渐认识到它们的共同规律即内在联系，从而进一步形成了称为动量传递、热量传递、质量传递的传递过程理论，传递过程理论是各单元操作的共同理论基础。

化工生产中,同一单元操作在不同的生产过程中遵循共同的原理,例如石油化工中,烃类的分离和酿造工业中酒精的提纯等,都采用精馏这一单元操作来实现,它们共同遵循质量传递原理,并使用相同的设备——精馏塔,但工艺条件(如温度、压力等),设备结构和工艺尺寸不完全一致;同一化工过程可采用不同的单元操作,如均相混合液体分离,可用精馏操作,也可用萃取操作、膜分离操作,究竟采用什么过程,需考虑经济上的合理性。

0.2 化工原理课程的性质及学习要求

化工原理是一门技术基础课,本课程的理论基础是已学过的数学、物理、物理化学和计算机基础等。学习本课程时要综合运用这些基础知识,分析和解决化工生产的实际问题。

化工原理属于工程科学,是一门实践性很强的课程。在教学过程中,应特别强调理论联系实际,注意培养学生的工程观点,定量计算、设计和开发能力及创新理念,同时,有以下具体要求。

(1) 单元操作和设备的选择能力:根据生产工艺要求、物料特性和技术经济特性,合理选择单元操作及设备。

(2) 工程设计能力:根据选定的单元操作,进行工艺过程计算和设备设计,当缺乏数据时能够通过查阅资料文献、现场测定或实验测定,获取所需数据。

(3) 操作和调节生产过程能力:熟悉生产过程,具备分析和解决操作中所产生的故障的基本能力。

(4) 开发创新能力:根据生产实际要求探索强化或优化过程与设备的基本能力。

应特别指出的是,近年来,随着高新技术产业的发展,如新材料、生物化工、制药、环境工程等领域的发展和崛起,出现了一系列新兴的单元操作和过程技术。如膜分离技术、超临界流体技术、反应精馏技术等,它们是各单元操作、各专业学科间互相渗透、耦合的结果。因此,培养学生灵活运用本学科的知识,以及通过各学科间知识与技术的耦合以开发新型单元操作与设备的基本能力十分重要。

0.3 单元操作中常用的基本概念

在化工过程和单元操作的分析与计算时,经常用到下列四个基本概念,即物料衡算、能量衡算、过程平衡和过程传递速率,它们贯穿了本课程始终,应熟练掌握并灵活运用。这里仅作简单介绍。

1. 物料衡算

根据质量守恒定律,进入与离开某一过程或设备的物料质量之差,应等于积累在该过程或设备中的物料质量,即

$$\sum m_{入} - \sum m_{出} = m \tag{0-1}$$

式中:$\sum m_{入}$ —— 输入物料质量的总和;

$\sum m_{出}$ —— 输出物料质量的总和;

m—— 积累物料的质量。

在进行物料衡算时，应注意以下几点。

(1) 确定衡算范围：上述式(0-1)既适合一个生产过程，也适合一台设备，甚至设备中的一个微元。计算时，应先确定衡算范围，列出衡算方程式，求解未知量。

(2) 选定计算基准：一般选不变化的量作为衡算的基准。例如，用物料的总质量或物料中某一组分的质量作为基准。对于间歇过程，可以一次(一批)操作为基准；对于连续过程，通常以单位时间为基准。

(3) 确定物理量的单位：物料量可用质量或物质的量表示，但一般不用体积表示。因为体积，特别是气体体积，会随温度和压力的变化而改变。另外，在衡算中单位应统一。

【例 0-1】 某一连续操作的蒸发器将 NaOH 浓度为 20%(质量分数)的稀溶液蒸发浓缩到浓度为 50%(质量分数)。该蒸发器每小时的进料量为 10 000 kg，试求每小时所得浓碱液量 W 及蒸发水量 V。

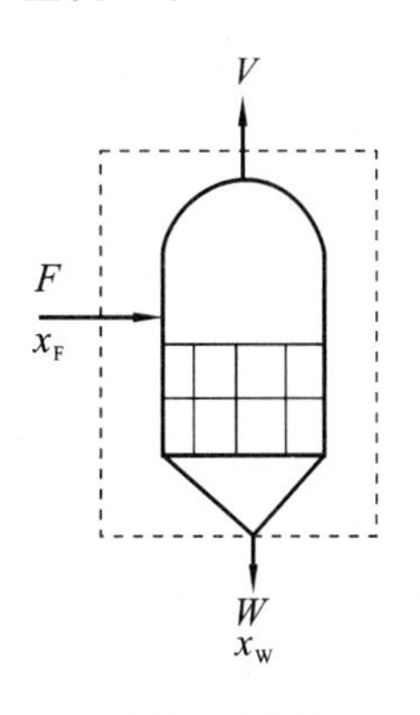

例 0-1 附图

解 (1) 画出过程示意图，圈出衡算范围，标出各物理量，如例 0-1 附图所示。

(2) 确定衡算基准。过程为定态，时间基准取 1 h，则总物料衡算式为

$$F=V+W$$

溶质衡算式为

$$Fx_F=Wx_W$$

由以上两式解得

$$W=\frac{x_F}{x_W}F=10\ 000\times\frac{20}{50}\ \text{kg/h}=4\ 000\ \text{kg/h}$$

$$V=\left(1-\frac{x_F}{x_W}\right)F=\left(1-\frac{20}{50}\right)\times 10\ 000\ \text{kg/h}=6\ 000\ \text{kg/h}$$

2. 能量衡算

化工过程涉及的能量衡算多为热量衡算，热量衡算的基础是能量守恒定律，其衡算方法、步骤和注意事项，与物料衡算基本相同。除此之外，热量衡算必须选物态和温度基准。

3. 过程平衡

系统的过程平衡关系表示过程进行的方向和能达到的极限。例如，当两物质温度不同，即温度不平衡时，热量就会从高温物质向低温物质传递，直到温度相等为止，此时传热达到平衡，过程达到极限，两物质间不再有热量的净传递。用过程平衡关系可以判断过程能否进行，以及进行的方向和能够达到的极限。

4. 过程传递速率

过程传递速率表征过程进行的快慢，通常用单位时间内过程进行的变化量表示。显然，过程传递速率越大，设备生产能力越大，在完成同样的传递任务时，设备的尺寸就越小。工程上，过程传递速率问题往往比过程平衡问题更为重要。过程传递速率通常可表示为

$$\text{过程传递速率}=\frac{\text{过程推动力}}{\text{过程阻力}}$$

过程推动力是指过程在某瞬间距平衡状态的差值。过程阻力由很多因素决定，如操作条件、物性等。显然，提高过程推动力和减小过程阻力均可提高过程传递速率。

0.4　基本研究方法

化工原理作为一门工程科学,其目的是解决真实的、复杂的生产实际问题。探求合理的研究方法是本门课程的重要方面。在长期的历史发展过程中形成了两种基本研究方法,即实验研究法和数学模型法。

1. 实验研究法——经验法

在实际化工过程中,很多情况下难以用数学方程定量描述和分析、预测,而必须通过实验来解决,即所谓的实验研究法。它一般以因次(量纲)分析法为指导,依靠实验建立过程参数之间的相互关系,而且通常是把各种参数的影响表示成由若干个有关参数组成的、具有一定物理意义的无因次数群(也称特征数)的影响。在本课程的学习过程中,将经常见到以无因次数群表示的关系式。

2. 数学模型法——半经验半理论法

数学模型法首先要对化工实际问题的机理作深入分析,从复杂的工程问题中排除非主要因素,抓住过程本质,作出合理的简化,建立物理模型和数学模型来解决工程实际问题。数学模型法所得结果通常包括反映过程特性的模型参数,还需通过实验确定,因而这是一种半经验、半理论的方法。

本课程中,两种方法并重,学习时,应仔细体会何时采用实验研究法,何时采用数学模型法。掌握这些方法,将有助于增强分析问题与解决问题的能力。

第 1 章　流体流动

本章学习要求

■ **掌握**：流体静力学基本方程及应用；流体动力学原理；伯努利方程及应用；流动类型；流体在直管中的流动阻力；管路中的局部阻力；管路计算。

■ **熟悉**：流体的物理性质；流体压力；定态流动与非定态流动；流体在圆管内流动时的速度分布；管路布置的一般原则。

■ **了解**：边界层的概念；管路基本知识；流量测量。

1.1　概　　述

化工过程中需进行物理或化学加工处理的物料主要是液体和气体，即流体。流体输送是化工过程基本的单元操作之一，流体流动的基本原理对化工过程的进行状况、设备投资与动力消耗有着重要影响。利用流体流动的基本原理，可测量流体输送系统中的压力变化和流量，计算输送管路参数与所需功率，选择输送设备的规格型号，强化化工设备的传质和传热过程等。

流体是由大量存在间隙的分子组成的，分子呈无规则运动状态。从分子角度看，流体是不连续的，但在工程应用中人们关心的是流体的宏观运动结果，即大量流体分子的统计平均特性，从而提出流体的连续介质概念，即将流体视为由无数分子集团所组成的连续介质，每个分子集团称为质点，质点间没有任何空隙，即可认为流体充满其所占据的空间。在外力作用下，流体质点产生相对运动，形成流动。但是，并不是在任何情况下都可以把流体视为连续介质，如高度真空下的气体就不能再视为连续介质了。

本章着重讨论流体流动过程的流体力学和流体在管内的流动特性和规律，以及其在流体输送和管路计算中的应用。

1.2　流体静力学

流体静力学研究流体处于平衡状态时，其内部受力的变化规律。流体静力学的知识可应用于流体在设备或管道中压力的测定、液位的测量和设备液封等方面。在讨论流体静力学前，先介绍流体的相关性质。

1.2.1　流体的物理性质

1. 流体的密度

单位体积流体具有的质量，称为流体的密度，其定义式为

$$\rho=\frac{m}{V} \tag{1-1}$$

式中：ρ——流体的密度，$\mathrm{kg/m^3}$；

　　m——流体的质量，kg；

V——流体的体积，m^3。

对任何一种流体，其密度是压力和温度的函数，可用下式表示：

$$\rho=f(p,T) \tag{1-2}$$

其中液体的密度基本上不随压力变化（极高压力除外），故液体可视为不可压缩流体。但液体的密度随温度改变而变化。气体具有可压缩性及膨胀性，是可压缩的流体，其密度随压力和温度改变而变化，因此对于气体的密度必须标明其状态。一般当压力不太高、温度不太低时，可按理想气体状态方程计算。

$$\rho=\frac{pM}{RT} \tag{1-3}$$

式中：p——气体的绝对压力，Pa；

T——气体的热力学温度，K；

M——气体的摩尔质量，kg/mol；

R——摩尔气体常数，8.314 J/(mol·K)。

对于一定质量的理想气体，其体积、压力和温度之间的变化关系为

$$\frac{pV}{T}=\frac{p'V'}{T'} \tag{1-4}$$

将密度的定义式代入上式并整理得

$$\rho=\rho'\frac{T'p}{Tp'} \tag{1-5}$$

式中：上标“′”表示所指定的状态条件。

一般情况下，某状态下理想气体的密度可按下式进行计算：

$$\rho=\frac{MT_0p}{22.4Tp_0} \tag{1-6}$$

式中：下标“0”表示标准状态。

在化工过程中所遇到的流体，通常是含有多个组分的混合物。对于液体混合物，各组分的组成常用质量分数表示。假定各组分在混合前后其体积不变，则 1 kg 混合物的体积等于各组分单独存在时的体积之和，即

$$\frac{1}{\rho_m}=\frac{w_1}{\rho_1}+\frac{w_2}{\rho_2}+\cdots+\frac{w_n}{\rho_n} \tag{1-7}$$

式中：$\rho_1,\rho_2,\cdots,\rho_n$——液体混合物中各纯组分的密度，$kg/m^3$；

$w_1,w_2,\cdots,w_n$——液体混合物中各组分的质量分数。

对于气体混合物，各组分的组成常用体积分数来表示。假定各组分在混合前后质量不变，则 1 m^3混合气体的质量等于各组分的质量之和，即

$$\rho_m=\rho_1x_1+\rho_2x_2+\cdots+\rho_nx_n \tag{1-8}$$

式中：$x_1,x_2,\cdots,x_n$——气体混合物中各组分的体积分数。

气体混合物的平均密度 ρ_m 也可按式(1-3)计算，此时应以气体混合物的平均摩尔质量 M_m 代替式(1-3)中的气体摩尔质量 M，气体混合物的平均摩尔质量 M_m 可按下式计算：

$$M_m=M_1y_1+M_2y_2+\cdots+M_ny_n \tag{1-9}$$

式中：$M_1,M_2,\cdots,M_n$——气体混合物中各组分的摩尔质量，kg/mol；

$y_1,y_2,\cdots,y_n$——气体混合物中各组分的摩尔分数。

2. 比容与相对密度

比容是密度的倒数，单位为 m^3/kg，即

$$v=\frac{1}{\rho} \tag{1-10}$$

相对密度为物质的密度与标准物质的密度之比。对于固体和液体，标准物质多选用 4 ℃的水；对于气体，则多选用标准状态（0 ℃，1×10^5 kPa）下的空气。

1.2.2 流体压力

流体垂直作用于单位面积上的力，称为压力强度，简称压强，习惯上称为压力。在静止流体内部，任一点的压力方向都与作用面相垂直，且大小相等。

在国际单位制中，压力的单位是 Pa，称为帕斯卡。但实际应用中还采用其他单位，如 atm（标准大气压）、某流体柱高度、bar（巴）或 kgf/cm^2 等，它们之间的换算关系为

$$1\ atm=1.033\ kgf/cm^2=760\ mmHg=10.33\ mH_2O=1.0133\ bar=1.0133\times10^5\ Pa$$

工程上为了使用和换算方便，常将 1 kgf/cm^2 近似地作为 1 个大气压，称为 1 工程大气压（1 at）。于是

$$1\ at=1\ kgf/cm^2=735.6\ mmHg=10\ mH_2O=0.9807\ bar=9.807\times10^4\ Pa$$

压力除用不同的单位计量外，还可以用不同的方法来表示。以绝对零压作起点计算的压力，称为绝对压力，简称绝对压，是流体的真实压力。

流体的压力可用测压仪表来测量。当被测流体的绝对压大于外界大气压时，所用的测压仪表称为压力表。压力表上的读数表示被测流体的绝对压比大气压高出的数值，称为表压，即

表压＝绝对压－大气压

当被测流体的绝对压小于外界大气压时，所用测压仪表称为真空表。真空表上的读数表示被测流体的绝对压低于大气压的数值，称为真空度，即

真空度＝大气压－绝对压

显然，设备内流体的绝对压愈低，则它的真空度就愈高。真空度又是表压的负值。例如，真空度为 1.5×10^3 Pa，则表压是 -1.5×10^3 Pa。

大气压和绝对压、表压、真空度之间的关系可以用图 1-1 表示。

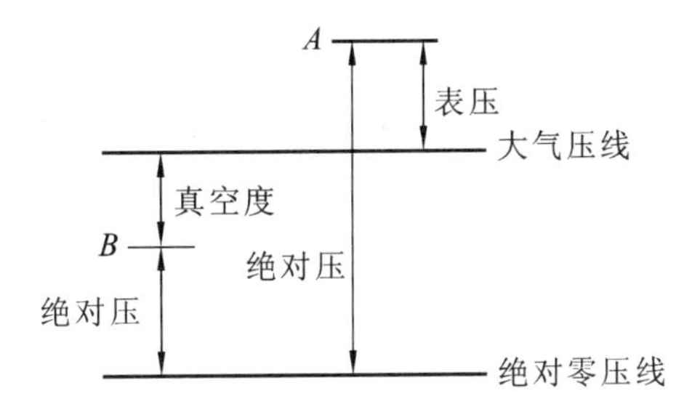

图 1-1　大气压和绝对压、表压、真空度之间的关系

为避免混淆绝对压、表压与真空度，规定对表压和真空度均加以标注，如 3×10^3 Pa（表压）、4×10^3 Pa（真空度）等。同时应当指出，环境的大气压会随大气的温度、湿度和所在地区的海拔高度而改变。

【例 1-1】 容积为 10 m^3 的密闭容器内盛有 20 ℃的氨气，容器顶压力表读数为 1.6×10^5 Pa。试求容器内氨气的质量。当地大气压为 1.0133×10^5 Pa。

解　根据密度定义得

$$\rho=\frac{m}{V}=\frac{pM}{RT}$$

式中：m——容器内氨气的质量，kg；

V——容器的体积,m³。

由于密度定义式是由理想气体状态方程推导出的,故式中 p 一定要用绝对压。

$$m=\frac{pVM}{RT}=\frac{(1.6+1.0133)\times 10^5\times 10\times 17}{8.314\times 10^3\times (273+20)}\ \text{kg}=18.24\ \text{kg}$$

1.2.3 流体静力学基本方程

流体静力学研究流体在外力作用下达到平衡时各物理量的变化规律。

当流体处于相对静止状态时,由于重力可以看作是不变的,变化的只是压力,描述流体在重力和压力作用下平衡规律的数学表达式,称为流体静力学基本方程。此方程推导如下。

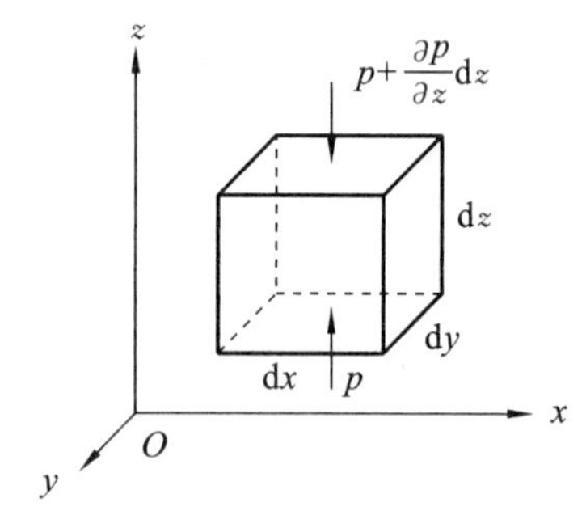

图 1-2 微元流体的静力平衡

在密度为 ρ 的静止流体中,取一流体微元立方体,其边长分别为 dx、dy、dz,它们分别与 x、y、z 轴平行,如图 1-2 所示。

由于流体处于静止状态,因此所有作用于该立方体上的力在坐标轴上的投影之代数和应等于零。

对于 z 轴,作用于该立方体上的力有:

(1) 作用于下底面的总压力 $p\,\mathrm{d}x\mathrm{d}y$;

(2) 作用于上底面的总压力 $-\left(p+\frac{\partial p}{\partial z}\mathrm{d}z\right)\mathrm{d}x\mathrm{d}y$;

(3) 作用于整个立方体的重力 $-\rho g\mathrm{d}x\mathrm{d}y\mathrm{d}z$。

在 z 轴方向的平衡式可写成

$$p\mathrm{d}x\mathrm{d}y-\left(p+\frac{\partial p}{\partial z}\mathrm{d}z\right)\mathrm{d}x\mathrm{d}y-\rho g\mathrm{d}x\mathrm{d}y\mathrm{d}z=0$$

即

$$-\frac{\partial p}{\partial z}\mathrm{d}x\mathrm{d}y\mathrm{d}z-\rho g\mathrm{d}x\mathrm{d}y\mathrm{d}z=0 \tag{1-11}$$

式(1-11)各项除以 $\mathrm{d}x\mathrm{d}y\mathrm{d}z$,则 z 轴方向力的平衡式可简化为

$$-\frac{\partial p}{\partial z}-\rho g=0 \tag{1-11a}$$

对于 x、y 轴,作用于该立方体的力仅有压力,亦可写出其相应的力的平衡式,简化后得

x 轴:

$$-\frac{\partial p}{\partial x}=0 \tag{1-11b}$$

y 轴:

$$-\frac{\partial p}{\partial y}=0 \tag{1-11c}$$

式(1-11a)、式(1-11b)和式(1-11c)称为流体平衡微分方程,积分该微分方程组可得到流体静力学基本方程。

将式(1-11a)、式(1-11b)、式(1-11c)分别乘以 dz、dx、dy,并相加后得

$$\frac{\partial p}{\partial x}\mathrm{d}x+\frac{\partial p}{\partial y}\mathrm{d}y+\frac{\partial p}{\partial z}\mathrm{d}z=-\rho g\mathrm{d}z \tag{1-11d}$$

上式等号的左侧即为压力的全微分 dp,于是

$$\mathrm{d}p+\rho g\mathrm{d}z=0 \tag{1-11e}$$

对于不可压缩流体，ρ=常数，积分上式，得

$$\frac{p}{\rho}+gz=\text{常数} \tag{1-11f}$$

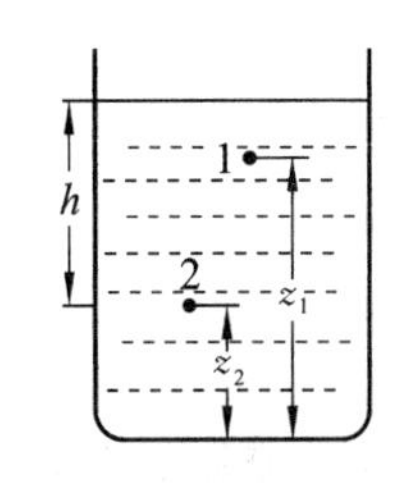

图 1-3　静止液体内的压力分布

液体可视为不可压缩的流体，在静止液体中取任意 1、2 两点，如图 1-3 所示，则有

$$\frac{p_1}{\rho}+gz_1=\frac{p_2}{\rho}+gz_2 \tag{1-12}$$

或

$$p_2=p_1+\rho g(z_1-z_2) \tag{1-12a}$$

为方便讨论问题，对式(1-12a)进行适当的变换，使点 1 处于容器的液面上，设液面上方的压力为 p_0，距液面 h 处点 2 的压力为 p，式(1-12a)可改写为

$$p=p_0+\rho gh \tag{1-12b}$$

式(1-12)、式(1-12a)及式(1-12b)称为流体静力学基本方程，它们说明，在重力场作用下，静止流体内部压力的变化规律。由式(1-12b)可得出如下规律。

(1) 当容器液面上方的压力 p_0 一定时，静止液体内部任一点压力 p 的大小与液体本身的密度 ρ 和该点距液面的深度 h 有关。因此，在静止的、连续的同一液体内，处于同一水平面上各点的压力都相等，该水平面称为等压面。等压面的正确选取是流体静力学基本方程应用的关键所在。

(2) 当液面上方的压力 p_0 改变时，液体内部各点的压力 p 也发生同样大小的改变。即压力可以同样大小地传至液体内各点处。

(3) 式(1-12b)可改写为

$$\frac{p-p_0}{\rho g}=h$$

上式说明，压力差的大小可以用一定高度的液柱表示。这就是前面所介绍的压力可以用 mmHg(1 mmHg=133.322 Pa)、mmH_2O(1 mmH_2O=9.806 65 Pa)等单位来计量的依据。当用液柱高度来表示压力或压力差时，必须注明是何种液体，否则失去了意义。

式(1-12)、式(1-12a)和式(1-12b)是以密度为常数推导出来的。液体的密度可视为常数，而气体的密度除随温度变化外，还随压力变化，但在化工设备容器里，这种变化一般可以忽略。因此，式(1-12)、式(1-12a)和式(1-12b)也适用于气体。应注意，上述方程只能用于静止连通着的同一种连续流体。

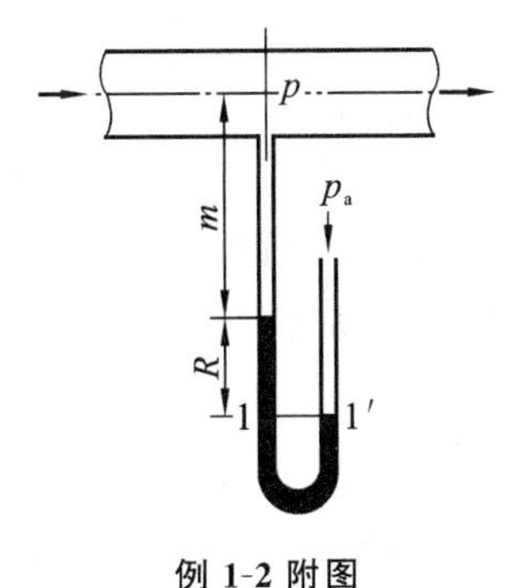

例 1-2 附图

【例 1-2】 如附图所示，水在水平管道内流动。为测量流体在某截面处的压力 p，直接在该处连接一 U 形管压差计，指示液为水银，读得 R=250 mm，m=900 mm。已知当地大气压为 101.3 kPa，水的密度 ρ=1 000 kg/m^3，水银的密度 ρ_0=13 600 kg/m^3。试计算该截面处的压力。

解　图中 1—1′截面间为静止、连续的同种流体，且处于同一水平面，因此为等压面，即

$$p_1=p_{1'}$$

而

$$p_{1'}=p_a$$

$$p_1=p+\rho gm+\rho_0 gR$$

于是

$$p_a=p+\rho gm+\rho_0 gR$$

则截面处绝对压为

$$\begin{aligned} p &= p_a - \rho g m - \rho_0 g R \\ &= (101\ 300 - 1\ 000 \times 9.81 \times 0.900 - 13\ 600 \times 9.81 \times 0.250)\ \text{Pa} \\ &= 59\ 117\ \text{Pa} \end{aligned}$$

或直接计算该截面处的真空度,有

$$\begin{aligned} p_a - p &= \rho g m + \rho_0 g R \\ &= (1\ 000 \times 9.81 \times 0.900 + 13\ 600 \times 9.81 \times 0.250)\ \text{Pa} \\ &= 42\ 183\ \text{Pa} \end{aligned}$$

1.2.4　流体静力学基本方程的应用

流体静力学基本方程的应用十分广泛,如流体在设备或管道内压力变化的测量、液体在贮罐内液位的测量、设备的液封高度的确定等,均以流体静力学基本方程为依据。

1. 流体压力测量

流体压力测量的仪表很多,本节介绍应用流体静力学基本原理的测压仪表,这种测压仪表统称为液柱压差计,可用来测量流体的压力或压力差。常见的液柱压差计有以下几种。

(1) U形管压差计。

U形管压差计的结构如图1-4所示,这是一根U形玻璃管,内装有液体作为指示液。指示液要与被测流体不互溶,不起化学反应,且其密度应大于被测流体的密度。常用的指示液有汞、四氯化碳、水和液状石蜡等。

当测量管道中C与D两处流体的压力差时,可将U形管的两端分别与C及D两处测压口相连通。由于两处的压力 p_C 和 p_D 不相等,所以在U形管的两侧便出现指示液液面的高度差 R。R 为压差计的读数,其数值大小反映C与D之间压力差 $p_C - p_D$ 的大小。$p_C - p_D$ 与 R 的关系式,可根据流体静力学基本方程进行推导。

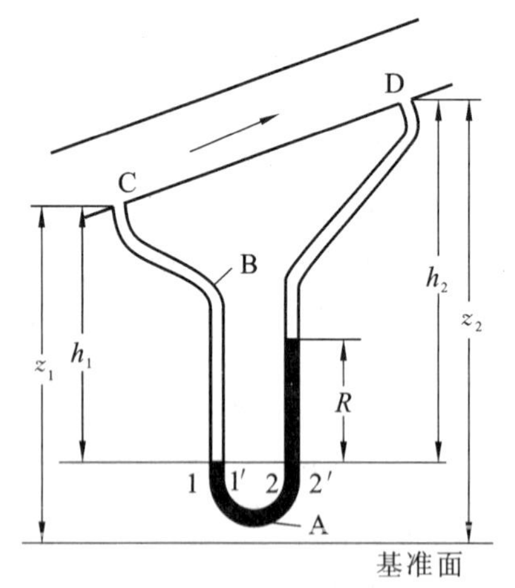

图1-4　U形管压差计

图1-4所示的U形管底部装有指示液A,其密度为 ρ_A,U形管两侧臂上部及连接管内均充满待测流体B,其密度为 ρ_B。根据流体静力学基本方程,可得

$$\begin{aligned} p_C - p_D &= \rho_B g(h_2 - h_1) + (\rho_A - \rho_B) g R \\ &= \rho_B g(z_2 - z_1) + (\rho_A - \rho_B) g R \\ &= \rho_B g Z + (\rho_A - \rho_B) g R \end{aligned} \tag{1-13}$$

当被测管段处于水平放置状态时,$Z=0$,则上式可简化为

$$p_C - p_D = (\rho_A - \rho_B) g R \tag{1-13a}$$

U形管压差计不但可用来测量流体的压力差,而且也可测量流体在任一处的压力。若U形管一端与设备或管道某一截面连接,另一端与大气相通,这时读数 R 所反映的是管道中某截面处流体的绝对压与大气压之差,即为表压。

(2) 倾斜液柱压差计。

当被测系统压力差较小时,读数 R 必然很小。为提高读数的精度,可将液柱压差计倾斜放置，称为倾斜液柱（或斜管）压差计，如图 1-5 所示。此压差计的读数 R_1 与 U 形管压差计的读数 R 的关系为

$$R_1=\frac{R}{\sin\alpha} \tag{1-14}$$

式中：α——倾斜角，其值越小，R_1 值就越大。

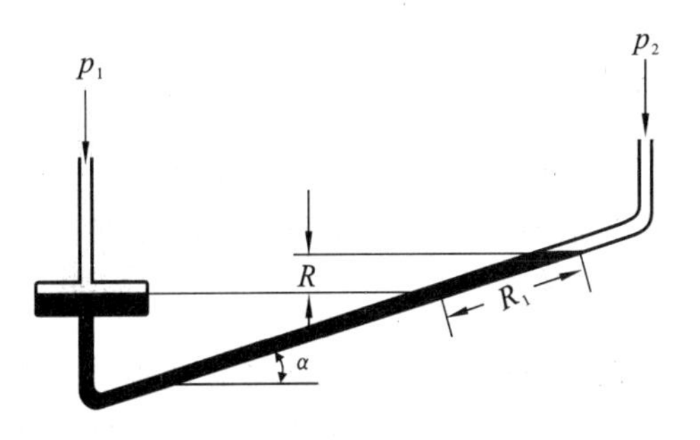

图 1-5　倾斜液柱压差计

（3）微差压差计。

由式（1-13a）可以看出，若所测得的压力差很小，U 形管压差计的读数 R 也就很小，有时难以准确读出 R 值。为把读数 R 放大，除了在选用指示液时，尽可能地使其密度 ρ_A 与被测流体的密度 ρ_B 相接近外，还可采用图 1-6 所示的微差压差计。它有如下特点。

① 微差压差计内装有两种密度相近且不互溶的指示液 A 和 C，而指示液 C 与被测流体 B 亦应不互溶。

② U 形管的两侧臂顶端各装有扩大室，扩大室的截面积要比 U 形管的截面积大很多，当 U 形管内指示液 A 的液面高度差 R 很大时，两扩大室的指示液 C 的液面不致有明显的变化，从而可以认为维持等高。于是压力差 p_1-p_2 可用下式计算：

$$p_1-p_2=(\rho_A-\rho_C)gR \tag{1-15}$$

需要区别的是：式（1-15）中的 $\rho_A-\rho_C$ 是两种指示液的密度差，而式（1-13a）中的 $\rho_A-\rho_B$ 是指示液与被测流体的密度差。

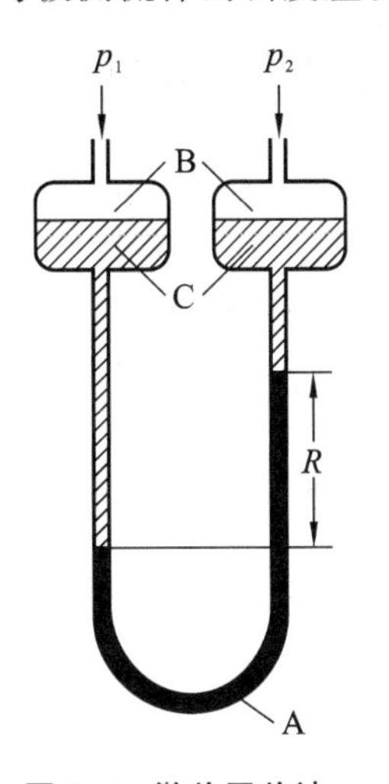

图 1-6　微差压差计

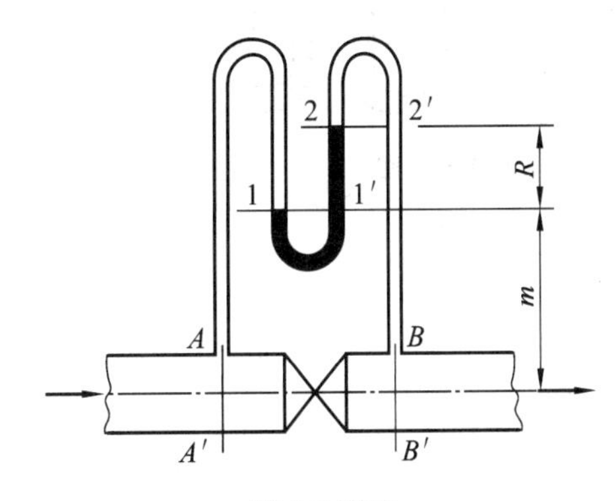

例 1-3 附图

【例 1-3】 如附图所示，水在管道中流动。为测得 $A—A'$、$B—B'$ 截面的压力差，在管路上方安装一 U 形管压差计，指示液为水银。已知压差计的读数 $R=150$ mm，试计算两截面的压力差。已知水与水银的密度分别为 1 000 kg/m³ 和 13 600 kg/m³。

解　图中 1—1′截面与 2—2′截面间为静止、连续的同种流体，且处于同一水平面，因此为等压面，即

$$p_1=p_{1'},\quad p_2=p_{2'}$$

又

$$p_1=p_A-\rho gm$$

$$p_{1'}=p_2+\rho_0 gR=p_{2'}+\rho_0 gR$$

$$= p_B - \rho g(m+R) + \rho_0 gR$$

所以
$$p_A - \rho gm = p_B - \rho g(m+R) + \rho_0 gR$$

整理得
$$p_A - p_B = (\rho_0 - \rho)gR$$

此结果与式(1-13a)类似，由此可见，U 形管压差计所测压差的大小只与被测流体及指示液的密度、读数 R 有关，而与 U 形管压差计放置的位置无关。

代入数据得

$$p_A - p_B = (13\ 600 - 1\ 000) \times 9.81 \times 0.150\ \text{Pa} = 18\ 541\ \text{Pa}$$

【例 1-4】 用 U 形管压差计测量某气体流经水平管道两截面的压力差，指示液为水，密度为 1 000 kg/m^3，读数 R 为 12 mm。为了提高测量精度，改为双液体 U 形管压差计，指示液 A 为含 40%乙醇的水溶液，密度为 920 kg/m^3，指示液 C 为煤油，密度为 850 kg/m^3。试问：该压差计读数可以放大多少倍？此时读数为多少？

解 用 U 形管压差计测量时，被测流体为气体，可根据 $p_1 - p_2 \approx \rho_0 gR$ 计算。

用双液体 U 形管压差计测量时，可根据式(1-15)计算：

$$p_1 - p_2 = (\rho_A - \rho_C)gR'$$

因为所测压力差相同，联立以上各式，可得放大倍数：

$$\frac{R'}{R} = \frac{\rho_0}{\rho_A - \rho_C} = \frac{1\ 000}{920 - 850} = 14.3$$

此时双液体 U 形管压差计的读数为

$$R' = 14.3R = 14.3 \times 12\ \text{mm} = 171.6\ \text{mm}$$

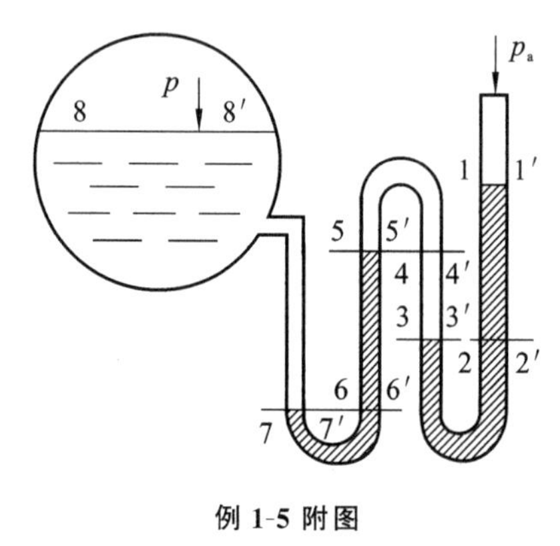

例 1-5 附图

【例 1-5】 如附图所示，在蒸汽锅炉上装一复式 U 形管水银测压计。已知对某基准面而言，$h_1 = 2.1$ m，$h_2 = 0.9$ m，$h_4 = 2.0$ m，$h_6 = 0.7$ m，$h_8 = 2.5$ m，3—3′截面与 5—5′截面之间充满水，试求锅炉水面的蒸汽压力 p。

解 按流体静力学基本方程，静止、连续的同种流体在同一水平面上的压力相等，故有

$$p_2 = p_3, \quad p_4 = p_5, \quad p_6 = p_7$$

即
$$p_3 = p_2 = p_1 + \rho_A g(h_1 - h_2)$$
$$p_5 = p_4 = p_3 - \rho g(h_4 - h_2)$$
$$p_7 = p_6 = p_5 + \rho_A g(h_4 - h_6)$$

锅炉蒸汽压力

$$p = p_7 - \rho g(h_8 - h_6)$$

联立以上各式得

$$p = p_a + \rho_A g(h_1 - h_2) + \rho_A g(h_4 - h_6) - \rho g(h_4 - h_2) - \rho g(h_8 - h_6)$$

则蒸汽表压为

$$\begin{aligned} p - p_a &= \rho_A g(h_1 - h_2 + h_4 - h_6) - \rho g(h_4 - h_2 + h_8 - h_6) \\ &= [13\ 600 \times 9.81 \times (2.1 - 0.9 + 2.0 - 0.7) - 1\ 000 \times 9.81 \times (2.0 - 0.9 + 2.5 - 0.7)]\ \text{Pa} \\ &= 3.05 \times 10^5\ \text{Pa} \end{aligned}$$

2. 液位的测量

化工过程中经常要了解设备容器里物料的贮存量，或控制设备里的液面高度，因此需要进行液位的测量。大多数液位计的工作原理均依据静止液体内部压力变化的规律。最原始的液位计是在容器底部器壁及液面上方器壁处各开一小孔，两孔间由玻璃管相连。玻璃管内所示的液面高度即为容器内的液面高度。这种构造易破损，而且不便于远处观测。下面介绍两种利用液柱压差计测量液位的方法（简称压差法）。

如图 1-7 所示，在容器（或设备）1 外边连接一平衡器 2，用一装有指示液 A 的 U 形管压差计 3 将容器与平衡器连通起来，平衡器内装的液体与容器里的相同，其液面应维持在容器液面允许到达的最大高度处。

根据流体静力学基本方程，液面高度与压差计读数的关系为

$$h=\frac{\rho_A-\rho}{\rho}R \tag{1-16}$$

由式（1-16）可看出，容器里的液面达到最大高度时，压差计读数为零，液面越低，压差计的读数就越大，且所测液面高度与压差计玻璃管粗细无关。

若容器离操作室较远或埋在地面以下，要测量其液位可采用例 1-6 附图所示的装置。

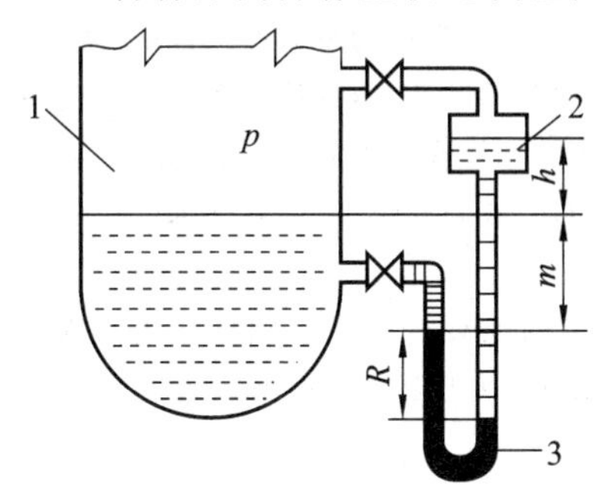

图 1-7　压差法测量液位

1—容器；2—平衡器；3—U 形管压差计

例 1-6 附图

1—调节阀；2—鼓泡观察器；3—U 形管压差计；4—吹气管；5—贮罐

【例 1-6】 用远距离测量液位的装置来测量贮罐内苯的液位，其流程如附图所示。由管口通入压缩氮气，用调节阀 1 调节其流量。管内氮气的流速控制得很小，只要在鼓泡观察器 2 内看出有气泡缓慢逸出即可。因此，气体通过吹气管 4 的流动阻力可以忽略不计。管内某截面上的压力用 U 形管压差计 3 测量。压差计读数 R 的大小，指示贮罐 5 内液面的高度。

现已知 U 形管压差计的指示液为水银，其读数 $R=100$ mm，罐内苯的密度 $\rho=879$ kg/m^3，贮罐上方与大气相通，试求贮罐中液面离吹气管出口的距离 h。

解　由于吹气管内氮气的流速很小，且管内不能存有液体，故可以认为管子出口 a 处与 U 形管压差计 b 处的压力近似相等，即 $p_a\approx p_b$。

若 p_a 与 p_b 均用表压表示，根据流体静力学基本方程得

$$p_a=\rho gh,\quad p_b=\rho_{Hg}gR$$

所以

$$h=\rho_{Hg}R/\rho=13\ 600\times0.100/879\ \text{m}=1.55\ \text{m}$$

3. 液封高度的计算

在化工过程中常遇到设备液封问题，设备内操作条件不同，采用液封的目的也就不同，可根据流体静力学基本方程来确定液封的高度。现通过例 1-7 与例 1-8 来说明。

【例 1-7】 如附图所示，某厂为了控制乙炔发生炉 a 内的压力不超过 10.7×10^3 Pa（表压），需在炉外安装安全液封（又称水封）装置，其作用是当炉内压力超过规定值时，气体就从液封管 b 中排出。试求此炉的安全液封管应插入槽内水面下的深度 h。

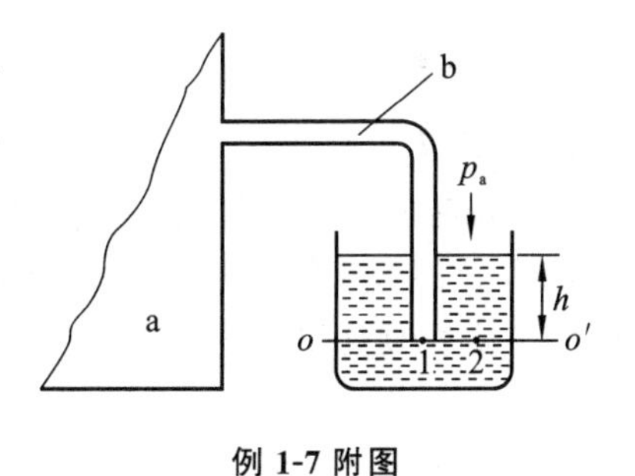

例 1-7 附图

a—乙炔发生炉；b—液封管

解　当炉内压力超过规定值时，气体将由液封管排出，故应按

炉内允许的最高压力计算液封管插入槽内水面下的深度。

在液封管口作等压面 $o—o'$,并在其上取 1、2 两点。其中

$$p_1 = p_a + 10.7 \times 10^3$$
$$p_2 = p_a + \rho g h$$

由 $p_1 = p_2$ 可知

$$p_a + 10.7 \times 10^3 = p_a + 1\ 000 \times 9.81h$$

解得

$$h = 1.09\ \text{m}$$

为了安全起见,实际安装时管子插入水面下的深度应略小于 1.09 m。

【例 1-8】 真空蒸发操作中产生的水蒸气,往往送入附图所示的混合冷凝器中与冷水直接接触而冷凝。为维持操作的真空度,冷凝器上方与真空泵相通,将冷凝器内的不凝性气体(空气)抽走。同时,为防止外界空气由气压管 4 漏入,致使设备内真空度降低,气压管必须插入液封槽 5 中,水即在管内上升一定的高度 h,这种措施称为液封。若真空表的读数为 80×10^3 Pa,试求气压管中水上升的高度 h。

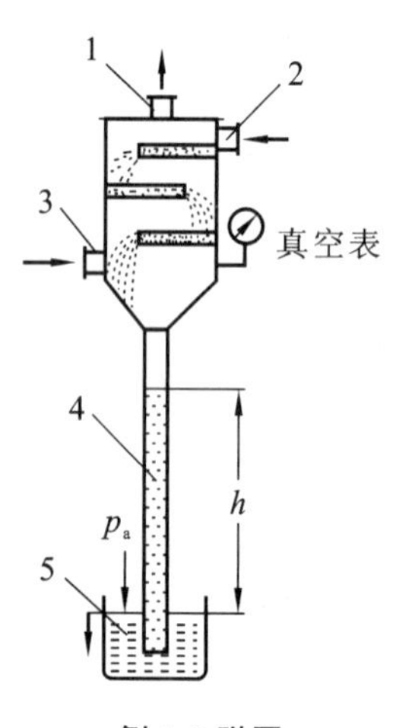

例 1-8 附图

1—与真空泵相通的不凝性气体出口;
2—冷水进口;3—水蒸气进口;
4—气压管;5—液封槽

解 设气压管内水面上方的绝对压为 p,作用于液封槽内水面的压力为大气压 p_a,根据流体静力学基本方程知

$$p_a = p + \rho g h$$

于是

$$h = \frac{p_a - p}{\rho g}$$

式中

$$p_a - p = \text{真空度} = 80 \times 10^3\ \text{Pa}$$

所以

$$h = \frac{80 \times 10^3}{1\ 000 \times 9.81}\ \text{m} = 8.15\ \text{m}$$

1.3 流体动力学

化工过程中,在流体输送过程中通常会遇到一些问题,如:流动着的流体内部压力变化的规律;液体从低位输送到高位或从低压处流到高压处,需要输送设备对液体提供能量;从高位槽向设备容器输送一定量的料液时,高位槽安装的位置选择等。这些问题的解决,需依据流体在管内的流动规律。反映流体流动规律的基本方程有连续性方程与伯努利方程。

1.3.1 流量与流速

1. 流量

单位时间内流过管道任一截面的流体量,称为流量。流量若用体积来计算,则称为体积流量,以 q_V 表示,其单位为 m^3/s。流量若用质量来计算,则称为质量流量,以 q_m 表示,其单位为 kg/s。体积流量和质量流量的关系为

$$q_m = q_V \rho \tag{1-17}$$

注:为简化算式,本书中方程运算时不带单位。

2. 流速

单位时间内流体在流动方向上所流过的距离，称为流速，以 u 表示，其单位为m/s。实验表明，流体流经管道任一截面上各点的流速沿管径而变化，即在管截面中心处最大，越靠近管壁流速越小，在管壁处的流速为零。流体在管截面上的速度分布规律较为复杂，在工程计算上为方便起见，流体的流速通常指整个管截面上的平均流速，其表达式为

$$u=\frac{q_V}{A} \tag{1-18}$$

式中：A——与流动方向相垂直的管道截面积，m^2。

由式(1-17)与式(1-18)可得流量与流速的关系，即

$$q_m=q_V\rho=uA\rho \tag{1-19}$$

因气体的体积流量随温度和压力而变化，气体的流速亦随之而变，因此，对气体采用质量流速就较为方便。质量流速的定义是单位时间内流体流过管道单位截面积的质量，亦称为质量通量，以 G 表示，其表达式为

$$G=\frac{q_m}{A}=\frac{q_V\rho}{A}=u\rho \tag{1-20}$$

式中：G 的单位为 $kg/(m^2 \cdot s)$。

一般管道的截面为圆形，若以 d 表示管道内径，则式(1-18)可变为

$$u=\frac{q_V}{\frac{\pi}{4}d^2}$$

于是

$$d=\sqrt{\frac{4q_V}{\pi u}} \tag{1-21}$$

流体输送管路的直径可根据流量和流速，用式(1-21)进行计算，一般情况下，流量由生产任务决定，所以关键在于选择合适的流速。当 q_V 为常数时，随着流速 u 增加，管道直径 d 减小。如果流速选得太大，管径虽然可以减小，但流体流过管道的阻力增大，消耗的动力亦增大，操作费随之相应增加。反之，如果流速选得太小，操作费虽可以相应减小，但管径增大，管路的基建费用随之增加。所以当流体需以大流量在长距离的管路中输送时，需视具体情况选择适宜的流速。车间内部的工艺管线通常较短，管内流速可选用经验数据。一些流体在管道中的常用流速范围列于表 1-1 中。

表 1-1　一些流体在管道中的常用流速范围

流体的类别及情况	流速范围/(m/s)	流体的类别及情况	流速范围/(m/s)
自来水(3×10^5 Pa 左右)	1～1.5	一般气体(常压)	10～20
水及低黏度液体(1×10^5～1×10^6 Pa)	1.5～3.0	鼓风机吸入管	10～15
高黏度液体	0.5～1.0	鼓风机排出管	15～20
工业供水(8×10^5 Pa 以下)	1.5～3.0	离心泵吸入管(水类液体)	1.5～2.0
锅炉供水(8×10^5 Pa 以下)	>3.0	离心泵排出管(水类液体)	2.5～3.0

续表

流体的类别及情况	流速范围/(m/s)	流体的类别及情况	流速范围/(m/s)
饱和蒸汽	20～40	往复泵吸入管(水类液体)	0.75～1.0
过热蒸汽	30～50	往复泵排出管(水类液体)	1.0～2.0
蛇管、螺旋管内的冷却水	<1.0	液体(冷凝水等)自流	0.5
低压空气	12～15	真空操作下气体	<10
高压空气	15～25		

由式(1-21)计算的管径是管子内径,当管材确定后,可查取管子规格。其中,水煤气管的规格以公称直径表示,公称直径既不是管子外径,也不是管子内径,而是与其相近的整数;无缝钢管(公制)的规格采用“外径×壁厚”来表示。各种常用管子的规格见附录G。

由表1-1可以看出,流体在管道中适宜流速的大小与流体的性质及操作条件有关。通常,液体的流速取0.5～3.0 m/s,气体的流速取10～30 m/s。

已知流体的体积流量来确定管径的基本方法如下:先查表1-1,初选流速以此来计算管道直径,然后按管子的规格圆整管径,最后用圆整后的管径重新核算流速。

管子内径决定后,管子的壁厚应按其承受的压力来确定。一般铸铁管的每种内径只有一个厚度,故定出内径,壁厚也就决定了。有缝钢管一般有两种壁厚,可根据操作压力先决定选用普通管还是加强管,然后根据算出的内径找出合适的规格。无缝钢管同一种管径有许多壁厚,壁厚是按公称压力PN分级的,即可按PN决定壁厚。

【例1-9】 某合成氨厂吸收塔的吸收剂量为50 000 kg/h,料液性质与水相似,密度为960 kg/m³,试选择进料管的管径。

解 根据式(1-21)计算管径,即

$$d=\sqrt{\frac{4q_V}{\pi u}}$$

其中

$$q_V=\frac{q_m}{\rho}=\frac{50\ 000}{3\ 600\times 960}\ \mathrm{m^3/s}=0.014\ 5\ \mathrm{m^3/s}$$

因料液的性质与水相近,参考表1-1,选取$u=1.8$ m/s,故

$$d=\sqrt{\frac{4\times 0.014\ 5}{\pi\times 1.8}}\ \mathrm{m}=0.101\ \mathrm{m}$$

根据附录中的管子规格,选用ϕ108 mm×4 mm的无缝钢管,其内径为

$$d=(108-4\times 2)\ \mathrm{mm}=100\ \mathrm{mm}=0.100\ \mathrm{m}$$

重新核算流速,即

$$u=\frac{4\times 0.014\ 5}{\pi\times 0.100^2}\ \mathrm{m/s}=1.85\ \mathrm{m/s}$$

1.3.2 定态流动与非定态流动

流体在管道中流动时,若各截面上流体的流速、压力、密度等有关物理量仅随位置而变化,不随时间而变化,则称为定态流动;若流体在各截面上的有关物理量随时间变化,则称为非定态流动。

如图1-8所示,水箱3上部不断地有水从进水管1注入,从下部排水管4不断地排出,且

在单位时间内，进水量大于排水量，多余的水由水箱上方溢流管2溢出，以维持箱内水位恒定不变。若在流动系统中，任意取两个截面1—1′及2—2′，经测定发现，该两截面上的流速和压力虽然不相等，即 $u_1 \neq u_2$，$p_1 \neq p_2$，但每一截面上的流速和压力并不随时间而变化，这种流动情况属于定态流动。若将图中进水管的阀门关闭，箱内的水仍由排水管不断排出，由于箱内无水补充，则水位逐渐下降，各截面上水的流速与压力也随之而降低，此时各截面上水的流速与压力不但随位置而变化，还随时间而变化，这种流动情况属于非定态流动。

化工生产过程多属于连续定态过程，但开车、停车阶段以及间歇操作均属非定态过程。本章主要讨论流体的定态流动问题。

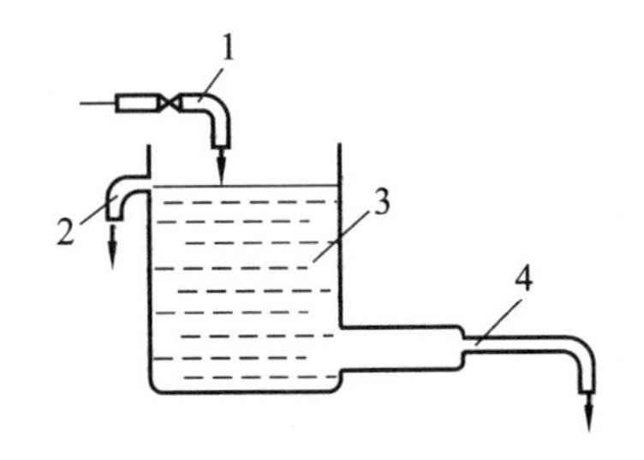

图1-8 流动情况示意图

1—进水管；2—溢流管；3—水箱；4—排水管

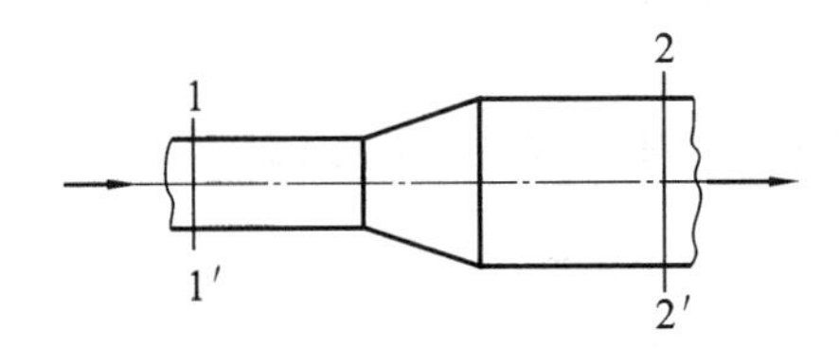

图1-9 连续性方程的推导

1.3.3 连续性方程

如图1-9所示的定态流动系统，在1—1′与2—2′截面间作物料衡算，由于定态流动系统内无物料积累，根据质量守恒定律，单位时间进入1—1′截面的流体质量与流出2—2′截面的流体质量相等。若以1 s为基准，则物料衡算式为

$$q_{m1} = q_{m2}$$

因 $q_m = uA\rho$，故上式可写成

$$q_m = u_1 A_1 \rho_1 = u_2 A_2 \rho_2 \tag{1-22}$$

若将式(1-22)推广到管路上任何一个截面，则

$$q_m = u_1 A_1 \rho_1 = u_2 A_2 \rho_2 = \cdots = uA\rho = \text{常数} \tag{1-22a}$$

式(1-22a)表示，在定态流动系统中，流体流经各截面的质量流量不变，而流速 u 随管道截面积 A 及流体密度 ρ 的改变而变化。

若流体可视为不可压缩流体，即 ρ＝常数，则式(1-22a)可改写为

$$q_V = u_1 A_1 = u_2 A_2 = \cdots = uA = \text{常数} \tag{1-22b}$$

式(1-22b)说明，不可压缩流体不仅流经各截面的质量流量相等，它们的体积流量也相等。

式(1-22)至式(1-22b)均称为管内定态流动的连续性方程，其反映了在定态流动系统中，流体的流量一定时，管路各截面上流速的变化规律。在圆形管道中，对于不可压缩流体，定态流动的连续性方程可以写成

$$\frac{u_1}{u_2} = \left(\frac{d_2}{d_1}\right)^2 \tag{1-23}$$

式(1-23)说明，当流体的体积流量一定时，流速与管径的平方成反比。此规律与管路的

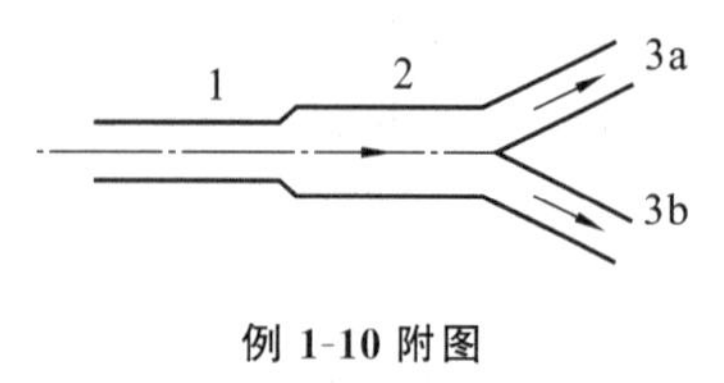

例 1-10 附图

安排以及管路上是否装有管件、阀门或输送设备等无关。

【例 1-10】 如附图所示，管路由一段 $\phi 89\ \text{mm}\times 4\ \text{mm}$ 的管 1、一段 $\phi 108\ \text{mm}\times 4\ \text{mm}$的管 2 和两段 $\phi 57\ \text{mm}\times 3.5\ \text{mm}$ 的分支管 3a 及 3b 连接而成，已知水在管 1 中的流量为 $9\times 10^{-3}\ \text{m}^3/\text{s}$，试求水在各段管内的速度。

解　管 1 的内径为

$$d_1=(89-2\times 4)\ \text{mm}=81\ \text{mm}$$

则水在管 1 中的流速为

$$u_1=\frac{q_V}{\frac{\pi}{4}d_1^2}=\frac{9\times 10^{-3}}{0.785\times 0.081^2}\ \text{m/s}=1.75\ \text{m/s}$$

管 2 的内径为

$$d_2=(108-2\times 4)\ \text{mm}=100\ \text{mm}$$

由式(1-23)，则水在管 2 中的流速为

$$u_2=u_1\left(\frac{d_1}{d_2}\right)^2=1.75\times\left(\frac{81}{100}\right)^2\ \text{m/s}=1.15\ \text{m/s}$$

管 3a 及 3b 的内径为

$$d_3=(57-2\times 3.5)\ \text{mm}=50\ \text{mm}$$

又水在分支管 3a、3b 中的流量相等，则有

$$u_2A_2=2u_3A_3$$

即水在管 3a 和 3b 中的流速为

$$u_3=\frac{u_2}{2}\left(\frac{d_2}{d_3}\right)^2=\frac{1.15}{2}\times\left(\frac{100}{50}\right)^2\ \text{m/s}=2.30\ \text{m/s}$$

由此结果可见，体积流量一定时，流速与管径的平方成反比。这种关系虽简单，但对分析流体流动问题是很有用的。

1.3.4　伯努利方程

科学家传记：
丹尼尔·伯努利

对流体的流动过程，除掌握流动系统的物料衡算外，还需了解流动系统能量的相互转化关系。本节讨论流体流动的能量衡算，进而得出可用于工程实际问题的伯努利方程。

1. 流动系统的总能量衡算

在图 1-10 所示的定态流动系统中，流体从 1—1′截面流入，经由粗细不同的管道，从 2—2′截面流出。管路上装有对流体做功的泵 2 及向流体输入或从流体取出热量的换热器 1。取内壁面 1—1′与 2—2′截面间为衡算范围，1 kg 流体作为衡算基准，0—0′平面作为基准水平面。

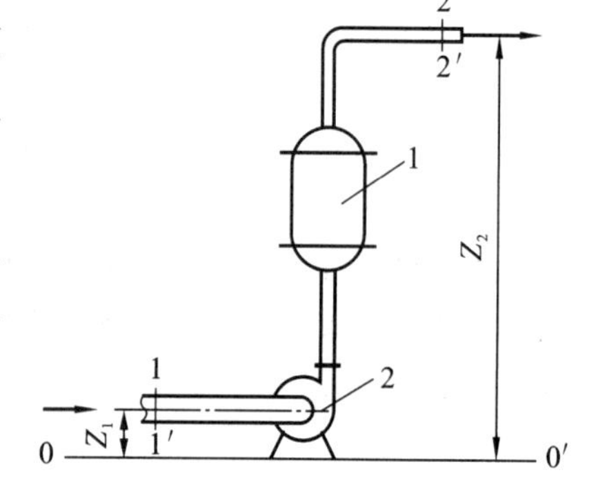

图 1-10　伯努利方程的推导

1—换热器；2—泵

令 u_1、u_2 分别为流体在 1—1′与 2—2′截面处的流速，m/s；p_1、p_2 分别为流体在 1—1′与 2—2′截面处的压力，Pa；Z_1、Z_2 分别为 1—1′与 2—2′截面的中心至基准水平面 0—0′的垂直距离，m；A_1、A_2 分别为 1—1′与 2—2′截面的面积，m^2；v_1、v_2 分别为流体在 1—1′与2—2′截面处的比容，m^3/kg。

1 kg 流体进、出系统时输入和输出的能量有以下几项。

1）内能

物质内部能量的总和称为内能，它是由分子运动、分子间作用力及分子振动等产生的。从宏观上看，内能是状态函数，它与温度有关，而压力对其影响较小。1 kg 流体输入与输出的内能分别以 U_1 和 U_2 表示，其单位为 J/kg。

2）位能

流体因受重力的作用，在不同的高度处具有不同的位能，相当于将质量为 m 的流体自基准水平面举到某高度 Z 所做的功，即

$$\text{位能} = mgZ$$

其单位为 J。1 kg 流体输入与输出的位能分别是 gZ_1 和 gZ_2，其单位为 J/kg。位能是个相对值，随所选基准水平面的位置而定，在基准水平面以上位能为正值，以下位能为负值。

3）动能

流体以一定的速度运动时，便具有一定的动能。质量为 m、流速为 u 的流体所具有的动能为

$$\text{动能} = \frac{1}{2}mu^2$$

其单位为 J。1 kg 流体输入与输出的动能分别为 $\frac{1}{2}u_1^2$ 与 $\frac{1}{2}u_2^2$，其单位为 J/kg。

4）静压能

静止流体内部任一处都有一定的静压力，流动着的流体内部任何位置也都有一定的静压力。对于图 1-10 所示的流动系统，流体通过 1—1′截面时，由于该截面处液体具有一定的压力，这就需要对流体做相应的功，以克服这个压力，才能把流体推进系统里去。于是通过 1—1′截面的流体必定带着与所需的功相当的能量进入系统，流体所具有的这种能量称为静压能或流动功。

设质量为 m、体积为 V_1 的流体通过 1—1′截面，把该流体推进此截面所需的作用力为 p_1A_1，而流体通过此截面所走的距离为 $\frac{V_1}{A_1}$，则流体带入系统的静压能为

$$\text{输入的静压能} = p_1A_1\frac{V_1}{A_1} = p_1V_1$$

对 1 kg 流体，则

$$\text{输入的静压能} = \frac{p_1V_1}{m} = p_1v_1$$

其单位为 J/kg。同理，1 kg 流体离开系统时输出的静压能为 p_2v_2，其单位亦为 J/kg。

图 1-10 所示的定态流动系统中，流体只能从 1—1′截面流入，从 2—2′截面流出，因此上述输入与输出系统的四项能量，实际上就是流体在 1—1′及 2—2′截面上所具有的各种能量，其中位能、动能及静压能又称为机械能，三者之和称为总机械能或总能量。

此外，在图 1-10 中的管路上还安装有换热器和泵，则进、出该系统的能量还有如下几项。

1）热

设换热器向 1 kg 流体提供的或从 1 kg 流体取出的热量为 Q_e，其单位为 J/kg。如果换热器对所衡算的流体加热，则 Q_e 为从外界向系统输入的能量；若换热器对所衡算的流体冷却，则 Q_e 为系统向外界输出的热量。规定系统吸热时 Q_e 为正，放热时 Q_e 为负。

2) 外功

1 kg 流体通过泵(或其他输送设备)所获得的能量,称为外功或净功,有时也称为有效功,以 W_e 表示,其单位为 J/kg。规定系统接受外功为正,反之为负。

根据能量守恒定律,连续定态流动系统的能量衡算中输入的总能量等于输出的总能量,即

$$U_1+gZ_1+\frac{u_1^2}{2}+p_1v_1+Q_e+W_e=U_2+gZ_2+\frac{u_2^2}{2}+p_2v_2 \tag{1-24}$$

令

$$\Delta U=U_2-U_1,\quad g\Delta Z=gZ_2-gZ_1,\quad \Delta\frac{u^2}{2}=\frac{u_2^2}{2}-\frac{u_1^2}{2},\quad \Delta(pv)=p_2v_2-p_1v_1$$

式(1-24)又可写成

$$\Delta U+g\Delta Z+\Delta\frac{u^2}{2}+\Delta(pv)=Q_e+W_e \tag{1-24a}$$

式(1-24)与式(1-24a)是定态流动过程的总能量衡算式,也是流动系统中热力学第一定律的表达式。虽然方程中所包括的能量项目较多,但可视具体情况进行简化。

2. 流动系统的机械能衡算式与伯努利方程

1) 流动系统的机械能衡算式

上述总能量衡算式中,各项能量可分成机械能和非机械能两类。其中,动能、位能、静压能、外功属于机械能,内能和热是非机械能。机械能和非机械能的区别是,前者在流动过程中可以相互转化,既可用于流体输送,也可转变成热和内能;而后者不能直接转变成机械能用于流体的输送。

在流体输送过程中,主要考虑各种形式机械能的转换。为便于使用式(1-24)或式(1-24a),可将 ΔU 和 Q_e 从式中消去,从而得到适于计算流体输送系统的机械能变化关系式。若图 1-10 中的换热器按加热器来考虑,则根据热力学第一定律知

$$\Delta U=Q_e'-\int_{v_1}^{v_2}p\mathrm{d}v \tag{1-25}$$

式中:$\int_{v_1}^{v_2}p\mathrm{d}v$——1 kg 流体从 1—1′ 截面流到 2—2′ 截面的过程中,因被加热而引起体积膨胀所做的功,J/kg;

Q_e'——1 kg 流体在 1—1′ 与 2—2′ 截面之间所获得的热,J/kg。

实际上,Q_e' 由两部分组成:一部分是流体与环境所交换的热,即图 1-10 中换热器所提供的热量 Q_e;另一部分是液体在 1—1′ 或 2—2′ 截面间流动时,为克服流动阻力而消耗的一部分机械能,因此常称为能量损失。设 1 kg 流体在系统中流动,因克服流动阻力而损失的能量为 $\sum h_f$,其单位为 J/kg,所以

$$Q_e'=Q_e+\sum h_f$$

则式(1-25)可写成

$$\Delta U=Q_e+\sum h_f-\int_{v_1}^{v_2}p\mathrm{d}v \tag{1-25a}$$

将式(1-25a)代入式(1-24a),得

$$g\Delta Z+\Delta\frac{u^2}{2}+\Delta(pv)-\int_{v_1}^{v_2}p\mathrm{d}v=W_e-\sum h_f \tag{1-26}$$

因为

$$\Delta(pv)=\int_{v_1}^{v_2}p\mathrm{d}v+\int_{p_1}^{p_2}v\mathrm{d}p$$

把上式代入式(1-26)中，可得

$$g\Delta Z+\Delta\frac{u^2}{2}+\int_{p_1}^{p_2}v\mathrm{d}p=W_e-\sum h_f \tag{1-27}$$

式(1-27)表示 1 kg 流体流动时的机械能的变化关系，称为流体定态流动时的机械能衡算式，可压缩流体与不可压缩流体均可适用。

2）伯努利方程

不可压缩流体的密度 ρ 或比容 v 为常数，故式(1-27)中的积分项变为

$$\int_{p_1}^{p_2}v\mathrm{d}p=v(p_2-p_1)=\frac{\Delta p}{\rho}$$

于是式(1-26)可以改写成

$$g\Delta Z+\Delta\frac{u^2}{2}+\frac{\Delta p}{\rho}=W_e-\sum h_f \tag{1-28}$$

或

$$gZ_1+\frac{u_1^2}{2}+\frac{p_1}{\rho}+W_e=gZ_2+\frac{u_2^2}{2}+\frac{p_2}{\rho}+\sum h_f \tag{1-28a}$$

若流体流动时不产生流动阻力，则流体的能量损失 $\sum h_f=0$，此流体称为理想流体。实际上，真正的理想流体并不存在，而是一种假设，但这种假设对解决工程实际问题具有重要意义。当理想流体没有外功加入，即 $\sum h_f=0$ 和 $W_e=0$ 时，式(1-28a) 便可简化为

$$gZ_1+\frac{u_1^2}{2}+\frac{p_1}{\rho}=gZ_2+\frac{u_2^2}{2}+\frac{p_2}{\rho} \tag{1-29}$$

式(1-29)称为伯努利方程。式(1-28)和式(1-28a)是伯努利方程的引申，一般也称为伯努利方程。

3. 伯努利方程的讨论

1）定态流动的流体

当理想流体在管道内作定态流动而又没有外功加入时，式(1-29)用于表示在任一截面上单位质量流体所具有的位能、动能、静压能之总和为一常数。此总和称为总机械能，以 E 表示，单位为 J/kg。这意味着 1 kg 理想流体在各截面上所具有的总机械能相等，但每一种机械能不一定相等，其各种形式的机械能可以相互转换。对实际流体的定态流动过程，应由式(1-28)或式(1-28a)描述。

2）单位质量流体具有的能量

式(1-28a) 中各项的单位为 J/kg，表示单位质量流体所具有的能量。应注意 gZ、$\frac{u^2}{2}$、$\frac{p}{\rho}$ 与 W_e、$\sum h_f$ 的区别。前三项是指在某截面上流体本身所具有的能量，后两项是指流体在两截面之间所获得和所消耗的能量。其中摩擦阻力损失 $\sum h_f$ 是流体流动过程的能量消耗。

单位时间输送设备所做的有效功称为有效功率，以 N_e 表示，即

$$N_e=W_e q_m$$

其中,W_e是输送设备对单位质量流体所做的有效功,是选择流体输送设备的重要依据;q_m为流体的质量流量,所以 N_e的单位为 J/s 或 W。

3) 可压缩流体

对于可压缩流体的流动,若所取系统两截面间的绝对压变化小于原来绝对压的 20%(即 $\frac{p_1-p_2}{p_1}<20\%$)时,仍可用式(1-28)与式(1-29)进行计算,但此时式中的流体密度 ρ 应以两截面间流体的平均密度 ρ_m来代替。此方法所导致的误差,在工程计算上是允许的。

对于非定态流动系统的任一瞬间,伯努利方程仍成立。

4) 静止的流体

如果系统里的流体是静止的,则 $u=0$;没有运动,自然没有阻力,即 $\sum h_f=0$;由于流体保持静止状态,也就不会有外功加入,即 $W_e=0$。于是式(1-28a) 变成

$$gZ_1+\frac{p_1}{\rho}=gZ_2+\frac{p_2}{\rho}$$

由此可见,伯努利方程除表示流体的流动规律外,还表示流体静止状态的规律,而流体的静止状态只不过是流动状态的一种特殊形式。

5) 不同衡算基准下的伯努利方程

如果流体的衡算基准不同,式(1-28a)可写成不同的形式。

(1) 以单位重量流体为衡算基准。将式(1-28a)各项除以 g,则有

$$Z_1+\frac{u_1^2}{2g}+\frac{p_1}{\rho g}+\frac{W_e}{g}=Z_2+\frac{u_2^2}{2g}+\frac{p_2}{\rho g}+\frac{\sum h_f}{g}$$

令

$$H_e=\frac{W_e}{g},\quad H_f=\frac{\sum h_f}{g}$$

则有

$$Z_1+\frac{u_1^2}{2g}+\frac{p_1}{\rho g}+H_e=Z_2+\frac{u_2^2}{2g}+\frac{p_2}{\rho g}+H_f$$

上式各项的单位为$\frac{\mathrm{N\cdot m}}{\mathrm{kg}\cdot\frac{\mathrm{m}}{\mathrm{s}^2}}=\mathrm{N\cdot m/N=m}$,表示单位重量的流体所具有的能量。“m”虽是一个长度单位,在这里却反映了一定的物理意义,它表示单位重量流体所具有的机械能可以把自身从基准水平面升举的高度。常把 Z、$\frac{u^2}{2g}$、$\frac{p}{\rho g}$与 H_f 分别称为位压头、动压头、静压头与压头损失,H_e则称为输送设备对流体所提供的有效压头。

(2) 以单位体积流体为衡算基准。将式(1-28a)各项乘以流体密度 ρ,则

$$Z_1\rho g+\frac{u_1^2}{2}\rho+p_1+W_e\rho=Z_2\rho g+\frac{u_2^2}{2}\rho+p_2+\rho\sum h_f$$

上式各项的单位为$\frac{\mathrm{N\cdot m}}{\mathrm{kg}}\frac{\mathrm{kg}}{\mathrm{m}^3}=\mathrm{N\cdot m/m^3=Pa}$,表示单位体积流体所具有的能量,简化后即为压力的单位。

1.3.5　伯努利方程的应用

防范身边的风险

1. 应用伯努利方程的解题要点

(1) 作图与确定衡算范围。

根据题意画出流动系统的示意图，并指明流体的流动方向，定出上、下游截面，以明确流动系统的衡算范围。

(2) 截面的选取。

两截面均应与流动方向相垂直，并且在两截面间的流体必须是连续的。所求的未知量应在截面上或在两截面间，且截面上的 Z、u、p 等有关物理量，除所需求取的未知量外，都应该是已知的或能通过其他关系计算出来。

两截面上的 u、p、Z 与两截面间的 $\sum h_f$ 都应相互对应一致。

(3) 基准水平面的选取。

选取基准水平面是为了确定流体位能的大小，实际上在伯努利方程中所反映的是位能差（$g\Delta Z = gZ_2 - gZ_1$）的数值。因此，基准水平面可以任意选取，但必须与地面平行。Z 是指截面中心点与基准水平面间的垂直距离。为了计算方便，通常取基准水平面通过衡算范围的两个截面中的任一截面。如该截面与地面平行，则基准水平面与该截面重合，$Z=0$；如衡算系统为水平管道，则基准水平面通过管道的中心线，$\Delta Z=0$。

(4) 两截面的压力。

两截面的压力除要求单位一致外，还要求表示方法一致。从伯努利方程的推导过程得知，式中两截面的压力应为绝对压，但由于式中所反映的是压力差（$\Delta p = p_2 - p_1$），且绝对压＝大气压＋表压，因此两截面的压力也可同时用表压来表示。

(5) 单位必须一致。

在用伯努利方程之前，应把有关物理量换算成一致的单位，然后进行计算。

(6) 衡算范围内所含的外功及阻力损失不能遗漏。

综上所述，应用伯努利方程的要点可归纳如下：① 应用伯努利方程，能量衡算是实质；② 两个截面划系统，系统以外不考虑；③ 截面垂直流动向，基准平面选合适；④ 输入、输出两本账，各项单位要统一；⑤ 外加功在输入端，损失总是算输出。

另外，应用伯努利方程有时还需结合静力学方程、连续性方程及范宁公式求解。

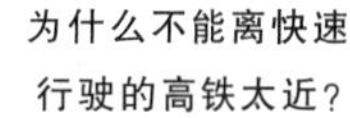

为什么不能离快速行驶的高铁太近？

2. 伯努利方程的应用示例

1) 确定管道中流体的流量

【例 1-11】 如附图所示，某厂利用喷射泵输送氨。管中稀氨水的质量流量为 1×10^4 kg/h，密度为 1 000 kg/m³，入口处的表压为 147 kPa。管道的内径为 53 mm，喷嘴出口处内径为 13 mm，喷嘴能量损失可忽略不计，试求喷嘴出口处的压力。

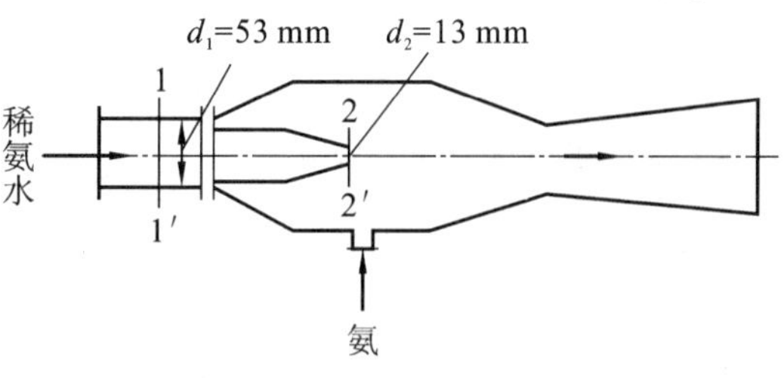

例 1-11 附图

解　取稀氨水入口为 1—1′截面，喷嘴出口为 2—2′截面，管中心线为基准水平面。在 1—1′和 2—2′截面间列伯努利方程得

$$Z_1 g+\frac{u_1^2}{2}+\frac{p_1}{\rho}+W_e=Z_2 g+\frac{u_2^2}{2}+\frac{p_2}{\rho}+\sum h_f \tag{a}$$

其中

$$Z_1=0,\quad p_1=147\times 10^3\ \text{Pa(表压)}$$

$$u_1=\frac{q_m}{\frac{\pi}{4}d_1^2\rho}=\frac{10\ 000/3\ 600}{0.785\times 0.053^2\times 1\ 000}\ \text{m/s}=1.26\ \text{m/s}$$

$$Z_2=0$$

喷嘴出口速度 u_2 可直接计算或由连续性方程计算：

$$u_2=u_1\left(\frac{d_1}{d_2}\right)^2=1.26\times\left(\frac{0.053}{0.013}\right)^2\ \text{m/s}=20.94\ \text{m/s}$$

$$W_e=0$$

$$\sum h_f=0$$

将以上各值代入式(a)得

$$\frac{1}{2}\times 1.26^2+\frac{147\times 10^3}{1\ 000}=\frac{1}{2}\times 20.94^2+\frac{p_2}{1\ 000}$$

解得

$$p_2=-71.45\ \text{kPa（表压）}$$

即喷嘴出口处的真空度为 71.45 kPa。

喷射泵是利用流体流动时静压能与动能的转换原理进行吸、送流体的设备。当一种流体经过喷嘴时，由于喷嘴的截面积比管道的截面积小得多，流体流过喷嘴时速度迅速增大，使该处的静压力急速减小，造成真空，从而可将支管中的另一种流体吸入，二者混合后在扩大管中速度逐渐降低，压力随之升高，最后将混合流体送出。

2）确定设备间的相对位置

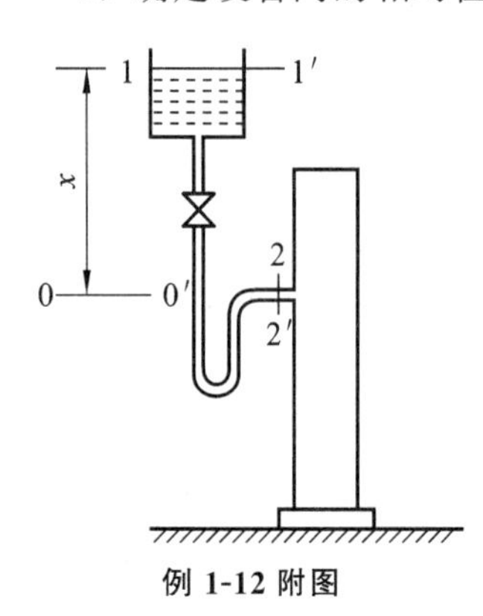

例 1-12 附图

【例 1-12】 将高位槽内料液加入塔中(见附图)。高位槽和塔内的压力均为大气压。要求料液在管内以 0.5 m/s 的速度流动。设料液在管内压头损失为 1.2 m(不包括出口压头损失)，试求高位槽的液面应该比塔入口处高出多少。

解 取管出口高度的 0—0′为基准面，高位槽的液面为 1—1′截面，因要求计算高位槽的液面比塔入口处高出多少，故把 1—1′截面选在此，可直接算出所求的高度 x，同时，在此液面处的 u_1 及 p_1 均为已知值。2—2′截面选在管出口处。在 1—1′及 2—2′截面间列伯努利方程得

$$gZ_1+\frac{p_1}{\rho}+\frac{u_1^2}{2}=gZ_2+\frac{p_2}{\rho}+\frac{u_2^2}{2}+\sum h_f \tag{a}$$

其中，$p_1=0$(表压)，高位槽截面与管截面相差很大，故高位槽截面的流速与管内流速相比，其值很小，即

$$u_1\approx 0,\quad Z_1=x,\quad p_2=0\text{(表压)}$$

$$u_2=0.5\ \text{m/s},\quad Z_2=0,\quad \sum h_f/g=1.2\ \text{m}$$

将上述各项数值代入式(a)，则有

$$9.81x=\frac{0.5^2}{2}+1.2\times 9.81$$

$$x=1.2\ \text{m}$$

计算结果表明，动能项数值很小，流体位能的降低主要用于克服管路阻力。

3）确定输送设备的有效功率

【例 1-13】 如附图所示，用泵将贮槽中密度为 1 200 kg/m^3 的溶液送到蒸发器内，贮槽内液面维持恒定，

其上方压力为 101.33×10^3 Pa，蒸发器上部的蒸发室内操作压力为 26 670 Pa(真空度)，蒸发器进料口高于贮槽内液面 15 m，进料量为 20 m^3/h，溶液流经全部管路的能量损失为 120 J/kg，已知管路直径为 60 mm，求泵的有效功率。

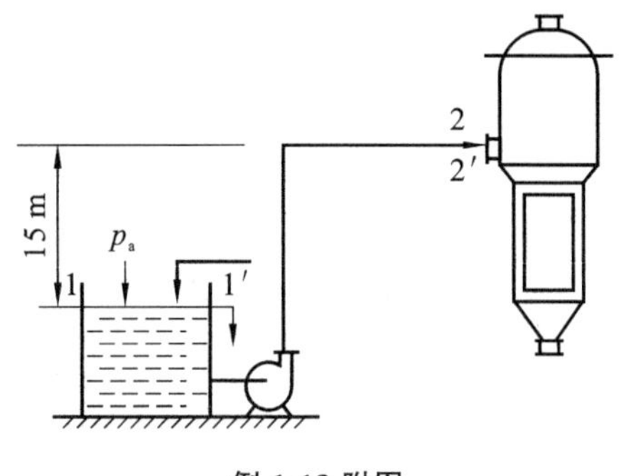

例 1-13 附图

解　取贮槽液面为 1—1′截面，管路出口内侧为 2—2′截面，并以 1—1′截面为基准水平面，在两截面间列伯努利方程得

$$gZ_1+\frac{u_1^2}{2}+\frac{p_1}{\rho}+W_e=gZ_2+\frac{u_2^2}{2}+\frac{p_2}{\rho}+\sum h_f \qquad \text{(a)}$$

其中　$Z_1=0$，　$Z_2=15$ m，　$p_1=0$ (表压)，

$p_2=-26\ 670$ Pa (表压)，　$u_1=0$

$$u_2=\frac{q_V}{\frac{\pi}{4}d^2}=\frac{\frac{20}{3\ 600}}{0.785\times0.06^2}\ \text{m/s}=1.97\ \text{m/s}$$

$$\sum h_f=120\ \text{J/kg}$$

将上述各项数值代入式(a)，则

$$W_e=\left(15\times9.81+\frac{1.97^2}{2}+120-\frac{26\ 670}{1\ 200}\right)\text{J/kg}=246.9\ \text{J/kg}$$

泵的有效功率为　$N_e=W_eq_m$

其中

$$q_m=q_V\rho=\frac{20\times1\ 200}{3\ 600}\ \text{kg/s}=6.67\ \text{kg/s}$$

所以　$N_e=W_eq_m=246.9\times6.67\ \text{W}=1\ 647\ \text{W}=1.65\ \text{kW}$

实际上泵所做的功并不是全部有效的，故要考虑泵的效率 η，则泵所消耗的功率(称轴功率)为

$$N=\frac{N_e}{\eta}$$

设本题泵的效率 η 为 0.65，则泵的轴功率为

$$N=\frac{N_e}{\eta}=\frac{1.65}{0.65}\ \text{kW}=2.54\ \text{kW}$$

4) 确定管路中流体的压力

【例 1-14】　水在附图所示的虹吸管内作定态流动，管路直径没有变化，水流经管路的能量损失可以忽略不计，试计算管内 2—2′、3—3′、4—4′和 5—5′截面处的压力。大气压为 $1.013\ 3\times10^5$ Pa。图中所标注的尺寸均以 mm 计。

例 1-14 附图

解　为计算管内各截面的压力，应首先计算管内水的流速。取贮槽水面为 1—1′截面，管子出口内侧 6—6′截面为基准水平面。由于管路的能量损失可以忽略不计，即 $\sum h_f=0$，故伯努利方程可写为

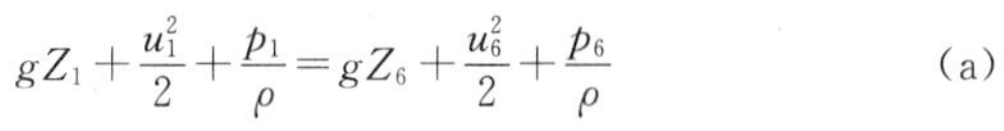

$$gZ_1+\frac{u_1^2}{2}+\frac{p_1}{\rho}=gZ_6+\frac{u_6^2}{2}+\frac{p_6}{\rho} \qquad \text{(a)}$$

其中　$Z_1=1$ m，　$Z_6=0$，　$p_1=0$(表压)，　$p_6=0$(表压)，　$u_1\approx0$

将上列数值代入式(a)，并简化得

$$9.81\times1=\frac{u_6^2}{2}$$

解得　$u_6=4.43$ m/s

由于管路直径无变化，故管路各截面的面积相等。根据连续性方程知 $q_V=Au=$常数，故管内各截面的流

速不变，即

$$u_2=u_3=u_4=u_5=u_6=4.43\ \text{m/s}$$

则

$$\frac{u_2^2}{2}=\frac{u_3^2}{2}=\frac{u_4^2}{2}=\frac{u_5^2}{2}=\frac{u_6^2}{2}=9.81\ \text{J/kg}$$

因流动系统的能量损失可忽略不计，故水可视为理想流体，则系统内各截面上流体的总机械能 E 相等，即

$$E=gZ+\frac{u^2}{2}+\frac{p}{\rho}=\text{常数} \tag{b}$$

总机械能可以用系统内任何截面去计算，但根据本题条件，以贮槽水面(1—1′截面)处总机械能计算较为简便。现取 2—2′截面为基准水平面，则式(b)中 $Z=3$ m，$p=101\ 330$ Pa，$u\approx 0$，所以总机械能为

$$E=gZ+\frac{u^2}{2}+\frac{p}{\rho}=\left(9.81\times 3+\frac{101\ 330}{1\ 000}\right)\ \text{J/kg}=130.8\ \text{J/kg}$$

计算各截面的压力时，亦应以 2—2′截面为基准水平面，则有

$$Z_2=0,\quad Z_3=3\ \text{m},\quad Z_4=3.5\ \text{m},\quad Z_5=3\ \text{m}$$

(1) 2—2′截面的压力。

$$p_2=\left(E-\frac{u_2^2}{2}-gZ_2\right)\rho=(130.8-9.81)\times 1\ 000\ \text{Pa}=120\ 990\ \text{Pa}$$

(2) 3—3′截面的压力。

$$p_3=\left(E-\frac{u_3^2}{2}-gZ_3\right)\rho=(130.8-9.81-9.81\times 3)\times 1\ 000\ \text{Pa}=91\ 560\ \text{Pa}$$

(3) 4—4′截面的压力。

$$p_4=\left(E-\frac{u_4^2}{2}-gZ_4\right)\rho=(130.8-9.81-9.81\times 3.5)\times 1\ 000\ \text{Pa}=86\ 660\ \text{Pa}$$

(4) 5—5′截面的压力。

$$p_5=\left(E-\frac{u_5^2}{2}-gZ_5\right)\rho=(130.8-9.81-9.81\times 3)\times 1\ 000\ \text{Pa}=91\ 560\ \text{Pa}$$

从以上计算结果可以看出 $p_2>p_3>p_4$，而 $p_4<p_5$，这是流体在管内流动时位能与静压能反复转换的结果。

5) 非定态流动系统的计算

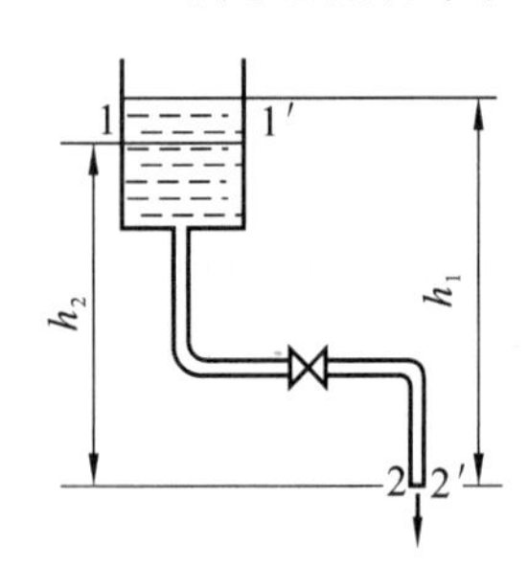

例 1-15 附图

【例 1-15】 如附图所示的开口贮槽内液面与排液管出口间的垂直距离 h_1 为9 m，贮槽的内径 D 为 3 m，排液管的内径 d_0 为 0.04 m；液体流过该系统的能量损失可按 $\sum h_f=40u^2$ 计算，其中 u 为流体在管内的流速。试求经 4 h 后贮槽内液面下降的高度。

解 本题属于非定态流动。经 4 h 后贮槽内液面下降的高度可通过微分时间内的物料衡算式和瞬间的伯努利方程求解。

在 $d\tau$ 时间内对系统作物料衡算。设 F' 为瞬时进料率，D' 为瞬时出料率，dA' 为在 $d\tau$ 时间内的积累量，则在 $d\tau$ 时间内物料衡算式为

$$F'd\tau-D'd\tau=dA' \tag{a}$$

又设在 $d\tau$ 时间内，槽内液面下降 dh，液体在管内瞬间流速为 u，故由题意知

$$F'=0,\quad D'=\frac{\pi}{4}d_0^2u,\quad dA'=\frac{\pi}{4}D^2dh$$

则式(a)变为

$$-\frac{\pi}{4}d_0^2u\,d\tau=\frac{\pi}{4}D^2dh$$

$$d\tau=-\left(\frac{D}{d_0}\right)^2\frac{dh}{u} \tag{b}$$

其中，瞬时液面高度 h(以排液管出口为基准)与瞬时速度 u 的关系，可由瞬时伯努利方程获得。

在瞬间液面 1—1′截面与管子出口内侧 2—2′截面间列伯努利方程，并以 2—2′截面为基准水平面，得

$$gZ_1+\frac{u_1^2}{2}+\frac{p_1}{\rho}=gZ_2+\frac{u_2^2}{2}+\frac{p_2}{\rho}+\sum h_f$$

其中 $$Z_1=h,\quad Z_2=0,\quad u_1\approx 0,\quad u_2=u,\quad p_1=p_2,\quad \sum h_f=40u^2$$

上式可简化为

$$9.81h=40.5u^2$$

则

$$u=0.492\sqrt{h} \tag{c}$$

将式(c)代入式(b)，得

$$d\tau=-\left(\frac{D}{d_0}\right)^2\frac{dh}{0.492\sqrt{h}}=-\left(\frac{3}{0.04}\right)^2\frac{dh}{0.492\sqrt{h}}=-11\ 433\frac{dh}{\sqrt{h}} \tag{d}$$

已知下列边界条件：

$$\tau_1=0,\quad h_1=9\ \text{m},\quad \tau_2=4\times 3\ 600\ \text{s},\quad h_2=h$$

对式(d)积分，得

$$\int_0^{4\times 3\ 600}d\tau=-11\ 433\times\int_9^h\frac{dh}{\sqrt{h}}$$

$$4\times 3\ 600=-11\ 433\times(\sqrt{h}-\sqrt{9})$$

解得

$$h=5.62\ \text{m}$$

所以经 4 h 后，贮槽内液面下降高度为(9－5.62) m＝3.38 m。

1.4　流体流动现象

前一节中依据定态流动系统的物料衡算和能量衡算关系得到了连续性方程和伯努利方程，从而可以计算流动过程中的有关参数，但并没有涉及流体流动过程中内部质点的运动规律。流体质点的运动方式，影响着流体的速度分布、流动阻力的计算以及流体中的热量传递和质量传递过程，化工过程中许多单元都与流体的流动现象密切相关。

1.4.1　流动类型

1. 流体的黏度

流体具有流动性，在外力作用下其内部产生相对运动。另一方面，流体还有一种抗拒内在的向前运动的特性，称为黏性，是流体在流动中表现出来的一种物理属性。黏度是用来度量流体黏性大小的物理量，其值由实验测定。液体的黏度随温度升高而减小，气体的黏度则随温度升高而增大。压力变化时，液体的黏度基本不变；气体的黏度随压力增加变化不大，在一般工程计算中可以忽略，只有在极高或极低的压力下，才需考虑压力对气体黏度的影响。

在国际单位制中，黏度的单位为 Pa·s，但在工程应用中黏度的单位常用 cP(厘泊)表示，其换算关系如下：

$$1\ \text{Pa}\cdot\text{s}=1\ 000\ \text{cP}$$

此外,流体的黏度还可用黏度 μ 与密度 ρ 的比值来表示,这个比值称为运动黏度,以 ν 表示,即

$$\nu=\frac{\mu}{\rho} \tag{1-30}$$

运动黏度在国际单位制中的单位为 m^2/s;在物理单位制中的单位为 cm^2/s,记为 St(斯),斯的 1/100 称为厘斯(cSt),其换算关系为

$$1\ St=100\ cSt=10^{-4}\ m^2/s$$

在化工过程中常遇到各种流体的混合物,对混合物的黏度,当缺乏实验数据时,可选用适当的经验关联式进行估算。如对于常压气体混合物的黏度,可采用下式计算:

$$\mu_m=\frac{\sum y_i\mu_i M_i^{\frac{1}{2}}}{\sum y_i M_i^{\frac{1}{2}}} \tag{1-31}$$

式中:μ_m——常压下混合气体的黏度;

y_i——气体混合物中 i 组分的摩尔分数;

μ_i——与气体混合物同温下 i 组分的黏度;

M_i——气体混合物中 i 组分的摩尔质量,kg/mol。

对非缔合液体混合物的黏度,可采用下式进行计算:

$$\lg\mu_m=\sum x_i\lg\mu_i \tag{1-32}$$

式中:μ_m——液体混合物的黏度;

x_i——液体混合物中 i 组分的摩尔分数;

μ_i——与液体混合物同温下 i 组分的黏度。

科学家传记:奥斯鲍恩·雷诺

2. 雷诺实验

流体由于存在黏性,运动时产生黏性应力,黏性应力的大小不仅与流体的性质有关,还与流动的形态有关。为了直接观察流体流动时内部质点的运动情况及各种因素对流动状况的影响,1883 年,英国科学家雷诺(Reynolds)进行了如图 1-11 所示的实验,这个实验称为雷诺实验。在水箱 3 内装有溢流装置 6,以维持水位恒定。箱的底部接一段直径相同的水平玻璃管 4,管出口处有阀门 5,用来调节流量。水箱上方为装有带颜色液体的小瓶 1,有色液体可经过细管 2 注入玻璃管内。在水流经玻璃管的过程中,同时把有色液体送到玻璃管入口以后的管中心位置上。

实验时可以观察到,当玻璃管里水流速度不大时,从细管引到水流中心的有色液体成一直线平稳地流过整根玻璃管,与玻璃管里的水并不相混杂,如图 1-12(a)所示。这种现象表明,玻璃管里水的质点是沿着与管轴平行的方向作直线运动的。若把水流速度逐渐提高到一定数值,有色液体的细线开始出现波浪形,速度再增大时,细线便完全消失,有色液体流出细管后随即散开,与水完全混合在一起,使整根玻璃管中的水呈现均匀的颜色,如图 1-12(b)所示。此种现象表明,水的质点除了沿管道向前运动外,各质点还作不规则的杂乱运动,彼此相互碰撞并相互混合。质点速度的大小和方向随时发生变化。

这个实验显示出流体流动的两种截然不同的类型。一种是如图 1-12(a)所示的流动,称为层流或滞流;另一种是如图 1-12(b)所示的流动,称为湍流或紊流。

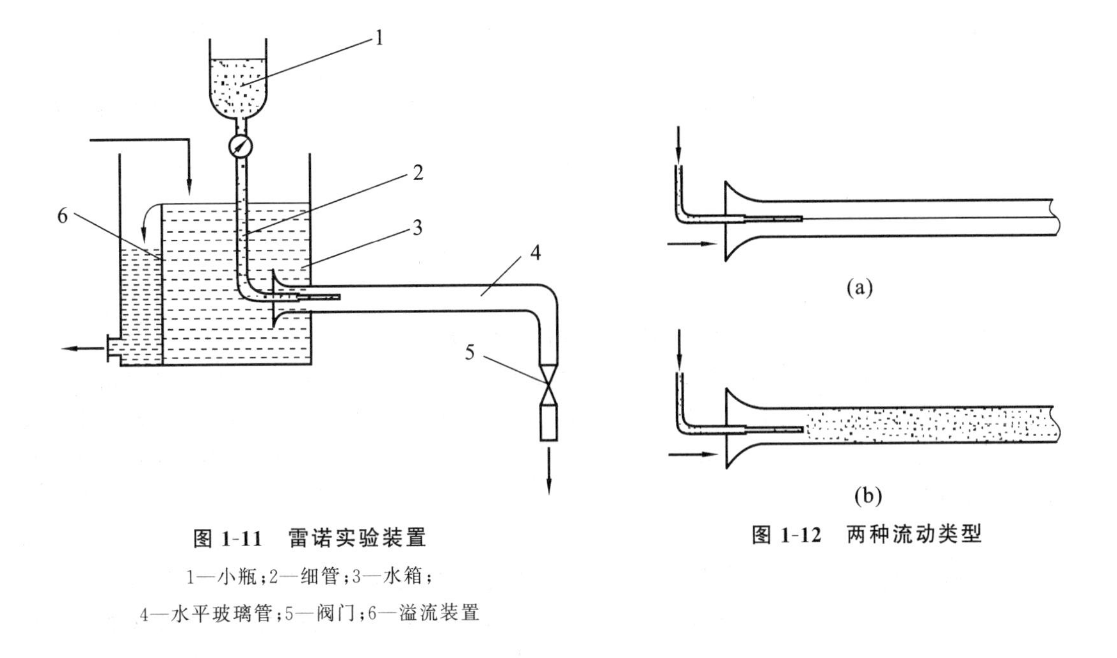

图 1-11 雷诺实验装置

1—小瓶；2—细管；3—水箱；

4—水平玻璃管；5—阀门；6—溢流装置

图 1-12 两种流动类型

3. 流动类型判据——雷诺数

若用不同的管径和不同的流体分别进行实验，可从实验中发现，不仅流速 u 能引起流动状况的改变，而且管径 d、流体的黏度 μ 和密度 ρ 也能引起流动状况的改变。可见，流体的流动状况是由多方面因素决定的。通过进一步分析研究，可以把这些影响因素组合成为$\frac{du\rho}{\mu}$数群，该数群称为雷诺数，以 Re 表示。这样，就可以根据 Re 的数值来分析流动状态。

雷诺数的因次为

$$[Re]=\left[\frac{du\rho}{\mu}\right]=\frac{\mathrm{L}\,\frac{\mathrm{L}}{\mathrm{T}}\,\frac{\mathrm{M}}{\mathrm{L}^3}}{\frac{\mathrm{M}}{\mathrm{LT}}}=\mathrm{L}^0\,\mathrm{M}^0\,\mathrm{T}^0$$

可见，Re 是一个无因次的数群。不论采用何种单位制，只要数群中各物理量采用相同单位制中的单位，计算出的 Re 都是无因次的，且数值相等。

Re 实际上反映了流体流动中惯性力与黏滞力的比值。因 ρu 表示单位时间通过单位截面积流体的质量，ρu^2 表示单位时间通过单位截面积流体的动量，它与单位截面积上的惯性力成正比；而 u/d 反映了流体内部的速度梯度，$\mu u/d$ 与流体内的黏滞力成正比。所以$\frac{\rho u^2}{\mu u/d}=\frac{du\rho}{\mu}=Re$，即 Re 为惯性力与黏滞力之比。当惯性力较大时，Re 较大；当黏滞力较大时，Re 较小。

流体的流动类型，可用雷诺数来判断。实验证明，若流体在直管内流动，当 $Re\leqslant 2\ 000$ 时，流体的流动类型属于层流；当 $Re\geqslant 4\ 000$ 时，流动类型属于湍流；而 Re 值在 2 000～4 000 的范围内，可能是层流，也可能是湍流，若受外界条件的影响，如管道直径、方向的改变和管道的震动等都易促成湍流的发生，所以这一范围称为不稳定的过渡区。在生产操作条件下，通常将 $Re>3\ 000$ 的情况按湍流考虑。因此，可用雷诺数数值的大小来判断流体的流动类型，雷诺数数值愈大，说明流体的流动湍动程度愈剧烈，产生的流体流动阻力也愈大。

【例 1-16】 常压下、100 ℃的空气在 $\phi 108\ \text{mm}\times 4\ \text{mm}$ 的钢管中流动。已知空气的质量流量为 330 kg/h,试判断空气的流动类型。

解 从附录中查得 100 ℃空气的黏度为 21.9×10^{-6} Pa·s。已知质量流量,可直接用质量流速计算雷诺数。

质量流速 $$G=\frac{q_m}{\frac{\pi}{4}d^2}=\frac{330/3\ 600}{0.785\times 0.100^2}\ \text{kg/(m}^2\cdot\text{s)}=11.68\ \text{kg/(m}^2\cdot\text{s)}$$

雷诺数 $$Re=\frac{du\rho}{\mu}=\frac{dG}{\mu}=\frac{0.1\times 11.68}{21.9\times 10^{-6}}=5.33\times 10^4>4\ 000$$

所以空气在管内的流动为湍流。

层流与湍流的区分不仅在于各有不同的 Re 值,更重要的是它们有本质区别。流体在管内作层流流动时,其质点沿管轴作有规则的平行运动,各质点互不碰撞,互不混合,是一维运动。

流体在管内作湍流流动时,其质点作不规则的杂乱运动并相互碰撞,产生大大小小的旋涡。由于质点碰撞而产生的附加阻力较由黏性所产生的阻力大得多,所以碰撞将使流体的前进阻力急剧加大。

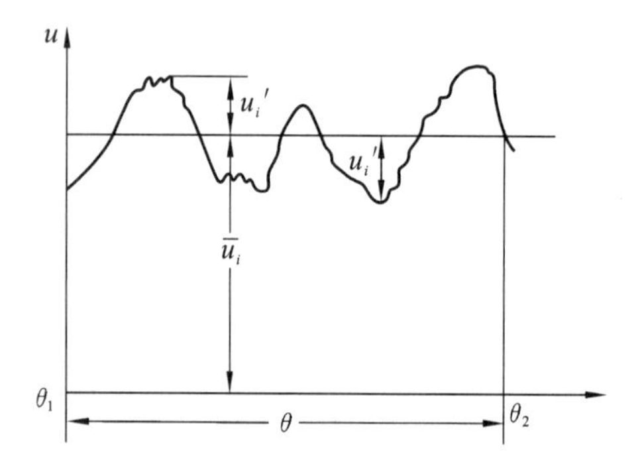

图 1-13 点 i 的流体质点的速度脉动曲线示意图

管道截面上某一固定的流体质点在沿管轴向前运动的同时,还有径向运动,而径向速度的大小和方向是不断变化的,从而引起轴向速度的大小和方向也随时改变。即在湍流中,流体质点在主运动之外还有附加的脉动。质点的脉动是湍流运动的最基本特点。图 1-13 所示为截面上某一点 i 的流体质点的速度脉动曲线。同样,点 i 的流体质点的压力也是脉动的,可见湍流实际上是一种非定态的流动。

尽管在湍流中,流体质点的速度和压力是脉动的,但由实验发现,管截面上任一点的速度和压力始终是围绕着某一个"平均值"上下变动。如图 1-13 所示,在时间间隔 θ 内,点 i 的瞬时速度 u_i 的值总是在平均值上下变动。平均值 $\bar{u}_i$ 为在某一段时间 θ 内,流体质点经过点 i 的瞬时速度的平均值,称为时均速度,即

$$\bar{u}_i\approx\frac{1}{\theta}\int_{\theta_1}^{\theta_2}u_i\mathrm{d}\theta \tag{1-33}$$

由图 1-13 可知

$$u_i=\bar{u}_i+u_i' \tag{1-34}$$

式中:u_i——瞬时速度,表示在某时刻,管道截面上任一点 i 的真实速度,m/s;

u_i'——脉动速度,表示在同一时刻,管道截面上任一点 i 的瞬时速度与时均速度的差值,m/s。

在定态系统中,流体作湍流流动时,管道截面上任一点的时均速度不随时间而改变。

1.4.2 流体在圆管内流动时的速度分布

无论是层流还是湍流,在管道任意截面上,流体质点的速度均沿管径而变化,管壁处速度为零,离开管壁以后速度渐增,到管中心处速度最大。速度在管道截面上的分布规律因流动类型而异。

1. 流体在圆管内层流流动时的速度分布

层流流动时,流体层之间的剪应力可用牛顿黏性定律描述,据此可由理论分析推导得到管

内的速度分布。设流体在半径为 R 的水平直管段内作层流流动，于管轴心处取一半径为 r、长度为 l 的流体柱作为分析对象，如图1-14所示。作用于流体柱两端面的压力分别为 p_1 和 p_2，则作用在流体柱上的推动力为

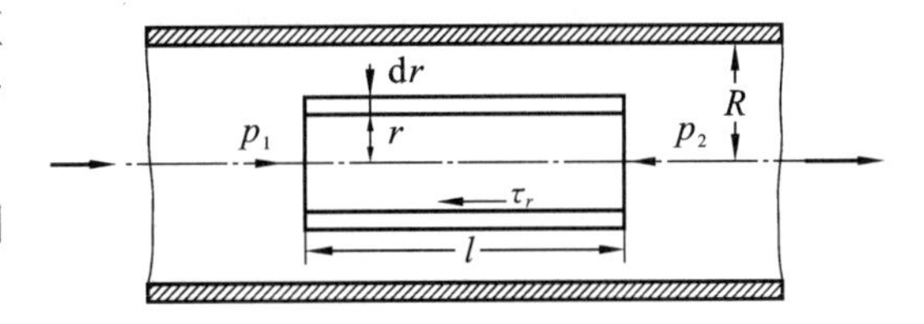

图1-14 作用于圆管中流体上的力

$$(p_1-p_2)\pi r^2=\Delta p\pi r^2$$

设距管中心 r 处的流体速度为 u_r，$r+\mathrm{d}r$ 处的相邻流体层的速度为 $u_r+\mathrm{d}u_r$，则流体速度沿半径方向的变化率(即速度梯度)为 $\frac{\mathrm{d}u_r}{\mathrm{d}r}$，两相邻流体层所产生的剪应力为 τ_r。层流时剪应力服从牛顿黏性定律，即

$$\tau_r=-\mu\frac{\mathrm{d}u_r}{\mathrm{d}r}$$

式中的负号表示流速 u_r 沿半径 r 增加的方向而减小。

作用在流体柱上的阻力为

$$\tau_r S=-\mu\frac{\mathrm{d}u_r}{\mathrm{d}r}(2\pi rl)=-2\pi rl\mu\frac{\mathrm{d}u_r}{\mathrm{d}r}$$

流体作等速运动时，推动力与阻力大小必相等，方向必相反，故

$$\Delta p\pi r^2=-2\pi rl\mu\frac{\mathrm{d}u_r}{\mathrm{d}r}$$

或

$$\mathrm{d}u_r=-\frac{\Delta p}{2\mu l}r\,\mathrm{d}r$$

积分上式的边界条件：当 $r=r$ 时，$u_r=u_r$；当 $r=R$ (在管壁处)时，$u_r=0$。故上式的积分形式为

$$\int_0^{u_r}\mathrm{d}u_r=-\frac{\Delta p}{2\mu l}\int_R^r r\,\mathrm{d}r$$

积分并整理得

$$u_r=\frac{\Delta p}{4\mu l}(R^2-r^2) \tag{1-35}$$

式(1-35)是流体在圆管内作层流流动时的速度分布表达式。它表示在某一压力差 Δp 之下，u_r 与 r 的关系满足抛物线方程。

工程应用中常以管截面的平均流速来计算流动阻力所引起的压力差，故须把式(1-35)变换成 Δp 与平均速度 u 的关系式。

由图1-14可知，厚度为 $\mathrm{d}r$ 的环形截面积 $\mathrm{d}A=2\pi r\mathrm{d}r$，由于 $\mathrm{d}r$ 很小，可近似地取流体在 $\mathrm{d}r$ 层内的流速为 u_r，则通过此截面的体积流量为 $\mathrm{d}q_V=u_r\mathrm{d}A=u_r(2\pi r\mathrm{d}r)$。当 $r=0$ 时，$q_V=0$；当 $r=R$ 时，$q_V=q_V$。所以整个管截面的体积流量为

$$q_V=\int_0^R 2\pi u_r r\,\mathrm{d}r$$

由于管截面的平均流速可写成 $u=q_V/A$，于是

$$u=\frac{1}{\pi R^2}\int_0^R 2\pi u_r r\,\mathrm{d}r=\frac{2}{R^2}\int_0^R u_r r\,\mathrm{d}r$$

将式(1-35)代入上式，进行积分并整理，得管截面平均流速为

$$u=\frac{\Delta p}{2\mu lR^2}\int_0^R(R^2-r^2)r\mathrm{d}r=\frac{\Delta p}{8\mu l}R^2 \tag{1-36}$$

另外,由流体在圆管内层流流动的速度分布式(1-35)知,当 $r=0$ 时,管中心处的速度为最大流速,即

$$u_{max}=\frac{\Delta p}{4\mu l}R^2 \tag{1-37}$$

将此结果与式(1-36)比较,层流时圆管截面平均速度与最大速度的关系为

$$u_{max}=2u$$

层流时速度沿管径的分布为一抛物线,如图 1-15(a)所示。

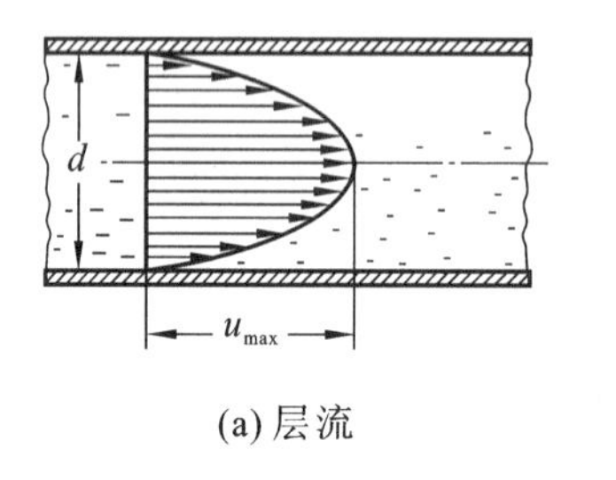

(a) 层流

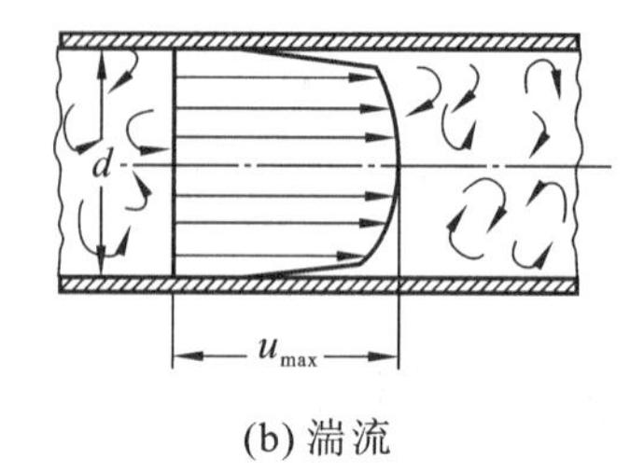

(b) 湍流

图 1-15　圆管内速度分布

2. 流体在圆管内湍流流动时的速度分布

流体在圆管内作湍流流动时,流体质点的运动情况比较复杂,目前还不能完全采用理论方法得出湍流时的速度分布规律。经实验测定,湍流时圆管内的速度分布曲线如图 1-15(b)所示。由于流体质点的强烈分离与混合,使截面上靠管中心部分各点速度彼此扯平,速度分布比较均匀,因此速度分布曲线不再是严格的抛物线。实验证明,当 Re 值愈大时,湍动程度愈高,曲线顶部的区域就愈广阔平坦,但靠近管壁处质点的速度骤然下降,曲线较陡。同样,当 $r=0$ 时,管中轴线处流速最大;当 $r=R$ 时,管壁处的流速为零。u 与 u_{max} 的比值随 Re 的改变而变化,如图 1-16 所示。图中,Re 与 Re_{max} 分别是以平均速度 u 和管中心处最大速度 u_{max} 计算的雷诺数。

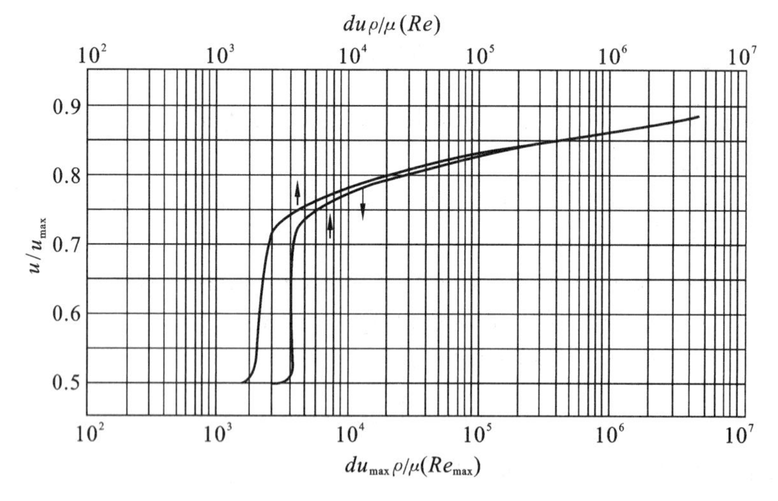

图 1-16　u/u_{max} 与 Re、Re_{max} 的关系

既然湍流时在管壁处的速度等于零,则靠近管壁的流体仍作层流流动,这一作层流流动的流体薄层,称为层流内层或层流底层。自层流内层往管中心推移,速度逐渐增大,出现了既非层流流动又非完全湍流流动的区域,这个区域称为缓冲层或过渡层,再往中心才是湍流主体。

层流内层的厚度随 Re 值的增加而减小。层流内层的存在，对传热与传质过程都有重大影响。

上述的速度分布曲线，仅在管内流动达到平稳时才成立。在管入口附近处，外来的影响还未消失。同时，管路拐弯、分支处和阀门附近的流动也受到干扰，这些区域的速度分布就不符合上述的规律。

1.4.3 边界层的概念

1. 边界层的形成

早期流体力学的研究，理论与实验结果差异很大。如对于黏度很小的流体，一般的理解是产生的摩擦力也很小，可按理想流体处理，但理论推断结果与实验数据不符。直到20世纪初，普朗特(Prandtl)提出了边界层概念，深刻地揭示了理论与实验结果的差异所在，由此流体力学得到了迅速的发展。

现以流体沿固定平板的流动为例，如图1-17所示，在平板前缘处流体以均匀一致的流速 u_s 流动，当流到平板壁面时，由于流体具有黏性又能完全润湿壁面，则黏附在壁面上静止的流体层与其相邻的流体层之间产生内摩擦，使相邻流体层的速度减慢。此减速作用，由附着于壁面的流体层开始依次向流体内部传递，离壁面愈远，减速作用愈小。实验证明，

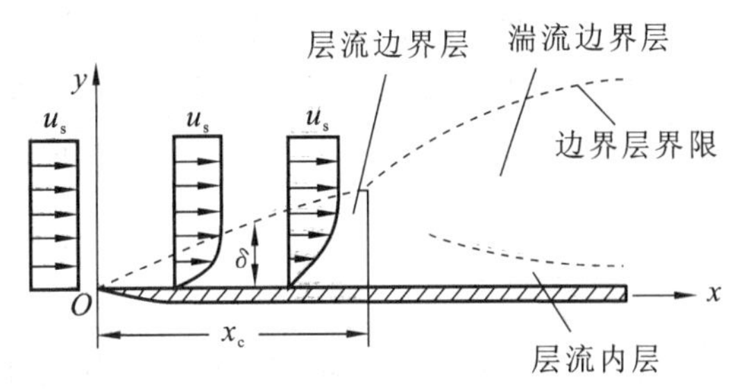

图 1-17 平板上的流动边界层

减速作用并不遍及整个流动区域，而是离壁面一定的距离($y=\delta$)后，流体的速度渐渐接近于未受壁面影响时的流速 u_s。靠近壁面流体的速度分布情况如图1-17所示。图中各速度分布曲线应与流体到平板前缘的距离相对应。

由上述情况可知，当流体流经固体壁面时，由于流体具有黏性，在垂直于流体流动方向上产生了速度梯度。在壁面附近存在着较大速度梯度的流体层，称为流动边界层，简称边界层，如图1-17中虚线所示。边界层以外，黏性不起作用，即速度梯度可视为零的区域，称为流体的外流区或主流区。对于流体在平板上的流动，主流区的流速应与未受壁面影响的流速相等，所以主流区的流速仍用 u_s 表示。δ 为边界层厚度，等于由壁面至速度达到主流速度的点的距离，但由于边界层的减速作用是逐渐消失的，所以边界层的界限应延伸至距壁面无穷远处。工程上一般规定边界层外缘的流速 $u=0.99u_s$，而将该条件下边界层外缘与壁面间的垂直距离定为边界层厚度，依此规定，对解决实际问题所引起的误差可以忽略不计。应指出，边界层的厚度 δ 与从平板前缘算起的距离 x 相比是很小的。

由于边界层的形成，把沿壁面的流动简化成两个区域，即边界层区与主流区。在边界层区，垂直于流动方向上存在着显著的速度梯度 du/dy，即使黏度 μ 很小，内摩擦应力 $\tau=\mu\dfrac{du}{dy}$ 仍然相当大，不可忽视。在主流区，$du/dy\approx0$，此时，无须考虑流体黏度的影响，内摩擦应力可忽略不计，此区流体可视为理想流体。

应用边界层的概念研究实际流体的流动，可使问题得到简化，从而可以用理论方法来解决比较复杂的流动问题。边界层概念的提出对传热与传质过程的研究亦具有重要意义。当边界层的概念用于传热过程时，称为传热边界层；将其用于传质过程时，称为传质边界层。

2. 边界层的发展

1) 流体在平板上的流动

如图 1-17 所示,随着流体向前运动,摩擦力对主流区流体持续作用,促使更多的流体层速度减小,从而使边界层随自平板前缘的距离 x 的增加而逐渐变厚,这种现象说明,边界层在平板前缘后的一定距离内是发展的。在边界层的发展过程中,边界层内流体的流动类型可能是层流,也可能是由层流转变为湍流。如图 1-17 所示,在平板的前缘处,边界层较薄,流体的流动总是层流,这种边界层称为层流边界层。在距平板前缘某临界距离 x_c 处,边界层内的流动由层流转变为湍流,此后的边界层称为湍流边界层。湍流边界层发生处,边界层突然加厚,且其厚度较快地扩展。但在湍流边界层内,靠近平板的极薄一层流体,仍维持层流,即前述的层流内层或层流底层。层流内层与湍流层之间还存在过渡层或缓冲层,其流动类型不稳定,可能是层流,也可能是湍流。层流内层的厚度随 Re 值增加而减小,但不论流体湍动得如何剧烈,层流内层的厚度都不会为零。层流内层的厚度对传热和传质过程有很大的影响。

平板上边界层的厚度可用下两式进行估算:

对于层流边界层
$$\frac{\delta}{x}=\frac{4.64}{Re_x^{0.5}} \tag{1-38}$$

对于湍流边界层
$$\frac{\delta}{x}=\frac{0.376}{Re_x^{0.2}} \tag{1-39}$$

其中,Re_x 为以距平板前缘距离 x 作为几何尺寸的雷诺数,即 $Re_x=\frac{u_s x\rho}{\mu}$,$u_s$ 为主流区的流速。

由上两式可知,在平板前缘处 $x=0$,则 $\delta=0$;随着流动路程的延长,边界层逐渐增厚;随着流体黏度的减小,边界层逐渐变薄。

边界层内流体的流动类型可由 Re_x 值来决定,对于光滑的平板壁面,当 $Re_x \leqslant 2\times10^5$ 时,边界层内的流动为层流;当 $Re_x \geqslant 3\times10^6$ 时,为湍流;当 Re_x 值在 $2\times10^5 \sim 3\times10^6$ 的范围内时,可能是层流,也可能是湍流。

2) 流体在圆形直管的进口段内的流动

在化工过程中,常遇到流体在管内流动的情形。图 1-18 表示流体在圆形直管进口段内流动时,层流边界层内速度分布侧形的发展情况。

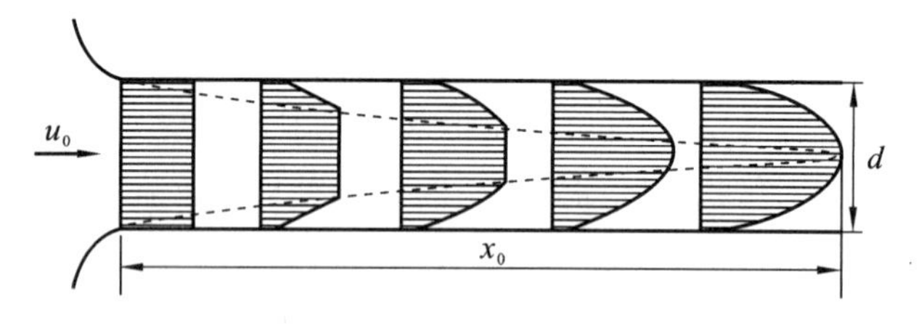

图 1-18 圆管进口段层流边界层内速度分布侧形的发展

流体在进入圆管前,以均匀的流速流动。进管之初速度分布比较均匀,仅在靠管壁处形成很薄的边界层。在黏性的影响下,随着流体向前流动,边界层逐渐增厚,而边界层内流速则逐渐减小。由于管内流体的总流量维持不变,所以使管中心部分的流速增加,速度分布随之而变。在距管入口处 x_0 的地方,管壁上已经形成的边界层在管的中心线上汇合,此后,边界层占据整个圆管的截面,其厚度维持不变,等于管子半径。距管进口的距离 x_0 称为稳定段长度或进口段长度。在稳定段以后,各截面速度分布曲线形状不随 x 而变,称为完全发展了的流动。

图 1-19(a)表示层流时流动边界层厚度的变化情况。当 $x=0$ 时，$\delta=0$；随着 x 的增加，δ 也增加；当 $x=x_0$ 时，$\delta=R$。对于层流流动，稳定段长度 x_0 与圆管直径 d 及雷诺数 Re 的关系为

$$\frac{x_0}{d}=0.0575Re \tag{1-40}$$

其中：$Re=\dfrac{du\rho}{\mu}$；u 为管截面的平均流速。

与平板一样，流体在管内流动的边界层可以从层流转变为湍流。如图 1-19(b)所示，流体经过一定长度后，边界层由层流发展为湍流，并在 x_0 处于管中心线上相汇合。

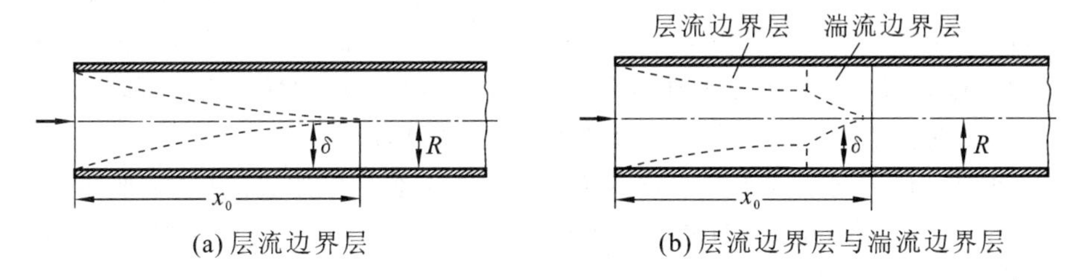

图 1-19　圆管进口段流动边界层厚度的变化

在完全发展了的流动开始时，若边界层内为层流，则管内流动仍保持层流；若边界层内为湍流，则管内的流动仍保持湍流。圆管内边界层外缘的流速即为管中心的流速，无论是层流或湍流都是最大流速 u_{max}。

在圆管内，即使是湍流边界层，在靠管壁处仍存在一极薄的层流内层。湍流时，圆管中的层流内层厚度 δ_b 可采用半理论半经验公式计算。例如，流体在光滑管内作湍流流动，层流内层厚度可用下式估算：

$$\frac{\delta_b}{d}=\frac{61.5}{Re^{7/8}} \tag{1-41}$$

式中的系数在不同文献中会有所不同，主要是因公式推导过程中，假设管截面平均流速 u 与管中心最大流速 u_{max} 的比值不同而引起的。当 $u/u_{max}=0.81$ 时，系数为 61.5。

由式(1-41)可知，Re 值愈大，层流内层就愈薄。如在内径 d 为 100 mm 的导管中，$Re=1\times10^4$ 时，$\delta_b=1.95$ mm；当 $Re=1\times10^5$ 时，$\delta_b=0.26$ mm。说明 Re 值增大时，层流内层厚度 δ_b 显著下降。虽然层流内层极薄，但由于此层内的流动是层流，其对于传热及传质过程都有一定的影响，不应忽视。

最后应该指出，流体在圆形直管内作定态流动时，在稳定段以后，管内各截面上的流速分布和流动类型保持不变，因此，在测定圆管内截面上流体的速度分布曲线时，测定地点必须选在圆管中流体速度分布保持不变的平直部分，即此处到入口或转弯等处的距离应大于 x_0。其他测量仪表在管道上的安装位置也应如此。层流时，通常取稳定段长度 $x_0=(50\sim100)d$，湍流的稳定段长度一般比层流的要短些(Re 值较小时除外)。

3. *边界层的分离*

流体在流过平板或在直径相同的管道中流动时，流动边界层是紧贴在壁面上的。如果流体流过曲面，如球体、圆柱体或其他几何形状物体的表面时，所形成的边界层还有一个极其重要的特点，即无论是层流还是湍流，在一定条件下都将产生边界层与固体表面脱离的现象，并

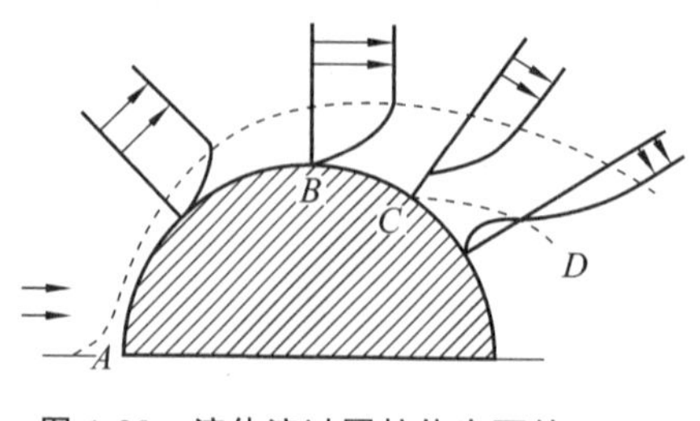

图 1-20 流体流过圆柱体表面的边界层分离

在脱离处产生旋涡,加剧流体质点间的相互碰撞,造成流体的能量损失。

如图 1-20 所示,液体以均匀的流速垂直流过一无限长的圆柱体表面(以圆柱体上半部分为例)。由于流体具有黏性,在壁面上形成边界层,其厚度随流过的距离增加而增加。液体的流速与压力沿圆柱周边而变化,当液体到达点 A 时,受到壁面的阻滞,流速为零,动能全部转化为静压能。点 A 称为停滞点或驻点。在点 A 处,液体的压力最大,后继而来的液体在高压作用下被迫改变原来的运动方向,由点 A 绕圆柱表面而流动。在点 A 至点 B 间,因流通截面逐渐减小,边界层内流动处于加速减压的情况之下,所减小的静压能,一部分转变为动能,另一部分消耗于克服流体内摩擦引起的流动阻力(摩擦阻力)。

在点 B 处流速最大而压力最低。过点 B 以后,随流通截面的逐渐增加,液体又处于减速加压的情况,所减小的动能,一部分转变为静压能,另一部分消耗于克服摩擦阻力。此后,动能随流动过程继续减小,达到点 C 时,其动能消耗殆尽,则点 C 的流速为零,压力最大,形成了新的停滞点,后继而来的液体在高压作用下被迫离开壁面,沿新的流动方向前进,故点 C 称为分离点。这种边界层脱离壁面的现象,称为边界层分离。

由于边界层自点 C 开始脱离壁面,所以在点 C 的下游形成了液体的空白区,后面的液体必然倒流回来以填充空白区,此时点 C 下游的壁面附近产生了流向相反的两股液体。两股液体的交界面称为分离面,如图 1-20 中曲面 CD 所示。分离面与壁面之间有流体回流而产生旋涡,成为涡流区。其中,流体质点进行着强烈的碰撞与混合而消耗能量。这部分能量损耗是由于固体表面形状而造成边界层分离所引起的,称为形体阻力。

因此,黏性流体绕过固体表面的阻力为摩擦阻力与形体阻力之和。两者之和又称为局部阻力。由上述可知,边界层分离是旋涡形成的一个重要因素。流体流经管件、阀门、管子进出口等局部地方,由于流动方向和流通截面的突然改变,均会发生上述情况。

1.5 流体在管内的流动阻力

在本书 1.3 节的例题中应用伯努利方程时,对能量损失 $\sum h_f$ 一项,不是给出了数值就是忽略不计,这是因为还没有介绍 $\sum h_f$ 的计算。根据本书 1.4 节的讨论,可以将流动阻力产生的原因与影响因素归纳为:流体具有黏性,流动时存在着内摩擦,是流动阻力产生的根源;固定的管壁或其他形式固体壁面,促使流动的流体内部发生相对运动,为流动阻力的产生提供了条件。流动阻力的大小还与流体本身的物理性质、流动状况、流道的形状和尺寸等因素有关。

流体在管路中流动时的阻力可分为直管阻力和局部阻力两种。直管阻力是流体流经一定管径的直管时,由于流体内摩擦而产生的阻力。局部阻力主要是由于流体流经管路中的管件、阀门及管截面的突然扩大或缩小等局部地方所引起的阻力。

伯努利方程中的 $\sum h_f$ 项,是指所研究管路系统的总能量损失(或称阻力损失),既包括系统中各段直管阻力损失 h_f,也包括系统中各种局部阻力损失 h'_f,即

$$\sum h_f = h_f + h_f' \tag{1-42}$$

在1.3节中曾指出，衡算基准不同，流体的伯努利方程可写成不同形式。同样，衡算系统的能量损失作为伯努利方程中的一项，也可用不同的方法来表示。由前述可知：

$\sum h_f$ 为单位质量流体流动时所损失的机械能，单位为 J/kg；

$\dfrac{\sum h_f}{g}$ 为单位重量流体流动时所损失的机械能，单位为 J/N = m，又称压头损失；

$\rho\sum h_f$ 为单位体积流体流动时所损失的机械能，以 Δp_f 表示，即 $\Delta p_f = \rho\sum h_f$，单位为 J/m^3 = Pa。

由于 Δp_f 的单位可简化为压力的单位，故常称 Δp_f 为流动阻力引起的压降（压力降）。既然是压力，故 Δp_f 有时也用 mmH_2O、mmHg 等流体柱的高度来表示。

应当注意的是，Δp_f 与伯努利方程中两截面间的压力差是两个截然不同的概念，当有外功加入时，实际流体的伯努利方程为

$$g\Delta Z + \Delta\frac{u^2}{2} + \Delta\frac{p}{\rho} = W_e - \sum h_f$$

上式各项中乘以流体密度 ρ，并整理得

$$\Delta p = p_2 - p_1 = \rho W_e - \rho g\Delta Z - \rho\Delta\frac{u^2}{2} - \rho\sum h_f$$

上式说明，由流动阻力而引起的压降 Δp_f 并不是两截面间的压力差 Δp。压降 Δp_f 表示 1 m^3 流体在流动系统中仅仅是由于流动阻力所消耗的能量。应指出，Δp_f 是一个符号，此处"Δ"并不代表数学中的增量。而两截面间的压力差 Δp 是由多方面因素而引起的，如各种不同形式机械能的相互转换都会使两截面间的压力差发生变化，此处"Δ"表示增量。在一般情况下，Δp 与 Δp_f 在数值上不相等，只有当流体在一段既无外功加入，直径又相同的水平管内流动时，因 $W_e=0$，$\Delta Z=0$，$\Delta\dfrac{u^2}{2}=0$，才能得出两截面间的压力差 Δp 与压降 Δp_f 在绝对数值上相等。

1.5.1 流体在直管中的流动阻力

1. 计算圆形直管阻力的通式

当流体在管内以一定速度流动时，有两个方向相反的力相互作用于流体。一个是促使流动的推动力，这个力的方向和流动方向一致；另一个是由内摩擦而引起的摩擦阻力，这个力阻止流体的运动，其方向与流体的流动方向相反。因此，只有在推动力与阻力达到平衡的条件下，流动速度才能维持不变，即达到定态流动。

如图1-21所示，流体以速度 u 在一段水平直管内作定态流动，对于不可压缩流体，在1—1′与2—2′截面间列伯努利方程得

$$gZ_1 + \frac{u_1^2}{2} + \frac{p_1}{\rho} = gZ_2 + \frac{u_2^2}{2} + \frac{p_2}{\rho} + h_f$$

因是直径相同的水平管，所以 $Z_1=Z_2$，$u_1=u_2=u$，上式可简化为

$$p_1 - p_2 = \rho h_f$$

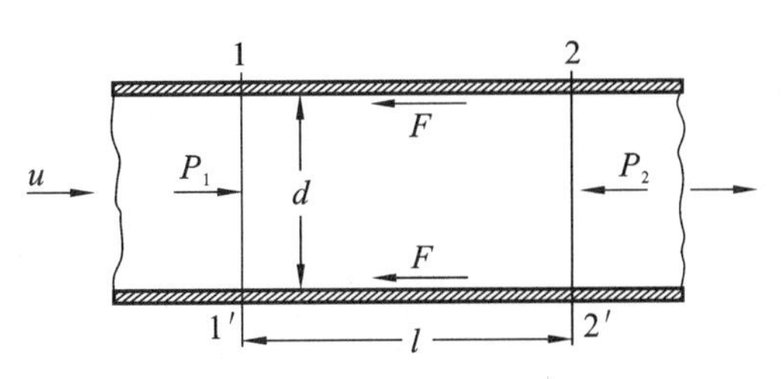

图1-21　直管阻力通式的推导

现分析流体在一段直径为 d、长度为 l 的水平管内受力的情况。垂直作用于 1—1′截面上的压力为

$$P_1 = p_1 A_1 = p_1 \frac{\pi}{4} d^2$$

垂直作用于 2—2′截面上的压力为

$$P_2 = p_2 A_2 = p_2 \frac{\pi}{4} d^2$$

P_1 与 P_2 的作用方向相反,所以有一个静压力($P_1 - P_2$)作用于整个流体柱上,推动流体向前运动,这就是流动的推动力,其作用方向与流动方向相同,其大小为

$$P_1 - P_2 = (p_1 - p_2) \frac{\pi}{4} d^2$$

平行作用于流体柱表面上的摩擦力为

$$F = \tau S = \tau \pi d l$$

摩擦力阻止流体向前运动,是流体流动的阻力,其作用方向与流动方向相反。

根据牛顿第二定律,要维持流体在管内作匀速运动,作用在流体柱上的推动力应与阻力的大小相等、方向相反,即

$$(p_1 - p_2) \frac{\pi}{4} d^2 = \tau \pi d l$$

则

$$p_1 - p_2 = \frac{4l}{d} \tau$$

将 $p_1 - p_2 = \rho h_f$ 代入上式,并整理得

$$h_f = \frac{4l}{\rho d} \tau \tag{1-43}$$

上式为流体在圆形直管内流动时能量损失与内摩擦应力的关系式,但还不能直接用来计算 h_f,因为内摩擦应力所遵循的规律因流体流动类型而异,直接用 τ 计算 h_f 有困难,故式(1-43)不便直接应用于管路的计算。下面将式(1-43)作进一步变换,以消去式中的内摩擦应力 τ。

由实验可知,流体只有在流动情况下才产生阻力。在流体物理性质、管径与管长相同的情况下,流速增大,能量损失也随之增加,可见流动阻力与流速有关。由于动能 $u^2/2$ 与 h_f 的单位相同,均为 J/kg,因此常把能量损失 h_f 表示为动能 $u^2/2$ 的函数。于是可将式(1-43)改写成

$$h_f = \frac{4\tau}{\rho} \frac{2}{u^2} \frac{l}{d} \frac{u^2}{2}$$

令

$$\lambda = \frac{8\tau}{\rho u^2}$$

则

$$h_f = \lambda \frac{l}{d} \frac{u^2}{2} \tag{1-44}$$

或

$$\Delta p_f = \rho h_f = \lambda \frac{l}{d} \frac{\rho u^2}{2} \tag{1-44a}$$

式(1-44)与式(1-44a)是计算圆形直管阻力所引起能量损失的通式,称为范宁(Fanning)公式,此式对处于层流与湍流,管道水平、垂直与倾斜放置的情况均适用。式中的 λ 称为摩擦系数,是雷诺数的函数或者是雷诺数与管壁粗糙度的函数。应用上两式计算 h_f 时,关键是要找出 λ 值。

前已指出,层流与湍流是两种性质不同的流动类型。由于在式(1-44)与式(1-44a)的推导过程中,曾令 $\lambda=\frac{8\tau}{\rho u^2}$,其中的内摩擦应力 τ 所遵循的规律因流动类型而异,因此 λ 值也随流动类型而变,对层流和湍流的摩擦系数 λ 应予以分别讨论。此外,管壁粗糙度对 λ 的影响程度也与流动类型有关。

2. 管壁粗糙度对摩擦系数的影响

化工过程中所使用的管道,按其材料性质和加工情况,大致可分为光滑管和粗糙管两大类。通常把玻璃管、黄铜管、塑料管等列为光滑管,把钢管和铸铁管等列为粗糙管。实际上,即使是用同一材质管子的管道,由于使用时间的长短,腐蚀与结垢的程度不同,管壁的粗糙程度也会产生很大的差异。

管壁粗糙度可用绝对粗糙度与相对粗糙度来表示。绝对粗糙度是指壁面凸出部分的平均高度,以 ε 表示。表 1-2 列出一些工业管道的绝对粗糙度数值。在选取管壁的绝对粗糙度 ε 值时,必须考虑到流体对管壁的腐蚀性,流体中的固体杂质是否会黏附在壁面上以及使用情况等因素。

表 1-2 一些工业管道的绝对粗糙度

金属管	绝对粗糙度/mm	非金属管	绝对粗糙度/mm
无缝黄铜管、铜管及铝管	0.01~0.05	干净玻璃管	0.001 5~0.01
新的无缝钢管或镀锌铁管	0.1~0.2	橡皮软管	0.01~0.03
新的铸铁管	0.3	木管	0.25~1.25
具有轻度腐蚀的无缝钢管	0.2~0.3	陶土排水管	0.45~6.0
具有显著腐蚀的无缝钢管	0.5 以上	很好整平的水泥管	0.33
旧的铸铁管	0.85 以上	石棉水泥管	0.03~0.8

相对粗糙度是指绝对粗糙度与管道直径的比值,即 ε/d。管壁粗糙度对摩擦系数 λ 的影响程度与管径的大小有关,如对于绝对粗糙度相同的管道,直径较小时,对 λ 的影响就大。所以在流动阻力的计算中,不但要考虑绝对粗糙度的大小,还要考虑相对粗糙度的大小。

流体作层流流动时,管壁上凹凸不平的地方都被有规则的流体层所覆盖,而流动速度又比较缓慢,流体质点对管壁凸出部分不会有碰撞作用。所以在层流时,摩擦系数与管壁粗糙度无关。当流体作湍流流动时,靠管壁处总是存在着一层层流内层,如果层流内层的厚度 δ_b 大于壁面的绝对粗糙度,即 $\delta_b>\varepsilon$,如图 1-22(a)所示,此时管壁粗糙度对摩擦系数的影响与层流相近。随着 Re 值的增加,层流内层逐渐变薄,当 $\delta_b<\varepsilon$ 时,如图 1-22(b)所示,壁面凸出部分便伸入湍流区内与流体质点发生碰撞,使湍动加剧,此时壁面粗糙度对摩擦系数的影响便成为重要的因素。Re 值愈大,层流内层愈薄,这种影响就愈显著。

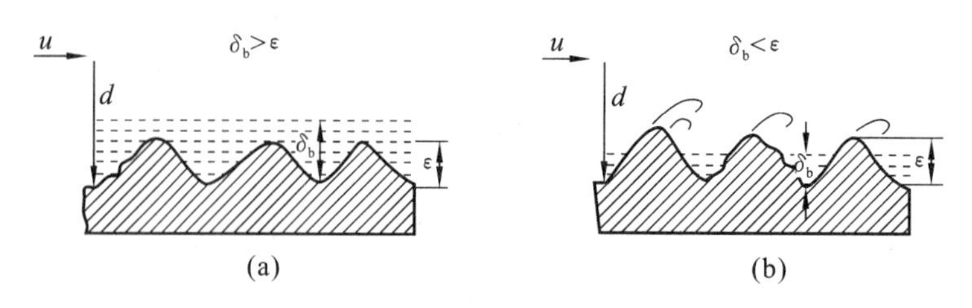

图 1-22　流体流过管壁面的情况

3. 层流时的摩擦系数

层流时,流动阻力来自流体本身所具有的黏性而引起的内摩擦,对牛顿型流体,内摩擦应力的大小服从牛顿黏性定律。由前面讨论可知,影响层流摩擦系数 λ 的因素只是雷诺数 Re,而与管壁的粗糙度无关。λ 与 Re 的关系式可用理论分析方法进行推导。

利用前面推导的层流流动时管截面上的平均速度,并将 $R=d/2$ 代入式(1-36)中,整理得

$$\Delta p_f=\frac{32\mu lu}{d^2} \tag{1-45}$$

式(1-45)为流体在圆管内作层流流动时的直管阻力计算式,称为哈根-泊谡叶(Hagen-Poiseuille)公式。由此可见,层流时 Δp_f 与 u 成正比。将式(1-45)与式(1-44a)相比较,便知

$$\lambda=\frac{64\mu}{du\rho}=\frac{64}{\dfrac{du\rho}{\mu}}=\frac{64}{Re} \tag{1-46}$$

式(1-46)为流体在圆管内作层流流动时 λ 与 Re 的关系式。若将此式在对数坐标上进行标绘,可得一直线,如图 1-23 所示。

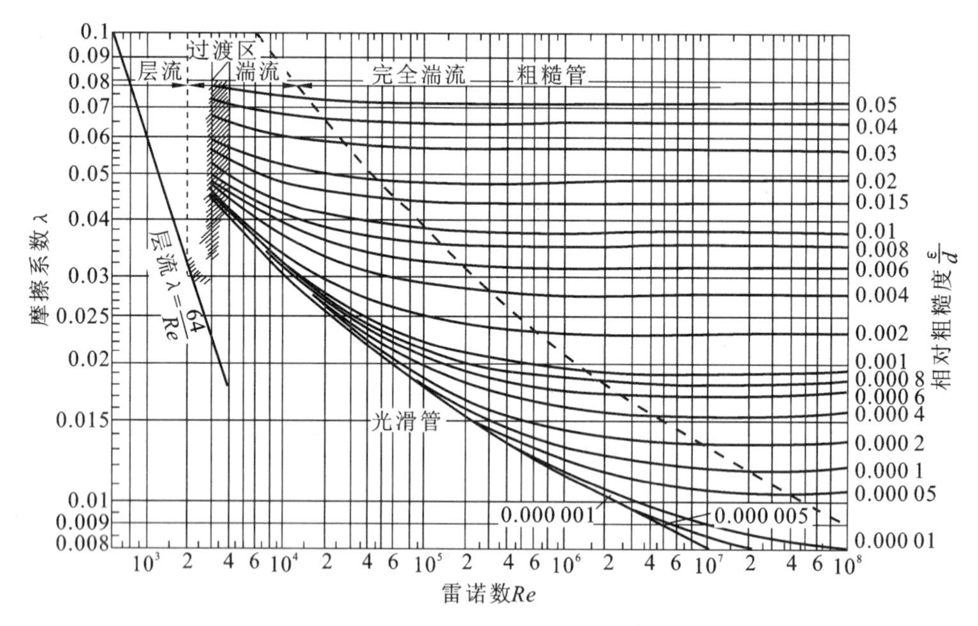

图 1-23　摩擦系数 λ 与雷诺数 Re 及相对粗糙度 ε/d 的关系

4. 湍流时的摩擦系数与因次分析

湍流流动时,流动阻力除来自流体的黏性而引起的内摩擦外,还有因流体质点的不规则迁

移、脉动和碰撞而产生的附加阻力，又称为湍流切应力。所以湍流流动中的总阻力包括由黏性产生的内摩擦应力和湍流切应力，而且在湍流状态下，湍流切应力比内摩擦应力大得多。可仿照牛顿黏性定律，将湍流切应力表示成与速度梯度成正比的形式，则总摩擦应力为

$$\tau_{总}=(\mu+e)\frac{\mathrm{d}u}{\mathrm{d}y} \tag{1-47}$$

式中的 e 称为涡流黏度，其单位与黏度 μ 的单位相同，但其本质截然不同。μ 是流体的物理性质，由流体本身决定，而涡流黏度 e 不是流体的物理性质，其值不仅与流体的物性有关，而且与流体的流动状况有关。涡流黏度反映了湍流流动中流体的脉动特性，管内不同位置或不同的管内速度分布都将影响 e 值。由于湍流时流体质点运动情况复杂，目前还不能完全依靠理论导出一个表示 e 的关系式，因此也就不能像层流那样，应用理论分析法得到计算湍流时摩擦系数 λ 的公式。

工程技术中经常遇到所研究现象过于复杂的情况，虽然已知其影响因素，但还不能建立数学表达式，或虽然建立了数学表达式，但无法用数学方法来求解。因此，需通过实验建立经验关系式。在进行实验时，每次只能改变一个影响因素，即变量，而把其他变量固定。若过程牵涉的变量很多，实验工作量必然很大，同时要把实验结果关联成一个便于应用的简单公式，往往也是很困难的。若利用因次分析的方法，可将几个变量组合成一无因次的数群，如雷诺数 Re 就是由 d、u、ρ 和 μ 四个变量所组成的无因次数群。因数群的数目总是比变量的数目少，这样，可用无因次数群代替个别变量进行实验，使实验次数大大减少，并且关联数据的工作也会有所简化。

因次分析的基础是因次一致性原则和 π 定理。因次一致性原则表明：凡根据基本物理规律导出的物理方程，其各项的因次必然相同。如表示以匀加速度 a 运动的物体，在 θ 时间内所走过的距离 l 的公式为

$$l=u_0\theta+\frac{1}{2}a\theta^2 \tag{1-48}$$

式中：u_0——物体的初速度。

上式的因次公式可写成

$$\mathrm{L}=(\mathrm{LT}^{-1})\mathrm{T}+(\mathrm{LT}^{-2})\mathrm{T}^2$$

其中，L 和 T 分别为长度和时间的因次。

由上式可见，其各项的因次均为长度的因次 L。

对于因次一致的物理方程，只要将式中各项同除以其中一项，均可得到以无因次数群表示的关系式。以式(1-48)为例，如果各项同除以 l，可得

$$\frac{u_0\theta}{l}+\frac{a\theta^2}{2l}-1=0 \tag{1-48a}$$

根据白金汉(Buckingham)π 定理，任何因次一致的物理方程都可以表示为一组无因次数群的零函数，即

$$f(\pi_1,\pi_2,\cdots,\pi_i)=0 \tag{1-49}$$

式(1-48a)可以写成

$$f\left(\frac{u_0\theta}{l},\frac{a\theta^2}{2l}\right)=0 \tag{1-50}$$

可见,式(1-48a)的物理方程可以表示为无因次数群$\frac{u_0\theta}{l}$和$\frac{a\theta^2}{2l}$的零函数。

π 定理同时还指出:无因次数群 π_1、π_2 等的数目 i 等于影响该现象的物理量数目 n 减去用以表示这些物理量的基本因次的数目 m,即

$$i=n-m \tag{1-51}$$

式(1-48)中物理量数目 $n=4$,即 l、u_0、θ 及 a;基本因次数 $m=2$,即 L 及 T。因此无因次数群的数目 $i=4-2=2$,即$\frac{u_0\theta}{l}$及$\frac{a\theta^2}{2l}$。

应注意的是:只有在微分方程不能积分时,才采用因次分析法。因上面例子较简单,故只借以说明寻求无因次数群的途径。

如果过程比较复杂,且仅知道影响某一过程的物理量,而不能列出该过程的微分方程,则常用雷莱(Lord Rylegh)指数法将影响过程的因素组成无因次的数群。下面以湍流时的流动阻力问题来说明雷莱指数法的用法。

根据对湍流时流动阻力性质的理解,以及所进行的实验研究综合分析可知:为克服流动阻力所引起的能量损失 Δp_f,应与流体流过的管径 d、管长 l、平均流速 u、流体的密度 ρ 及黏度 μ、管壁的绝对粗糙度 ε 有关。据此可以写成一般的不定函数形式,即

$$\Delta p_f=\phi(d,l,u,\rho,\mu,\varepsilon) \tag{1-52}$$

上面的关系也可以用幂函数来表示,即

$$\Delta p_f=Kd^a l^b u^c \rho^j \mu^k \varepsilon^q \tag{1-52a}$$

式中的系数 K 和指数 a、b、c 等均为待定值。各物理量的因次分别为

$$[p]=\mathrm{MT^{-2}L^{-1}},\quad [\rho]=\mathrm{ML^{-3}}$$
$$[d]=[l]=\mathrm{L},\quad [\mu]=\mathrm{ML^{-1}T^{-1}}$$
$$[u]=\mathrm{LT^{-1}},\quad [\varepsilon]=\mathrm{L}$$

把各物理量的因次代入式(1-52a),则两端的因次为

$$\mathrm{MT^{-2}L^{-1}}=\mathrm{L}^a\mathrm{L}^b(\mathrm{LT^{-1}})^c(\mathrm{ML^{-3}})^j(\mathrm{ML^{-1}T^{-1}})^k\mathrm{L}^q$$

即

$$\mathrm{MT^{-2}L^{-1}}=\mathrm{M}^{j+k}\mathrm{T}^{-c-k}\mathrm{L}^{a+b+c-3j-k+q}$$

根据因次一致性原则,上式等号两侧各基本量因次的指数必然相等,所以

对于因次 M $\qquad j+k=1$

对于因次 T $\qquad -c-k=-2$

对于因次 L $\qquad a+b+c-3j-k+q=-1$

这里方程式只有 3 个,而未知数却有 6 个,自然不能联立解出各未知数的数值。为此,只能把其中的三个表示为另三个的函数来处理。设以 b、k、q 的函数表示 a、c 及 j,则联立解得

$$a=-b-k-q,\quad c=2-k,\quad j=1-k$$

将 a、c、j 值代入式(1-52a)得

$$\Delta p_f=Kd^{-b-k-q}l^b u^{2-k}\rho^{1-k}\mu^k\varepsilon^q=Kd^{-b}d^{-k}d^{-q}l^b u^2 u^{-k}\rho\rho^{-k}\mu^k\varepsilon^q$$

把指数相同的物理量合并在一起,即得

$$\left(\frac{\Delta p_f}{\rho u^2}\right)=K\left(\frac{l}{d}\right)^b\left(\frac{du\rho}{\mu}\right)^{-k}\left(\frac{\varepsilon}{d}\right)^q \tag{1-53}$$

上式括号中均为无因次的数群。$\frac{du\rho}{\mu}$为雷诺数 Re；$\frac{\Delta p_f}{\rho u^2}$称为欧拉(Euler)数，通常以 Eu 表示，其中包括需要计算的参数 Δp_f；$\frac{l}{d}$及$\frac{\varepsilon}{d}$均为简单的无因次比值，前者与管子的几何尺寸有关，后者与管壁的绝对粗糙度 ε 有关。

将式(1-53)中的无因次数群作为影响湍流时流动阻力的因素，则变量只有 4 个，而式(1-52)却包括 7 个变量。所以进行实验安排时，按式(1-53)比按式(1-52)要简单得多。同样，由 π 定理也可进一步证明湍流流动时无因次数群的数目为 4。

通过以上实例，一方面对因次分析法的运用进行了简单介绍，另一方面也推导出了影响直管阻力的特征数函数式。在此须明确以下两点。

(1) 因次分析法只是从物理量的因次着手，即将以物理量表达的一般函数式变为以无因次数群表达的函数式，但并不能描述一物理现象中各影响因素之间的关系。在组合数群之前，必须通过一定的实验，对所要解决的问题进行考察，确定与所研究对象有关的物理量。如果遗漏了必要的物理量，或把不相干的物理量列进去，都会导致不正确的结论。

(2) 经过因次分析得到无因次数群的函数式后，具体函数关系，如式(1-53)中的系数 K 与指数 b、k、q 仍需通过实验确定。

将通过实验定出的 K、b、k 及 q 值代入式(1-53)，再与式(1-44a)相比较，便可得出摩擦系数 λ 的计算式，通常称为经验关联式或半理论公式。

湍流时，在不同 Re 值范围内，对不同的管材，λ 的表达式亦不相同，下面列举几种。

1) 光滑管

(1) 柏拉修斯(Blasius)公式。

$$\lambda=\frac{0.3164}{Re^{0.25}} \tag{1-54}$$

上式适用范围：Re 为 $3\times10^3\sim1\times10^5$。

(2) 顾毓珍公式。

$$\lambda=0.0056+\frac{0.500}{Re^{0.32}} \tag{1-55}$$

上式适用范围：Re 为 $3\times10^3\sim3\times10^6$。

2) 粗糙管

(1) 柯列勃洛克(Colebrook)公式。

$$\frac{1}{\sqrt{\lambda}}=2\lg\frac{d}{\varepsilon}+1.14-2\lg\left(1+9.35\frac{d/\varepsilon}{Re\sqrt{\lambda}}\right) \tag{1-56}$$

上式适用范围：$\frac{d/\varepsilon}{Re\sqrt{\lambda}}<0.005$。

(2) 尼库拉则(Nikurades)与卡门(Karman)公式。

$$\frac{1}{\sqrt{\lambda}}=2\lg\frac{d}{\varepsilon}+1.14 \tag{1-57}$$

上式适用范围：$\frac{d/\varepsilon}{Re\sqrt{\lambda}}>0.005$。

计算 λ 的关系式还有很多，但都比较复杂，使用不便。在工程计算中，一般将实验数据进行综合整理,以 ε/d 为参数,标绘 Re 与 λ 关系,如图 1-23 所示。这样,便可根据 Re 与 ε/d 值从图 1-23 中查得 λ 值。

由图 1-23 可以看出有四个不同的区域。

① 层流区,$Re\leqslant 2\ 000$。因有 $\lambda=64/Re$,则 λ 随 Re 值的增大而下降,λ 与管壁粗糙度无关。

② 过渡区,Re 为 2 000～4 000。在此区内层流或湍流的 λ-Re 曲线都可应用。为安全起见,对于流动阻力的计算,一般将湍流时的曲线延伸,以查取 λ 值。

③ 湍流区,$Re\geqslant 4\ 000$ 及虚线以下的区域。这个区的特点是摩擦系数 λ 与 Re 及相对粗糙度 ε/d 都有关。当 ε/d 一定时,λ 随 Re 值的增大而减小,Re 值增至某一数值后 λ 值下降缓慢;当 Re 值一定时,λ 随 ε/d 的增加而增大。

④ 完全湍流区,图中虚线以上的区域。此区内的各 λ-Re 曲线趋于水平线,即摩擦系数 λ 只与 ε/d 有关,与 Re 无关。当 ε/d=常数时,此区内 λ 为常数;若 ε/d 为一定值,则流动阻力所引起的能量损失 h_f 与 u^2 成正比,所以此区又称为阻力平方区。对于相对粗糙度 ε/d 愈大的管道,达到阻力平方区的 Re 值愈低。

5. 流体在非圆形直管内的流动阻力

前面所涉及的都是流体在圆管内的流动。在化工过程中,常遇到非圆形管道或设备,如有些气体管道是方形的,有时流体也会在环形通道内流过。前面计算雷诺数 Re 及阻力损失 h_f 或 Δp_f 式中的 d 是圆管直径,对于非圆形管如何确定呢?一般来讲,截面形状对速度分布及流动阻力的大小都会有影响。实验表明,在湍流情况下,对非圆形截面的通道,可用一个与圆形管直径 d 相当的“直径”来代替。为此,引进了水力半径 r_H 的概念。水力半径的定义为流体在流道里的流通截面积 A 与润湿周边长度 Π 之比,即

$$r_H=\frac{A}{\Pi} \tag{1-58}$$

对于直径为 d 的圆形管子,流通截面积 $A=\frac{\pi}{4}d^2$,润湿周边长度 $\Pi=\pi d$,故

$$r_H=\frac{\frac{\pi}{4}d^2}{\pi d}=\frac{d}{4}$$

或

$$d=4r_H$$

即圆形管的直径为其水力半径的 4 倍。将此概念推广到非圆形管,即非圆形管的“直径”也采用 4 倍的水力半径来代替,称为当量直径,以 d_e 表示,即

$$d_e=4r_H \tag{1-59}$$

因此,流体在非圆形直管内作湍流流动时,其阻力损失仍可用式(1-44)及式(1-44a)进行计算,但应将式中及 Re 定义式中的圆管直径 d 以当量直径 d_e 来代替。

由此可知,对于套管环隙,其当量直径为

$$d_e=4r_H=4\times\frac{\frac{\pi}{4}d_1^2-\frac{\pi}{4}d_2^2}{\pi(d_1+d_2)}=d_1-d_2$$

其中,d_1 为大圆管的内直径,d_2 为小圆管的外直径。

部分研究结果表明,在湍流情况下,当量直径用于阻力计算比较可靠。用于矩形管时,其

截面的长宽之比不能超过 3∶1；用于环形截面时，其可靠性较差。层流时应用当量直径计算阻力的误差就更大，若必须采用式(1-58)及式(1-59)时，除将式(1-44)及式(1-44a)中的 d 换成 d_e外，还需对层流时摩擦系数 λ 的计算式(1-46)进行修正，即

$$\lambda=\frac{C}{Re} \tag{1-60}$$

式中：C——无因次系数，一些非圆形管的常数 C 值见表 1-3。

表 1-3　一些非圆形管的常数 C 值

非圆形管的截面形状	正方形	等边三角形	环形	长方形（长∶宽=2∶1）	长方形（长∶宽=4∶1）
常数 C	57	53	96	62	73

应当指出，不能用当量直径来计算流体通过的截面积、流速和流量，即式(1-44)、式(1-44a)及 Re 定义式中的流速 u 是指流体的真实流速，不能用当量直径 d_e来计算。

【例 1-17】 试推导下面两种形状截面的当量直径的计算式。

(1) 管道截面为长方形，长和宽分别为 a、b；

(2) 套管换热器的环形截面，外管内径为 d_1，内管外径为 d_2。

解　(1) 长方形截面的当量直径。

$$d_e=\frac{4A}{\Pi}$$

其中

$$A=ab,\quad \Pi=2(a+b)$$

故

$$d_e=\frac{4ab}{2(a+b)}=\frac{2ab}{a+b}$$

(2) 套管换热器的环形截面的当量直径。

$$A=\frac{\pi}{4}d_1^2-\frac{\pi}{4}d_2^2=\frac{\pi}{4}(d_1^2-d_2^2)$$

$$\Pi=\pi d_1+\pi d_2=\pi(d_1+d_2)$$

故

$$d_e=\frac{4\times\frac{\pi}{4}(d_1^2-d_2^2)}{\pi(d_1+d_2)}=d_1-d_2$$

1.5.2　管路中的局部阻力

管路中的局部阻力是指流体通过管路中的管件、阀门、管子出入口及流量计等处而发生的阻力。流体在流过这些地方时，其流速大小和方向都发生了变化，且流体受到干扰或冲击，使涡流现象加剧而消耗能量。由实验测知，当流体在直管中作层流流动时，流过管件或阀门时也容易变为湍流。在湍流情况下，为克服局部阻力所引起的能量损失有如下两种计算方法。

1. *阻力系数法*

局部阻力所引起的能量损失，也可以表示成动能 $u^2/2$ 的一个函数，即

$$h_f'=\zeta\frac{u^2}{2} \tag{1-61}$$

或

$$\Delta p_f'=\zeta\frac{\rho u^2}{2} \tag{1-61a}$$

式中的 ζ 为局部阻力系数,一般可由实验测定。因局部阻力的形式很多,下面给出几种常用的局部阻力系数的求法。

1) 突然扩大与突然缩小

管路因直径改变而突然扩大或突然缩小所产生的能量损失,按式(1-61)及式(1-61a)计算,式中的流速 u 均以小管的流速为准,局部阻力系数可根据小管与大管的截面积之比从图 1-24 的曲线上查得。

2) 进口与出口

流体自容器进入管内,可看作从很大的截面 A_1 突然进入很小的截面 A_2,即$A_2/A_1 \approx 0$。根据图 1-24 中的曲线(b),查出局部阻力系数 $\zeta=0.5$。这种损失常称为进口损失,相应的系数 ζ 又称为进口阻力系数。若管口圆滑或呈喇叭状,则局部阻力系数相应减小,为 0.05～0.25。

流体自管子进入容器或从管子直接排放到管外空间,可看作自很小的截面 A_1 突然扩大到很大的截面 A_2,即 $A_1/A_2 \approx 0$。从图 1-24 中的曲线(a),查出局部阻力系数$\zeta=1$。这种损失常称为出口损失,相应的阻力系数 ζ 又称为出口阻力系数。流体从管子直接排放到管外空间时,管子出口内侧截面上的压力可取管外空间的压力。

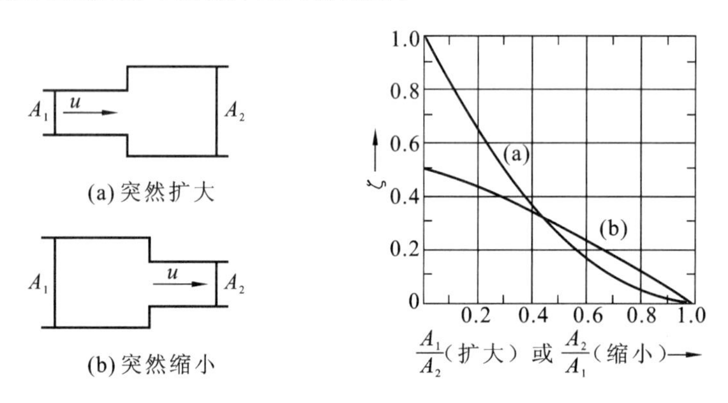

图 1-24　突然扩大和突然缩小的局部阻力系数

应予指出,若出口截面处在管子出口的内侧,表示流体未离开管路,截面上仍具有动能,出口损失不应计入系统的总能量损失 $\sum h_f$ 内,即 $\zeta=0$;若截面处在管子出口的外侧,表示流体已离开管路,截面上的动能为零,但出口损失应计入系统的总能量损失内,此时 $\zeta=1$。

3) 管件与阀门

管路上的配件如弯头、三通、活接头等总称为管件。不同管件或阀门的局部阻力系数可从有关手册中查得。

2. 当量长度法

流体流经管件、阀门等局部地区所引起的能量损失,可仿照式(1-44)及式(1-44a)写成如下形式:

$$h'_f=\lambda\frac{l_e}{d}\frac{u^2}{2} \tag{1-62}$$

或

$$\Delta p'_f=\lambda\frac{l_e}{d}\frac{\rho u^2}{2} \tag{1-62a}$$

式中：l_e称为管件或阀门的当量长度，其单位为m，表示流体流过某一管件或阀门的局部阻力，相当于流过一段与其具有相同直径、长度为l_e之直管阻力。l_e值一般可由实验测定，常见的管件和阀门的局部阻力系数和当量值见表1-4。一般情况下，为便于管路计算，常将局部阻力折算成一定长度直管的阻力。

表1-4　管件和阀门的局部阻力系数ζ和当量长度与管径比值

名　称	局部阻力系数ζ	当量长度与管径之比l_e/d	名　称	局部阻力系数ζ	当量长度与管径之比l_e/d
弯头(45°)	0.35	17	标准阀		
弯头(90°)	0.75	35	全开	6.0	300
三通	1	50	半开	9.5	475
回弯头	1.5	75	角阀(全开)	2.0	100
管接头	0.04	2	止回阀		
活接头	0.04	2	球式	70.0	3 500
闸阀			摇板式	2.0	100
全开	0.17	9	水表(盘式)	7.0	350
半开	4.5	225			

管件或阀门的当量长度数值均由实验确定。在湍流情况下，部分管件与阀门的当量长度可从图1-25中查得。

1.5.3　流体在管路系统中的总阻力

流体在管路系统中的总阻力为管路上全部直管阻力与局部阻力之和，这些阻力可分别以有关公式进行计算。当流体在流经直径不变的管路时，如果将局部阻力均按当量长度表示，则管路的总阻力损失为

$$\sum h_f=\left(\lambda\frac{\sum l_i+\sum l_e}{d}+\sum\zeta_i\right)\frac{u^2}{2} \tag{1-63}$$

式中：$\sum h_f$—— 管路系统中的总阻力损失，J/kg；

$\sum l_i$—— 管路系统中各段直管的总长度，m；

$\sum l_e$—— 管路系统全部管件与阀门等的当量长度之和，m；

$\sum \zeta_i$—— 管路系统中全部阻力系数之和；

u—— 流体在管路中的流速，m/s；

上式适用于直径相同的管段或管路系统的计算，式中的流速u是指管段或管路系统的流速，伯努利方程中动能$u^2/2$项中的流速u是指相应的衡算截面处的流速。同时，管件、阀门等局部阻力可用两种方法计算。若用当量长度法，应包含在$\sum l_e$内；若用阻力系数法，则应包含在$\sum\zeta_i$内。

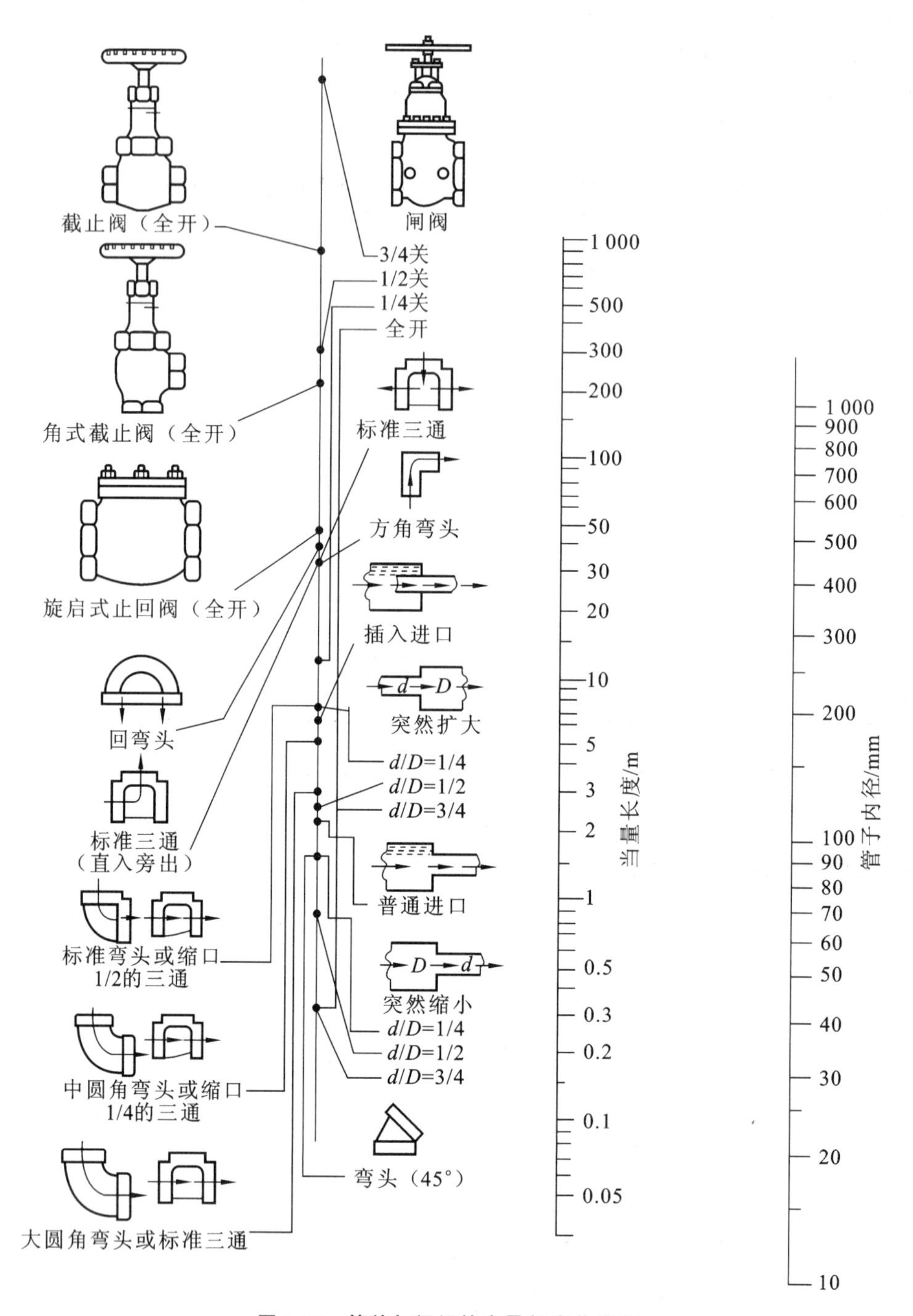

图 1-25　管件与阀门的当量长度共线图

1.5.4　管路基本知识

1. 管材和用途

(1) 铸铁管，常用作埋入地下的给水总管、煤气管及污水管等，也可用来输送碱液及浓硫酸。铸铁管价廉、耐腐蚀性强，但管壁厚、较笨重、强度差，故不宜输送蒸汽及在压力下输送爆炸性或有毒性气体。

(2) 有缝钢管,一般用于压力小于1.6 MPa的低压管路。小直径的有缝钢管(公称直径为10～150 mm)又称水煤气管,系用低碳钢焊制而成,分镀锌管(白铁管)、不镀锌管(黑铁管)两种,常用于水、煤气、空气、低压蒸汽和冷凝液及无腐蚀性的物料管路,其工作温度范围为0～200 ℃。

(3) 无缝钢管,分为热轧和冷拔两种,其特点是品质均匀和强度高,可用于输送有压力的物料,如蒸汽、高压水、过热水以及有燃烧性、爆炸性和毒性的物料。

(4) 紫铜管和黄铜管,质轻,导热性能好,低温下冲击韧性高,适宜作热交换器用管及低温输送管。黄铜管可用于海水处理,紫铜管常用于压力输送,适用温度低于250 ℃。

(5) 铅管,性软,易于锻制和焊接,但机械强度差,不能承受管子自重,必须铺设在支撑托架上,能抗硫酸、60%的氢氟酸、浓度小于80%的醋酸等。铅管多用于耐酸管道,但硝酸、次氯酸盐和高锰酸盐等介质不宜使用。最高使用温度为200 ℃。

(6) 铝管,耐酸腐蚀,但不耐碱、盐水及盐酸等含氯离子的化合物,多用于输送浓硝酸、醋酸等,使用温度低于200 ℃。

(7) 陶瓷管及玻璃管,耐腐蚀,但性脆,强度低,不耐压。陶瓷管多用于排除腐蚀性污水,而玻璃管由于透明,可用于某些特殊介质的输送。

(8) 塑料管,常用的有聚氯乙烯管、聚乙烯管、玻璃钢管等,其特点是质轻,抗腐蚀性好,易加工,但耐热耐寒性差,强度低,不耐压。一般用于常压、常温下酸、碱液的输送。

(9) 橡胶管,耐酸、碱,抗腐蚀,有弹性,能任意弯曲,但易老化,只能用于临时管路。

(10) 铝塑复合管,抗腐蚀性强,可任意弯曲,与管件连接方便,使用寿命较长。

2. 管路连接

(1) 承插式连接。铸铁管、耐酸管、水泥管常用承插式连接。管子的一头扩大成钟形,将另一根管子的平头插入钟形口内,环隙先用麻绳、石棉绳填塞,然后用水泥、沥青等胶合剂涂抹。该连接安装方便,对管子中心线的对接允许有较大的偏差,但缺点是难以拆卸,高压时不便使用。

(2) 螺纹连接。管子两端有螺纹,可用现成的螺纹管件连接而成。通常在直径小于100 mm的管道中使用。

(3) 法兰连接。法兰连接拆装方便,密封可靠,可适用的压力、温度、管径的范围很大。缺点是费用较高。法兰连接分普通钢管的平焊法兰和高压用的凹凸面对焊法兰两种形式。两法兰间放置垫片,垫片起密封作用,垫片的材料有多种,视介质的性质、温度、压力而定。

(4) 焊接。焊接法比上述任何方法都便宜、方便、严密,无论钢管、有色金属管、聚氯乙烯管均可焊接,应用十分广泛。但对经常拆卸的管路和对焊缝有腐蚀性的物料管路,以及不宜动火的车间管路,不便采用焊接。

3. 管件与阀门

1) 常用管件

如图1-26所示,用以改变流体流向的管件有90°弯头、45°弯头、180°回弯头等;用以堵截管路的管件有堵头(丝堵)、管帽、盲板等;用以连接支管的管件有三通、四通;用以改变管径的有异径管(大小头),内、外螺纹接头等;用以延长管路的管件有管箍(束节)、外二头丝、活接头、法兰等。

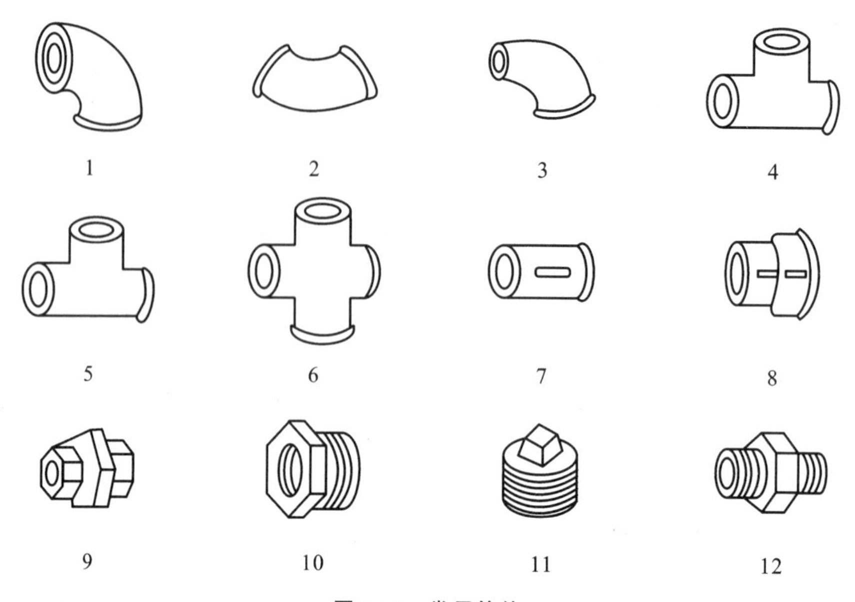

图 1-26　常用管件

1—90°弯头;2—45°弯头;3—异径弯头;4—等径三通;5—异径三通;6—四通;
7—管箍;8—异径管箍;9—活接头;10—补芯;11—丝堵;12—外丝接头

2) 常用阀门

常用阀门如图 1-27 所示。

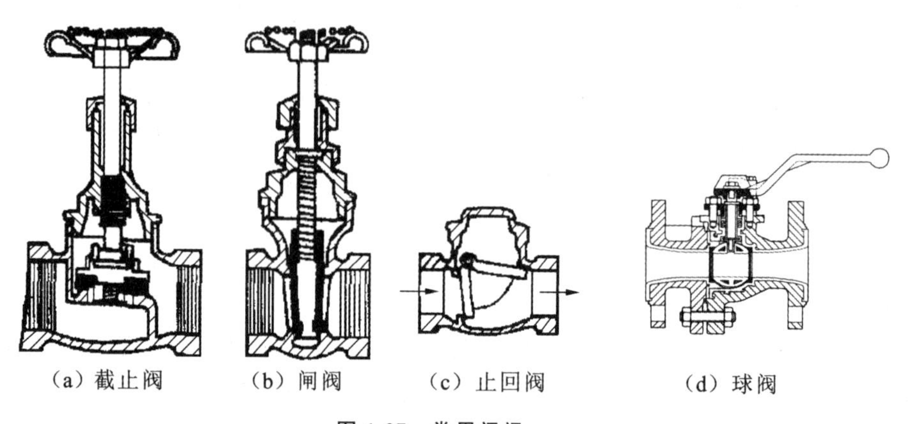

(a) 截止阀　(b) 闸阀　(c) 止回阀　(d) 球阀

图 1-27　常用阀门

(1) 截止阀,利用圆形阀盘在阀体内的升降来改变阀盘与阀座间的距离,以开关管路和调节流量。该阀门的流体阻力大于闸阀,但较严密可靠,可用于流量调节,不适用于有悬浮物的流体管道。

(2) 闸阀,阀体内装有一块闸板,使用时由螺旋升降,其移动方向与管道轴线垂直。它密封性好,流动阻力小,应用广泛,多用于管路作切断或全开之用。这种阀门结构比较复杂,密封面易擦伤,不适用于控制流量的大小及有悬浮物的介质。

(3) 止回阀,又称单向阀或止逆阀,只允许流体朝一个方向流动,靠流体的压力自动开启,可防止管道或设备中的介质倒流,离心泵吸入管端的底阀就属于此类。

(4) 球阀，有一个中间开孔的球体作阀芯，靠旋转球体来开关管路。其特点是结构简单，体积小，开关迅速，操作方便，流动阻力小，但制造精度要求高。

1.6　管路计算与布置原则

1.6.1　管路计算

一般来说，管路计算是连续性方程、伯努利方程与阻力损失计算式的具体运用。因已知与求解的变量情况不同，常遇到的管路计算问题可归纳为以下三种情况。

(1) 已知管径、管长、管路设置及流体的输送量，求流体通过管路系统的能量损失，以便确定输送设备所加入的外功、设备内的压力或设备间的相对位置等。

(2) 已知管径、管长、管路设置及允许的能量损失，求流体的流速或流量。

(3) 已知管长、管路设置、流体的流量及允许的能量损失，求输送管路的管径。

后两种情况均因流速 u 或管径 d 未知，不能直接计算 Re 值，因此无法判断流体的流动类型，亦不能确定摩擦系数 λ。在这种情况下，常用试差法或其他方法来求解。

化工过程的管路按其连接和配置的情况可分为两类，即简单管路和复杂管路。简单管路是指流体从入口到出口始终在一条管路中流动，可能管路有直径的变化或由若干段异径管段串联而成，但没有管路的分支或汇合，也可以是管径不变的单一管路。复杂管路包括并联管路和分支管路。下面分别举例介绍两类管路的计算。

1. 简单管路

简单管路的计算常用三个方程联立求解。当输送流体确定后，即流体的物性已知时，上述三个方程中仍含有许多变量，需用三个方程联立求解。由于给出的已知变量不同，就构成了不同类型的计算问题。如求流体输送所需提供的有效压头、设备内的压力、两设备间的相对位置、流体输送的阻力损失、流速及管路直径等。若函数关系简单，则求解容易，否则，求解困难，常用试差法处理。

试差法是化工计算中经常采用的方法。试差过程既可采用流速为试差变量，也可选摩擦系数为试差变量。选取流速时，应在适宜流速范围内选取中间值，若选取 λ 为试差变量，由于 λ 值变化不大(通常范围为 0.02～0.03)，其值选取可采用流动已进入阻力平方区的 λ 值为初值。

【例 1-18】 常温水在一根水平钢管中流过，管长为 80 m，要求输水量为 40 m^3/h，管路系统允许的压头损失为 4 m，取水的密度为 1 000 kg/m^3，黏度为 1×10^{-3} Pa·s，试确定合适的管子。(设钢管的绝对粗糙度为 0.2 mm。)

解　水在管中的流速

$$u=\frac{q_V}{\frac{\pi}{4}d^2}=\frac{40/3\,600}{0.785d^2}=\frac{0.014\,15}{d^2}$$

代入范宁公式，得

$$h_f=\lambda\frac{l}{d}\frac{u^2}{2g}$$

$$4=\lambda\frac{80}{d}\frac{1}{2\times9.81}\left(\frac{0.014\,15}{d^2}\right)^2$$

整理得

$$d^5=2.041\times10^{-4}\lambda$$

此即为试差方程。

由于 $d(u)$ 的变化范围较宽，而 λ 的变化范围小，试差时宜先假设 λ 进行计算。具体步骤：先假设 λ，由试差方程求出 d；然后计算 u、Re 和 ε/d，由图 1-23 查得 λ。若与原假设相符，则计算正确；若不符，则需重新假设 λ，直至查得的 λ 值与假设值相符为止。

实践表明，湍流时 λ 值多在 0.02～0.03，可先假设 $\lambda=0.023$，由试差方程解得

$$d=0.086\ \text{m}$$

校核 λ：

$$u=\frac{0.014\,15}{d^2}=\frac{0.014\,15}{0.086^2}\ \text{m/s}=1.91\ \text{m/s}$$

$$Re=\frac{d\rho u}{\mu}=\frac{0.086\times 1\,000\times 1.91}{1\times 10^{-3}}=1.64\times 10^5$$

$$\frac{\varepsilon}{d}=\frac{0.2\times 10^{-3}}{0.086}=0.002\,3$$

查图 1-23，得 $\lambda=0.025$，与原假设不符，以此 λ 值重新试算，得

$$d=0.087\,4\ \text{m},\quad u=1.85\ \text{m/s},\quad Re=1.62\times 10^5$$

查得 $\lambda=0.025$，与假设相符，试差结束。

由管内径 $d=0.087\,4$ m，查附录知选用 $\phi 114$ mm×4 mm 的低压流体输送用焊接钢管，其内径为 106 mm，比所需略大，则实际流速会更小，压头损失不会超过 4 m，可满足要求。

【例 1-19】 黏度为 30 cP、密度为 900 kg/m³ 的某油品自容器 A 流过内径为40 mm的管路进入容器 B。两容器均为敞口，液面视为不变。管路中有一阀门，阀前管长 50 m，阀后管长20 m(均包括所有局部阻力的当量长度)。当阀门全关时，阀前后的压力表读数分别为 88.3 kPa 和 44.2 kPa。现将阀门打开至 1/4 开度，阀门阻力的当量长度为 30 m。试求管路中油品的流量。

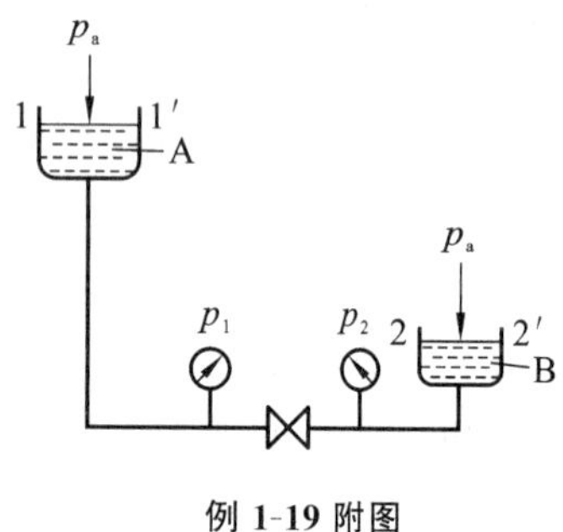

例 1-19 附图

解　阀关闭时流体静止，由流体静力学基本方程可得

$$Z_1=\frac{p_1-p_a}{\rho g}=\frac{88.3\times 10^3}{900\times 9.81}\ \text{m}=10\ \text{m}$$

$$Z_2=\frac{p_2-p_a}{\rho g}=\frac{44.2\times 10^3}{900\times 9.81}\ \text{m}=5\ \text{m}$$

当阀打开至 1/4 开度时，以容器 A 液面为 1—1′截面，以容器 B 液面为 2—2′截面，列伯努利方程得

$$Z_1 g+\frac{u_1^2}{2}+\frac{p_1}{\rho}=Z_2 g+\frac{u_2^2}{2}+\frac{p_2}{\rho}+\sum h_f$$

其中

$$p_1=p_2=0(\text{表压}),\quad u_1=u_2=0$$

则有

$$(Z_1-Z_2)g=\sum h_f=\lambda\frac{l+\sum l_e}{d}\frac{u^2}{2} \tag{a}$$

由于该油品的黏度较大，可设其流动为层流，则

$$\lambda=\frac{64}{Re}=\frac{64\mu}{d\rho u}$$

代入式(a)，有

$$(Z_1-Z_2)g=\frac{64\mu}{d\rho u}\frac{l+\sum l_e}{d}\frac{u^2}{2}=\frac{32\mu(l+\sum l_e)u}{d^2\rho}$$

故

$$u=\frac{d^2\rho(Z_1-Z_2)g}{32\mu(l+\sum l_e)}=\frac{0.040^2\times 900\times(10-5)\times 9.81}{32\times 30\times 10^{-3}\times(50+30+20)}\ \text{m/s}=0.736\ \text{m/s}$$

校核：

$$Re=\frac{d\rho u}{\mu}=\frac{0.040\times 900\times 0.736}{30\times 10^{-3}}=883.2<2\,000$$

假设成立。

油品的流量为

$$q_V=\frac{\pi}{4}d^2u=0.785\times0.040^2\times0.736\ \text{m}^3/\text{s}=9.244\times10^{-4}\ \text{m}^3/\text{s}=3.328\ \text{m}^3/\text{h}$$

应予指出的是，试差法不但可用于管路计算，并且在以后的学习中也会常用到。试差法并不是用一个方程解两个未知数，它仍然遵循有几个未知数就应有几个方程来求解的原则，只是其中一些方程比较复杂，或具体函数关系为非线性方程，这时可借助试差法。在试算之前，对所要解决的问题应作一番了解，才能避免反复试算。

2. 复杂管路

复杂管路如图1-28所示，其中图1-28(a)为分支管路，同时也可有汇合管路，如图1-28(b)所示，图1-28(c)为并联管路。并联管路与分支管路中各支管的流量彼此影响，相互制约。它们的流动情况虽比简单管路复杂，但仍然遵循能量衡算与质量衡算的原则。

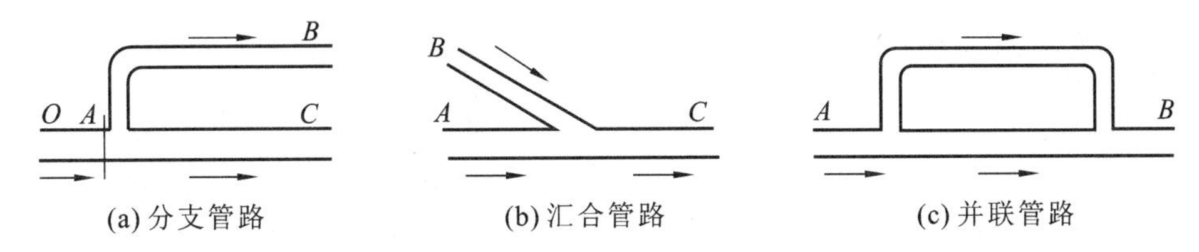

图1-28 并联管路与分支(汇合)管路示意图

并联管路与分支管路的计算有如下内容：

(1) 已知总流量和各支管的尺寸，要求计算各支管的流量；

(2) 已知各支管的流量、管长及管件、阀门的设置，要求选择合适的管径；

(3) 在已知的输送条件下，计算输送设备应提供的功率。

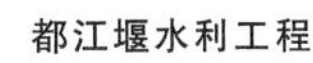

都江堰水利工程

下面通过例题来说明复杂管路中的流动规律及计算方法。

【例1-20】 在附图所示的输水管路中，已知水的总流量为3 m³/s，水温为20 ℃，各支管总长度分别为$l_1=1\,200$ m，$l_2=1\,500$ m，$l_3=800$ m；管径$d_1=600$ mm，$d_2=500$ mm，$d_3=800$ mm。求A、B间的阻力损失及各管的流量。已知输水管为铸铁管，$\varepsilon=0.3$ mm。

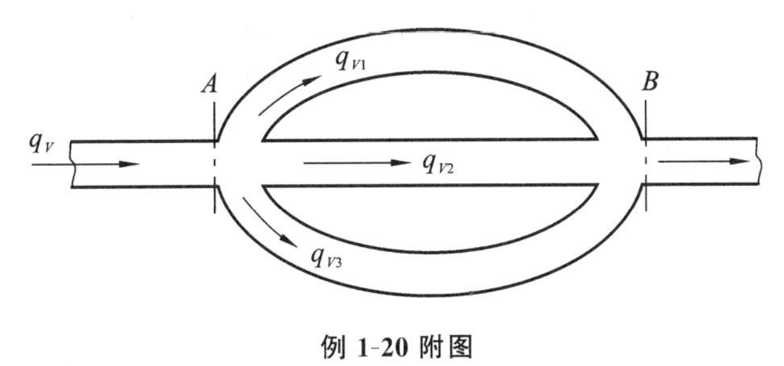

例1-20附图

解 因A、B间势能差为定值，单位质量流体经支管由A到B的阻力损失应相等，即

$$h_{f1}=h_{f2}=h_{f3}$$

忽略分流点与合流点的局部阻力损失，则

$$h_{fi}=\lambda_i\frac{l_i}{d}\frac{u_i^2}{2}$$

支管流速

$$u_i=\frac{4q_{Vi}}{\pi d_i^2}$$

代入上式并整理,得

$$q_{Vi}=\frac{\sqrt{2}\pi}{4}\sqrt{\frac{d_i^5 h_{fi}}{\lambda_i l_i}}$$

故

$$q_{V1}:q_{V2}:q_{V3}=\sqrt{\frac{d_1^5}{\lambda_1 l_1}}:\sqrt{\frac{d_2^5}{\lambda_2 l_2}}:\sqrt{\frac{d_3^5}{\lambda_3 l_3}}$$

计算各支管的流量时,因 λ_1、λ_2、λ_3 均未知,需用试差法求解。

设各支管的流动皆进入阻力平方区,由

$$\frac{\varepsilon_1}{d_1}=\frac{0.3}{600}=0.000\ 5$$

$$\frac{\varepsilon_2}{d_2}=\frac{0.3}{500}=0.000\ 6$$

$$\frac{\varepsilon_3}{d_3}=\frac{0.3}{800}=0.000\ 375$$

从图 1-23 查得摩擦系数分别为

$$\lambda_1=0.017\ 0,\quad \lambda_2=0.017\ 7,\quad \lambda_3=0.015\ 6$$

因

$$q_{V1}:q_{V2}:q_{V3}=\sqrt{\frac{0.600^5}{0.017\ 0\times 1\ 200}}:\sqrt{\frac{0.500^5}{0.017\ 7\times 1\ 500}}:\sqrt{\frac{0.800^5}{0.015\ 6\times 800}}$$
$$=0.061\ 7:0.034\ 3:0.162\ 0$$

又

$$q_{V1}+q_{V2}+q_{V3}=3\ \mathrm{m^3/s}$$

故

$$q_{V1}=\frac{0.061\ 7\times 3}{0.061\ 7+0.034\ 3+0.162\ 0}\ \mathrm{m^3/s}=0.72\ \mathrm{m^3/s}$$

$$q_{V2}=\frac{0.034\ 3\times 3}{0.061\ 7+0.034\ 3+0.162\ 0}\ \mathrm{m^3/s}=0.40\ \mathrm{m^3/s}$$

$$q_{V3}=\frac{0.162\ 0\times 3}{0.061\ 7+0.034\ 3+0.162\ 0}\ \mathrm{m^3/s}=1.88\ \mathrm{m^3/s}$$

校核 λ 值:

$$Re=\frac{du\rho}{\mu}=\frac{d\rho}{\mu}\frac{q_V}{\frac{\pi}{4}d^2}=\frac{4\rho q_V}{\pi\mu d}$$

已知

$$\mu=1\times 10^{-3}\ \mathrm{Pa\cdot s},\quad \rho=1\ 000\ \mathrm{kg/m^3}$$

$$Re=\frac{4\times 1\ 000\times q_V}{\pi\times 10^{-3}d}=1.27\times 10^6\frac{q_V}{d}$$

故

$$Re_1=1.27\times 10^6\times\frac{0.72}{0.600}=1.52\times 10^6$$

$$Re_2=1.27\times 10^6\times\frac{0.40}{0.500}=1.02\times 10^6$$

$$Re_3=1.27\times 10^6\times\frac{1.88}{0.800}=2.98\times 10^6$$

由 Re_1、Re_2、Re_3 从图 1-23 可以看出,各支管进入或十分接近阻力平方区,故假设成立,以上计算正确。

则 A、B 间的阻力损失为

$$h_f=\frac{8\lambda_1 l_1 q_{V1}^2}{\pi^2 d_1^5}=\frac{8\times 0.017\times 1\ 200\times 0.72^2}{\pi^2\times 0.600^5}\ \mathrm{J/kg}=110\ \mathrm{J/kg}$$

【例 1-21】 如附图所示,用泵输送密度为 710 kg/m³ 的油品,从贮槽输送到泵出口以后,分成两支:一支送到塔 A 顶部,最大流量为 10 800 kg/h,塔内表压为 98.07×10⁴ Pa;另一支送到塔 B 中部,最大流量为 6 400 kg/h,塔内表压为 118×10⁴ Pa。贮槽 C 内液面维持恒定,液面上方的表压为 49×10³ Pa。上述这些流量都是操作条件改变后的新要求,而管路仍用如图所示的管路。现已估算出,当管路上阀门全开且流量达到规定的最大值时,油品流经各段管路的能量损失为:由 1—1′至 2—2′截面(三通上游)为 20 J/kg;由 2—2′至 3—3′截面(管出口内侧)为 60 J/kg;由 2—2′至4—4′截面(管出口内侧)为 50 J/kg。油品在管内流动时的动能很小,可以忽略不计。各截面离地面的垂直距离见附图。已知泵的效率为 60%,求新情况下泵的轴功率。

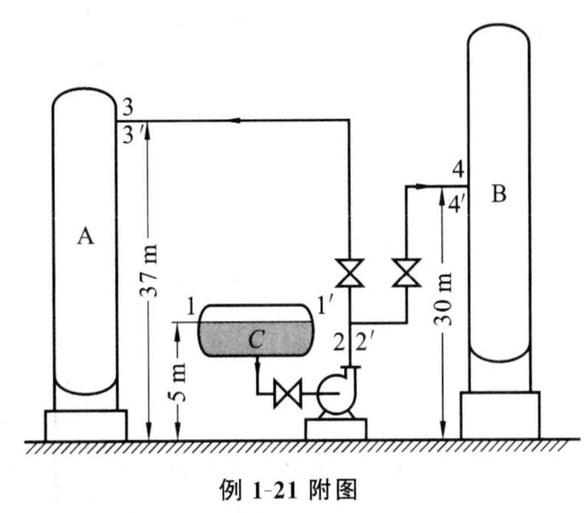

例 1-21 附图

解 为求泵的轴功率,应先计算出泵对 1 kg 油品所提供的有效能量 W_e。在1—1′与 2—2′截面间列伯努利方程,并以地面为基准水平面,则有

$$gZ_1+\frac{u_1^2}{2}+\frac{p_1}{\rho}+W_e=gZ_2+\frac{u_2^2}{2}+\frac{p_2}{\rho}+\sum h_{f,1-2}$$

其中

$$gZ_1=9.81\times5\ \text{J/kg}=49.05\ \text{J/kg},\quad \frac{p_1}{\rho}=\frac{49\times10^3}{710}\ \text{J/kg}=69.01\ \text{J/kg}\ (\text{以表压计})$$

$$\frac{u_1^2}{2}\approx0,\quad \sum h_{f,1-2}=20\ \text{J/kg}$$

设 E 为任一截面三项机械能之和,即为总机械能,则 2—2′截面的总机械能为

$$E_2=gZ_2+\frac{u_2^2}{2}+\frac{p_2}{\rho}$$

将以上数值代入伯努利方程并简化,得泵对 1 kg 油品应提供的有效能量为

$$W_e=E_2+20-49.05-69.01=E_2-98.06 \tag{a}$$

由上可知,需要找出分叉 2—2′截面处总机械能 E_2 才能求得 W_e 值。根据分支管路的流动规律,理应由两支管中任一支管算出分叉处的总机械能 E_2,但因在新的情况下,1 kg 油品自 2—2′截面送到 3—3′截面与自 2—2′截面送到 4—4′截面所需的能量不一定相等,为了能保证完成两支管的输送任务,泵所提供的有效能量应同时满足两支管的要求。因此,应按要求能量较大的支管来决定分叉处的 E_2 值。应分别计算出两支管所需的能量,以便进行比较。现仍以地面为基准水平面,各截面的压力均以表压计,且忽略动能,则 3—3′截面的总机械能为

$$E_3=gZ_3+\frac{p_3}{\rho}=\left(9.81\times37+\frac{98.07\times10^4}{710}\right)\ \text{J/kg}=1\ 744\ \text{J/kg}$$

4—4′截面的总机械能为

$$E_4=gZ_4+\frac{p_4}{\rho}=\left(9.81\times30+\frac{118\times10^4}{710}\right)\ \text{J/kg}=1\ 956\ \text{J/kg}$$

保证油品自 2—2′截面送到 3—3′截面分支处所需的总机械能为

$$E_2'=E_3+\sum h_{f,2-3}=(1\ 744+60)\ \text{J/kg}=1\ 804\ \text{J/kg}$$

保证油品自 2—2′截面送到 4—4′截面分支处所需的总机械能为

$$E_2=E_4+\sum h_{f,2-4}=(1\ 956+50)\ \text{J/kg}=2\ 006\ \text{J/kg}$$

比较结果得,当 $E_2=2\ 006$ J/kg 时,才能保证完成两支管中的输送任务。将 E_2 值代入式(a),则

$$W_e=(2\ 006-98.06)\ \mathrm{J/kg}\approx 1\ 908\ \mathrm{J/kg}$$

通过泵的质量流量为

$$q_m=\frac{10\ 800+6\ 400}{3\ 600}\ \mathrm{kg/s}=4.78\ \mathrm{kg/s}$$

所以新情况下泵的有效功率为

$$N_e=W_e q_m=1\ 908\times 4.78\ \mathrm{W}=9\ 120\ \mathrm{W}=9.12\ \mathrm{kW}$$

泵的轴功率为

$$N=\frac{N_e}{\eta}=\frac{9.12}{0.60}\ \mathrm{kW}=15.2\ \mathrm{kW}$$

最后需指出,由于泵轴功率是按所需能量较大的右侧支管来计算的,当输送设备运转时,油品从 2—2′截面到 4—4′截面的流量正好达到 6 400 kg/h 的要求,但是油品从 2—2′截面到 3—3′截面的流量在阀门全开时便大于 10 800 kg/h 的要求。因此,操作时可把左侧支管的调节阀关小到某一程度,以提高这一支管的能量损失,使流量降到所要求的数值。

1.6.2 管路布置的一般原则

布置管路时,应对车间所有管路(生产系统管路、辅助系统管路、电缆、照明、仪表管路、采暖通风管路等)统一规划,各安其位,其布置的一般原则如下。

(1) 管路应成列平行铺设,尽量走直线,少拐弯,少交叉,力求整齐。

(2) 房内的管路应尽量沿墙或柱子铺设,以便设置支架;各管路之间与建筑物间的距离应能符合检修要求;管路通过人行道时,最低点离地面应在 2 m 以上。

(3) 并列管路上的管件与阀门应错开安装,阀门安装的位置应便于操作,温度计、压力表的位置应便于观察,同时不易撞坏。

(4) 对于输送有毒或腐蚀性介质的管路,不得在人行道上设置阀门、伸缩器、法兰等,以免管路泄漏发生事故;对于输送易燃易爆介质的管路,一般应设有防火安全装置和防爆安全装置。

(5) 平行管路的排列要遵守一定的原则,如垂直排列时,热介质管路在上,冷介质管路在下;高压管路在上,低压管路在下;输送无腐蚀性介质的管路在上,输送有腐蚀性介质的管路在下。管路水平排列时,低压管路在外,高压管路靠近墙柱;检修频繁的在外,不常检修的靠近墙柱;质量大的管路要靠近管件支柱或墙。

(6) 输送时必须使要求温度稳定的热流体或冷流体的管路保温或保冷。

(7) 管路安装完毕后,应按规定进行强度及严密度试验。未经试验合格,焊缝及连接处不得涂漆及保温。管路在开工前需要进行压缩空气或惰性气体吹扫。

1.7 流量测量

流体的流量是化工生产过程中的重要参数之一,为了控制生产过程使之稳定进行,需经常了解过程的操作条件,如压力、流量等,并加以调节和控制。测量流量的仪表种类较多,这里仅介绍几种根据流体流动时各种机械能相互转换关系而设计的流速计与流量计。

1.7.1　变压头恒截面型流量计

变压头恒截面型流量计的基本测量原理是，流体流经测量元件时，动压头发生变化转化为静压头，将静压头的变化通过压差计反映出来。即把流速 u 与压差计读数 R 联系起来，由 R 确定 u。

1. 测速管

测速管又称皮托(Pitot)管，是测定点速度的流量计，由两根弯成直角的同心套管所组成，如图 1-29 所示。外管的管口是封闭的，在外管前端壁面四周开有若干测压小孔，内管的开口端测定停滞点的冲压头，该冲压头由两部分组成：一是停滞点截面上的静压头；二是停滞点消耗掉的动压头。

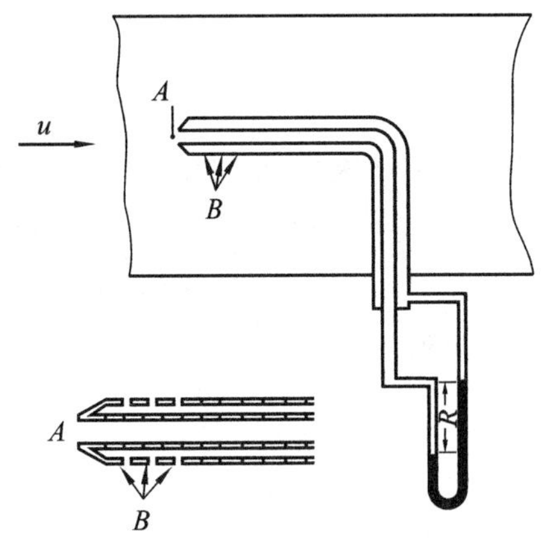

图 1-29　测速管

测量时，测速管可以放在管截面的任一位置上，并使管口正对着管道中流体的流动方向，外管与内管的末端分别与液柱压差计的两臂相连接。

根据上述情况，测速管的内管测得的为管口所在位置的局部流体动能 $u^2/2$ 与静压能 p/ρ 之和，合称为冲压能，即

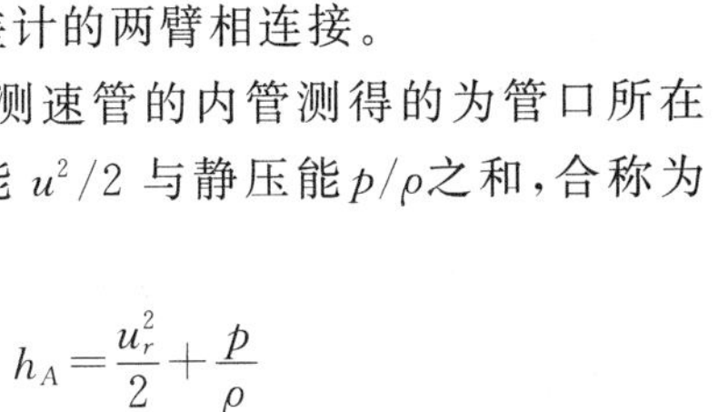

$$h_A = \frac{u_r^2}{2} + \frac{p}{\rho}$$

式中：u_r——流体在测量点处的局部流速。

测速管的外管前端壁面四周的测压孔口与管道中流体的流动方向相平行，故测得的是流体的静压能 p/ρ，即

$$h_B = \frac{p}{\rho}$$

测量点处的冲压能与静压能之差 Δh 为

$$\Delta h = h_A - h_B = \frac{u_r^2}{2} \tag{1-64}$$

于是测量点处局部流速为

$$u_r = \sqrt{2\Delta h} \tag{1-65}$$

式中的 Δh 值由液柱压差计的读数 R 来确定。Δh 与 R 的关系式随所用的液柱压差计的形式而异，可根据流体静力学基本方程进行推导。

测速管测得的是流体在管道截面上某一点处的局部流速。欲得到管截面上的平均流速，可将测速管口置于管道的中心线上，以测量流体的最大流速 u_{max}，然后利用 u/u_{max} 与按最大流速计算的雷诺数 Re_{max} 的关系曲线，计算管截面的平均流速 u。其中 $Re_{max} = du_{max}\rho/\mu$，$d$ 为管道内径。

测速管的优点是对流体的阻力较小，适用于测量大直径管路中的气体流速。测速管不能直接测出平均流速，且读数较小，常需配用微差压差计。当流体中含有固体杂质时，会将测压孔堵塞，这种情况下不宜采用测速管。

【例 1-22】 在内径为 300 mm 的管道中,以测速管测量管内空气的流量。测量点处的温度为 20 ℃,真空度为 490 Pa,大气压为 98.66×10^3 Pa。测速管插至管道的中心线处。测压装置为微差压差计,指示液是油和水,其密度分别为 835 kg/m³ 和 998 kg/m³,测得的读数为 80 mm。试求空气的质量流量(以 h 计)。

解 (1) 管中心处空气的最大流速。

根据式(1-65)知,管中心处的流速为

$$u_r = u_{\max} = \sqrt{2\Delta h}$$

分别用 ρ_A 和 ρ_C 表示水和油的密度,则

$$\Delta h = \frac{gR(\rho_A - \rho_C)}{\rho}$$

所以

$$u_{\max} = \sqrt{\frac{2gR(\rho_A - \rho_C)}{\rho}} \tag{a}$$

其中,ρ 为空气的密度,可根据测量点处的温度和压力进行计算。

空气在测量点处的压力=(98 660−490) Pa=98 170 Pa,则

$$\rho = \frac{29}{22.4}\times\frac{273}{273+20}\times\frac{98\ 170}{101\ 330}\ \mathrm{kg/m^3} = 1.17\ \mathrm{kg/m^3}$$

将已知值代入式(a),得

$$u_{\max} = \sqrt{\frac{2\times9.81\times0.080\times(998-835)}{1.17}}\ \mathrm{m/s} = 14.8\ \mathrm{m/s}$$

(2) 测量点处管截面的空气平均速度。

由附录查得 20 ℃时空气的黏度为 1.81×10^{-5} Pa·s,则按最大速度计的雷诺数为

$$Re_{\max} = \frac{du_{\max}\rho}{\mu} = \frac{0.300\times14.8\times1.17}{1.81\times10^{-5}} = 2.87\times10^5$$

由图 1-16 查得,当 $Re_{\max}=2.87\times10^5$ 时,$u/u_{\max}=0.84$,故空气的平均流速为

$$u = 0.84u_{\max} = 0.84\times14.8\ \mathrm{m/s} = 12.4\ \mathrm{m/s}$$

(3) 空气的质量流量。

$$q_m = 3\ 600\times\frac{\pi}{4}d^2u\rho = 3\ 600\times\frac{\pi}{4}\times0.300^2\times12.4\times1.17\ \mathrm{kg/h} = 3\ 690\ \mathrm{kg/h}$$

2. 孔板流量计

在管道里插入一片与管轴垂直并带有圆孔的金属板,孔的中心位于管道的中心线上,如图 1-30 所示。这样构成的装置,称为孔板流量计,孔板称为节流元件。

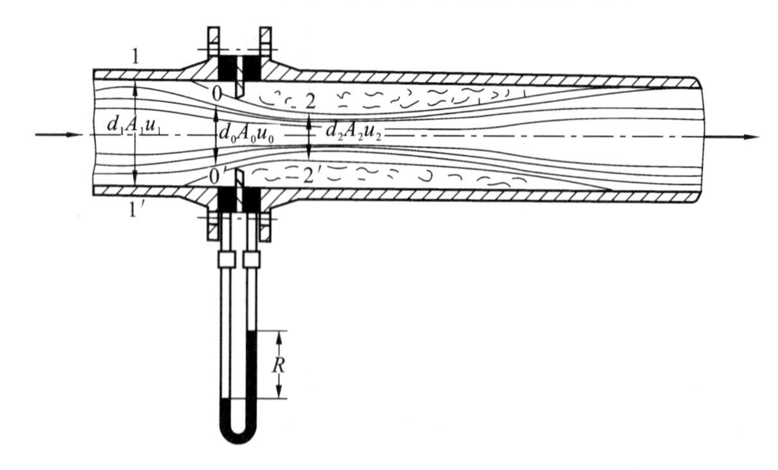

图 1-30 孔板流量计

当流体流过小孔以后，由于惯性作用，流动截面并不立即扩大到与管截面相等，而是继续收缩一定距离后才逐渐扩大到整个管截面。流动截面最小处（如图1-30中2—2′截面）称为缩脉。流体在缩脉处的流速最高，即动能最大，而相应的静压就最低。因此，当流体以一定的流量流经小孔时，就产生一定的压力差，流量愈大，所产生的压力差也就愈大，所以利用测量压力差的方法来度量流体流量。

设不可压缩流体在水平管内流动，取孔板上游流体流动截面尚未收缩处为1—1′截面，下游截面应取在缩脉处，以便测得最大的压力差读数，但由于缩脉的位置及其截面积难以确定，故以孔板孔口处为下游0—0′截面。在1—1′与0—0′截面间列伯努利方程，并暂时略去两截面间的能量损失，得

$$gZ_1+\frac{u_1^2}{2}+\frac{p_1}{\rho}=gZ_0+\frac{u_0^2}{2}+\frac{p_0}{\rho}$$

对于水平管，$Z_1=Z_0$，简化上式并整理后得

$$\sqrt{u_0^2-u_1^2}=\sqrt{\frac{2(p_1-p_0)}{\rho}} \tag{1-66}$$

实际上，流体流经孔板的能量损失不能忽略，故式(1-66)应引进一校正系数 C_1，用来校正因忽略能量损失所引起的误差，即

$$\sqrt{u_0^2-u_1^2}=C_1\sqrt{\frac{2(p_1-p_0)}{\rho}} \tag{1-66a}$$

此外，由于孔板的厚度很小，如标准孔板的厚度不大于 $0.05d_1$，而测压孔的直径不大于 $0.08d_1$，一般为 6～12 mm，所以不能把下游测压口正好装在孔板上。较常用的一种方法是把上、下游两个测压口装在紧靠着孔板前、后的位置上，如图1-30所示。这种测压方法称为角接取压法，所测出的压力差便与式(1-66a)中的 p_1-p_0 有区别。若以 p_a-p_b 表示角接取压法所测得的孔板前、后的压力差，并以其代替式中的 p_1-p_0，则应引进一校正系数 C_2，用来校正上、下游测压口的位置，于是式(1-66a)可写成

$$\sqrt{u_0^2-u_1^2}=C_1C_2\sqrt{\frac{2(p_a-p_b)}{\rho}} \tag{1-66b}$$

以 A_1、A_0 分别代表管道与孔板小孔的截面积，根据连续性方程，对不可压缩流体有 $u_1A_1=u_0A_0$，则

$$u_1^2=u_0^2\left(\frac{A_0}{A_1}\right)^2$$

将上式代入式(1-66b)，并整理得

$$u_0=\frac{C_1C_2}{\sqrt{1-\left(\frac{A_0}{A_1}\right)^2}}\sqrt{\frac{2(p_a-p_b)}{\rho}}$$

令

$$C_0=\frac{C_1C_2}{\sqrt{1-\left(\frac{A_0}{A_1}\right)^2}}$$

则

$$u_0=C_0\sqrt{\frac{2(p_a-p_b)}{\rho}} \tag{1-67}$$

式(1-67)就是用孔板前、后压力的变化来计算孔板小孔流速 u_0 的公式,若以体积或质量流量表达,则分别为

$$q_V = A_0 u_0 = C_0 A_0 \sqrt{\frac{2(p_a - p_b)}{\rho}} \tag{1-68}$$

$$q_m = A_0 u_0 \rho = C_0 A_0 \sqrt{2\rho(p_a - p_b)} \tag{1-69}$$

以上各式中的 $p_a - p_b$,可由孔板前、后测压口所连接的压差计测得。若采用的是 U 形管压差计,其读数为 R,指示液的密度为 ρ_A,则

$$p_a - p_b = gR(\rho_A - \rho)$$

所以式(1-68)和式(1-69)又可写成

$$q_V = C_0 A_0 \sqrt{\frac{2gR(\rho_A - \rho)}{\rho}}$$

$$q_m = C_0 A_0 \sqrt{2gR\rho(\rho_A - \rho)}$$

各式中的 C_0 均为流量系数,从以上的推导过程中可以得出以下规律:

(1) C_0 与 C_1 有关,故 C_0 与流体流经孔板的能量损失有关,即与 Re 有关;

(2) 不同的取压法得出不同的 C_2,所以 C_0 与取压法有关;

(3) C_0 与面积比 A_0/A_1 有关。

C_0 与这些变量间的关系由实验测定。用角接取压法安装的孔板流量计,其 C_0 与 Re、A_0/A_1 的关系如图 1-31 所示。图中的 Re 为$\frac{d_1 u_1 \rho}{\mu}$,其中的 d_1 与 u_1 是管道内径和流体在管道内的平均流速。由图可见,对于某一 A_0/A_1 值,当 Re 值超过某一限度值 Re_c 时,C_0 就不再改变而为定值。流量计所测的流量范围,最好是落在 C_0 为定值的区域里,这时流量 q_V(或 q_m)便与压力差 $p_a - p_b$(或压差计读数 R)的平方根成正比。设计合适的孔板流量计,其 C_0 值为 0.6~0.7。

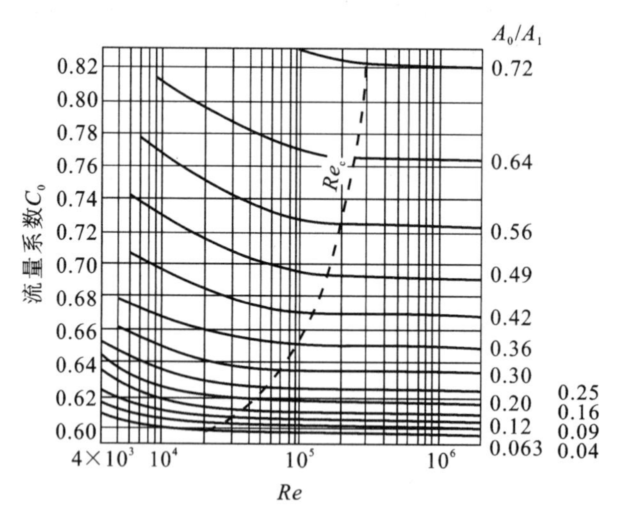

图 1-31 孔板流量计的 C_0 与 Re、A_0/A_1 的关系曲线

用式(1-68)与式(1-69)计算流体的流量时,需先确定流量系数 C_0 的数值,但是 C_0 与 Re 有关,而管道中的流速 u_1 又未知,故无法计算 Re 值。此时可采用试差法,即先假设 Re 值大于限度值 Re_c,由已知的 A_0/A_1 值从图 1-31 中查得 C_0,然后根据式(1-68)与式(1-69)计算出流体的流量 q_V(或 q_m),再通过流量方程算出流体在管道内的流速 u_1,并以 u_1 值计算 Re 值。若

所计算的 Re 值大于限度值 Re_c，则表示原来的假定是正确的，否则需重新假设 Re 值，重复上述计算，直到所设 Re 值与所计算的 Re 值相符为止。

孔板流量计已在某些仪表厂成批生产，其系列规格可查阅有关手册。按照标准图纸加工出来的孔板流量计，在保持清洁并不受腐蚀的情况下，直接用式(1-68)或式(1-69)算出的流量，误差仅为1%～2%。否则，要用称量法或标准流量计加以校核，作出这个流量计专用的流量与压差计读数的关系曲线，供实验或生产操作时使用。

在测量气体的流量时，若孔板前、后的压力差较大，当 $\frac{p_a-p_b}{p_a}\geqslant 20\%$（$p$ 指绝对压）时，需考虑气体密度的变化，在式(1-68)中应加入一校正系数 ε_κ 并应以流体的平均密度 ρ_m 代替式中的 ρ，则式(1-68)可改写成

$$q_V=C_0A_0\varepsilon_\kappa\sqrt{\frac{2(p_a-p_b)}{\rho_m}}$$

其中，ε_κ 为体积膨胀系数，是绝热指数 κ、压差比 $\frac{p_a-p_b}{p_a}$、面积比 A_0/A_1 的函数。ε_κ 值可从手册中查到。

孔板流量计在使用时，需安装在上、下游均有一段内径不变的直管处，以保证流体通过孔板之前的速度分布稳定。若孔板上游不远处装有弯头、阀门等，则会影响流量计读数的精确性和重现性。通常要求上游直管长度为 $50d_1$，下游直管长度为 $10d_1$。若 A_0/A_1 较小，则这段长度可缩短一些。

孔板流量计是一种容易制造的简单装置。当流量有较大变化时，为了调整测量条件，调换孔板亦很方便。它的主要缺点是流体经过孔板后能量损失较大，并随 A_0/A_1 的减小而加大。而且孔口边缘容易腐蚀和磨损，所以流量计应定期进行校正。

孔板流量计的能量损失（或称永久损失）可按下式估算：

$$h_f'=\frac{\Delta p_f'}{\rho}=\frac{p_a-p_b}{\rho}\left(1-1.1\frac{A_0}{A_1}\right) \tag{1-70}$$

【例1-23】 用 ϕ159 mm×4.5 mm 的钢管输送20 ℃的水，已知流量范围为50～200 m³/h。采用水银压差计，并假定读数误差为1 mm。试设计一孔板流量计，要求在最低流量时，由读数造成的误差不大于5%且阻力损失尽可能小。

解 已知 $d_1=0.15$ m，$\mu=0.001$ Pa·s，$\rho=1\,000$ kg/m³，$\rho'=13\,600$ kg/m³

$$q_{V,\max}=\frac{200}{3\,600}\ \text{m}^3/\text{s}=0.056\ \text{m}^3/\text{s}$$

$$q_{V,\min}=\frac{50}{3\,600}\ \text{m}^3/\text{s}=0.014\ \text{m}^3/\text{s}$$

$$Re_{\min}=\frac{q_{V,\min}}{\frac{\pi}{4}d^2}\times\frac{d\rho}{\mu}=\frac{4\times1\,000\times0.014}{3.14\times0.15\times0.001}=1.19\times10^5$$

选 $\frac{A_0}{A_1}=0.3$，由图1-31查得

$$C_0=0.632$$

则

$$d_0=\sqrt{\frac{A_0}{A_1}}d_1=\sqrt{0.3}\times0.15\ \text{m}=0.082\ \text{m}$$

$$A_0=\frac{\pi}{4}d_0^2=0.785\times0.082^2\ \text{m}^2=0.005\,28\ \text{m}^2$$

则最大流量的读数为

$$R_{\max}=\frac{q_{V,\max}^2}{C_0^2A_0^2\times 2g\dfrac{\rho'-\rho}{\rho}}=\frac{0.056^2}{0.632^2\times 0.005\ 28^2\times 19.62\times 12.6}\ \text{m}=1.14\ \text{m}$$

由 $R_{\max}$ 可知,U 形管压差计需要很高,很不方便,必须重选$\frac{A_0}{A_1}$。

从图 1-31 查得在 $Re_{\min}=1.19\times10^5$ 条件下,C_0 为常数的最大$\frac{A_0}{A_1}$值为 0.5。故取$\frac{A_0}{A_1}=0.5$ 进行检验,步骤同上。

$$\frac{A_0}{A_1}=0.5, Re_{\min}=1.19\times10^5\ \text{时}, C_0=0.695$$

$$d_0=\sqrt{0.5}\times 0.15\ \text{m}=0.106\ \text{m}$$

$$A_0=0.785\times 0.106^2\ \text{m}^2=0.008\ 82\ \text{m}^2$$

$$R_{\max}=\frac{0.056^2}{0.695^2\times 0.008\ 82^2\times 19.62\times 12.6}\ \text{m}=0.34\ \text{m}$$

$$R_{\min}=\frac{0.014^2}{0.695^2\times 0.008\ 82^2\times 19.62\times 12.6}\ \text{m}=0.021\ \text{m}$$

可见取$\frac{A_0}{A_1}=0.5$ 的孔板,在 $q_{V,\max}$时,压差计读数比较合适,而在 $q_{V,\min}$时,压差计读数又能满足题中所给误差不大于 5%的要求,所以孔板的圆孔直径为 0.106 m。

3. 文丘里(Venturi)流量计

为了减少流体流经节流元件时的能量损失,可以用一段渐缩、渐扩管代替孔板,这样构成的流量计称为文丘里流量计或文氏流量计,如图 1-32 所示。

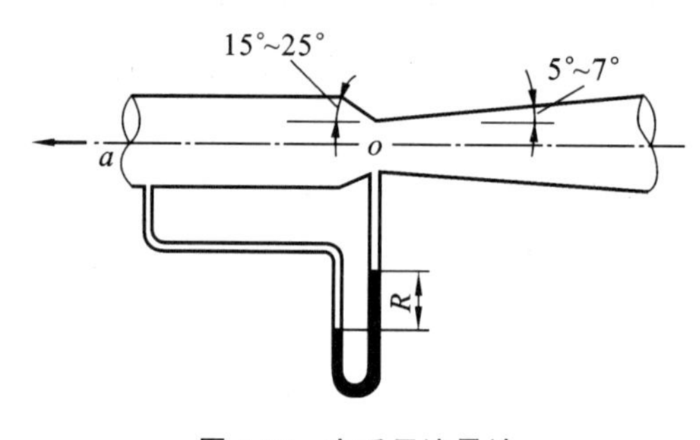

图 1-32　文丘里流量计

文丘里流量计上游的测压口(截面 a 处)距管径开始收缩处的距离至少应为二分之一管径,下游测压口设在最小流通截面 o 处(称为文氏喉)。由于有渐缩段和渐扩段,流体在其内的流速改变平缓,涡流较少,喉管处增加的动能可于其后渐扩的过程中大部分转回成静压能,所以与孔板流量计相比,可大大减少能量损失。

文丘里流量计的流量计算式与孔板流量计相类似,即

$$q_V=C_VA_o\sqrt{\frac{2(p_a-p_o)}{\rho}}\tag{1-71}$$

式中:C_V——流量系数,其值可由实验测定或从仪表手册中查得;

p_a-p_o——a 截面与 o 截面间的压力差,单位为 Pa,其值大小由压差计读数 R 来确定;

A_o——喉管的截面积,m^2;

ρ——被测流体的密度,kg/m^3。

文丘里流量计的优点是能量损失小,但各部分尺寸要求严格,需要精细加工,其造价较高。

【例 1-24】 20 ℃的空气在直径为 80 mm 的水平管流过。现于管路中接一文丘里管,如附图所示。文丘里管的上游接一水银 U 形管压差计,在直径为 20 mm 的喉颈处接一细管,其下部插入水槽中。空气流过文丘里管的能量损失可忽略不计。当 U 形管压差计读数 $R=25$ mm,$h=0.5$ m 时,试求空气的流量。当地大气压为 101.33×10^3 Pa。

解　文丘里管上游测压口处的压力为

$$p_1=\rho_{\text{Hg}}gR=13\ 600\times9.81\times0.025\ \text{Pa}=3\ 335\ \text{Pa(表压)}$$

喉颈处的压力为

$$p_2=-\rho gh=-1\ 000\times9.81\times0.5\ \text{Pa}=-4\ 905\ \text{Pa(表压)}$$

空气流经1—1′与2—2′截面的压力变化比为

$$\frac{p_1-p_2}{p_1}=\frac{(101\ 330+3\ 335)-(101\ 330-4\ 905)}{101\ 330+3\ 335}=0.079=7.9\%<20\%$$

故可按不可压缩流体来处理。

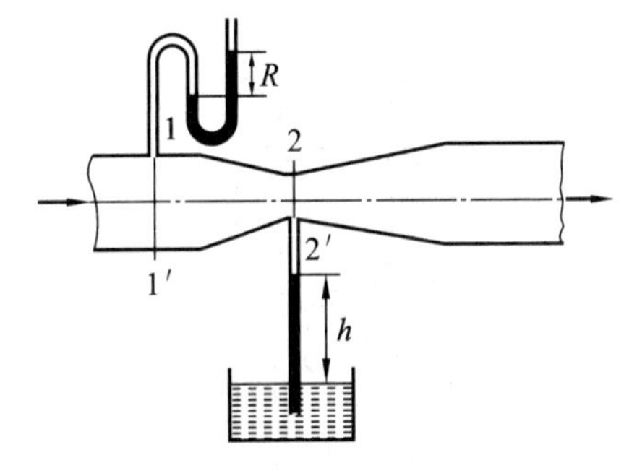

例1-24附图

在1—1′与2—2′截面之间列伯努利方程，以管道中心线作基准水平面。两截面间无外功加入，即 $W_e=0$；能量损失可忽略不计，即 $\sum h_f=0$。据此，伯努利方程可写为

$$gZ_1+\frac{u_1^2}{2}+\frac{p_1}{\rho}=gZ_2+\frac{u_2^2}{2}+\frac{p_2}{\rho}$$

其中

$$Z_1=Z_2=0$$

取空气的平均摩尔质量为29 g/mol，两截面间的空气平均密度为

$$\rho=\rho_m=\frac{M}{22.4}\frac{T_0p_m}{Tp_0}=\frac{29}{22.4}\times\frac{273\times\left[101\ 330+\frac{1}{2}\times(3\ 335-4905)\right]}{293\times101\ 330}\ \text{kg/m}^3=1.20\ \text{kg/m}^3$$

所以

$$\frac{u_1^2}{2}+\frac{3\ 335}{1.2}=\frac{u_2^2}{2}-\frac{4\ 905}{1.2}$$

简化得

$$u_2^2-u_1^2=13\ 733 \tag{a}$$

式(a)中有两个未知数，需利用连续性方程定出 u_1 与 u_2 的另一关系，即

$$u_1A_1=u_2A_2$$

$$u_2=u_1\frac{A_1}{A_2}=u_1\left(\frac{d_1}{d_2}\right)^2=u_1\left(\frac{0.08}{0.02}\right)^2=16u_1 \tag{b}$$

将式(b)代入式(a)，即

$$(16u_1)^2-u_1^2=13\ 733$$

解得

$$u_1=7.34\ \text{m/s}$$

空气的流量为

$$q_V=\frac{\pi}{4}d_1^2u_1=\frac{3.14}{4}\times0.08^2\times3\ 600\times7.34\ \text{m}^3/\text{h}=132.8\ \text{m}^3/\text{h}$$

1.7.2　恒压差变截面型流量计——转子流量计

转子流量计的构造如图1-33所示，在一根截面积自下而上逐渐扩大的垂直锥形玻璃管内，装有一个能够旋转自如的由金属或其他材质制成的转子(或称浮子)。被测流体从玻璃管底部进入，从顶部流出。

设 V_f 为转子的体积，A_f 为转子最大部分的截面积，ρ_f 为转子材质的密度，ρ 为被测流体的密度。若上游环形截面为0—0′截面，下游环形截面为1—1′截面，则流经环形截面所产生的压力差为 p_1-p_2。当转子在流体中处于平衡状态时，即

转子上、下截面因动能造成的升力＋转子上、下截面的位差引起的浮力＝转子的重力

于是

$$A_f\frac{\rho}{2}(u_0^2-u_1^2)+A_f(z_0-z_1)\rho g=\rho_fV_fg$$

即

$$V_f(\rho_f-\rho)g=A_f\frac{\rho}{2}(u_0^2-u_1^2)$$

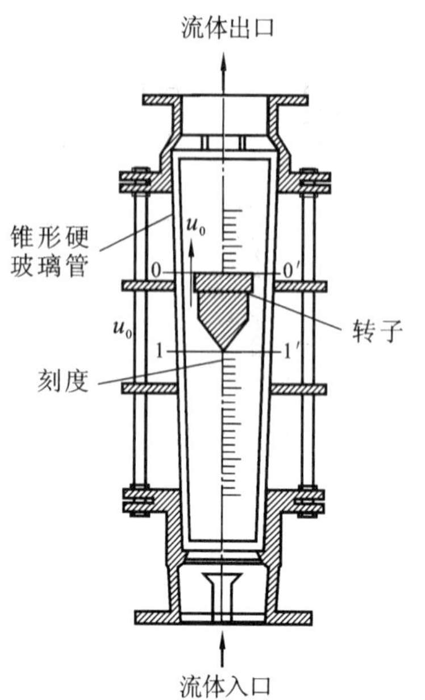

图 1-33　转子流量计

将 $u_1=u_0\dfrac{A_0}{A_1}$代入上式,整理得

$$u_0=\frac{1}{\sqrt{1-\left(\dfrac{A_0}{A_1}\right)^2}}\sqrt{\frac{2(\rho_f-\rho)V_f g}{\rho A_f}}$$

考虑到表面摩擦和转子形状的影响,引入校正系数 C_R,则有

$$u_0=C_R\sqrt{\frac{2(\rho_f-\rho)V_f g}{\rho A_f}} \tag{1-72}$$

式(1-72)即为流体流过环隙时的速度计算式,C_R 又称为转子流量计的流量系数。

转子流量计的体积流量为

$$q_V=C_R A_R\sqrt{\frac{2gV_f(\rho_f-\rho)}{A_f\rho}} \tag{1-73}$$

式中:A_R——转子与玻璃管的环形截面积,m^2;

C_R——转子流量计的流量系数,与 Re 值及转子形状有关,由实验测定或从有关仪表手册查得。对于如图 1-33 所示转子构型,当 Re 达到 10^4 以后,C_R 值便恒等于 0.98。

由上式可知,对于某一个转子流量计,如果在所测量的流量范围内,流量系数 C_R 为常数,则流量只随环形截面积 A_R 而变。由于玻璃管是上大下小的锥体,所以环形截面积的大小随转子所处位置而变,因而可用转子所处位置的高低来反映流量的大小。

转子流量计的刻度与被测流体的密度有关。通常流量计在出厂之前,选用 20 ℃的水和 20 ℃、101 kPa 下的空气分别作为标记流量计刻度的介质,并将流量数值刻在玻璃管上。当应用于测量其他流体时,需要对原有的刻度加以校正。

假定出厂标定时所用液体与实际工作时的液体的流量系数相等,并忽略黏度变化的影响,根据式(1-73),在同一刻度下,两种液体的流量关系为

$$\frac{q_{V,2}}{q_{V,1}}=\sqrt{\frac{\rho_1(\rho_f-\rho_2)}{\rho_2(\rho_f-\rho_1)}} \tag{1-74}$$

其中,下标“1”表示出厂标定时所用的液体,下标“2”表示实际工作时的液体。

同理,对用于气体的流量计,在同一刻度下,两种气体的流量关系为

$$\frac{q_{V,g2}}{q_{V,g1}}=\sqrt{\frac{\rho_{g1}(\rho_f-\rho_{g2})}{\rho_{g2}(\rho_f-\rho_{g1})}}$$

因转子材质的密度 ρ_f 比任何气体的密度 ρ_g 要大得多,故上式可简化为

$$\frac{q_{V,g2}}{q_{V,g1}}=\sqrt{\frac{\rho_{g1}}{\rho_{g2}}} \tag{1-75}$$

其中,下标“g1”表示出厂标定时用的气体,下标“g2”表示实际工作时的气体。

转子流量计读取流量方便,能量损失很小,测量范围也宽,可用于腐蚀性流体的测量。但因流量计管壁大多为玻璃制品,故不能经受高温和高压,在安装使用过程中也容易破碎,且要求保持垂直。

思考题

1. 如图所示，有一敞口高位槽，由管线与密闭的低位水槽相连接。在什么条件下，水由高位槽向低位槽流动？为什么？

2. 简述静力学方程的应用。

3. 如图所示，A、B、C三点在同一水平面上，$d_A=d_C$，$d_A>d_B$，试问：

(1) 当阀门关闭时，A、B、C三点处的压力大小关系如何？

(2) 当阀门打开，高位槽水位稳定不变时，A、B、C三截面处的压力、流量、流速大小的关系如何？

4. 如图所示的某一输水管路中，高位槽液位保持恒定，输水管管径不变。有人说：由于受到重力的影响，水在管路中会越流越快，即水通过2—2′截面的流速u_2大于通过1—1′截面的流速u_1。这种说法对吗？为什么？

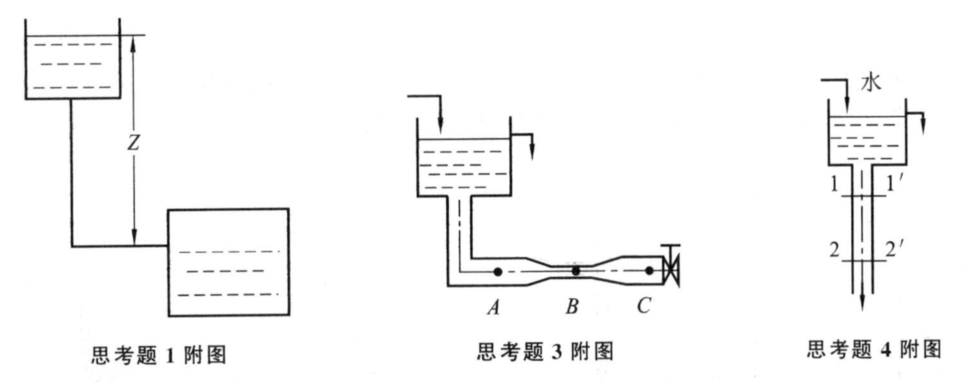

思考题1附图　　思考题3附图　　思考题4附图

5. 如图所示，流体定态流过5根安装方式不同的管路，已知5根管路尺寸完全相同，两测压口间距及管内流量也相等。问在5种情况下：

(1) U形管压差计读数R是否相等？

(2) 两测压口A、B间的压降Δp_f是否相等？

(3) 两测压口A、B间的压力差Δp是否相等？若不同，如何排序？

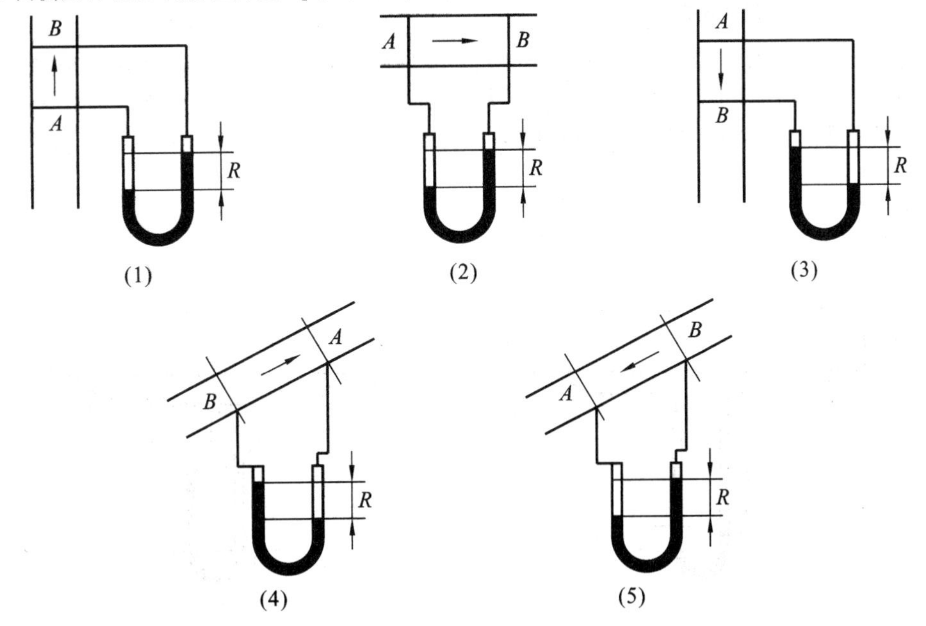

思考题5附图

6. 如何由摩擦系数图(λ-Re,ε/d)查取摩擦系数？图中可分几个区域？各区域有何特点？

7. 何谓水力半径与当量直径？如何计算？

8. 何谓简单管路？简单管路的计算有几类？它们的计算方法有何特点？

9. 比较测速管、孔板流量计及转子流量计，它们的测量原理、计算方法及应用场合等有何不同？

习　题

1. 某设备的进、出口压力分别为 1 200 mmH_2O(真空度)和 1.6 kgf/cm^2(表压)。若当地大气压为 760 mmHg，求此设备进、出口的压力差。(用 SI 制表示。)　(1.69×10^5 Pa)

2. 有一敞口贮油罐，为测定其油面高度，在罐下部装一 U 形管压差计，已知油的密度为 ρ_1，指示液的密度为 ρ_2，U 形管压差计 B 侧指示液面上充以高度为 h_1 的同一种油，当贮油罐充满时，U 形管压差计指示液面差为 R。试导出：当贮油罐油量减少后，贮油罐内油面下降高度 H 与 U 形管压差计 B 侧液面下降高度 h 之间的关系。　($h=\dfrac{\rho}{2\rho_i-\rho}H$)

3. 有一直立煤气管，在底部测压管测得水柱差 $h_1=100$ mm，在 $H=20$ m 高处的测压管中测得水柱差 $h_2=115$ mm，管外空气的密度 $\rho=1.29$ kg/m^3，求管中静止煤气的密度 ρ_1。　(2.04 kg/m^3)

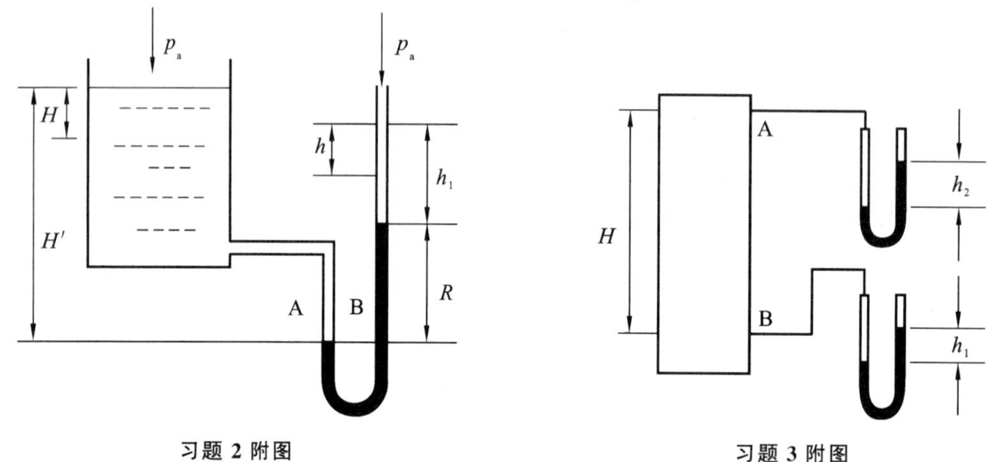

习题 2 附图　　习题 3 附图

4. 气体流经一段直管的压降为 160 Pa，拟分别用 U 形管压差计和双杯式微差压差计测该压降。U 形管中采用密度为 1 594 kg/m^3 的四氯化碳为指示液，微差压差计采用密度为 877 kg/m^3 的乙醇水溶液和密度为 830 kg/m^3 的煤油作为指示液。微差压差计液杯的直径 $D=80$ mm，U 形管的直径 $d=6$ mm。装置情况如图所示。试求：

(1) U 形管压差计的读数 R_1 为多少？若读数误差为±0.5 mm，测量相对误差为多少？

(2) 考虑杯内液面的变化，微差压差计的读数 R_2 为多少？若读数误差仍为±0.5 mm，测量相对误差为多少？

((1) 10.24 mm，4.88%；(2) 31.60 mm，0.16%)

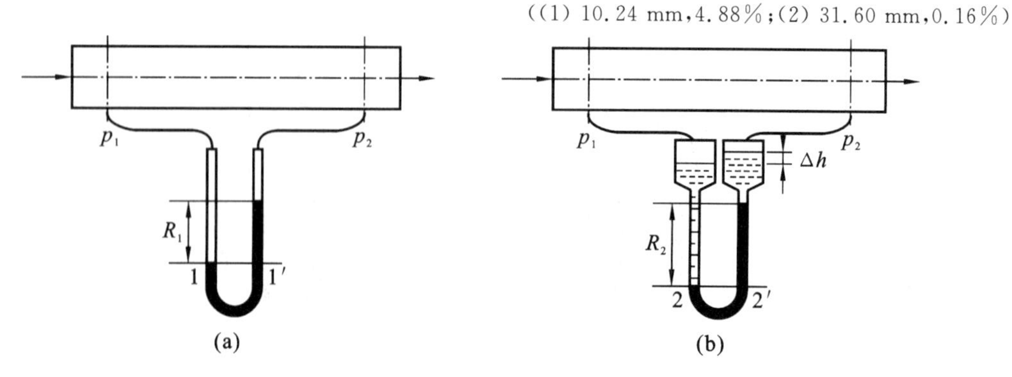

习题 4 附图

5. 如图所示，以复式水银压差计测量某密闭容器水面上方的压力。已知各水银液面标高分别为 $h_1=2.6$ m，$h_2=0.3$ m，$h_3=1.5$ m，$h_4=0.5$ m，$h_5=3.0$ m。试求此密闭容器水面上方的压力(表压)，以 Pa 计。

(4.04×10^5 Pa)

6. 某化工厂的湿式气柜内径为 9 m，钟罩总质量为 14 t，如图所示。试求：

(1) 气柜内气体压力(Pa)为多少时才能使气柜浮起？(忽略钟罩所受浮力。)

(2) 气柜内气体量增加时，气体的压力如何变化？

(3) 钟罩内外水位差是多少？

((1) 2 157 Pa(表压)；(3) 0.22 m)

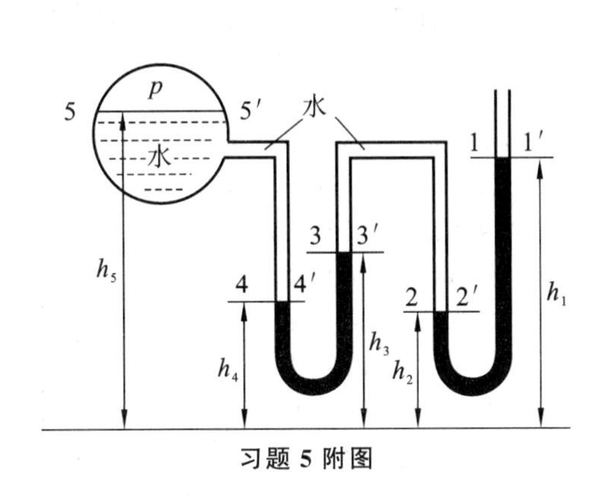

习题 5 附图

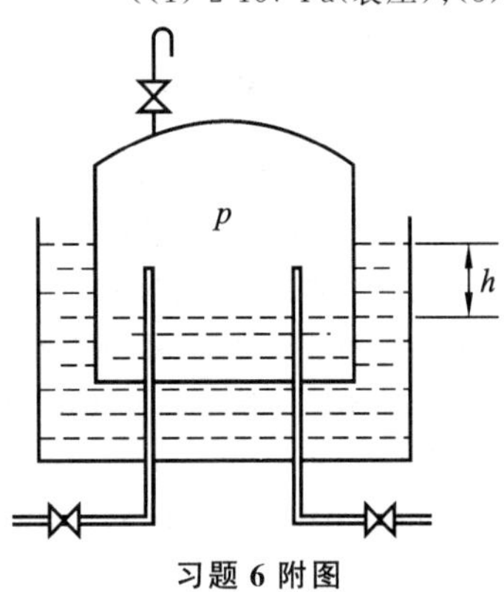

习题 6 附图

7. 以 $\phi 60$ mm×3.5 mm 的钢管输送 15 ℃的清水，流速为 1.5 m/s。试求水在管道中的体积流量、质量流量和质量流速。 ($11.9\ m^3/h$，11 895 kg/h，1 498.4 kg/($m^2\cdot s$))

8. 如图所示，高位水槽液面恒定，距地面 10 m，水从 $\phi 108$ mm×4 mm 钢管流出。钢管出口中心线与地面的距离为 2 m，水流经系统的能量损失(包括进、出口等局部阻力损失)可按 $\sum h_f = 16.15u^2$ J/kg 计算，其中 u 为水在管内的流速，单位为 m/s。试求：

(1) 1—1′ 截面处水的流速；

(2) 水的流量，以 m^3/h 计。

((1) 2.17 m/s；(2) 61.3 m^3/h)

9. 20 ℃的水以 2.5 m/s 的流速流经 $\phi 38$ mm×2.5 mm 的水平钢管，此管以锥形管与另一 $\phi 53$ mm×3 mm 的水平钢管相连，如图所示。在锥形管两侧 1—1′和 2—2′截面处各插入一垂直玻璃管，以观察两截面的压力。若水流经 1—1′和 2—2′截面间的能量损失为 1.5 J/kg，试求两玻璃管的水位差，以 mm 表示，并在图上画出两玻璃管中水面的相对位置。 (81 mm)

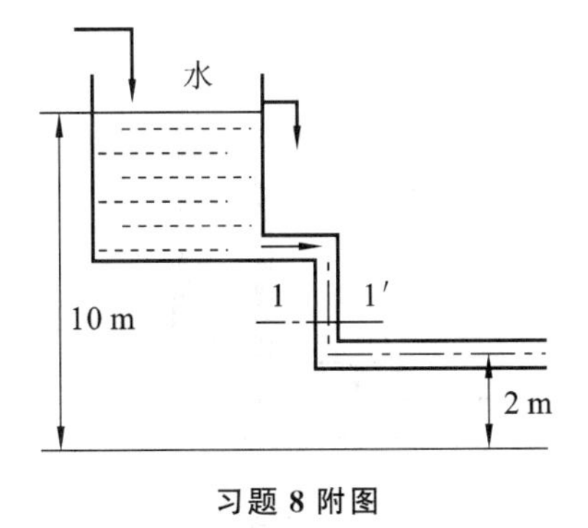

习题 8 附图

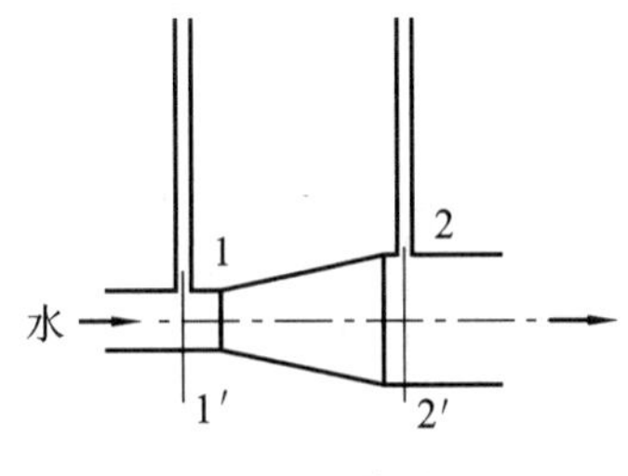

习题 9 附图

10. 如图所示为冷冻盐水循环系统。盐水的密度为 1 100 kg/m^3，循环量为 36 m^3/h。管路的直径相同，盐水由 A 流经两个换热器至 B 的总能量损失为 98.1 J/kg，由 B 流至 A 的管路能量损失为 49 J/kg，A、B 的位差为 7 m。当 A 处的压力表读数为 2.45×10^5 Pa(表压)时，B 处的压力表读数为多少？ (61 630 Pa(表压))

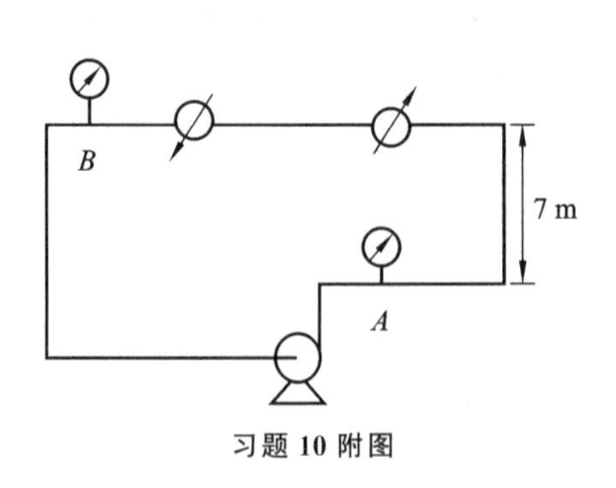

习题 10 附图

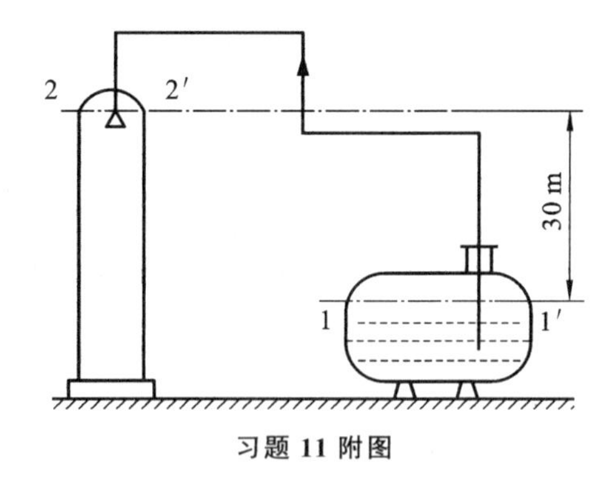

习题 11 附图

11. 某车间液体物料精馏塔的回流系统如图所示，塔内操作压力为 1.304 kPa(表压)，贮槽内液面上方的压力为 2.011 kPa(表压)，塔内出口管与贮槽的高度差为 30 m，管内径为 145 mm，送液量为 40 t/h。液体的密度为 600 kg/m^3，设管路全部能量损失为 150 J/kg。试问：将该液体从贮槽送到塔内是否需要泵？　(不需要)

12. 某化工厂用泵将地面上贮池中密度为 1 100 kg/m^3 的碱液送至吸收塔顶经喷头喷出，如图所示，输液管与喷头连接处的压力为 21.58 kPa(表压)。泵的吸入管为 ϕ108 mm×4 mm 的钢管，管内流速为 0.5 m/s；压出管为 ϕ56 mm×3 mm 的钢管。贮池中碱液深度为 1.2 m，池底至塔顶喷头处的垂直距离为 19 m。设吸入管路的阻力损失忽略不计，而压出管路直管总长为22 m，各种局部阻力的当量长度之和为 103 m，取摩擦系数 $\lambda=0.02$。试求此泵的有效功率。　(1 278 W)

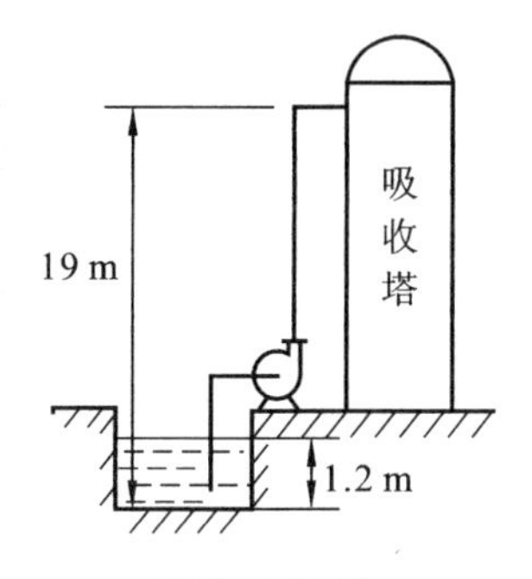

习题 12 附图

13. 如图所示，某车间用压缩空气压送 98%的浓硫酸(密度为 1 840 kg/m^3)，要求流量为2 m^3/h，输送管道采用 ϕ37 mm×3.5 mm 的无缝钢管，总的能量损失为 9.8 J/kg(不包括出口损失)，两槽中液位恒定。试求所需压缩空气的压力。　(3×10^5 Pa)

14. 某水溶液在内径为 R 的圆形直管内层流流动，设流速测点的探针头位置与管轴线的距离为 r。试求测点相对位置 r_1/R 为多少时该点流速等于平均流速。　(0.707)

15. 如图所示，水以 3.78 L/s 的流量流经一扩大管段，已知 $d_1=40$ mm，$d_2=80$ mm，倒置的 U 形管压差计读数 R 为 170 mm。试求水流经扩大管段的能量损失。　(2.55 J/kg)

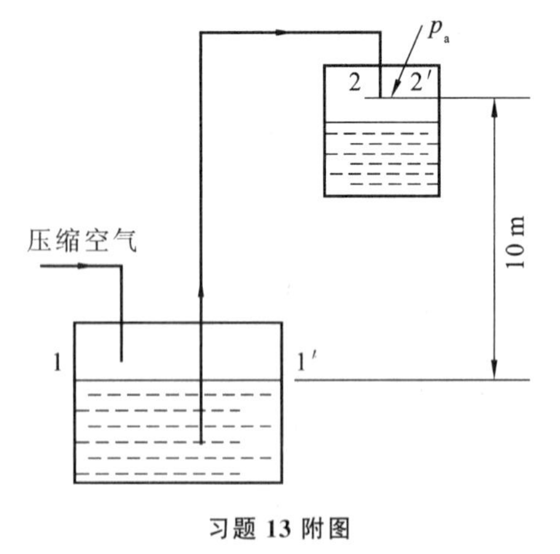

习题 13 附图

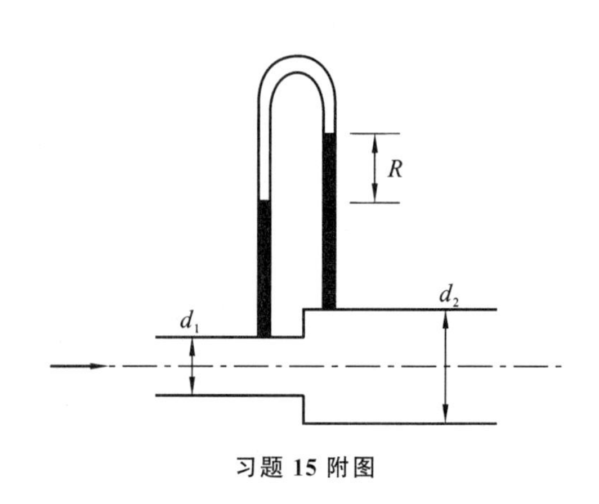

习题 15 附图

16. 15 ℃的水在内径为 10 mm 的水平钢管内流动，流速为 0.15 m/s。

(1) 试求雷诺数，并指出属于何种流动类型；

（2）若上游压力为 687 kPa，需流经多长管子，流体的压力才降至 294 kPa？

（（1）1 298，层流；（2）7.09 km）

17. 流体通过圆管湍流流动时，管截面的速度分布可近似服从规律 $u_r=u_{\max}\left(1-\dfrac{r}{R}\right)^{1/7}$。试求平均速度 u 与最大速度 $u_{\max}$ 的比值。（0.817）

18. 某流体在光滑圆直管内作湍流流动，设摩擦系数可按柏拉修斯公式计算。现欲使流量加倍，管长不变，管内径比原来增大 20%，试问：因摩擦阻力产生的压降为原来的多少倍？（1.41）

19. 如图所示若烟囱的直径 $D=1$ m，烟气的质量流量为 18 000 kg/h，烟气的密度为 0.7 kg/m³，周围空气的密度为 1.2 kg/m³，在 1—1′截面处安置一个 U 形管压差计，并测得 $R=10$ mmH_2O，烟气流经此烟囱的压降损失 $H_f=0.06(H/D)[u^2/(2g)]$。试求此烟囱的高度 H。（26.27 m）

20. 每小时将 2×10^4 kg、45 ℃氯苯用泵从反应器 A 输送到高位槽 B（如图所示），管出口处与反应器液面的垂直距离为 15 m，反应器液面上方维持 26.7 kPa 的绝对压，高位槽液面上方为大气压，管子为 ϕ76 mm×4 mm、长 26.6 m 的不锈钢管，管壁绝对粗糙度为0.3 mm。管线上有两个全开的闸阀、5 个 90°标准弯头。45 ℃氯苯的密度为 1 075 kg/m³，黏度为 6.5×10^{-4} Pa·s。泵的效率为 70%，求泵的轴功率。（1.86 kW）

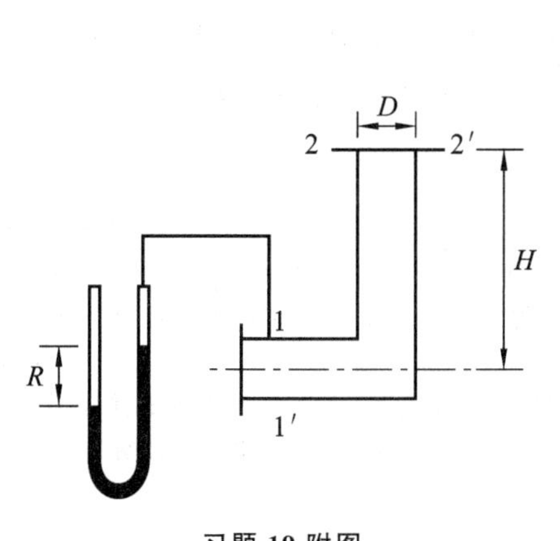

习题 19 附图

习题 20 附图

21. 用水泵向高位水箱供水（如图所示），管路流量为 150 m³/h，水泵轴中心线与水池液面和水箱液面的垂直距离分别为 2.0 m 和 45 m。泵吸入管与排出管分别是内径为 205 mm 和内径为180 mm的钢管。吸入管长为 50 m（包括吸入管路局部阻力的当量长度），排出管长为 200 m（包括排出管路局部阻力的当量长度），吸入管和排出管的管壁粗糙度均为 0.3 mm，水的密度为1 000 kg/m³，黏度为 1.0×10^{-3} Pa·s，泵的效率为 65%，圆管内湍流摩擦系数用下式计算：

$$\lambda=0.1\left(\frac{\varepsilon}{d}+\frac{68}{Re}\right)^{0.23}$$

（1）吸入管和排出管内的流速、雷诺数各为多少？各属于哪种流动类型？

（2）泵吸入口处 A 点的真空表读数为多少？

（3）泵向单位质量流体所做的功为多少？泵的轴功率为多少？

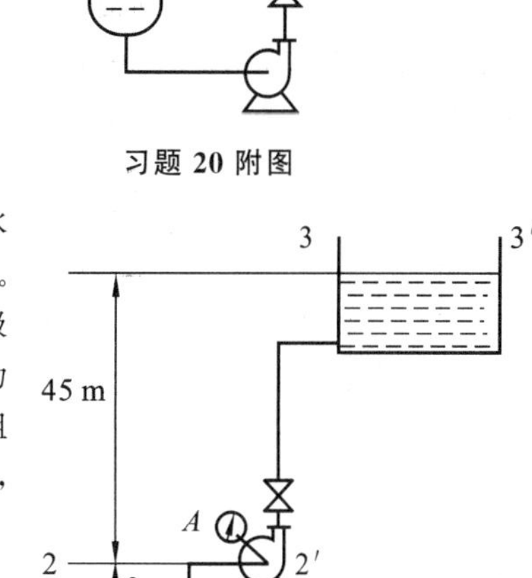

习题 21 附图

（（1）1.263 m/s，1.638 m/s，2.589×10^5，2.949×10^5；（2）24.9 kPa；（3）500.4 J/kg，32.1 kW）

22. 如图所示，槽中水位稳定，水从槽底部沿内径为 100 mm 的管子流出，管路上装有一个闸阀，距管入口端 30 m 处安有以水银为指示液的 U 形管压差计，其一端与管路相连，另一端通大气。测压点与管路出口段之间的直管长度为 20 m。阀门关闭时测得 $R=50$ cm，$h=1.8$ m。已知阀门全开时 $l_e/d=15$，管入口及管出口的阻力系数分别为 0.5 及 1.0，摩擦系数可取 0.018。试求：

(1) 阀门全开时的流量,以 m^3/h 计;

(2) 阀门全开时 B 处的表压。

((1) 73.8 m^3/h;(2) 25 471.82 Pa)

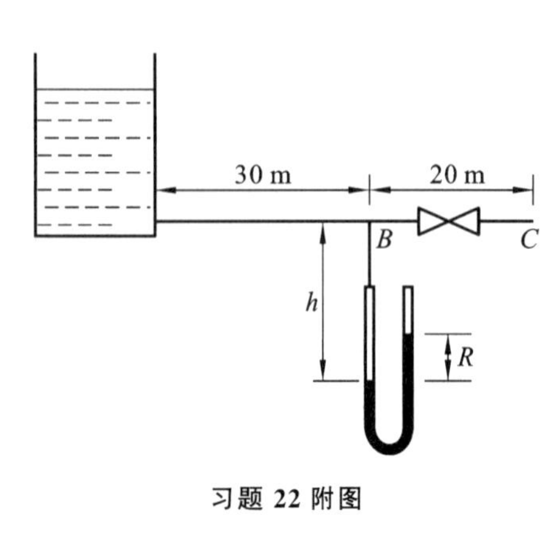

习题 22 附图

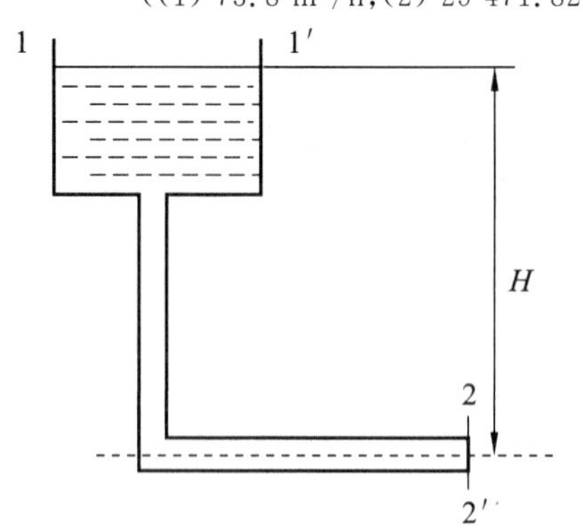

习题 23 附图

23. 如图所示为一水塔供水系统,管路总长为 L(包括局部阻力的当量长度),1—1′到 2—2′截面的高度为 H(m),规定供水量为 V(m^3/h)。若忽略管出口局部阻力损失,试导出管道最小直径 d_{min} 的计算式。

$\left(d_{min}=\left(\frac{8\lambda LV^2}{\pi g H}\right)^{0.2}\right)$

24. 如图所示,有两个敞口水槽,其底部用一水管相连,水从一水槽经水管流入另一水槽,水管内径为 0.1 m,管长为 100 m,管路中有两个 90°弯头、一个全开球阀,如将球阀拆除,而管长及液面差 H 等其他条件均保持不变,试问:管路中的流量能增加多少?设摩擦系数 λ 为常数,$\lambda=0.023$,90°弯头的阻力系数 $\zeta=0.75$,全开球阀的阻力系数 $\zeta=6.4$。 (11.6%)

25. 用内径为 300 mm 的钢管输送 20 ℃的水,为了测量管内的水流量,在 2 m 长主管上并联了一根总长为 10 m(包括局部阻力的当量长度)、内径为 53 mm 的水煤气管,如图所示,支管上流量计读数为 2.72 m^3/h,求总管内水流量。取主管的摩擦系数为 0.018,支管的摩擦系数为 0.03。 (598.5 m^3/h)

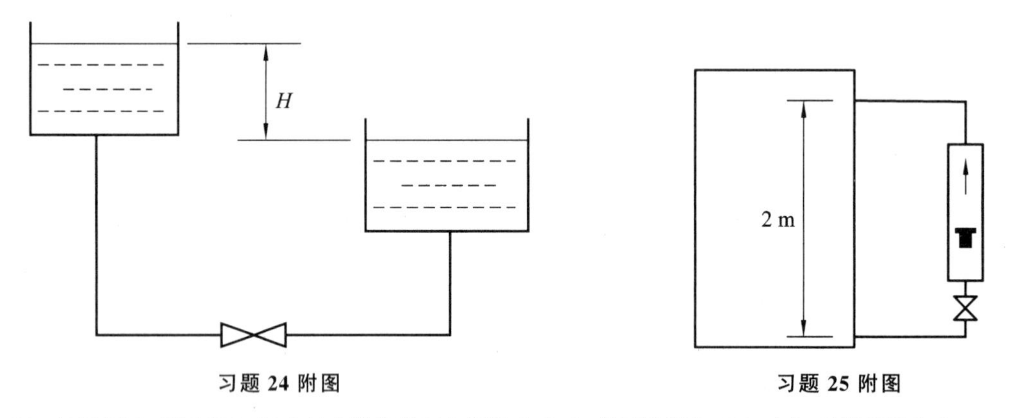

习题 24 附图　　　习题 25 附图

26. 如图所示,用泵将 20 ℃水经总管分别打入容器 A、B 内,总管流量为 176 m^3/h,总管规格为 ϕ168 mm×5 mm,C 处压力为1.97 kgf/cm^2(表压),求泵供给的压头及支管 CA、CB 的阻力。(忽略总管内的阻力。)

(18 m,4.0 m 液柱,2.0 m 液柱)

27. 如图所示,高位槽中的水经总管流入两支管 1、2,然后排入大气,测得当阀门 k、k_1 处在全开状态而 k_2 处在 1/4 开度状态时,支管 1 内流量为 0.5 m^3/h,求支管 2 中流量。若将阀门 k_2 全开,则支管 1 中是否有水流出?已知管内径均为 30 mm,支管 1 比支管 2 高 10 m,MN 段直管长为 70 m,$N1$ 段直管长为 16 m,$N2$ 段直管长为 5 m,当管路上所有阀门均处在全开状态时,总管、支管 1、支管 2 的局部阻力当量长度分别为 $\sum l_e=11$ m,$\sum l_{e1}=12$ m,$\sum l_{e2}=10$ m。管内摩擦系数 λ 可取为 0.025。 (3.824 m^3/h,无)

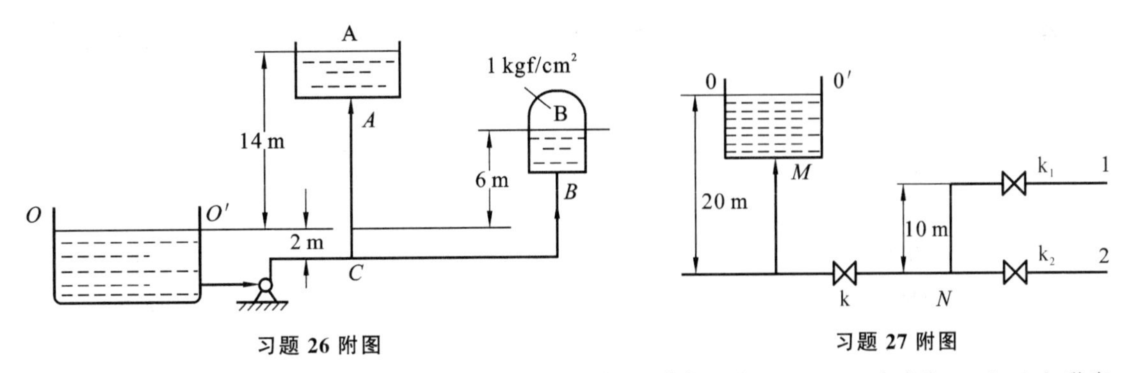

习题 26 附图　　　　习题 27 附图

28. 用 ϕ57 mm×3.5 mm 的钢管输送 60 ℃的热水(其饱和蒸气压为 19.92 kPa,密度为 971 kg/m^3,黏度为 0.356 6 mPa·s),管路中装一标准孔板流量计,用U形管汞柱压差计测压力差(角接取压法),要求水的流量范围是 10～20 m^3/h,孔板上游压力为 101.33 kPa(表压)。当地的大气压为 101.33 kPa。试计算:

(1) U形管压差计的最大量程 R_{max};

(2) 孔径 d_0。

(1.477 m;(2)19 mm)

29. 某转子流量计出厂时,用标准状态下的空气进行标定,其刻度范围为 20～50 m^3/h。若用其测量 20 ℃的 CO_2 气体流量,其体积流量范围为多少?欲将 CO_2 测量上限保持在 50 m^3/h,应对转子作何改变?当地的大气压为 101.33 kPa。

(16.2～40.6 m^3/h,增大环隙面积)

本章主要符号说明

符号	意　　义	计量单位
a	加速度	m/s^2
A	截面积	m^2
C	系数	
C_0、C_V	流量系数	
d	管道直径	m
d_e	当量直径	m
d_0	孔径	m
e	涡流黏度	Pa·s
E	1 kg 流体所具有的总机械能	J/kg
Eu	欧拉数	
f	范宁摩擦系数	
F	流体的内摩擦力	N
g	重力加速度	m/s^2
G	质量流速	$kg/(m^2 \cdot s)$
h	高度	m
h_f	1 kg 流体流动时为克服流动阻力而损失的能量,简称能量损失	J/kg
h_f'	局部能量损失	J/kg
H_e	输送设备对 1 N 流体提供的有效压头	m

符号	意　义	计量单位
H_f	压头损失	m
K	系数	
l	长度	m
l_e	当量长度	m
m	质量	kg
M	摩尔质量	kg/mol
n	指数	
N	输送设备的轴功率	kW
N_e	输送设备的有效功率	W
p	压力	Pa
Δp_f	1 m^3流体流动时损失的机械能;因克服流动阻力而引起的压降	Pa
P	总压力	N
q_V	体积流量	m^3/s
q_m	质量流量	kg/s
r	半径	m
r_H	水力半径	m
R	摩尔气体常数	J/(mol·K)
Re	雷诺数	
S	两流体层间的接触面积	m^2
T	热力学温度	K
u	流速	m/s
u'	脉动速度	m/s
$\bar{u}$	时均速度	m/s
u_{max}	流动截面上的最大速度	m/s
u_r	流动截面上某点的局部速度	m/s
U	1 kg 流体的内能	J/kg
v	比容	m^3/kg
V	体积	m^3
W_e	1 kg 流体通过输送设备获得的能量;输送设备对 1 kg 流体所做的有效功	J/kg
x_0	稳定段长度	m
Z	1 kg 流体具有的位能	m
α	倾斜角	

符号	意　义	计量单位
δ	流动边界层厚度	m
δ_b	层流内层厚度	m
ε	绝对粗糙度	mm
ε_κ	体积膨胀系数	
ζ	阻力系数	
η	效率	
η_0	刚性系数	Pa·s
κ	绝热指数	
λ	摩擦系数	
μ	黏度	Pa·s或cP
μ_a	表观黏度	Pa·s
ν	运动黏度	m^2/s
Π	润湿周边	m
ρ	密度	kg/m^3
τ	内摩擦应力	Pa
τ_0	屈服应力	Pa
θ	时间间隔	s

第 2 章　流体输送机械

本章学习要求

■ **掌握**：离心泵的工作原理和主要构件；离心泵的基本方程；离心泵的主要性能参数和特性曲线；离心泵的安装高度；离心泵的工作点与流量调节；离心泵的类型和选用。

■ **熟悉**：离心泵的组合操作。

■ **了解**：其他类型化工用泵、气体输送机械。

在化工生产中，流体输送是常见的单元操作之一。为了将流体由低能位向高能位输送，必须使用流体输送机械。

生产中所需输送的流体中，有的具有较高的黏度，有的具有较强的腐蚀性，有的易燃和易爆，有的含有固体悬浮颗粒，还有的是高温、高压流体，因此为适应各种流体的输送而发展起来的设备种类很多。目前，化工中常用的流体输送设备，按工作原理大致可分为四类：离心式、往复式、旋转式和流体动力作用式。

气体属于可压缩性流体，在输送过程中会因压缩和膨胀而引起温度和密度的变化，这就使气体输送设备在结构上具有某些与液体输送设备不同的特点。通常，将用于输送液体的设备称为泵，而用于输送气体的设备按所产生的压力的高低称为通风机、鼓风机、压缩机和真空泵。

2.1　离　心　泵

离心泵在工业生产中应用最广泛。离心泵的突出特点是结构简单、流量均匀且易于调节和控制、使用寿命长、适用范围广、设备费和操作费低。

2.1.1　离心泵的工作原理与主要构件

1. 离心泵的工作原理

离心泵的基本结构如图 2-1 所示。主要构件有叶轮与泵壳(又称蜗壳)。叶轮通常由 6～12 片后弯叶片组成，安装、密封在泵壳内并紧固在泵轴上，泵壳中央的吸入口与吸入管相连接，且在吸入管的末端装有带滤网的底阀(又称止回阀)，泵壳侧旁有排出口与排出管相连接。

离心泵一般由电动机带动，启动前必须在离心泵的泵壳内充满被输送的液体，启动后，电动机带着冲轮高速旋转时，液体受到叶片的推力也随之旋转。在离心力的作用下，液体从叶轮中心被甩向叶轮的边缘，并以很高的速度(一般可达 15～35 m/s)流向泵壳。由于泵壳中流道逐渐加宽，液体的流速逐渐降低，将一部分动能转变为静压能，使泵出口处的液体具有较高的压力。于是，液体从排出口进入排出管，输送至所需要的场所。

当叶轮中心的液体被甩出后，在叶轮中心就形成了低压区，在压差作用下液体便经吸入管进入泵内，填补被排出液体的位置。这样，只要叶轮不断地转动，液体便连续地被吸入和压出而达到连续输送液体的目的。

离心泵启动时，若泵壳与吸入管内没有充满液体，或离心泵在运转过程中发生漏气，均可

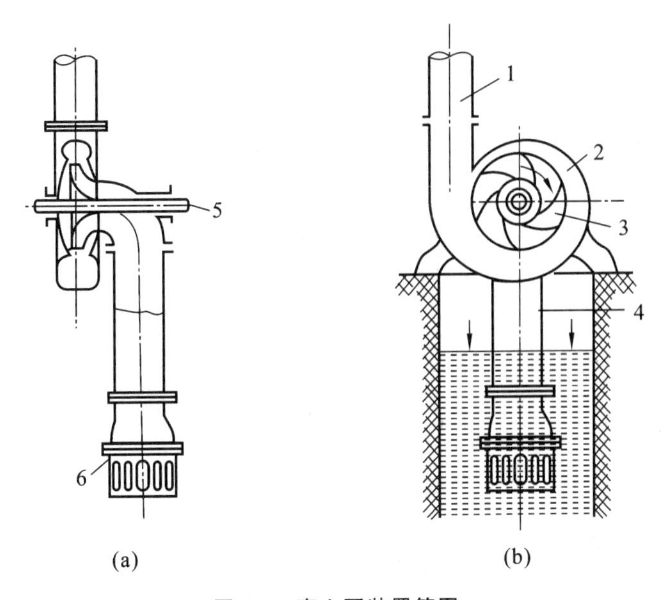

图 2-1　离心泵装置简图

1—排出管；2—泵壳；3—叶轮；4—吸入管；5—泵轴；6—底阀

使泵壳内积存空气，由于空气的密度远小于液体的密度，产生的离心力小，因而叶轮中心处所形成的低压不足以将贮液池内的液体吸入泵内，此时离心泵虽运转但不能输送液体。这种现象称为气缚，它说明离心泵无自吸能力。因此，离心泵启动前必须进行灌液且运转时防止漏气。为了保证启动前的有效灌液，在吸入管的末端须装上单向底阀，阀外还要装上滤网，以阻拦液体中的团状物质被吸入后堵塞管道和泵壳，损坏叶轮和叶片。

2. 离心泵的主要构件

离心泵的主要构件有叶轮和泵壳。

1）叶轮

叶轮的作用是将原动机能量传递给液体，使液体动能和静压能有所增加。叶轮有开式、半开式和闭式三种类型，如图 2-2 所示。

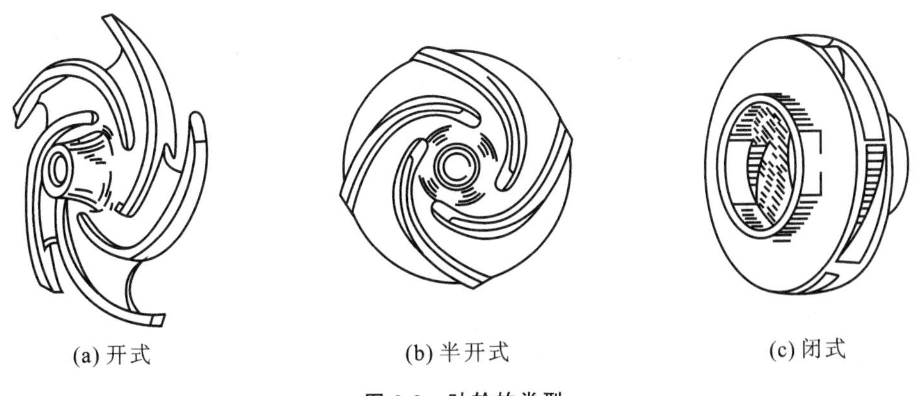

图 2-2　叶轮的类型

开式叶轮在叶轮的两侧，无盖板，如图 2-2(a)所示，适用于输送含有杂质（悬浮物）的液体，叶轮流道不易堵塞。开式叶轮结构简单，制造容易，清洗方便，但由于无盖板，液体在叶片间运动时，容易产生倒流，故效率较低。

半开式叶轮在吸入口侧无盖板，如图 2-2(b)所示，它具有开式叶轮的优、缺点，但效率略有提高。

闭式叶轮在叶轮两侧均有盖板，如图 2-2(c)所示，适用于输送不含杂质的清洁液体。闭式叶轮结构复杂，制造困难，价格较高，不易产生倒流，故效率较高。一般的离心泵多系此类叶轮。

半开式或闭式叶轮在运行时，离开叶轮的高压液体中会有一部分流到叶轮后侧，而前侧液体吸入口处压力较低，故液体作用于叶轮前、后两侧的压力不等，便产生了指向叶轮吸入口方向的轴向推动力，从而将叶轮推向吸入口侧，会引起叶轮与泵壳接触与摩擦，严重时引起泵的震动和运转不正常。为此，在叶轮后盖上钻一些起平衡作用的小孔，称为平衡孔，使部分高压液体漏向低压区，以减轻轴向推力，但这会使泵的效率有所降低。

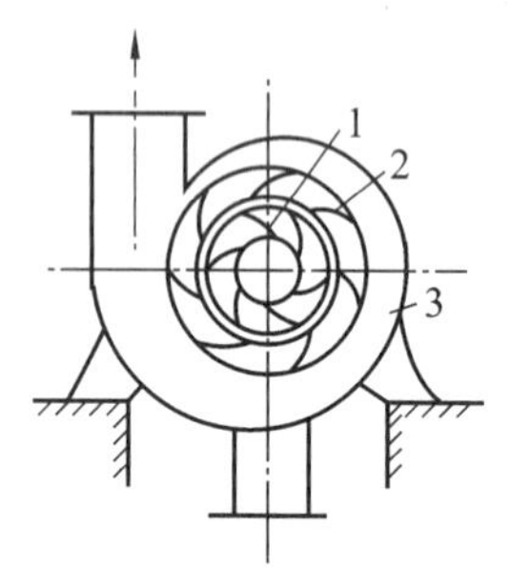

图 2-3 泵壳与导轮
1—叶轮；2—导轮；3—蜗壳

2) 泵壳

离心泵的外壳呈蜗壳形，故又称为蜗壳，壳内通道截面逐渐扩大，如图 2-3 所示。从叶轮外缘高速抛出的液体，沿泵壳的蜗壳形通道向排出口流动，其流速逐渐降低，减少了能量损失，且使一部分动能有效地转变为静压能。显然，泵壳具有汇集液体和转换能量的双重功能。

在较大的泵中，在叶轮与泵壳之间还装有固定不动的导轮，如图 2-3 所示，其目的是减少液体直接进入蜗壳时的冲击。导轮具有很多逐渐转向的通道，使高速液体流过时均匀而缓和地将动能转变为静压能，从而减少能量损失。

2.1.2 离心泵的基本方程

1. 离心泵的基本方程推导

离心泵基本方程的推导基于如下假设：

(1) 叶片数目无限多、厚度无限薄，流体质点沿叶片表面流动，不产生任何环流；

(2) 泵内是理想流体，流动中无流动阻力。

图 2-4 是流体进入叶轮和离开叶轮时的速度分析图。

在高速旋转的叶轮中，w 是流体质点沿叶片表面流动的速度，称为相对速度，其方向为流体质点所在处叶片切线方向；u 为流体质点与叶轮一起旋转的速度，称为圆周速度，其方向为质点所在处圆周的切线方向。两者合成速度 c 为绝对速度，是相对于静止壳体的速度。

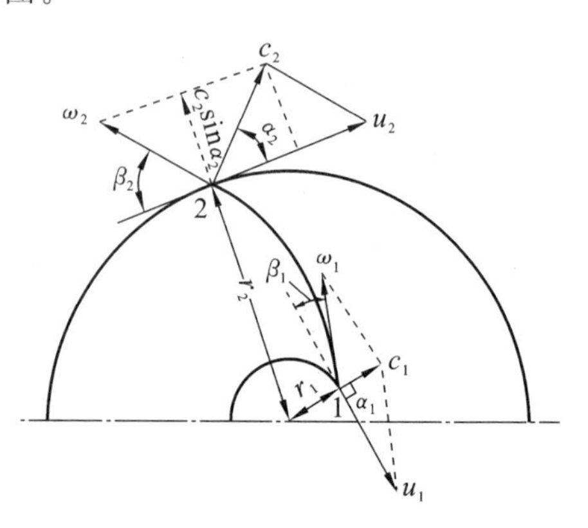

图 2-4 液体在泵内叶片间流动的速度三角形

1 N 理想流体通过无限多叶片的旋转叶轮所获得的能量，称为理论压头，用 H_T 表示。根据伯努利方程，流体从点 1(叶轮入口)到点 2(叶轮出口)所获得的机械能为

$$H_T=\frac{p_2-p_1}{\rho g}+\frac{c_2^2-c_1^2}{2g}=H_p+H_c \qquad (2\text{-}1)$$

式中：H_p——流体经叶轮后增加的静压能；

H_c——流体经叶轮后增加的动能。

静压能增加主要是由于以下两方面。

(1) 离心力对液体做功。1 N 流体获得的这部分压头为

$$\int_{r_1}^{r_2}\frac{F}{g}\mathrm{d}r=\int_{r_1}^{r_2}\frac{r\omega^2}{g}\mathrm{d}r=\frac{\omega^2}{2g}(r_2^2-r_1^2)=\frac{u_2^2-u_1^2}{2g}$$

式中：ω——叶轮旋转角速度，rad/s。

(2) 相邻两叶片所构成的流道截面自内向外逐渐扩大，流体流过时，一部分动能转换为静压能，因此，1 N 流体流经叶轮增加的静压能为

$$H_p=\frac{u_2^2-u_1^2}{2g}+\frac{w_1^2-w_2^2}{2g} \tag{2-2}$$

将式(2-2)代入式(2-1)有

$$H_T=\frac{u_2^2-u_1^2}{2g}+\frac{w_1^2-w_2^2}{2g}+\frac{c_2^2-c_1^2}{2g} \tag{2-3}$$

由图 2-4 中的速度三角形，根据余弦定理，有

$$w_1^2=c_1^2+u_1^2-2c_1u_1\cos\alpha_1 \tag{2-4}$$

$$w_2^2=c_2^2+u_2^2-2c_2u_2\cos\alpha_2 \tag{2-5}$$

将式(2-4)和式(2-5)代入式(2-3)中并简化得

$$H_T=\frac{u_2c_2\cos\alpha_2-u_1c_1\cos\alpha_1}{g} \tag{2-6}$$

在设计离心泵时，为提高理论压头，使 $\alpha_1=90°$，于是，泵的理论压头为

$$H_T=\frac{u_2c_2\cos\alpha_2}{g} \tag{2-6a}$$

式(2-6a)即为离心泵的理论压头计算式。

2. H_T 的影响因素

1) 流量的影响

流体理论流量可表示为叶轮出口处的径向速度与出口截面积的乘积。

$$q_{VT}=2\pi r_2b_2c_2\sin\alpha_2 \tag{2-7}$$

式中：b_2——叶轮出口处叶轮宽度。

根据速度三角形得

$$c_2\cos\alpha_2=u_2-c_2\sin\alpha_2\cot\beta_2$$

将上两式代入式(2-6a)中，整理得

$$H_T=\frac{u_2}{g}(u_2-c_2\sin\alpha_2\cot\beta_2)=\frac{1}{g}\left(u_2^2-\frac{u_2q_{VT}\cot\beta_2}{2\pi r_2b_2}\right) \tag{2-8}$$

$$H_T=A-Bq_{VT} \tag{2-9}$$

其中

$$A=\frac{u_2^2}{g},\quad B=\frac{u_2\cot\beta_2}{2\pi r_2b_2g}$$

对于某个离心泵(r_2、b_2 固定)，当转数 n 一定时，H_T 与 q_V 之间呈线性关系，斜率主要取决于叶片安装角 β_2。

2) 叶片形状的影响

根据叶片安装角 β_2 的大小，叶片形状可分前弯叶片($\beta_2>90°$)、径向叶片($\beta_2=90°$)和后弯叶片($\beta_2<90°$)，如图 2-5 所示，叶片形状不同，理论压头 H_T 和理论流量 q_{VT} 的关系也不同。

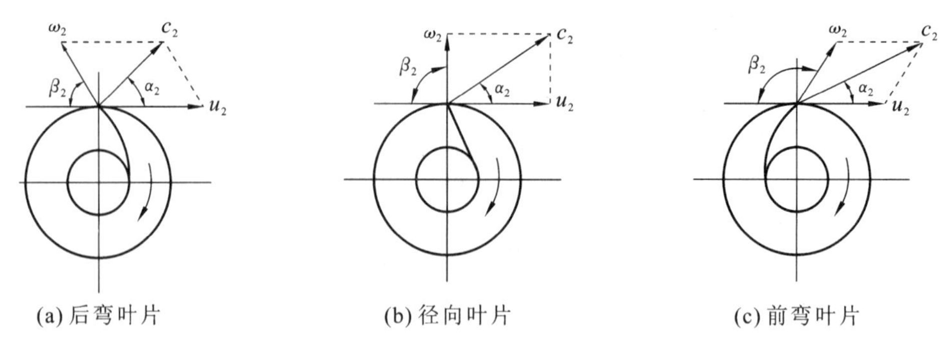

图 2-5　叶片形状及出口速度三角形

在流量相同的情况下,前弯叶片泵($\cot\beta_2<0$)的理论压头随流量增加而增大,径向叶片泵($\cot\beta_2=0$)的理论压头与流量无关,后弯叶片泵($\cot\beta_2>0$)的理论压头随流量的增加而减少。

三种形状的叶片中,前弯叶片产生的理论压头最大,后弯叶片产生的理论压头最小,但理论压头包括静压能的提高和动能提高两部分,而后弯叶片的动能$\frac{c_2^2}{2g}$较小,静压能的提高大于动能提高,因此实际设计中,常采用后弯叶片。

3) 叶轮转速和直径的影响

当 q_{VT} 和叶片几何尺寸一定时,叶轮直径 $D_2=2r_2$ 增大,转速 n 增大,H_T 增加。

3. 理论压头和实际压头

离心泵的理论压头与实际压头是有很大不同的。实际压头与流量均小于理论值。原因如下:① 叶片的数目不可能无限多,不能满足液体沿叶片表面流动的理想情况;② 液体在叶片间将出现环流,导致机械能损失;③ 实际流体具有黏性,流经泵内将产生机械能损失。

离心泵的实际压头与实际流量的关系曲线一定在理论压头与理论流量曲线下方,且不为直线,可由实验测定。

2.1.3　离心泵的主要性能参数和特性曲线

1. 离心泵的主要性能参数

离心泵的主要性能参数有流量 q_V、压头 H_e、效率 η 和轴功率 N 等。

1) 流量 q_V

离心泵的流量是指单位时间内排到管路系统的液体体积,用 q_V 表示,常用单位为 L/s、m^3/s 或 m^3/h 等。离心泵流量的大小取决于泵的结构、尺寸(主要为叶轮的直径与宽度)和转速。

2) 压头 H_e

离心泵的压头又称扬程,是指 1 N(单位重量)液体流经泵后所获得的有效能量,其单位为 m 液柱。离心泵压头的大小,取决于泵的结构(如叶轮直径的大小、叶片的弯曲情况等)、转速及流量。对某一台泵,在一定的转速下,压头和流量之间具有一定的关系。

3) 效率 η

在离心泵输液过程中,当外界能量通过叶轮传递给液体时,不可避免地会产生各种能量损失,故原动机提供给泵轴的能量不可能全部为液体所获得,致使泵的有效压头和流量均较理论值低,而输入泵的功率比理论值高。反映泵内能量损失大小的参数称为效率,用 η 表示。

离心泵的能量损失包括以下几项。

(1) 容积损失。容积损失是由于泵的泄漏而造成的。离心泵在运转过程中,有一部分获得能量的高压液体经叶轮与泵壳之间的缝隙漏回吸入口,或因轴封不良而漏至泵壳外,也有时从平衡孔漏回低压区,致使离心泵排出管道的液体量小于吸入的液体量,此泄漏的液体消耗了一部分能量,故称为容积损失。

(2) 水力损失。水力损失是黏性液体经泵输送时,在叶轮通道和泵壳中产生摩擦阻力和流体流通截面及方向的改变,且具有冲击,因而具有能量损失。

(3) 机械损失。机械损失是泵运转时,泵轴与轴承、轴封之间的机械摩擦而引起的损失。

离心泵的效率反映了上述三项能量损失的总和。离心泵的效率与泵的类型、大小、制造的精密度及其液体的性质有关。

4) 离心泵的轴功率 N

离心泵的轴功率是泵轴运转时所需的功率,即原动机直接传给泵的功率,以 N 表示,单位为 J/s、W 和 kW。离心泵的有效功率则是液体实际得到的功率,以 N_e 表示。泵的效率 η 为泵的有效功率与轴功率之比,故轴功率为

$$N=\frac{N_e}{\eta} \tag{2-10}$$

而有效功率为

$$N_e=q_V H_e \rho g \tag{2-11}$$

式中:ρ——液体的密度,kg/m^3;

　　g——重力加速度,m/s^2。

取 $g=9.81$ m/s^2,1 kW=1 000 W,则式(2-11)可用 kW 单位表示,即

$$N_e=q_V H_e \rho g=\frac{q_V H_e \rho \times 9.81}{1\,000}=\frac{q_V H_e \rho}{102}\ \text{kW} \tag{2-12}$$

则泵的轴功率 N 为

$$N=\frac{q_V H_e \rho}{102\eta}\ \text{kW} \tag{2-13}$$

由于泵在运转时可能发生超负荷,故所配原动机的功率应高于泵的轴功率。

2. 离心泵的特性曲线

前已述及,离心泵的主要性能参数是流量 q_V、压头 H_e、轴功率 N 及效率 η。它们之间的关系难以定量计算,而是由实验测得,将它们的关系绘成曲线(称为泵的特性曲线),标于泵的样本中。泵的特性曲线是选泵的主要依据。各种型号的泵有其固定的特性曲线,但基本形状相似,如图 2-6 所示。

1) H_e-q_V 曲线

H_e-q_V 曲线表示泵的流量 q_V 和压头 H_e 的关系,H_e 随流量增加而减小。

2) N-q_V 曲线

N-q_V 曲线表示泵的流量 q_V 与轴功率 N 的关系,N 随 q_V 的增大而增大。显然,当 $q_V=0$ 时,N 为最小。因此,启动离心泵时,为减小启动功率,应将出口阀关闭。

3) η-q_V 曲线

η-q_V 曲线表示泵的流量 q_V 与效率 η 的关系。效率随流量增加而升高,到达最高点后,效率随流量增加而下降,曲线的最高点为泵的设计点,该点对应的各项参数为最佳操作参数,标

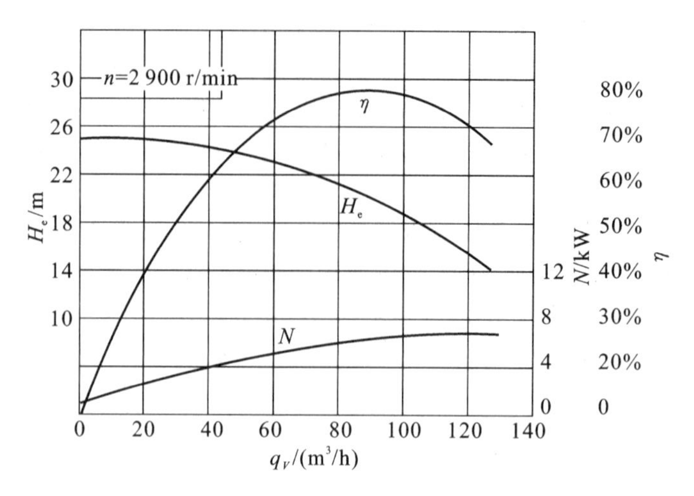

图 2-6 泵的特性曲线示例

于泵的铭牌上。

选用泵时,总是希望在最高效率下操作,但实际上泵往往不可能正好在与最高效率相对应的流量和压头下运转。因此,通常选定一个工作范围,称为泵的高效率区域,简称高效区(大约最高效率的 92%为高效区),使离心泵尽可能在高效区运转。

【例 2-1】 用水测定一台离心泵的特性曲线,在某一次实验中测得:流量为10 m^3/h,泵出口处压力表的读数为 1.7 atm(表压),泵的入口处真空表的读数为160 mmHg(真空度),轴功率为1.07 kW,电动机的转速为 2 900 r/min,真空表与压力表间垂直距离为 0.5 m。试列出此次实验的结果。

解 泵的特性,应包括转速 n、流量 q_V、压头 H_e、轴功率 N 和效率 η。

直接测出的性能参数有

$$n=2\ 900\ \text{r/min},\quad q_V=10\ \text{m}^3/\text{h},\quad N=1.07\ \text{kW}$$

需计算泵的压头和实际功率,则

$$H_e=(Z_2-Z_1)+\frac{p_2-p_1}{\rho g}+\frac{u_2^2-u_1^2}{2g}+\sum h_{f,1-2} \tag{a}$$

式中的下标"1"、"2"分别表示泵入口真空表测压点和出口压力表测压点。

如略去式中的 $\sum h_{f,1-2}$ 和 $\frac{u_2^2-u_1^2}{2g}$,于是有

$$H_e\approx(Z_2-Z_1)+\frac{p_2-p_1}{\rho g} \tag{b}$$

其中

$$Z_2-Z_1=0.5\ \text{m}$$

$$\rho=1\ 000\ \text{kg/m}^3$$

$$1\ \text{atm}=101.3\ \text{kPa}$$

$$1\ \text{mmHg}=1.333\times10^2\ \text{Pa}$$

$$p_2=1.7\times101.3\times10^3\ \text{kPa}=1.722\times10^5\ \text{kPa}$$

$$p_1=-160\ \text{mmHg}=-160\times1.333\times10^2\ \text{Pa}=-2.13\times10^4\ \text{Pa}$$

将各值代入式(b),则泵的压头为

$$H_e=(Z_2-Z_1)+\frac{p_2-p_1}{\rho g}=\left[0.5+\frac{1.722\times10^5-(-2.13\times10^4)}{1\ 000\times9.81}\right]\ \text{m}$$

$$=(0.5+19.72)\ \text{m}=20.22\ \text{m}$$

有效功率为

$$N_e = H_e q_V \rho g = 20.22 \times (10/3\,600) \times 1\,000 \times 9.81\ \text{W} = 551\ \text{W} = 0.551\ \text{kW}$$

故

$$\eta = \frac{N_e}{N} = \frac{0.551}{1.07} \times 100\% = 51.5\%$$

3. 离心泵特性曲线的影响因素

1）流体性质的影响

离心泵特性曲线一般是由生产厂家用常温水作为工质测定的。实际应用时，若输送液体的性质与水的性质有很大差别，就必须考虑液体性质对离心泵特性曲线的影响。

（1）液体密度对离心泵特性曲线的影响。

由式(2-7)可见，离心泵的流量与被输送液体的密度无关，由式(2-6a)可见，离心泵的压头与被输送液体的密度也无关。则泵的效率也与液体的密度无关，但是离心泵的轴功率与液体的密度有关，密度增大，轴功率增大。当输送液体的密度与水的密度相差较大时，需重新计算轴功率。

（2）液体黏度的影响。

当输送液体的黏度大于常温下水的黏度时，泵内液体的能量损失增大，导致泵的流量、压头减小，效率下降，但轴功率增大，泵的特性曲线发生变化。因此选泵时，应对原特性曲线进行修正，根据修正后的特性曲线进行选择。

2）叶轮转速的影响

离心泵的特性曲线是在转速固定的条件下测定的，同一台离心泵，如转速发生变化，特性曲线也将发生变化。在泵的转速改变不大的情况下（以±20%以内为限），可以认为：转速改变前、后，液体离开叶轮处的速度三角形相似。转速改变前、后，离心泵的效率不变，从离心泵的基本方程出发，可以推导如下关系：

$$\frac{q_V'}{q_V} = \frac{2\pi r_2 b_2 c_2' \sin\alpha_2}{2\pi r_2 b_2 c_2 \sin\alpha_2} = \frac{c_2'}{c_2} = \frac{u_2'}{u_2} = \frac{n'}{n} \tag{2-14}$$

同样有

$$\frac{H'}{H} = \frac{u_2' c_2' \cos\alpha_2}{u_2 c_2 \cos\alpha_2} = \frac{u_2'^2}{u_2^2} = \left(\frac{n'}{n}\right)^2 \tag{2-15}$$

若离心泵的效率不变，即 $\eta' = \eta$，则

$$\frac{N'}{N} = \frac{H' q_V'}{H q_V} = \left(\frac{n'}{n}\right)^3 \tag{2-15a}$$

综合上述关系可以得到表达转速对离心泵影响的比例定律：

$$\begin{cases} \dfrac{q_V'}{q_V} = \dfrac{n'}{n} \\ \dfrac{H'}{H} = \left(\dfrac{n'}{n}\right)^2 \\ \dfrac{N'}{N} = \left(\dfrac{n'}{n}\right)^3 \end{cases} \tag{2-16}$$

由此可以从某一转速下的特性曲线换算出另一转速下的特性曲线。

2.1.4　离心泵的安装高度

1. 汽蚀现象

如图 2-7 所示，在 0—0′与 1—1′截面间无外加机械能，离心泵是靠贮槽液面与泵入口处

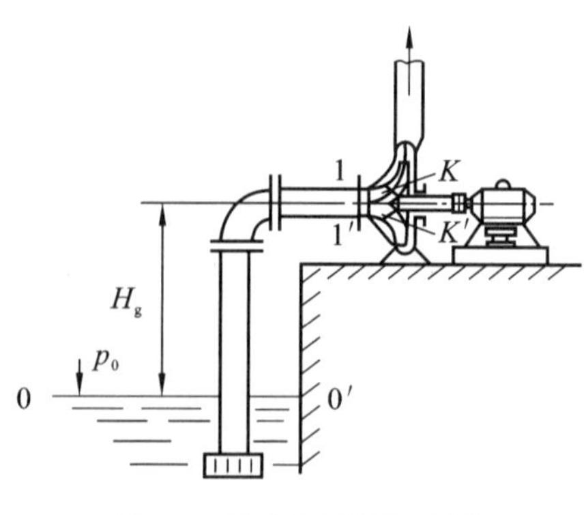

图 2-7　离心泵吸液示意图

之间的压力差(p_0-p_1)吸入液体的。若 p_0 一定,则泵的安装位置离液面的高度(即安装高度 H_g)愈高,p_1 愈低。当安装高度达到一定值,使泵内最低压力(位于叶轮内缘叶片的背面,图中 $K—K'$ 截面)p_K 降至输送温度下液体的饱和蒸气压时,液体在该处汽化或使溶解在液体中的气体析出而形成气泡。含气泡的液体进入叶轮的高压区后,气泡迅速凝聚或破裂。气泡消失后产生局部真空,周围液体以高速涌向气泡中心,产生压力极大、频率极高的冲击。尤其当气泡的凝聚发生在叶片表面附近时,液体质点犹如许多细小的高频水锤撞击着叶片,致使叶轮表面损伤。运转一定时间后,叶轮表面出现斑痕及裂缝,甚至呈海绵状脱落,使叶轮损坏。这种现象称为离心泵的汽蚀。离心泵一旦发生汽蚀,泵体强烈震动并发出噪音,液体流量、压头(出口压力)及效率明显下降,严重时甚至吸不上液体。汽蚀是泵损坏的重要原因之一,在设计、选用、安装时必须特别注意。

离心泵发生汽蚀的原因是泵内最低压力等于操作温度下液体的饱和蒸气压,而导致泵内压力过低的原因是多方面的,如:① 泵的安装高度过高;② 泵吸入管路阻力过大;③ 所输送液体的温度过高;④ 密闭贮槽中的压力下降;⑤ 泵的运行工况点偏离额定流量过远等。以下重点讨论如何确定泵合适的安装位置,以避免汽蚀现象的发生。

2. 汽蚀余量

为防止发生汽蚀,泵入口处压力不能过低,究竟最低不可低于多少,应留多少富余量,每台泵各有指标,这就是汽蚀余量。汽蚀余量分为有效汽蚀余量$(\mathrm{NPSH})_a$、临界汽蚀余量$(\mathrm{NPSH})_c$ 及必需汽蚀余量$(\mathrm{NPSH})_r$ 三种。

(1) 有效汽蚀余量。

为保证不发生汽蚀,离心泵入口处液体的静压头与动压头之和必须大于操作温度下液体的饱和蒸气压头,其超出部分称为离心泵的有效汽蚀余量,以$(\mathrm{NPSH})_a$ 表示,即

$$(\mathrm{NPSH})_a=\frac{p_1}{\rho g}+\frac{u_1^2}{2g}-\frac{p_V}{\rho g} \tag{2-17}$$

式中:$(\mathrm{NPSH})_a$——离心泵的有效汽蚀余量,m。

p_1——泵入口处的绝对压,Pa;

u_1——泵入口处的液体流速,m/s;

p_V——输送温度下液体的饱和蒸气压,Pa。

有效汽蚀余量是指泵吸入装置给予离心泵入口处液体的静压头与动压头之和超出蒸气压头的那一部分,其值仅与吸入管路有关,而与泵本身无关,故又称为装置汽蚀余量。

(2) 临界汽蚀余量。

当叶轮入口处的最低压力 p_K 等于输送温度下液体的饱和蒸气压 p_V 时,泵将发生汽蚀,相应泵入口处压力 p_1 存在一个最小值 $p_{1,\min}$,此条件下的汽蚀余量即为临界汽蚀余量。

$$(\mathrm{NPSH})_c=\frac{p_{1,\min}}{\rho g}+\frac{u_1^2}{2g}-\frac{p_V}{\rho g} \tag{2-18}$$

临界汽蚀余量实际反映了泵入口处 1—1′截面到叶轮入口处 K—K'截面的压头损失，其值与泵的结构尺寸及流量有关。

临界汽蚀余量由泵制造厂通过实验测定。实验时设法在泵流量不变的条件下逐渐降低 p_1(如关小泵吸入管路中的阀门)，当泵内刚好发生汽蚀(以泵的压头较正常值下降 3%为标志)时测取 $p_{1,min}$，再由式(2-18)计算出该流量下离心泵的临界汽蚀余量。

(3) 必需汽蚀余量。

必需汽蚀余量是指泵在给定的转速和流量下所必需的汽蚀余量，一般将所测得的 $(NPSH)_c$ 加上一定的安全量作为必需汽蚀余量 $(NPSH)_r$，并作为离心泵的性能列入泵产品样本中。

当离心泵在一定管路中运行时，可根据有效汽蚀余量与必需汽蚀余量的大小，判断泵的运行状况。泵选定后，其必需汽蚀余量为已知；根据吸入管路的状况，可计算出有效汽蚀余量。若 $(NPSH)_a > (NPSH)_r$，泵可以正常运行，否则泵不应运行。一般要求有效汽蚀余量比必需汽蚀余量大 0.5 m 以上，即

$$(NPSH)_a \geqslant (NPSH)_r + 0.5$$

3. 离心泵的允许安装高度

在图 2-7 中，在 0—0′与 1—1′截面间列伯努利方程，可得安装高度

$$H_g = \frac{p_0 - p_1}{\rho g} - \frac{u_1^2}{2g} - \sum h_{f,0-1} \tag{2-19}$$

式中：H_g—— 离心泵安装高度，m；

p_0—— 贮槽液面上方的绝对压(贮槽敞口时，$p_0 = p_a$)，Pa；

$\sum h_{f,0-1}$—— 吸入管路的压头损失，m。

将式(2-17)代入式(2-19)，并整理得

$$H_g = \frac{p_0 - p_V}{\rho g} - (NPSH)_a - \sum h_{f,0-1}$$

随着安装高度 H_g 的增加，有效汽蚀余量 $(NPSH)_a$ 将减少，当其值减少到与必需汽蚀余量 $(NPSH)_r$ 相等时，泵运行接近正常，此时所对应的安装高度即为离心泵的允许安装高度，它指贮槽液面与泵的吸入口之间所允许的最大垂直距离，以 $[H_g]$ 表示。

$$[H_g] = \frac{p_0 - p_V}{\rho g} - (NPSH)_r - \sum h_{f,0-1} \tag{2-20}$$

根据离心泵样本中提供的必需汽蚀余量 $(NPSH)_r$，即可确定离心泵的允许安装高度。实际安装时，为安全计，应再降低 0.5～1 m。也可以根据现场实际安装高度与允许安装高度，判断安装是否合适：若 H_g 低于 $[H_g]$，则说明安装合适，不会发生汽蚀现象，否则，需调整安装高度。

必须指出，$(NPSH)_r$ 与流量有关，且随流量的增加而增大，因此在计算泵的允许安装高度时，应以使用中可能出现的最大流量为依据。

由式(2-20)可见，欲提高泵的允许安装高度，必须设法减小吸入管路的阻力。泵在安装时，应选用较大的吸入管径，管路尽可能地短，减少吸入管路的弯头、阀门等管件，而将调节阀安装在排出管前。

为安全起见，离心泵的实际安装高度必须小于或等于允许安装高度。

【例 2-2】 某台离心水泵，从样本上查得其允许汽蚀余量$(NPSH)_r = 2\ mH_2O$。现用此泵输送敞口水槽中 40 ℃的清水，若泵吸入口位于水面以上 4 m 高度处，吸入管路的压头损失为 1 mH_2O，当地环境大气压为 0.1 MPa。试问：该泵的安装高度是否合适？

解 40 ℃水的饱和蒸气压 $p_V = 7.375\ kPa$，密度 $\rho = 992.2\ kg/m^3$。

已知 $p_0 = 100\ kPa$，$\sum h_f = 1\ mH_2O$，$(NPSH)_r = 2\ mH_2O$，代入式(2-20)中，可得泵的允许安装高度

$$[H_g] = \frac{p_0}{\rho g} - \frac{p_V}{\rho g} - [(NPSH)_r + 0.5] - \sum h_f$$

$$= \left[\frac{(100 - 7.375) \times 10^3}{992.2 \times 9.81} - 2.5 - 1\right]\ m = 6.02\ m$$

实际安装高度 $H_g = 4\ m$，小于 6.02 m，故合适。

2.1.5 离心泵的工作点与流量调节

1. 管路特性曲线与泵的工作点

离心泵安装在特定管路系统中，以一定转速工作时，其压头和流量不仅与离心泵本身的特性有关，还与管路特性有关。因此，讨论离心泵实际的工作情况时，应先了解管路系统的特性。

在安装有离心泵的管路系统中，被输送液体要求离心泵供给的压头 H 可由伯努利方程求得，即

$$H = \Delta Z + \frac{\Delta p}{\rho g} + \frac{\Delta u^2}{2g} + \left(\lambda \frac{l + \sum l_e}{d}\right)\frac{u^2}{2g}$$

$$= \Delta Z + \frac{\Delta p}{\rho g} + \left(\frac{8\lambda}{\pi^2 g} \frac{l + \sum l_e}{d^5}\right) q_V^2 \tag{2-21}$$

式中：$\sum l_e$—— 所有局部阻力当量长度之和。

在阻力平方区（流动大都在阻力平方区），λ 与 Re 无关，$\lambda = f\left(\frac{\varepsilon}{d}\right)$，在特定的管路中，$\left(\frac{8\lambda}{\pi^2 g} \frac{l + \sum l_e}{d^5}\right)$为常数。所以式(2-21)可表示为

$$H = C + K q_V^2 \tag{2-22}$$

式(2-22)称为管路特性方程，其中

$$C = \Delta Z + \frac{\Delta p}{\rho g},\quad K = \frac{8\lambda}{\pi^2 g} \frac{l + \sum l_e}{d^5}$$

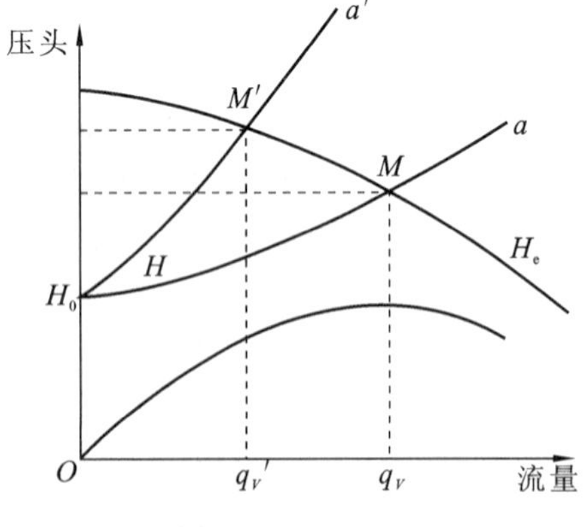

图 2-8　管路特性曲线与工作点

将式(2-22)的关系标绘在图 2-8 中，可得管路特性曲线，它表示液体流经特定管路系统时所需的压头与流量的关系。管路特性曲线的形状由管路布置情况来确定。图 2-8 中曲线 a 较平缓，说明管路阻力较低；曲线 a' 较陡峭，说明管路阻力较高。

在安装有离心泵的特定管路系统中，泵所提供

的压头和流量应当同管路所需的压头和流量相一致。现将离心泵的 H_e-q_V 特性曲线与管路特性曲线 H-q_V 标绘于同一坐标系中，两曲线的交点称为泵的工作点，如图 2-8 中 M 和 M'。工作点对应的流量和压头既能满足管路的要求，又是离心泵所提供的流量和压头。因此，只要离心泵选定后，当其以一定的转速 n 在此管路系统中工作时，泵就在此点工作。若该点在离心泵的高效区，则说明该泵选得合适。

2. 离心泵的调节

离心泵在实际管路上工作时，所提供的流量不一定恰好满足生产要求，为此常需要对泵进行流量的调节。所谓调节，就是改变离心泵的工作点。由于离心泵的工作点由泵的特性和管路特性决定，因此改变两种特性曲线之一均可达到调节流量的目的。通常调节的方法有以下几种。

(1) 改变泵出口阀门开度——改变管路特性。

管路系统调节最简便的方法是在离心泵出口处安装调节阀门，若改变阀门的开度即可改变管路的阻力，管路特性曲线亦作相应的改变，如图 2-8 所示。关小阀门时，管路特性曲线由 a 变为 a'，而与离心泵特性曲线的交点则由 M 移至 M'，从而满足了系统所需流量的要求。关小阀门，其实质是通过增大液体流动阻力以减小液体的流量，能量消耗增大，但由于阀门调节灵活、方便，故得到十分广泛的运用。

(2) 改变泵的转数——改变泵的特性曲线。

改变泵的转速和叶轮直径，均可使离心泵的特性曲线发生变化，则其与管路特性曲线的交点也随之变动，如图 2-9 所示，管路所输送的液体的流量和压头得到了调节。调节泵的转速是调节泵特性曲线的简单易行的办法，转速由 n_1 调至 n_2 后，其工作点则由 P_1 移至 P_2，输送液体的流量和压头也随之变化。

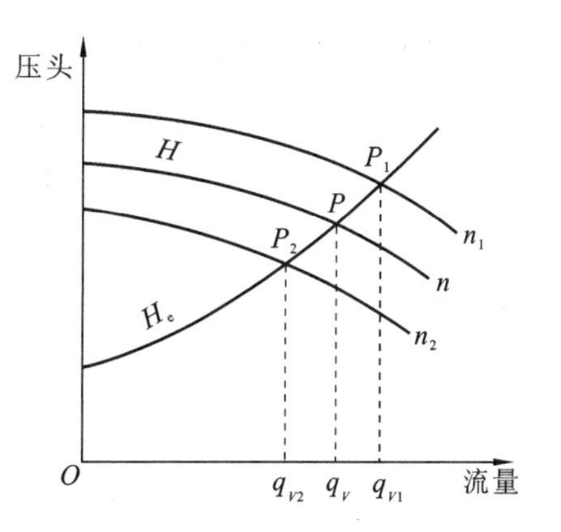

图 2-9　改变转速时流量变化的示意图

叶轮直径的改变，不如上述方法简便，减小叶轮直径，流量和压头下降，效率降低，因此一般不常采用。

综上所述，流量和压头的调节是采用分别改变管路和泵的特性曲线的方法，化工生产中输送液体有时还采用既调节管路特性也调节离心泵特性的综合调节方法来达到流量和压头调节的要求。

2.1.6　离心泵的组合操作

当需要较大幅度增加流量或压头时可将几台泵加以组合。离心泵的组合方式原则上有两种，即并联和串联。下面介绍两种组合并讨论离心泵组合的特性。

1. 并联操作

两台泵并联操作的流程如图 2-10(a)所示。设两台离心泵型号相同，并且各自的吸入管路也相同，则两台泵的流量和压头必相同。因此，在同一压头下，并联泵的流量为单台泵的两倍。据此可画出两泵并联后的合成特性曲线，如图 2-10(b)中曲线 2 所示，单台泵的工作点为

A，并联后的工作点为 B。两泵并联后，流量与压头均有所提高，但由于受管路特性曲线制约，管路阻力增大，两台泵并联的总输送量小于原单泵输送量的两倍。

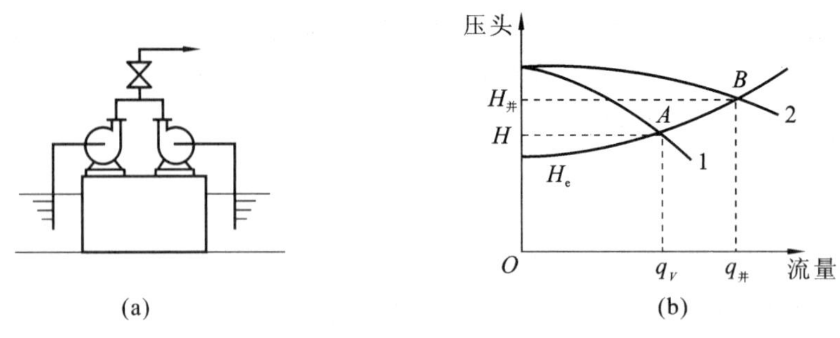

图 2-10　离心泵的并联操作

2. 串联操作

两台泵串联操作的流程如图 2-11(a)所示。若两台泵型号相同，则在同一流量下，串联泵的压头应为单泵的两倍。据此可画出两泵串联后的合成特性曲线，如图 2-11(b)中曲线 2 所示。

由图可知，两泵串联后，压头与流量也会提高，但两台泵串联的总压头仍小于原单泵压头的两倍。

3. 组合方式的选择

如果单台泵所提供的最大压头小于管路两端 $\Delta Z+\dfrac{\Delta p}{\rho g}$，则只能采用串联操作。

如图 2-12 所示，对于低阻输送管路，其管路特性较平坦，泵并联操作的流量及压头大于泵串联操作的流量及压头；对于高阻输送管路，其管路特性较陡峭，泵串联操作的流量及压头大于泵并联操作的流量及压头。因此，对于低阻输送管路，并联组合优于串联；而对于高阻输送管路，串联组合优于并联。

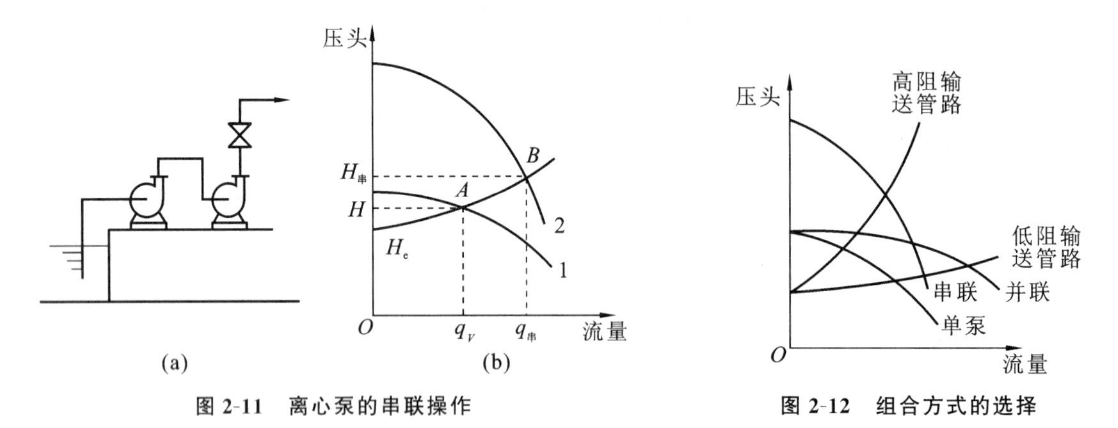

图 2-11　离心泵的串联操作　　**图 2-12　组合方式的选择**

必须指出，上述泵的并联与串联操作，虽可以增大流量和压头以适应管路的需求，但一般来说，其操作要比单台泵复杂，所以通常并不随意采用。多台泵串联，相当于一台多级离心泵，而后者比前者结构要紧凑，安装维修都更方便，故当需要时，应尽可能使用多级泵。双吸泵相当于两台泵的并联，也宜采用双吸泵代替两泵的并联操作。

2.1.7　离心泵的类型与选用

1. 离心泵的类型

在化工生产中被输送液体的性质、流量、压力、温度等差异很大，为适应各种不同的要求，已制造出种类众多的离心泵。例如，按液体性质，可分为清水泵、油泵、耐腐蚀泵、杂质泵等；按液体被吸入的方向，可分为单吸泵和双吸泵；按泵内叶轮的数目，可分为单级泵和多级泵。现对化工生产中常用离心泵的类型作简要介绍。

1）清水泵

在化工生产中，清水泵被广泛用于输送清水以及物理、化学性质类似于水的清洁液体。常用的型号有 IS 型、D 型、Sh 型三类。

（1）IS 型。

IS 型水泵是单级单吸悬臂式离心水泵，其结构如图 2-13 所示，全系列压头范围为 8～98 m，流量范围为 45～360 m^3/h。

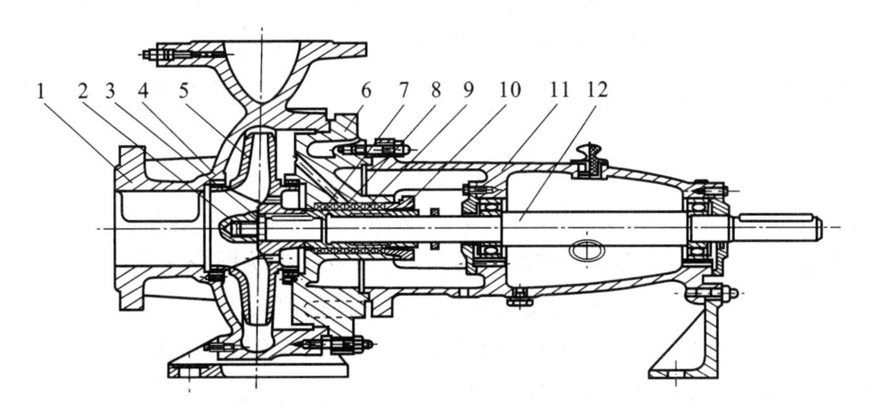

图 2-13　IS 型离心泵结构简图

1—泵体；2—叶轮螺母；3—止动垫圈；4—密封环；5—叶轮；6—泵盖；7—轴套；8—填料环；9—填料；10—填料压盖；11—悬架轴承部件；12—轴

（2）D 型。

倘若要求压头较高、流量中等，则可采用 D 型多级离心泵。在一个泵体内串联多个叶轮。液体进入泵后由第一叶轮中心甩至该叶轮外缘，随即进入第二叶轮，又由第二叶轮甩出后，随即进入第三叶轮，依此顺序经过其余叶轮，故产生的压头也高。液体每经一个叶轮就增加一级能量，叶轮个数愈多，级数就愈多，故产生的压头也就愈高。如图 2-14 所示为四级离心泵。我国生产的多级离心泵，一般为 2～9 级，最多达 12 级，压头范围为 14～351 m，流量范围为 10.8～850 m^3/h。

（3）Sh 型。

若输送液体的流量大而压头不高，则可采用双吸式 Sh 型离心泵。如图 2-15 所示，此系列泵的叶轮有两个吸入口，且由于叶轮厚度与直径之比较大，故输液量较大。我国生产的 Sh 型泵，其压头范围为 9～140 m，流量为 120～12 500 m^3/h。

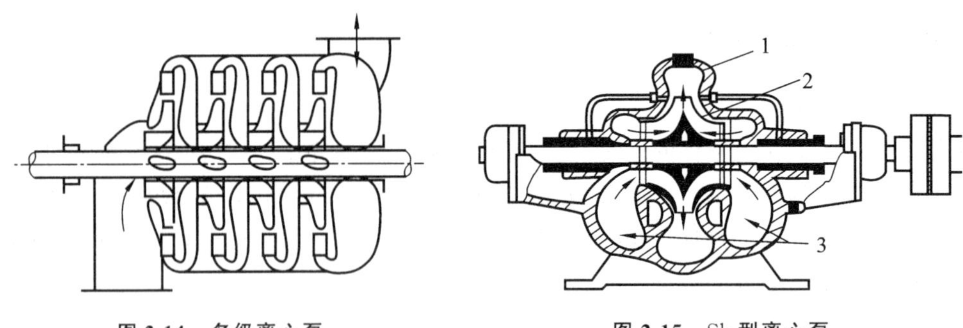

图 2-14 多级离心泵

图 2-15 Sh 型离心泵

1—排出蜗壳;2—叶轮;3—吸入口

2) 耐腐蚀泵

输送酸、碱、浓氨水等腐蚀性液体时,必须用耐腐蚀泵。泵内与腐蚀性液体接触的部件,都用各种耐腐蚀材料制造,系列代号为 F。全系列流量范围为 2～400 m^3/h,压头范围为 15～195 m。

3) 油泵

输送石油产品的泵称为油泵,系列代号为 Y。由于石油产品具有易燃和易爆的特点,因此对此类泵的一个重要要求是密封完善,且油泵的进、出口方向均是向上的,呈 Y 形。当输送 200 ℃以上的热油时,还要求有较好的冷却效果,一般在热油泵的轴封装置和轴承处装有冷却水夹套。

4) 杂质泵

输送悬浮物时常用杂质泵,系列代号为 P,本系列以 PW 表示污水泵,PS 表示砂泵,PN 表示泥浆泵。对这类泵的要求是:不易被杂质堵塞,耐腐并且容易拆洗。为此泵采用宽流道、半开或开式叶轮,叶片数目少,且泵壳内还可衬以耐磨的铸钢护板。

除上述外,还有低温泵,运用于输送液化乙烯、天然气和液化氮。为防止在低温下处于液态的物质挥发,必须对泵采用隔热措施,同时还应采用湿分冻结措施。这就要求在泵的结构、材料及密封等方面作特殊考虑,以适于低温运转。屏蔽泵是一种无泄漏泵。它的叶轮和电机联为一整体并密封在同一壳体内,不需要填料或机械密封,故屏蔽泵亦称为无密封泵。

2. 离心泵的选择

选用离心泵时,首先应根据所输送液体的性质,选定泵的类型。再根据输送系统所需要的最大流量 q_V 和压头 H 确定合适的型号,泵的流量和压头应留有余地,且保证泵在高效区运行。

在泵样本中,各种类型的离心泵都附有系列特性曲线(又称型谱图),以便于泵的选用。图 2-16 为 IS 型离心泵的系列特性曲线。此图分别以 H 和 q_V 为纵坐标和横坐标,图中每一小块面积表示某型号离心泵的最佳工作范围,n_s 为比转数,利用此图,根据管路要求的流量 q_V 和压头 H,可方便地决定泵的具体型号。曲线上的点表示额定参数,比如 100-80-160 表示吸入管内径为 100 mm,排出管内径为 80 mm,泵叶轮直径为 160 mm,该型号泵的额定扬程为 8 m,额定流量为 50 m^3/h(在 1 450 r/min 的转速下)。

离心泵的选择是一个设计型问题,有时会有几种型号的泵同时在最佳工作范围内满足 H 和 q_V 的要求。遇到这种情况,可分别确定各泵的工作点,比较泵在工作点的效率。一般选择其中效率最高的,但也应参考泵的价格。

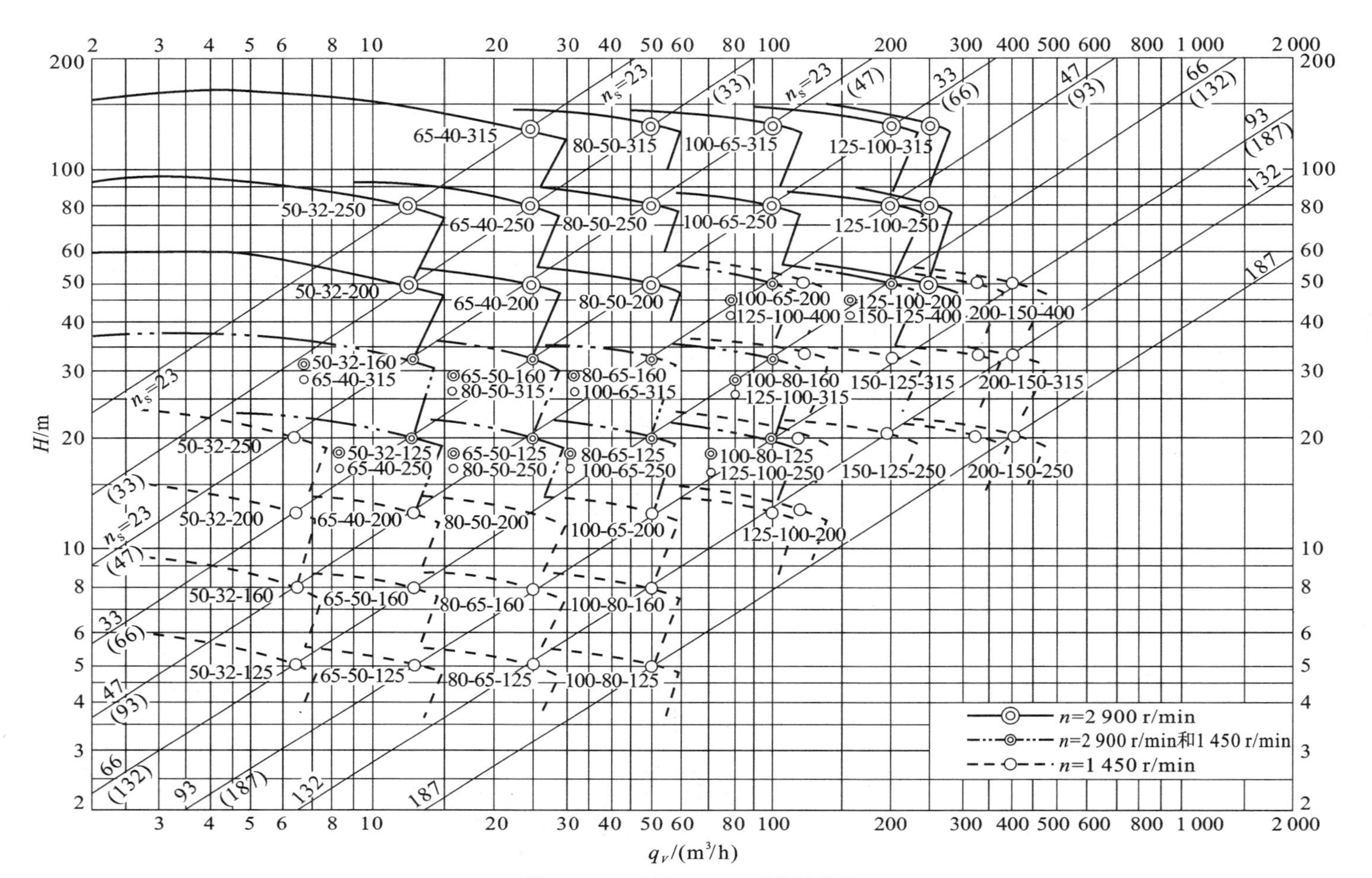

图 2-16　IS 型离心泵系列特性曲线

2.2 其他类型化工用泵

2.2.1 往复泵

往复泵也是化工生产中较为常用的一种泵，主要由泵体、活塞(或柱塞)和单向阀构成，活塞由曲柄连杆机构带动而作往复运动。单动往复泵的工作原理如图2-17所示，当活塞在外力作用下向右移动时，泵体内形成负压，上端的阀(排出阀)承受压力而关闭，下端的阀(吸入阀)则被泵外液体的压力推开，将液体吸入泵内。当活塞向左移动时，由于活塞的挤压，泵内液体的压力增大，吸入阀承受压力而关闭，排出阀受压则开启，将液体排出泵外。活塞不断地作往复运动，液体就间歇地被吸入和排出。可见，往复泵是通过活塞将外功以静压的方式传递给液体。

活塞在泵体内左、右移动的顶点称为“端点”，两端点之间的活塞行程(即活塞运动的距离)称为“冲程”。当活塞往复一次(即活塞移动双冲程)时，只吸入和排出液体各一次的泵称为单作用泵(或单动泵)。单作用泵的排量是不均匀的，仅在活塞压出行程排出液体，而在吸入行程无液体排出。此外，由于活塞的往复运动是由曲柄连杆机构的机械运动引起的，故活塞的往复运动是不等速的，排液量也就随着活塞的移动有相应的起伏。因此，往复泵输入到系统的液体量，可以平均流量计算。

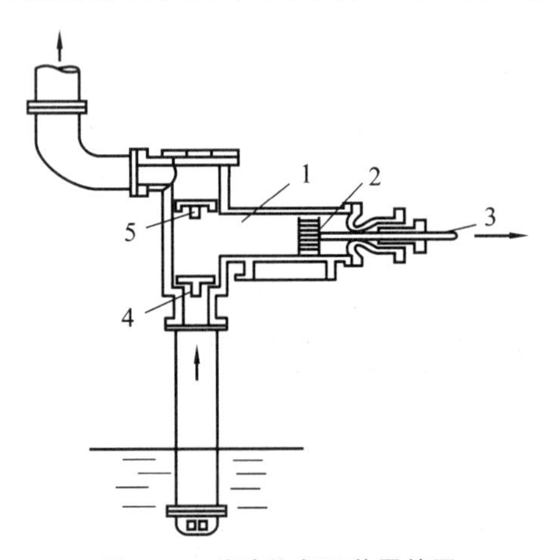

图2-17 单动往复泵装置简图

1—泵缸；2—活塞；3—活塞杆；4—吸入阀；5—排出阀

为了改善单动泵流量的不均匀性，可采用双动泵或三联泵，其工作原理如图2-18所示。图2-18(a)所示为双动泵，此泵在活塞两侧的泵体内均装有吸入和排出阀，因此无论活塞向何方向运动，总有一吸入阀和一排出阀开启，即在活塞往复一次中，吸液和排液各两次，这样吸入和排出管路中均有液体流过，送液可连续但流量仍有起伏。图2-18(b)所示为三联泵，实际上为三台单动泵并联构成，其流量较单动泵均匀得多。往复泵的流量分布曲线，如图2-19所示，其平均流量以三联泵和双动泵较高。

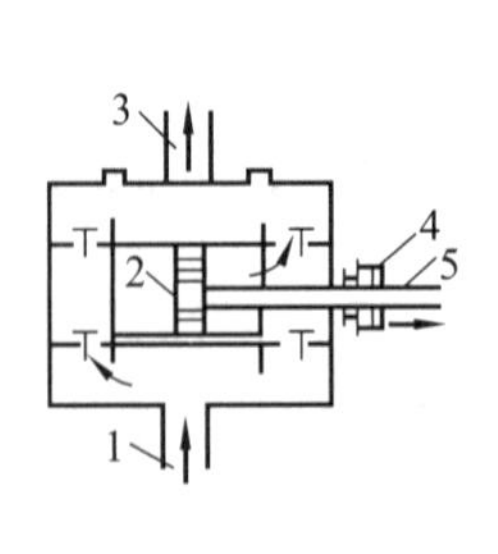

(a) 双动泵

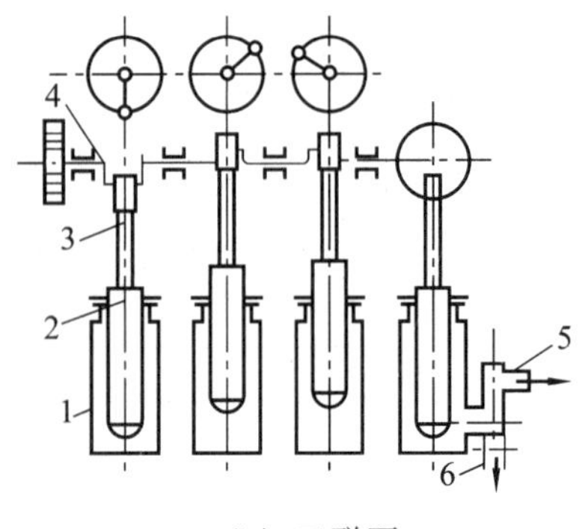

(b) 三联泵

图2-18 双动泵与三联泵

(a) 1—入口；2—活塞；3—出口；4—轴轮；5—活动杆 (b) 1—液缸；2—柱塞；3—连杆；4—曲轴；5—排出口；6—吸入口

为使往复泵输液稳定，可采用具有空气室的双动往复泵，如图 2-20 所示。该泵在主要部件上，采用活柱代替活塞。在泵的左右两端排出阀的上方有两个空室，称为空气室。在一个往复循环中，当一侧的排液量增大时，部分液体被压入该侧的空室；当一侧的排液量减少时，空气室内的部分液体可压到泵的排出口。这样，依靠空气的压缩和膨胀作用进行缓冲调节，使泵的操作平稳和流量均匀。在输送易燃和易爆液体时，气室内应充入惰性气体。

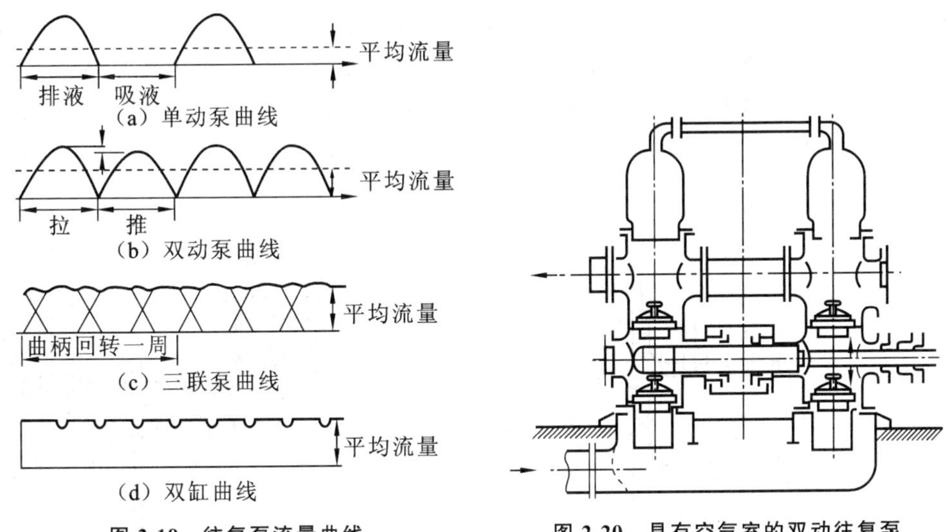

图 2-19　往复泵流量曲线　　　**图 2-20　具有空气室的双动往复泵**

往复泵的理论流量 q_V 与其结构尺寸和活塞往复的次数有关，与泵的压头无关。对单动泵，其理论流量 q_V（单位取为 m^3/min）为

$$q_V = Fsn = \frac{\pi}{4}D^2 sn \tag{2-23}$$

式中：F——活塞面积，m^2，$F=\frac{\pi}{4}D^2$；

D——活塞的直径，m；

s——活塞的冲程，m；

n——每分钟活塞往复次数。

对于双动泵，需考虑活塞杆所占的截面积 f，故其理论流量 q_V 并不为单动泵的两倍，在计算理论流量时应减去因活塞杆所占体积而减少的排液量，即

$$q_V = (2F - f)sn \tag{2-24}$$

在实际操作中，由于活塞衬不严密、活塞启闭不及时等，往复泵输送的实际流量比理论流量小。

往复泵的压头与流量无关，只要泵的机械强度和原动机的功率允许，输送系统所要求的压头往复泵都能满足。实际上，活塞环、轴封以及吸入阀、排出阀等处的泄漏，会导致往复泵的压头降低。往复泵流量不随压头而变化，因而没有类似离心泵的特性曲线。

往复泵的吸上真空高度，取决于贮池液面的大气压、液体温度和密度以及活塞往复的次数等，故泵的吸上真空高度是受到一定限制的。

往复泵具有自吸作用，因此一般启动前无须灌泵。此外，由于往复泵系正位移泵，一旦启动就会吸入和排出一定体积流量的液体，因此，启动前必须将泵的排出阀门开启，否则泵内压

力会急剧升高,若泵继续操作,势必造成事故,使泵体或传动装置损坏,这是又一与离心泵相异之处。

往复泵的流量不能简单地用排出管路阀门来调节。通常采用回流支路调节法,如图 2-21 所示,或可使用改变活塞往复次数的方法,但这样需增加一套调速装置。

往复泵的功率及效率的计算方法与离心泵相同,而效率比离心泵高。

基于往复泵的特点,往复泵主要适用于小流量、高压头的场合;与离心泵相比,输送高黏度液体的效果较好;往复泵一般不用来输送腐蚀性液体,遇此情况可采用防腐蚀泵——隔膜泵,如图 2-22 所示。隔膜是用耐腐蚀的弹性材料制作的,它可将活塞与腐蚀性液体隔离。当活塞作往复运动时,迫使隔膜交替地向两侧弯曲,从而使液体在隔膜左侧轮流地被吸入和压出。

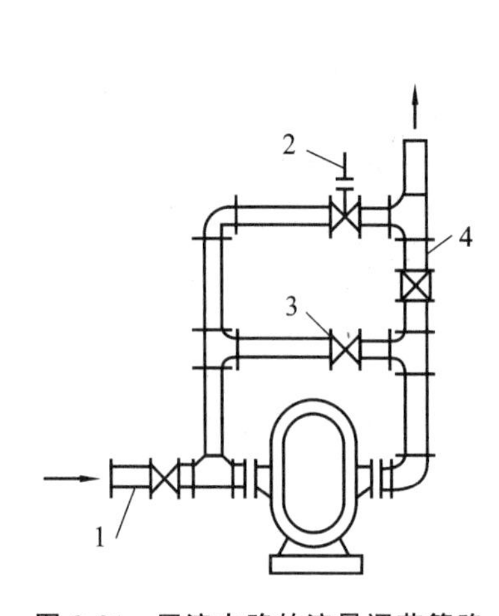

图 2-21 回流支路的流量调节管路

1—吸入管路;2—安全阀;3—支路阀门;4—排出管路

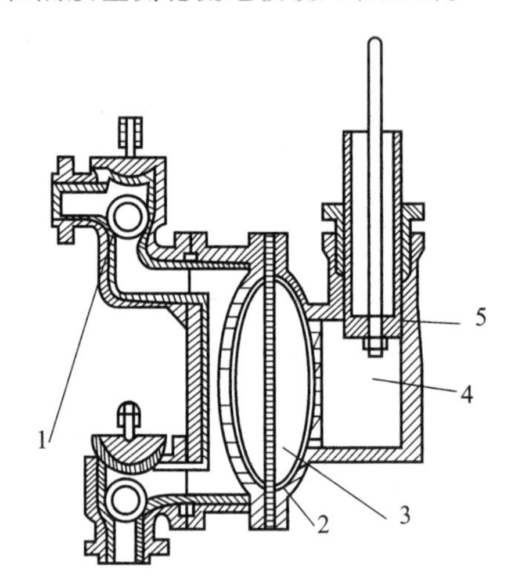

图 2-22 隔膜泵

1—球形阀;2—泵体;3—隔膜;4—汽缸;5—活柱

【例 2-3】 一单动往复泵,活塞的直径为 160 mm,冲程为 200 mm,现拟用此泵将密度为930 kg/m^{3}的液体,从贮槽输送至某设备中,要求的流量为 25.8 m^3/h,从贮槽到设备的总升扬高度为 19.5 m,设备内的压力为3.2 atm(表压),贮槽内压力等于外界大气压 736 mmHg。管路中的总阻力损失为 10.3 m 液柱。当有 15% 的液体漏损和总效率为 72%时,试求此泵的活塞每分钟往返次数和泵的功率。

解 (1) 计算往复泵的活塞每分钟往复的次数 n。

由式(2-23)知

$$q_V = Fsn = \frac{\pi}{4}D^2 sn$$

按题意,往复泵的理论排液量为

$$q_V = \frac{25.8}{60 \times 0.85}\ \text{m}^3/\text{min} = 0.505\ \text{m}^3/\text{min}$$

已知 $D=0.16$ m,$s=0.2$ m,于是活塞每分钟往复的次数为

$$n = \frac{4q_V}{sD^2\pi} = \frac{0.505 \times 4}{0.2 \times 0.16^2 \times 3.14} = 126$$

(2) 计算往复泵的功率。

已知 $q_V=25.8/3\,600\ \text{m}^3/\text{s}=7.17\times10^{-3}\ \text{m}^3/\text{s}$,$\rho=930\ \text{kg/m}^3$,$\eta=72\%$,而泵的压头可由伯努利方程求得,即

$$H = (Z_2 - Z_1) + \frac{p_2 - p_1}{\rho g} + \frac{u_2^2 - u_1^2}{2g} + \sum h_{f,1-2}$$

式中的动压头略去不计，则有

$$H=(Z_2-Z_1)+\frac{p_2-p_1}{\rho g}+\sum h_{f,1-2}$$

$$=\left[19.5+\frac{(4.2-1)\times 1.01325\times 10^5}{930\times 9.81}+10.3\right]\ \mathrm{m}=65.3\ \mathrm{m}$$

则往复泵的功率为

$$N=\frac{Aq_V H\rho}{102\eta}=\frac{7.17\times 10^{-3}\times 65.3\times 930}{102\times 0.72}\ \mathrm{kW}=5.93\ \mathrm{kW}$$

2.2.2　旋转泵

旋转泵和往复泵一样，同属正位移泵。旋转泵的工作原理是由于泵体内的转子的旋转作用而吸入和排出液体，故又称转子泵。旋转泵的类型很多，化工、石油生产装置中常见的有齿轮泵和螺杆泵。

1. 齿轮泵

齿轮泵的主要构件为泵壳和一对相互啮合的齿轮，如图 2-23 所示，其中一个齿轮由电动机带动，为主动轮，另一个齿轮为从动轮。两齿轮与泵体间形成吸入和排出空间。当两齿轮沿着箭头方向旋转时，在吸入空间因两齿轮的齿互相拔开，形成低压而将液体吸入齿穴中，然后分两路，由齿沿壳壁推送至排出空间，两齿轮的齿又互相合拢，形成高压而将液体排出。

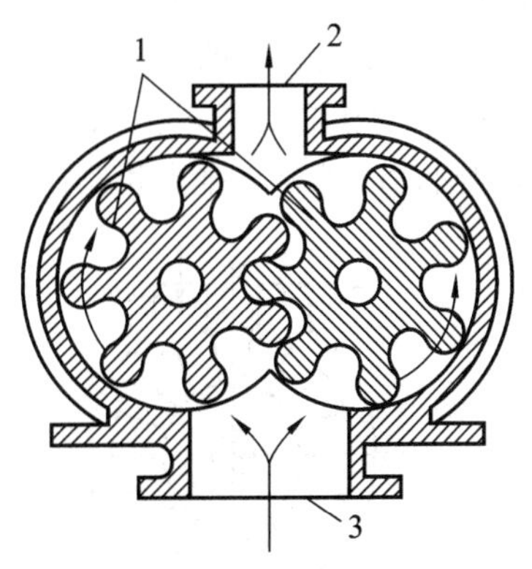

图 2-23　齿轮泵

1—齿轮；2—排出口；3—吸入口

齿轮泵的压头高而流量小，适用于输送高黏度液体及膏糊状物料，但不能输送有固体颗粒的悬浮液。我国生产的 KCB 型齿轮油泵的性能范围：流量为 1.1～5 m^3/h，压头为 33～145 mH_2O。

2. 螺杆泵

螺杆泵主要由泵壳与一根或一根以上的螺杆所构成。图 2-24(a)所示为一单螺杆泵。此类泵的工作原理是靠螺杆在螺纹形的泵壳中偏心转动，将液体沿轴间推进，最后挤压至排出口推出。图 2-24(b)所示的双螺杆泵与齿轮泵十分相像，它利用两根相互啮合的螺杆来排送液体。当所需的压头很高时，可采用长螺杆。

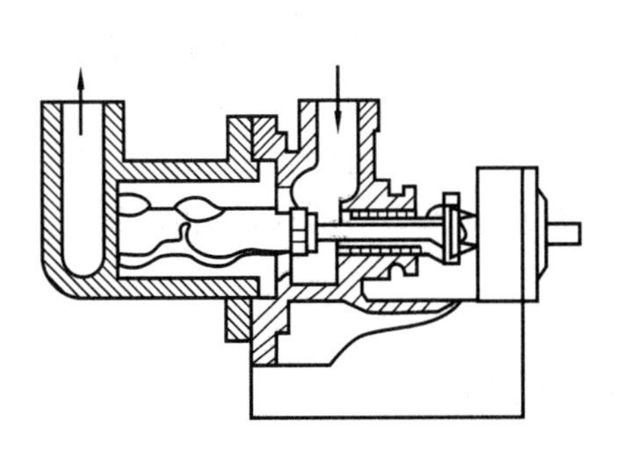

(a) 单螺杆泵

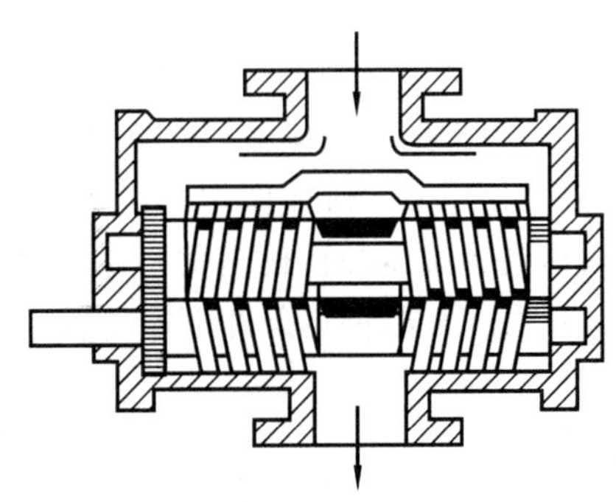

(b) 双螺杆泵

图 2-24　螺杆泵

螺杆泵的压头高,效率高,运转时噪音小,震动小,且流量均匀,适用于在高压下输送高黏度液体。

旋转泵只要转子以一定转速旋转,就要排出一定体积流量的液体。故此类泵的流量调节同往复泵一样,需用旁路阀配合进行调节。

2.2.3 旋涡泵

旋涡泵又称涡轮泵,是一种特殊类型的离心泵,如图 2-25 所示,旋涡泵主要由泵壳 3 和叶轮 1 构成。泵壳呈圆形,叶轮为一圆盘,其上有许多径向叶片 2,叶片与叶片间形成凹槽,在泵壳与叶轮间有一同心的流道 4,吸入口 6 与排出口 7 由隔板 5 隔开,间壁与叶轮只有很小的缝隙,使吸入腔同排出腔得以分开。

旋涡泵跟普通离心泵一样,也是靠离心力作用输送液体,但其工作原理和普通离心泵又不完全相同。泵内液体随叶轮高速旋转的同时,又在流道和叶片间反复作旋转运动,这样,液体由吸入口到排出口,由于受到多次离心力的作用,从而获得较高的压头。液体在流道内的反复迂回运动是依靠离心力的作用,所以旋涡泵启动前也需灌泵。

旋涡泵的特性曲线如图 2-26 所示,显然,与普通离心泵有所区别,流量减小时,压头增加很快,功率随之增高,效率下降。因此,旋涡泵流量调节应采用往复泵的办法,借助回流支路,同时启动前需要将排出管路阀门开启。

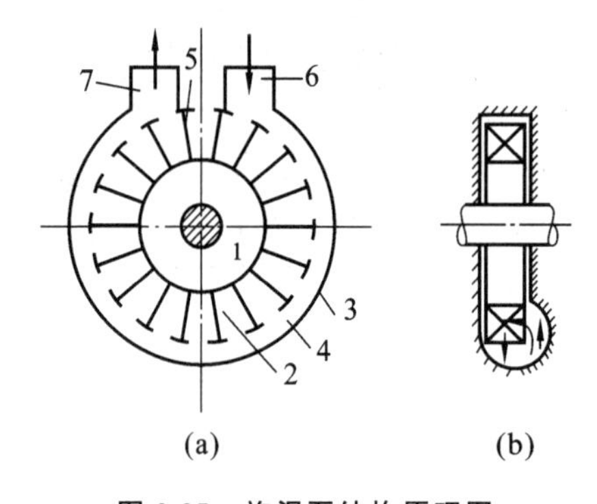

图 2-25 旋涡泵结构原理图

1—叶轮;2—叶片;3—泵壳;4—流道;
5—隔板;6—吸入口;7—排出口

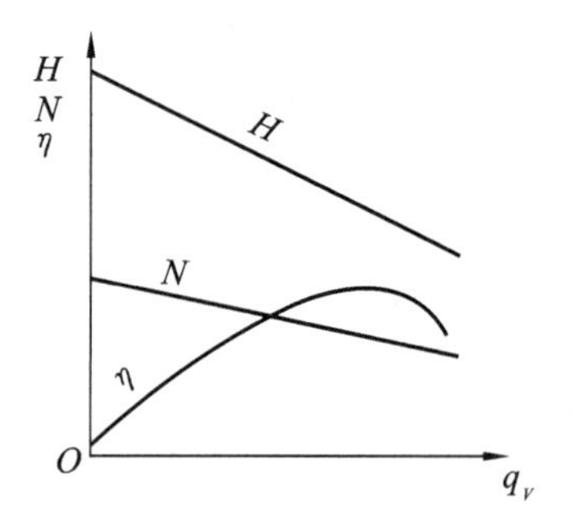

图 2-26 旋涡泵的特性曲线

旋涡泵流量小,压头高,适用于高压头、小流量和黏度不高、无悬浮颗粒液体的输送。

化工厂中常用的液体输送设备,除前述的各种类型的化工用泵外,在某些特定的情况下,还采用流体作用泵。流体作用泵是借助一种流体的动力作用而造成对另一种流体压送或抽吸,从而达到将流体进行输送的目的,如喷射泵。其特点是无活动部件,结构简单,但效率很低,而且只有在某些特定条件下才适用。

2.3 气体输送机械

气体输送设备和液体输送设备的工作原理和结构大体相同,按其结构和工作原理也可分为离心式、往复式、旋转式和流体作用式等四类。但由于气体属于可压缩性流体,在输送过程中，当压力发生变化时，其体积和温度也将随之发生变化，因而气体输送设备与液体输送设备也不尽相同。

根据气体进、出口产生的压力差或压缩比的大小，气体输送设备可分为以下几种：

(1) 通风机：出口压力不大于 1 500 mmH_2O(表压)，压缩比为 1～1.15；

(2) 鼓风机：出口压力为 0.25～3 atm(表压)，压缩比小于 3；

(3) 压缩机：出口压力为 3 atm(表压)以上，压缩比大于 3；

(4) 真空泵：造成设备内绝对压小于大气压的气体输送设备，一般可减压到0.2 atm(绝对压)以下。

2.3.1 离心式通风机、鼓风机、压缩机

离心式通风机、鼓风机和压缩机的工作原理与离心泵相似，依靠叶轮的旋转运动，使气体获得能量，从而提高了压力。通风机通常都是单级的，所提高的压力低于 1 500 mmH_2O，对气体仅起输送作用。鼓风机和压缩机则是多级的，前者所产生的压力低于 3 atm(表压)，而后者所产生的压力高于 3 atm(表压)，两者对气体具有显著的压缩作用。

1. 离心通风机

1) 离心通风机的工作原理和结构

工业上常用的通风机主要有离心式和轴流式两种形式，其结构分别如图 2-27 中的(a)和(b)所示。气体的输送均借助叶轮在蜗壳中的高速旋转而获得能量。轴流通风机所产生的风压较离心通风机小。

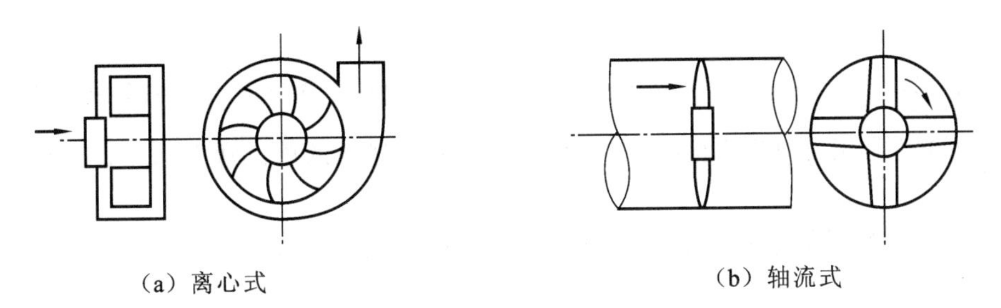

(a) 离心式　　(b) 轴流式

图 2-27　离心和轴流通风机简图

按所产生的风压大小，离心通风机又可分为低压离心通风机(风压为100 mmH_2O 以下)、中压离心通风机(风压为 100～300 mmH_2O)和高压离心通风机(风压为300～1 500 mm H_2O)，图 2-28 所示为一低压离心通风机。

2) 离心通风机的性能参数与特性曲线

离心通风机的主要性能参数包括风量、风压、轴功率和效率。由于气体通过通风机的压力变化较小，可作为不可压缩性流体考虑。经实验测定后，这些性能参数间的相互关系可标绘为通风机的特性曲线。

(1) 风量。风量是指单位时间内离心通风机输送的气体体积，单位为 m^3/h 或 m^3/s。

(2) 全风压和静风压。全风压(又称全压)以 H_T 表示，是指 1 m^3 被输送气体(以进口处气体状况计)经通风机后增加的总能量；而静风压(又称静压)以 H_S 表示，仅反映气体静压力的增加。测定离心通风机的风压，可通过测量通风机进、出口处有关的流速或流量和压力的资料，由伯努利方程计算可得。

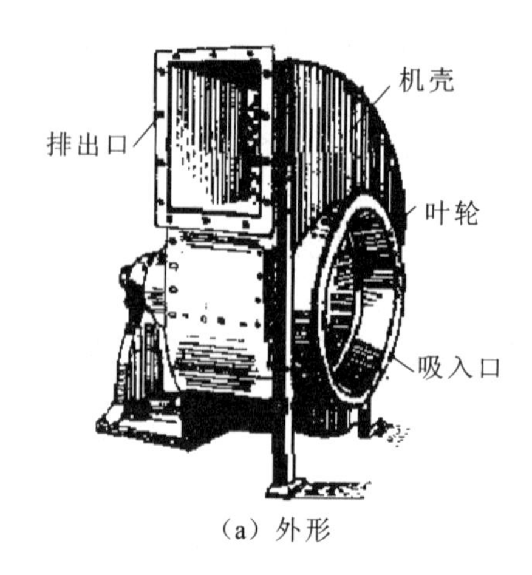

(a) 外形

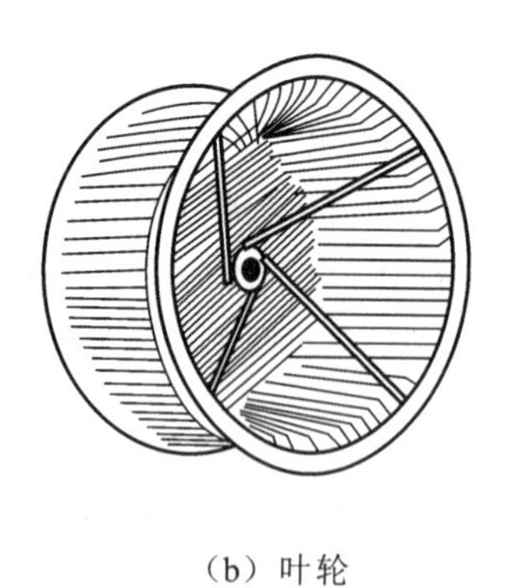
(b) 叶轮

图 2-28 低压离心通风机

离心通风机对气体所提供的能量是以 1 m^3 气体作基准的,参照计算离心泵压头的伯努利方程,以下标"1"、"2"分别表示进、出口的状态,并在该式左、右两端分别乘以 ρg,则得全风压

$$H_T = H\rho g = (Z_2 - Z_1)\rho g + (p_2 - p_1) + \frac{u_2^2 - u_1^2}{2}\rho + \sum h_{f,1-2}\rho g \tag{2-25}$$

其中 ρ 和 $Z_2 - Z_1$ 值较小,故 $(Z_2 - Z_1)\rho g$ 可忽略,进、出口间管段很短,$\sum h_{f,1-2}\rho g$ 亦可略去,又因空气直接进入通风机而无进口管段时,u_1 接近零,则式(2-25) 可简化为

$$H_T = (p_2 - p_1) + \frac{u_2^2\rho}{2} \tag{2-26}$$

其中 $p_2 - p_1$ 为静风压 H_S,$\frac{u_2^2\rho}{2}$为动风压 H_K,故全风压 H_T 为静风压 H_S 和动风压 H_K 之和。

风压的单位与压力的单位相同,均为 Pa,但习惯上,风压的单位常用 mmH_2O($1\ mmH_2O = 9.81$ Pa)表示。

(3) 轴功率 N 及效率 η。离心通风机的轴功率和效率可按下式计算:

$$N = \frac{H_T q_V}{\eta} \tag{2-27}$$

式中:η ——全压效率,%;

q_V——风量,m^3/s;

H_T——全风压,Pa。

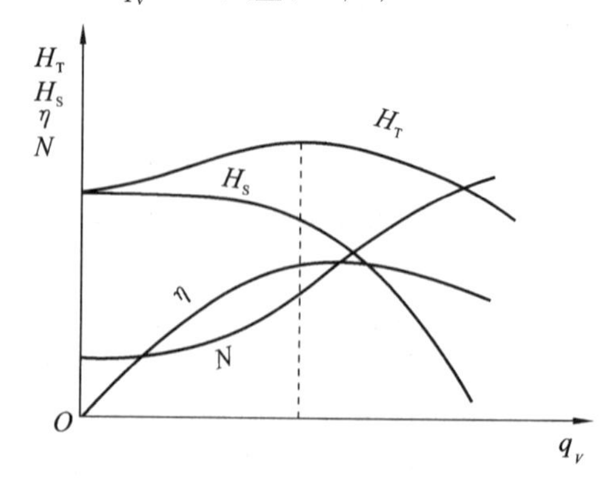

图 2-29 离心通风机的特性曲线示意图

将以上离心通风机的性能参数在一定的转速下,标绘成风量 q_V 与全风压 H_T、静风压 H_S、轴功率 N 和效率 η 四者的关系曲线,称之为离心通风机的特性曲线,如图 2-29 所示,由图中 H_T-q_V 和 H_S-q_V 的特性,还可以间接地看出 H_K-q_V 的特性关系。

3) 离心通风机的选用

离心通风机的选用与离心泵类似,可根据所需要的气体流量和风压,对照离心通风机的特性曲线或性能参数表选择合适的通风机。应当指出,离心通风机的风压及功率与被输送气体的密度直接相关，而产品样本中所列举的风压则又是在规定的压力为 760 mmHg，温度为 20 ℃，进口空气密度 $\rho'=1.2\ \mathrm{kg/m^3}$ 情况下的数据。故选用时，必须把管路系统所需要的风压 H_T 换算成上述规定状况下的风压 H'_T。

因为

$$\frac{H'_T}{\rho'}=\frac{H_T}{\rho}$$

所以

$$H'_T=H_T\frac{\rho'}{\rho}=H_T\frac{1.2}{\rho} \tag{2-28}$$

选用通风机时，还要根据被输送气体的性质（如清洁空气，易燃、易爆或腐蚀性气体等）与风压范围，确定通风机类型。例如输送的是清洁空气或与空气性质相近的气体时可选用一般的离心通风机，常用的低压通风机有 4-72 型，中压通风机有 8-18 型，高压通风机有 9-27 型。

然后还要根据实际操作所需风量（以风机进口状态计）与换算成规定状态下的风压，从产品样本中的性能表或特性曲线查得合适的型号。

每一种型号的离心通风机又有各种不同直径的叶轮，因此通风机的型号是在选定类型之后再确定机号，如 4-72No12，“4-72”代表低压离心式通风机型，“No12”表示机号，其中“12”表示叶轮直径为 12 dm。

【例 2-4】 欲向一流化床反应器输入 30 ℃的空气，所需风量为 16 000 $\mathrm{m^3/h}$，已估出反应器上部的表压为 600 $\mathrm{mmH_2O}$，通风机进口至反应器上部的阻力损失为490 $\mathrm{mmH_2O}$。当地的大气压为 720 mmHg。试选择一适宜的风机。

解 选择通风机应根据所要求的风量和换算成规定状况下的风压来决定。因此，应先计算出系统所需的全风压 H_T。

取风机进口的大气空间为 1—1′截面，反应器上部为 2—2′截面，列伯努利方程，则系统所需的全风压为

$$H_T=H\rho g=(Z_2-Z_1)\rho g+(p_2-p_1)+\frac{u_2^2-u_1^2}{2}\rho+\sum h_{f,1-2}\rho g$$

由于$(Z_2-Z_1)\rho g\approx 0$，$u_1\approx u_2\approx 0$，且 p_1 为风机进口处的大气压，所以

$$p_1=\frac{720}{760}\ \mathrm{atm}=0.947\ \mathrm{atm}=0.947\times 1.013\ 25\times 10^5\ \mathrm{Pa}=9.60\times 10^4\ \mathrm{Pa}$$

$$p_2=(9.60\times 10^4+600\times 9.81)\ \mathrm{Pa}=1.02\times 10^5\ \mathrm{Pa}$$

$$\sum h_{f,1-2}=490\times 9.81\ \mathrm{Pa}=4.8\times 10^3\ \mathrm{Pa}$$

于是通风机全风压 H_T 为

$$H_T=(p_2-p_1)+\sum h_{f,1-2}=[(1.02-0.96)\times 10^5+4.8\times 10^3]\ \mathrm{Pa}=1.08\times 10^4\ \mathrm{Pa}$$

已知空气在 0 ℃，760 mmHg 时的密度为 1.293 $\mathrm{kg/m^3}$，操作条件为 30 ℃及720 mmHg，测得空气的密度为

$$\rho=1.293\times\frac{720}{760}\times\frac{273}{273+30}\ \mathrm{kg/m^3}=1.1\ \mathrm{kg/m^3}$$

可得

$$H'_T=H_T\times\frac{1.2}{\rho}=1.08\times 10^4\times\frac{1.2}{1.1}\ \mathrm{Pa}=1.18\times 10^4\ \mathrm{Pa}$$

按产品目录的要求，将 H'_T换算为 $\mathrm{mmH_2O}$，即

$$H'_T=\frac{1.18\times 10^4}{9.81}\ \mathrm{mmH_2O}=1\ 203\ \mathrm{mmH_2O}$$

现根据风量 $q_V=16\ 000\ \mathrm{m^3/h}$，风压 $H'_T=1\ 203\ \mathrm{mmH_2O}$，在风机样本中查得 9-27-1-1 No7($n=2\ 900$ r/min) 可满足要求，该机性能如下。

型号与机号：9-27-101No7　　风量：17 100 $\mathrm{m^3/h}$

转速：2 900 r/min　　轴功率：89 kW

全风压：1 210 $\mathrm{mmH_2O}$

2.3.2 旋转鼓风机和压缩机

旋转鼓风机、压缩机与旋转泵相似,机壳内有一个或两个旋转的转子,没有活塞和阀门等装置。旋转式设备的特点如下:构造简单、紧凑,体积小,排气连续而均匀,适用于所需压力不高而流量较大的情况。

1. 罗茨鼓风机

罗茨鼓风机工作原理与齿轮泵相似。如图 2-30 所示,机壳内有两个特殊形状的转子,常为腰形或三星形,两转子之间、转子与机壳之间缝隙很小,使转子能自由转动而无过多的泄漏。两转子的旋转方向相反,可使气体从机壳一侧吸入,而从另一侧排出。如改变转子的旋转方向,则吸入口与排出口互换。

罗茨鼓风机的风量和转速成正比,而且几乎不受出口压力变化的影响。罗茨鼓风机转速一定时,风量可保持大体不变,故称为定容式鼓风机。这一类型鼓风机的输气量范围是 2~500 m^3/min,出口表压在 0.8 kgf/cm^2 以下,在表压为 0.4 kgf/cm^2 左右时效率较高。

罗茨鼓风机的出口应安装气体稳压罐,并配置安全阀。一般采用回流支路调节流量。出口阀不能完全关闭。操作温度不能超过 85 ℃,否则会使转子受热膨胀,发生碰撞。

2. 液环压缩机

液环压缩机亦称纠氏泵,如图2-31所示,由一个略似椭圆的外壳和叶轮组成,壳中盛有适量的液体。当叶轮旋转时,叶片带动液体旋转,由于离心力的作用,液体被抛向外壳,形成一层椭圆形的液环,在椭圆形长轴两端形成两个月牙形空间。当叶轮旋转一周时,月牙形空间内的小室逐渐变大和变小各两次,因此气体从两个吸入口进入机内,而从两个排出口排出。

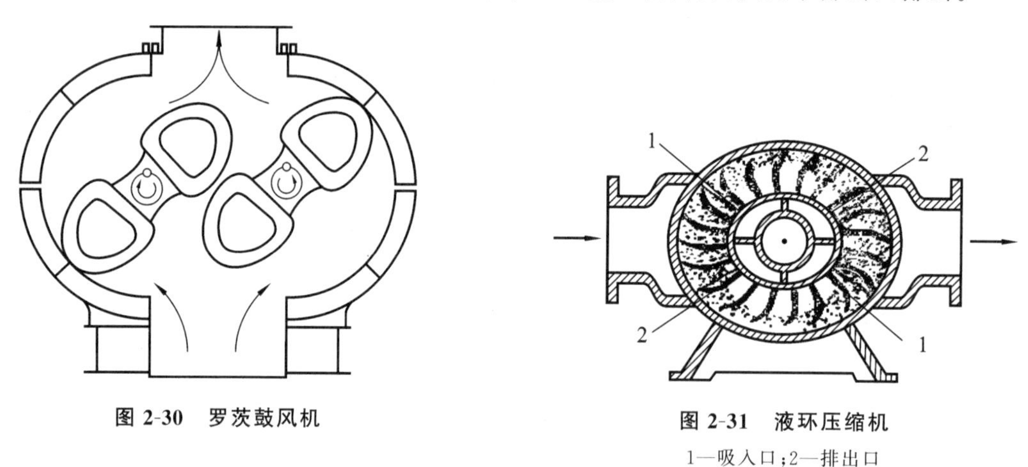

图 2-30 罗茨鼓风机

图 2-31 液环压缩机

1—吸入口;2—排出口

液环压缩机中的液体将被压缩的气体与外壳隔开,气体仅与叶轮接触,因此输送腐蚀性的气体时,只需叶轮的材料抗腐蚀即可。壳内的液体应与所输送气体不起反应,例如压送氯气时,壳内可充以一定量硫酸。液环压缩机所产生的表压可高达 5~6 kgf/cm^2,但在 1.5~1.8 kgf/cm^2(表压)间效率最高。

2.3.3 往复压缩机

1. 往复压缩机的工作原理

往复压缩机主要由汽缸、活塞、吸气阀和排气阀所组成。它的工作原理与往复泵相似,依靠活塞在汽缸内的往复运动而将气体吸入和排出。但由于往复压缩机压送的是可压缩性的气体，因此在压送过程中，气体的体积和密度将缩小和增大，温度升高，这是往复压缩机同往复泵相异之处。为此，在机器结构上，要求吸气阀和排气阀轻便且易于启闭；活塞与汽缸盖间的余隙要小，各处配合需更严密。此外，还需根据压送情况，附设必要的冷却装置以降低气体的温度。

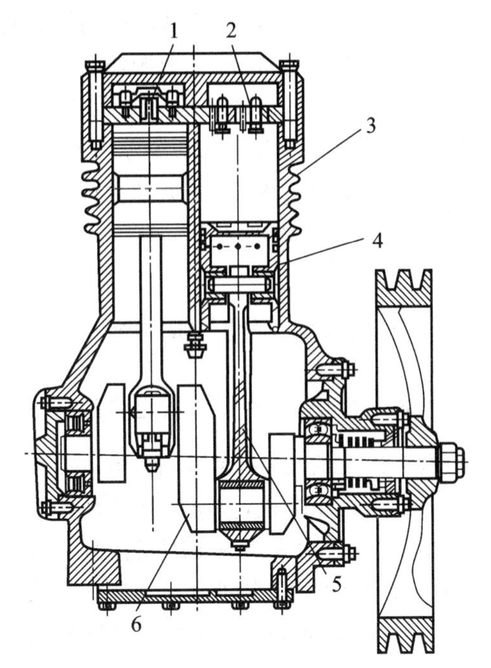

图 2-32　立式单动双缸往复压缩机

1—排气阀；2—吸气阀；3—汽缸；4—活塞；5—连杆；6—曲轴

图 2-32 所示的立式单动双缸往复压缩机，在机体内装有两个并联的汽缸。两个活塞连于同一轴线上。吸气阀和排气阀都装在汽缸的上部。而汽缸与活塞端面之间所构成的封闭空间容积是压缩机的工作容积。曲轴、连杆推动活塞不断在汽缸内作往复运动，封闭空间容积随着活塞的运动而变化，在吸气阀和排气阀的控制下，循环地进行吸气—压缩—排气—膨胀过程，以达到提高气体压力的目的。汽缸壁上装有散热翅片以进行冷却。

往复式压缩机的工作原理如图 2-33 所示。而图 2-34 所示为各阶段的 p-V 变化关系。

当活塞在汽缸内运动至最左端时，如图 2-33(a)所示，活塞同汽缸盖之间还留有一很小的空隙，称为余隙，其主要作用是防止活塞撞击在汽缸盖上。由于余隙的存在，在气体排出之后，汽缸内还残存一部分压力为 p_2 的高压气体，其状态如图 2-34 上的点 A。

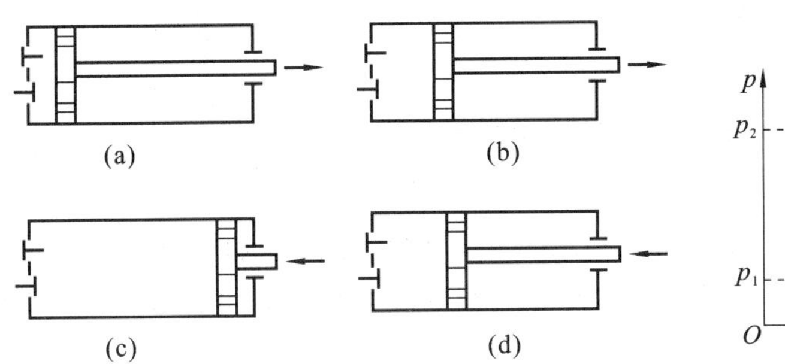

图 2-33　各阶段活塞位置

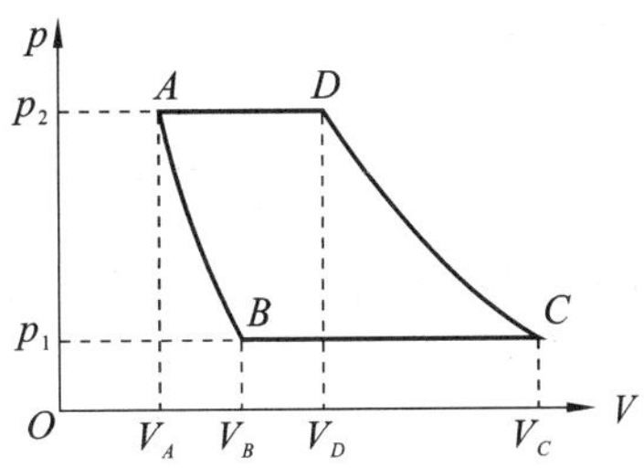

图 2-34　各阶段的 p-V 关系

当活塞从最左端向右运动时，残留在余隙中的气体便开始膨胀，压力从 p_2 降至 p_1 时，活塞到达图 2-33(b)所示位置，此时气体的状态相当于图 2-34 上的点 B，这一阶段称为膨胀阶段。活塞再向右移动时，汽缸内的压力下降到略低于 p_1，排气阀关闭，而吸气阀开启，压力为 p_2 的气体进入汽缸，直到活塞移到最右端，其位置如图 2-33(c)所示，气体状态相当于图 2-34 上的点 C，这一阶段称为吸入阶段。

此后，活塞改向左移动，汽缸内的气体被压缩，压力增大，吸气阀关闭，气体继续被压缩，直至活塞到达图 2-33(d)的位置，压力增大到略高于 p_2，气体状态相当于图 2-34 中的点 D，这一阶段称为压缩阶段。此时，排气阀开启，气体在压力 p_2 下从汽缸中排出，直至活塞回复到图

2-33(a)所示的位置,这一阶段称为排出阶段。

由此可见,压缩机的一个循环过程是由膨胀、吸入、压缩、排出等阶段组成。在图 2-34 的 p-V 坐标系中为一封闭曲线,BC 为吸入阶段,CD 为压缩阶段,DA 为排出阶段,而 AB 为余隙气体的膨胀阶段。由于汽缸余隙内有高压气体存在,因而使吸入气体量减少,增加能量消耗。故余隙一般不宜过大,通常余隙容积为活塞一次所扫过容积的 3%～8%,此百分比又称为余隙系数,以符号 ε 表示。

2. 多级压缩

单级往复式压缩机,气体只经一次压缩,不可能达到较高的终压,且压缩比 $\frac{p_2}{p_1}$ 增大,其功率消耗随之而增大,容积系数也将随之减小,压送气体的能力下降。为此,当 $\frac{p_2}{p_1}>8$ 时,则将两个或两个以上的汽缸串联起来,组成多级压缩机,一般多级压缩机中各级压缩比为 3～4。

对于多级压缩机,其所消耗的功率为各级之和,而增加级数可以减少压缩气体所需功率。

图 2-35 所示为三级压缩机流程,汽缸的直径依次缩小,气体的压力依次增大,气体体积依次缩小;在级间设置中间冷却器以降低气体的温度,这是实现多级压缩的关键,也是压缩机与往复泵的区别;最后设置出口气体冷却器。每级均设置油水分离器,用以防止润滑油与水被带入下一级汽缸内。

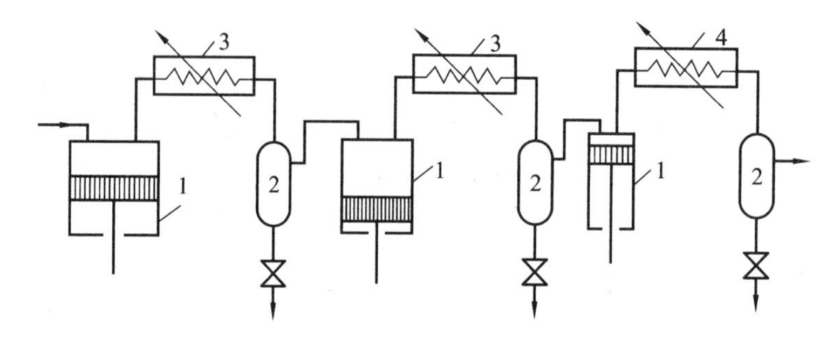

图 2-35　三级压缩机流程

1—汽缸;2—油水分离器;3—中间冷却器;4—出口气体冷却器

综上所述,在压送气量及终压相同(即总压缩比不变)的情况下,采用多级压缩可得到较单级压缩更低温度的气体,且可降低总功率。生产上将初压为 1 kgf/cm^2 的气体压缩至所要求的终压与所需压缩机的级数范围列于表 2-1。

表 2-1　压缩机级数与终压关系

终压/(kgf/cm^2)	<5	5～10	10～30	30～100	100～300	300～650
级数	1	1～2	2～3	3～4	4～6	5～7

2.3.4　真空泵

真空泵是将设备或系统中的气体抽出,使其压力低于大气压的气体输送设备,用以维持生产过程中所要求的真空状态。

真空泵可分为两大类,即干式真空泵和湿式真空泵。干式真空泵只从容器中抽出干气体,可以达到 96%～99.9%的真空度，而湿式真空泵则在抽吸气体的同时，将带出部分液体，因而只能产生 85%～90%的真空度。

在结构上，真空泵的形式很多，现将化工厂中常用的几种类型介绍如下。

1. 往复式真空泵

往复式真空泵的工作原理与往复式压缩机基本相同，在结构上差异也很小，只是所用的阀必须更轻一些。但所要求达到的真空度较高时，例如要得到 95%的真空度(即 0.05 atm)，其压缩比将达 20 以上，在这种情况下，余隙中残留的气体的影响会更大。为降低余隙的影响，除对真空泵的余隙系数要求很小外，还可在汽缸左、右两端之间设置平衡气道。在活塞排气终结时，让平衡气道连通一段很短的时间，以使余隙中残留的气体从活塞的一侧流到另一侧，从而使压力降低。往复式真空泵排送气体时不应含有液体，所以入泵前应将所含液体先行除去。我国已生产五种 W 型的往复式真空泵。

2. 水环真空泵

水环真空泵的结构较简单，如图 2-36 所示，在圆形机壳中有一偏心安装的转子，由于壳内注有一定量的水，当转子旋转时，因离心力的作用，将水甩至壳壁上形成水环，此水环具有液封作用，将叶片间空隙封闭成许多大小不同的空室。当转子旋转，空室由小到大时，气体被从吸入口吸入；当空室由大到小时，气体被由压出口压出。水环真空泵是湿式真空泵，它可造成的最高真空度为 85%。当将吸入口通大气，压出口通设备或系统时，水环真空泵可产生低于 1 atm(表压)的压缩气体，故可作鼓风机使用。由于水环真空泵不断充水以保持液封，同时起到了冷却泵体的作用。若将循环水改为其他液体，则称为液环泵。

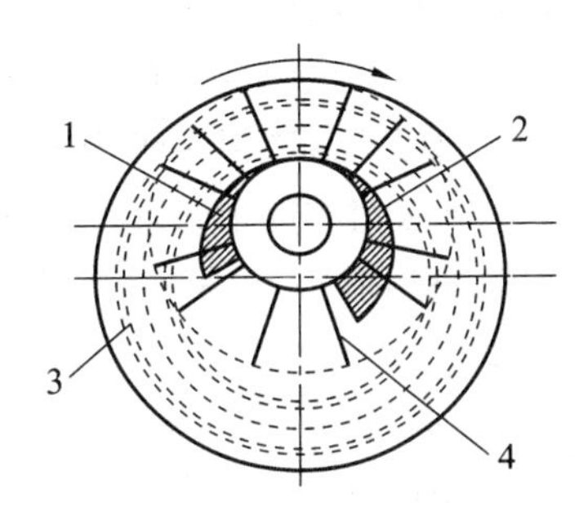

图 2-36　水环真空泵

1—排气口；2—吸入口；3—水环；4—叶片

水环真空泵结构简单、紧凑，易于制造与维修，由于旋转部分没有机械摩擦，使用寿命长，操作可靠，适用于抽吸含有液体的气体，尤其在抽吸有腐蚀性或爆炸性的气体时更为合适。但其效率很低，为 30%～50%，所造成的真空还受到水温的影响。但由于具有上述优点，化工生产中多有采用。

3. 喷射泵

喷射泵是利用流体流动时的静压能与动压能相互转换的原理来吸、送流体的，既可用于吸送气体，也可用于吸送液体。在化工生产中，喷射泵多用于抽真空，故又称为喷射式真空泵。喷射泵的工作流体可以为蒸汽(此时称蒸汽喷射泵)，也可以为水(此时称水喷射泵)或其他流体。

图 2-37 所示为单级蒸汽喷射泵。当工作蒸汽进入喷嘴后，即进行绝热膨胀，并以 1 000～1 400 m/s 的极高速度喷出，于是在喷嘴口处形成低压而将流体由吸入口吸入；吸入的流体与工作蒸汽一起进入混合室，然后流经扩大管，在扩大管中混合流体的流速逐渐降低，压力因而增大，最后至压出口排出。

单级喷射泵最高仅能达到 90%的真空度，若要得到更高的真空度，则需采用多级蒸汽喷射泵。各级蒸汽喷射泵可产生的最终绝对压如下：

(1) 单级蒸汽喷射泵可产生的最终绝对压为 100 mmHg；

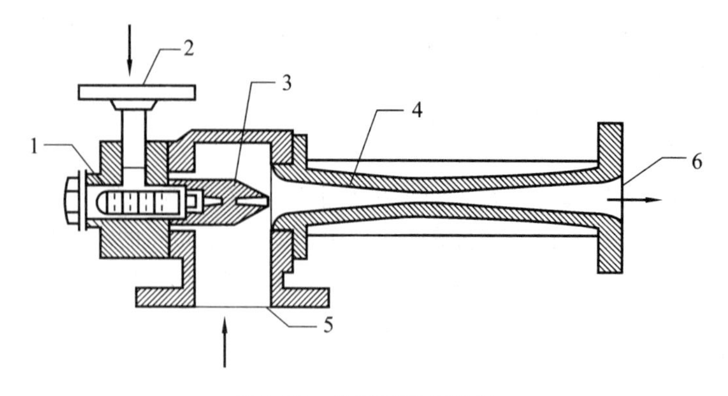

图 2-37　单级蒸汽喷射泵

1—蒸汽过滤器;2—蒸汽入口;3—喷嘴;4—混合室;5—吸入口;6—压出口

(2) 双级蒸汽喷射泵可产生的最终绝对压为 20～120 mmHg;

(3) 三级蒸汽喷射泵可产生的最终绝对压为 4～25 mmHg;

(4) 四级蒸汽喷射泵可产生的最终绝对压为 0.3～6 mmHg;

(5) 五级蒸汽喷射泵可产生的最终绝对压为 0.05～1 mmHg。

喷射泵构造简单、紧凑,无活动部件,制造容易,可用耐腐蚀材料制作,不需基础工程。但效率很低,一般只有 10%～25%,故一般用于抽真空。用于输送流体时,工作流体与输送流体相混合,因而使用范围受到限制。

真空泵的选用也与前面流体输送设备相同,首先依据生产能力(m^3/h)和最终压力来确定。然后,考虑功率消耗、效率及经济合理性等问题。不过,真空泵生产能力则是以单位时间在残余压力下所吸入气体的体积来表示的,真空泵的残余压力(最终压力、极限真空度)是以 mmHg(绝对压)、mmHg(真空度)或%(真空度)表示的。也有用"托"(Torr,1 Torr＝133.322 Pa)来表示的。

思　考　题

1. 什么是液体输送机械的压头或扬程?

2. 什么是离心泵的汽蚀现象?

3. 离心泵工作点是如何确定的?

4. 如何采取措施有效提高离心泵的静压能?

5. 调节离心泵流量有哪些方法? 各种方法的实质及优缺点是什么? 正位移泵应采用什么方式调节流量?

6. 比较正位移泵与离心泵在开车步骤、流量调节方法及泵的特性等方面的差异。

7. 在一定转速下,用离心泵向表压为 50 kPa 的密闭高位槽输送密度 $\rho=1\,200\ \mathrm{kg/m^3}$ 的水溶液。泵出口阀全开时,管路特性方程为

$$H_e=\Delta Z+\frac{\Delta p}{\rho g}+Bq_V^2=K+Bq_V^2$$

现讨论通过改变下列操作条件,且改变条件前、后流动均在阻力平方区,试判断管路特性方程中参数的变化趋势。

(1) 关小泵的出口阀门;

(2) 改为输送 20 ℃的清水;

(3) 将高位槽改为常压。

8. 如何选择适宜的输送机械完成下列输送任务？

(1) 向空气压缩机的汽缸中注润滑油；

(2) 将膏糊状物料以 6.0 m^3/h 的流量送到高位槽中；

(3) 低压氯气，要求出口压力为 75 kPa(表压)；

(4) 将 50 ℃热水以 200 m^3/h 的流量输送到锅炉中。

9. 离心通风机的特性参数有哪些？若输送空气的温度增加，其性能如何变化？

习　　题

1. 在一定转速下测定某离心泵的性能，吸入管与压出管的内径分别为 70 mm 和 50 mm。当流量为 30 m^3/h 时，泵入口处真空表与出口处压力表的读数分别为 40 kPa 和 215 kPa，两测压口间的垂直距离为 0.4 m，轴功率为 3.45 kW。试计算泵的压头与效率。　(27.07 m,64.15%)

2. 在一化工生产车间，要求用离心泵将冷却水从贮水池经换热器送到一敞口高位槽中。已知高位槽中液面比贮水池中液面高出 10 m，管路总长为 400 m(包括所有局部阻力的当量长度)。管内径为 75 mm，换热器的压头损失为 $32\frac{u^2}{2g}$，摩擦系数可取为 0.03。此离心泵在转速为 2 900 r/min 时的性能如下：

$q_V/(m^3/s)$	0	0.001	0.002	0.003	0.004	0.005	0.006	0.007	0.008
H/m	26	25.5	24.5	23	21	18.5	15.5	12	8.5

试求：(1) 管路特性方程；

(2) 泵工作点的流量与压头。

((1) $H_e=10+5.019\times10^5q_V^2$；(2) 0.004 5 m^3/s，20.17 m)

3. 用一离心泵将冷却水由贮水池送至高位槽。已知高位槽液面比贮水池液面高出 10 m，管路总长(包括局部阻力的当量长度在内)为 400 m，管内径为 75 mm，摩擦系数为 0.03。该泵的特性曲线为 $H_e=18-0.6\times10^6q_V^2$($H_e$ 的单位为 m，q_V 的单位为 m^3/min)，试求：

(1) 管路特性曲线；

(2) 泵工作时的流量和压头。

((1) $H_e=10+4.179\ 5\times10^5q_V^2$；(2) 13.28 m)

4. 某车间丙烯精馏塔的回流系统如图所示，塔内操作压力为 1 304 kPa(表压)，丙烯贮槽内液面上方的压力为 2 011 kPa(表压)，塔内丙烯出口管与贮槽的高度差为 30 m，管内径为 145 mm，送液量为 40 t/h。丙烯的密度为 600 kg/m^3，设管路全部能量损失为 150 J/kg。将丙烯从贮槽送到塔内是否需要用泵？　(不需要)

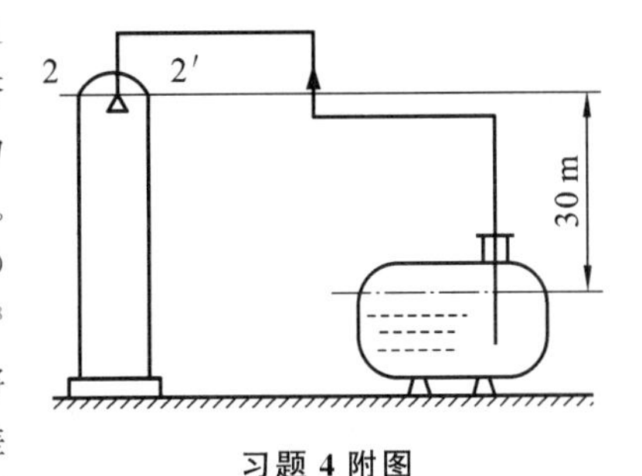

习题 4 附图

5. 有两台型号相同的离心泵，单泵性能：$H_e=42-8.7\times10^5q_V^{0.8}$($H_e$ 的单位为 m，q_V 的单位为 m^3/s)。当此两泵并联操作时，可将 6.0 L/s 的水由低位槽输至高位槽。两槽皆敞口，两槽水位高度差为 12.5 m，输水管终端浸没于水槽的水中。若此两泵改为串联，则水流量为多少？　(5.53×10^{-3} m^3/s)

6. 用离心泵向设备送水，已知泵特性方程为 $H_e=40-0.01q_V^2$，管路特性方程为 $H_e=25+0.03q_V^2$，两式中 q_V 的单位均为 m^3/h，H_e 的单位为 m。试求：

(1) 泵的输送量；

(2) 若有两台相同的泵串联操作，则泵的输送量又为多少？

((1) 19.36 m^3/h；(2) 33.17 m^3/h)

7. 用型号为 IS65-50-125 的离心泵将敞口贮槽中 80 ℃的水送出，从样本查得泵的必需汽蚀余量 $(\mathrm{NPSH})_r$ 为 2 m，吸入管路的压头损失为 4 m，当地大气压为 98 kPa。试确定此泵的安装高度。　(≤1.2 m)

8. 欲用离心泵将 20 ℃水以 30 $\mathrm{m^3/h}$ 的流量由水池打到敞口高位槽，两液面均保持不变，液面高度差为 18 m，泵的吸入口在水池上方 2 m 处，泵的吸入管路全部阻力为 1 $\mathrm{mH_2O}$ 柱，压出管路全部阻力为 3 $\mathrm{mH_2O}$ 柱，泵效率为 60%。($\rho=1\ 000\ \mathrm{kg/m^3}$，动压头可忽略。)

(1) 试求泵的轴功率；

(2) 若离心泵的型号为 IS80-65-160 型($n=2\ 900$ r/min)，从样本查得必需汽蚀余量 $(\mathrm{NPSH})_r=2.0$ m，用此管路系统输送70 ℃的热水，水的流量仍为 30 $\mathrm{m^3/h}$，用图示安装高度是否合适？

((1) 3 kW；(2) $H_g=3.17$ m>2 m，合适)

9. 如图所示，已知管内径 $d=50$ mm，在正常输水过程中管总长(包括管路局部阻力的当量长度)为60 m，摩擦系数为0.023，泵的性能曲线方程是 $H_e=19-0.88\,q_V^{0.8}$(H_e 的单位为 m，q_V 的单位为 $\mathrm{m^3/h}$)。

(1) 流量为 10 $\mathrm{m^3/h}$ 时输送每立方米的水所需外加功为多少？此泵是否可以胜任？

(2) 当调节阀门使流量减小到 8 $\mathrm{m^3/h}$ 时，泵的轴功将如何变化？(不考虑泵效率改变。)

((1) 125.7 kJ，是；(2) −14%)

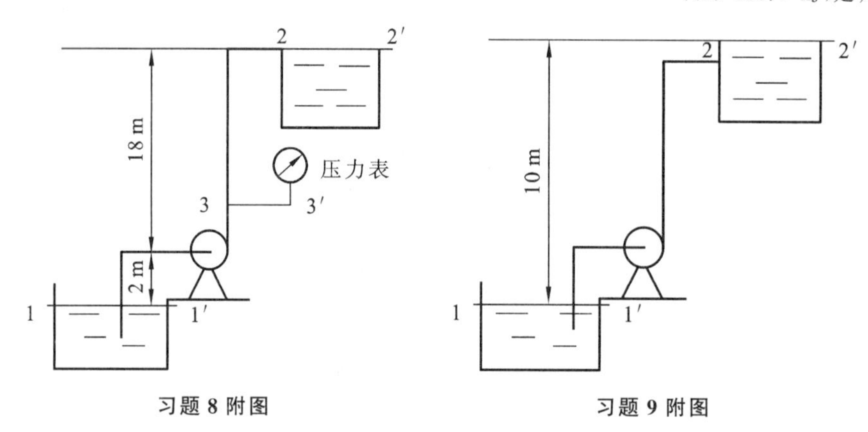

习题 8 附图　　习题 9 附图

10. 用内径为 100 mm 的钢管从江中取水，送入蓄水池。池中水面高出江面 20 m，管路的长度(包括管件的当量长度)为 60 m，水在管内的流速为 1.5 m/s。今有下列四种规格的离心泵，试从中选一台参数接近的泵。(已知管路的摩擦系数为 0.028。)

泵编号	Ⅰ	Ⅱ	Ⅲ	Ⅳ
流量 $q_V/(\mathrm{m^3/s})$	0.017	0.016	0.015	0.012
扬程 H_e/ m	42	38	35	32

(Ⅳ)

11. 如图所示，某液体由一敞口贮槽经泵送至精馏塔，管道入塔处与贮槽液面间的垂直距离为 12 m。流经换热器压力损失为 0.8 $\mathrm{kgf/cm^2}$，精馏塔压力为 1 $\mathrm{kgf/cm^2}$(表压)。排出管路为 ϕ114 mm×4 mm 的钢管，管长为 120 m(包括局部阻力的当量长度)，流速为 1.5 m/s，液体密度为 960 $\mathrm{kg/m^3}$，摩擦系数 $\lambda=0.03$，其他物性均与水极为接近。泵吸入管路阻力损失为 1 m 液柱。下述几种型号的离心泵中哪一种较为合适？

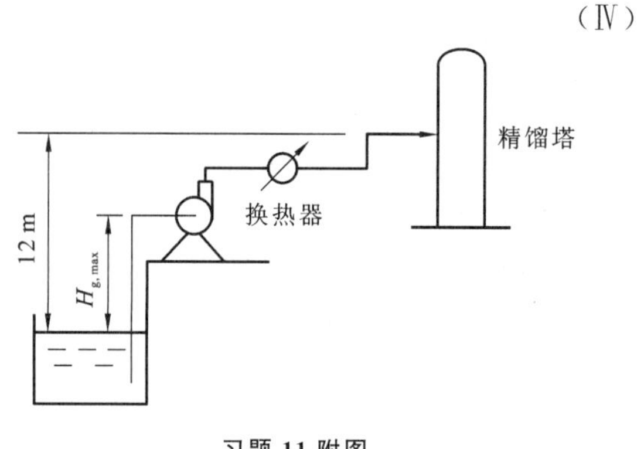

习题 11 附图

泵型号	q_V/(m^3/h)	H_e/m	η/(%)
2B19	22	16	66
3B57A	50	37.5	64
4B91	90	91	68

(3B57A)

本章主要符号说明

符号	意　义	计量单位
A	面积	m^2
D	叶轮直径	m
d	管径	m
d_0	孔径	m
g	重力加速度	m/s^2
H_T	全风压	Pa
H_S	静风压	Pa
H_K	动风压	Pa
H、H_e	压头	m
H_g	泵安装高度	m
h_f	压头损失	m
l	长度	m
l_e	当量长度	m
N	轴功率	kW
N_e	有效功率	kW
n	转速	r/min
p	压力	Pa
p_a	大气压	Pa
p_V	饱和蒸气压	Pa
Re	雷诺数	
r	半径	m
u	速度	m/s
q_V	体积流量	m^3/s
Z	高度	m

符号	意　义	计量单位
γ	绝热指数	
ε	余隙系数	
ζ	局部阻力系数	
η	效率	
λ	摩擦系数	
λ_0	容积系数	
μ	黏度	Pa·s
ν	运动黏度	m^2/s
ρ	密度	kg/m^3
ω	角速度	rad/s

第3章 搅　　拌

本章学习要求

■ **掌握**：搅拌作用下流体的流动；均相系统的混合机理；非均相系统的混合机理。

■ **熟悉**：搅拌设备的基本结构；常见的搅拌器类型；搅拌效果的度量；搅拌釜内叶轮的泵出流量、压头及功率；功率关联式及功率曲线。

■ **了解**：搅拌器的选型；搅拌器的放大准则。

3.1 概　　述

使两种或多种不同的物料在彼此之中互相分散，从而达到均匀混合的单元操作称为物料的搅拌或混合。化工生产过程所涉及的物料多为流体，流体介质的搅拌包括液-液、液-固、气-液和气-气的搅拌，是许多生产过程中重要的单元操作。搅拌是由搅拌设备来完成的。搅拌过程是通过搅拌器的旋转向搅拌釜内液体输入机械能，并形成适宜的流动场，以达到工艺对搅拌质量的要求。搅拌操作涉及的范围包括混合、分散、溶解、结晶、吸收与脱吸、传热与化学反应等。搅拌的目的大致可分为以下几种。

(1) 使互溶物料均匀混合，使不互溶物料很好地分散或悬浮。如互溶液体的混合，使分散相在液体中均匀分布（制备悬浮液、乳状液及泡沫液等）。

(2) 强化传热过程：加强冷、热流体之间的混合以及强化流体与器壁的传热。

(3) 强化传质过程：通过搅拌可增大相际接触面积，降低传质阻力，提高传质系数。

(4) 促进化学反应：使搅拌物料混合均匀，并加快反应热的传递，为化学反应的顺利进行提供良好的条件。

本章主要讨论液体介质的机械搅拌问题，包括常用的搅拌设备、搅拌作用下流体的流动、混合机理、搅拌功率的计算、搅拌装置的放大原则与方法等。

搅拌反应器的研究热点

3.2 搅拌设备

3.2.1 搅拌设备的基本结构

典型搅拌设备的基本结构如图 3-1 所示。搅拌设备一般由搅拌装置、轴封和搅拌釜（槽或罐）三大部分组成。

搅拌装置包括搅拌器和传动机构。搅拌器是搅拌设备的核心组成部分，其作用类似于离心泵的叶轮，它将能量直接传递给被搅拌的物料，并迫使流体物料按一定的流动状态流动，最终达到均匀混合的目的。

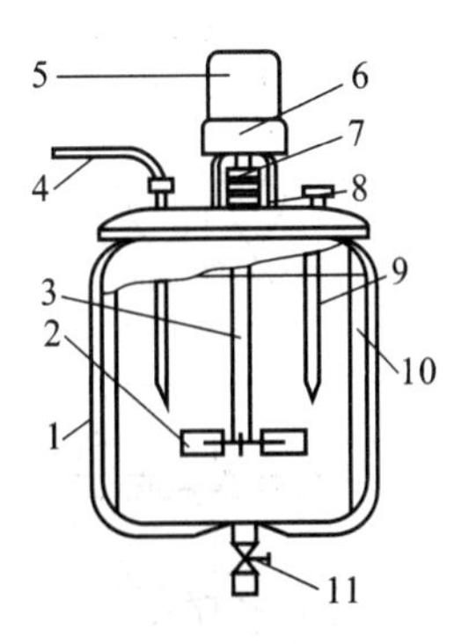

图 3-1　典型的搅拌设备

1—搅拌釜；2—搅拌器；3—搅拌轴；4—加料管；5—电动机；6—减速机；7—联轴节；8—轴封；9—温度计套管；10—挡板；11—放料阀

对于密闭搅拌设备（如带搅拌器的反应器），轴封是整个搅拌设备的重要组成部分，在实际生产中也是最易损坏的部分。搅拌设备的轴封与泵轴的轴封相似，多采用填料密封和机械密封。当轴封要求较高时,如高温、高压、高真空、高转速以及易燃、易爆物料的搅拌等,一般采用机械密封。

搅拌釜(槽或罐)由釜体和附件构成。流体的搅拌是在釜体内完成的。工业上用的搅拌釜多为圆筒形容器,为了消除搅拌操作时流体在釜底形成的流动死区,搅拌釜底部与侧壁的结合处常常以圆角过渡。釜体上常装有不同用途的附件,以满足不同的工艺要求,其中与搅拌效果有关的附件有挡板和导流筒等。

3.2.2 常见的搅拌器类型

针对不同的物料系统和不同的搅拌目的,搅拌器的结构形式很多,表 3-1 列出了一些典型机械搅拌器的结构形式及有关参数。

表 3-1 典型机械搅拌器的结构形式及有关性能参数

搅拌器形式		结构简图	典型尺寸	典型操作参数	常用介质黏度范围	流动状态	备注
开启涡轮式	平直叶	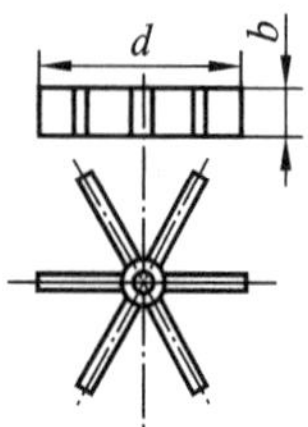	$d/D=0.2\sim0.5$(一般取 0.33);$b/d=0.15\sim0.3$(一般取 0.2);$z=3\sim16$,以 3、4、6、8 居多;后弯角 $\alpha=30°$、50°、60°、80°	$n=10\sim300$ r/min;$u_T=4\sim10$ m/s;折叶式桨叶 $u_T=2\sim6$ m/s(u_T 为叶端线速度,m/s,以下同)	<500 Pa·s;折叶式和后弯叶式<10 Pa·s	平直叶和后弯叶为径向流。在有挡板时,可自桨叶为界形成上、下两个循环流。对于折叶搅拌器还有轴向分流,接近于轴流型	最高转速可达 600 r/min。折叶角为 24°时,用于三叶开启涡轮,其搅拌效果类似于三叶推进式搅拌器。流体黏度较高时,后弯角 α 宜取较大值,以降低功率消耗
	后弯叶	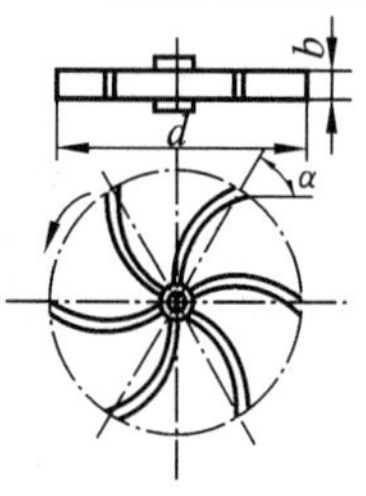					
圆盘涡轮式	平直叶	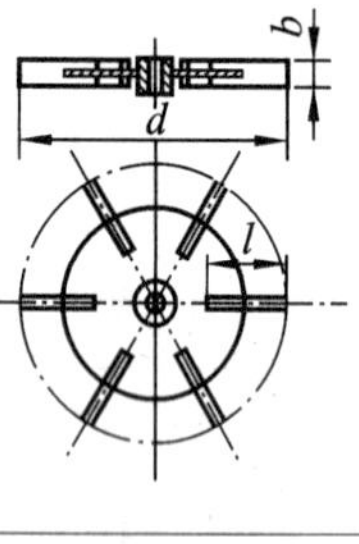	$d:l:b=20:5:4$;$z=4、6、8$;$d/D=0.2\sim0.5$,一般取为 0.33;后弯角 $\alpha=45°$	$n=10\sim300$ r/min;$u_T=4\sim10$ m/s;折叶式 $u_T=2\sim6$ m/s	<50 Pa·s,折叶式和后弯叶式<10 Pa·s	平直叶和后弯叶搅拌器为径向流。在有挡板时,可自桨叶为界形成上、下两个循环流。对于折叶搅拌器有轴向分流,圆盘上、下流体的混合效果不如开启涡轮式	最高转速可达 600 r/min
	后弯叶	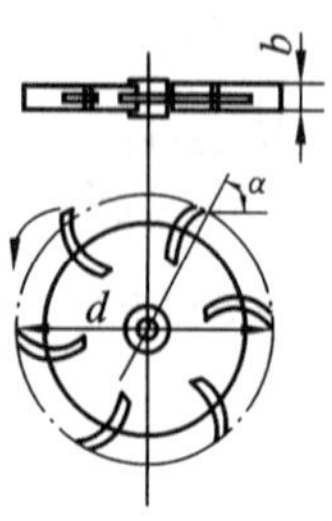					

续表

搅拌器形式	结构简图	典型尺寸	典型操作参数	常用介质黏度范围	流动状态	备　　注
桨式 平直叶	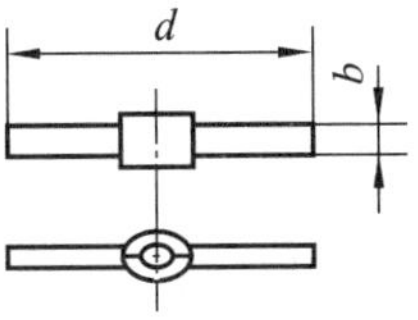	d/D=0.35～0.8；b/d=0.10～0.25；z=2；折叶角 θ=45°、60°	n=1～100 r/min；u_T=1.0～5.0 m/s	<2 Pa·s	低速时以水平环向流为主，高速时以径向流为主，有挡板时以上下循环流为主	当 $d/D \geqslant 0.9$ 并且设置多层桨叶时，可用于高黏度流体的低速搅拌，在层流区操作，其适用介质的黏度可高达 100 Pa·s，而 u_T=1.0～3.0 m/s
桨式 折叶	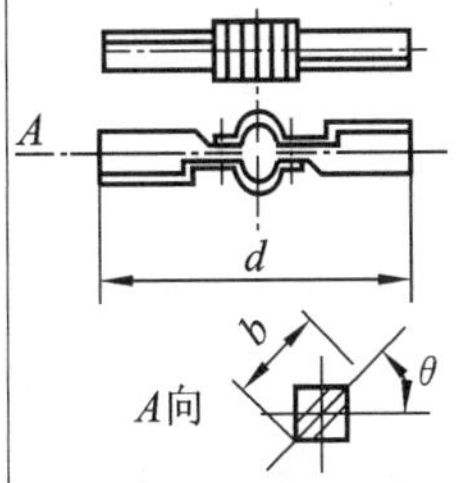				有轴向分流和环向分流，多在层流区和过渡流区操作	
推进式	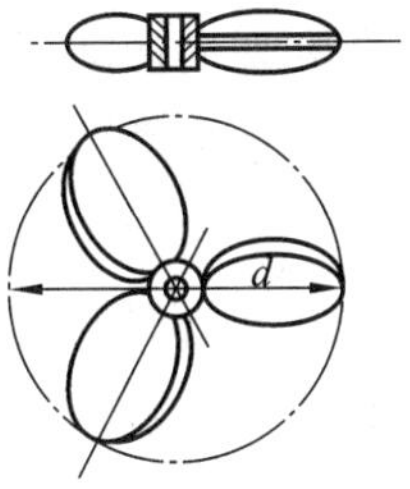	d/D=0.2～0.5，一般为 0.33；桨叶数 z=2、3、4，以 3 叶居多	n=100～500 r/min；u_T=3～15 m/s	<2 Pa·s	轴流型，循环速率高，剪切力小，当安装挡板或导流筒时，轴向循环更强	最高转速可达 n=1 750 r/min；u_T=25 m/s，转速在 500 r/min 以下时，适用介质黏度可达到 50 Pa·s
锚式	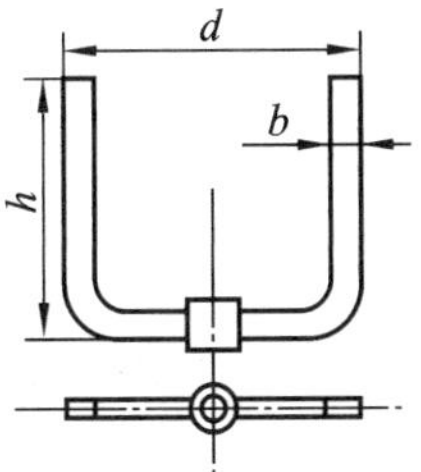	d/D=0.9～0.98；b/D=0.1；h/D=0.48～1.0	n=1～100 r/min；u_T=1～5 m/s	<100 Pa·s	水平环向流，如采用折叶或角钢型叶可增加桨叶附近的涡流，层流状态下操作	为了增大搅拌范围，可根据需要在桨叶上增加立叶和横梁
框式	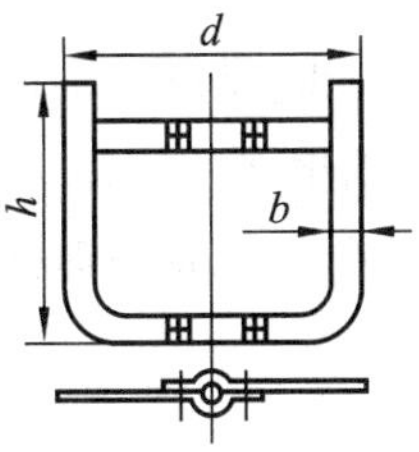					

续表

搅拌器形式	结构简图	典型尺寸	典型操作参数	常用介质黏度范围	流动状态	备　注
螺带式	d b h s	d/D=0.9～0.98； s/d = 0.5、1、1.5； h/d=1.0～3.0(可根据液层高度增大)；螺带条数为1、2	n=0.5～50 r/min； u_T<2 m/s	<100 Pa·s	轴流型，一般是流体沿釜壁螺旋上升再沿桨轴下降，层流状态下操作	

表3-1所列的各种搅拌器，按工作原理可分为两大类。一类是以推进式为代表，其工作原理与轴流泵叶轮相同，具有流量大、压头低的特点，液体在搅拌釜内主要作轴向和切向运动，螺带式、折叶桨式等属于此类；另一类以涡轮式为代表，其工作原理与离心泵叶轮相似，叶轮外缘附近造成强烈的旋涡运动和很高的剪切力，液体在搅拌釜内主要作径向和切向运动，与推进式相比具有流量较小、压头较高的特点，平直叶桨式、锚式、框式属于这一类搅拌器，但其产生的压头较低。

除表3-1中所列举的之外，工业上应用比较多的机械搅拌器还有折叶开启涡轮式、折叶圆盘涡轮式、螺杆式、三叶后掠式、多段逆流式以及新型、节能、高效的组合式搅拌器。

除机械搅拌外，还可以采用其他方法以实现搅拌操作，如气流搅拌、静态混合、射流混合及管道混合等。

3.2.3　搅拌作用下流体的流动

1. 搅拌器的两个功能

为达到均匀混合的目的，搅拌器应具备两种功能：在釜内形成一个循环流动(总体流动)；同时希望产生强剪切或湍动。

1）釜内的总体流动与大尺度的混合

搅拌器的旋转带动流体作切向圆周运动，与此同时也因桨叶形式不同而形成轴向或径向流动。推进式搅拌器产生一股高速流体从轴向射出，因射流夹带使周围更多的流体一起流动。由于受釜壁所限，形成图3-2所示的釜内总体流动。涡轮式搅拌器则产生一股高速液流从径向射出，夹带周围的流体形成图3-3所示的总体流动。

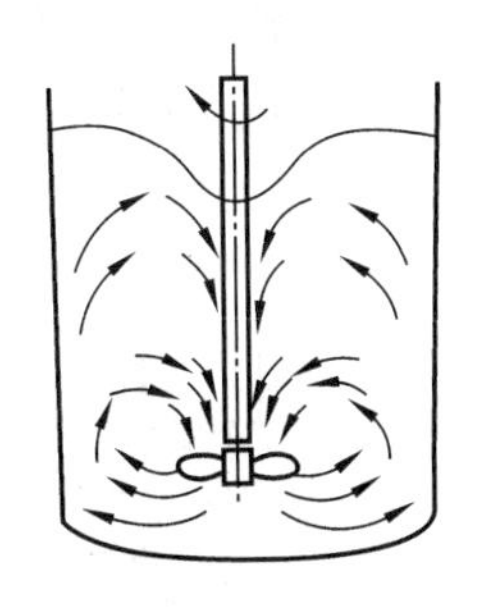

图 3-2 推进式搅拌器的搅拌状态

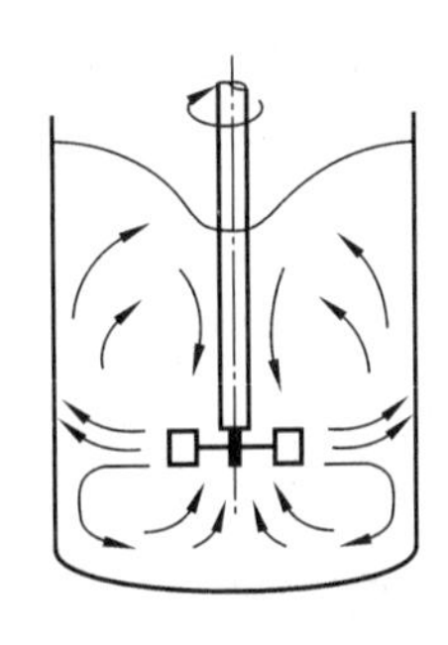

图 3-3 涡轮式搅拌器的搅拌状态

为实现釜内液体在大尺度上的均匀混合，必须合理地设计搅拌器，使总体流动遍及釜内各处，消除釜内不流动的死区。

2）强剪切或高度湍动与小尺度的混合

如前所述，高速射流核心与周围流体交界处因速度梯度很大而形成强剪切，对低黏度流体则产生大量旋涡。旋涡的分裂使流体微团分散的尺度减小。对高黏度液体，釜内只作层流流动，但搅拌桨直接推动的液体与周围运动迟缓的流体之间形成较大的速度梯度，由此造成的强剪切力将流体微团分散。微团分散成较小的尺度，使釜内液体实现小尺度的均匀混合，缩短分子扩散的时间，促进微观混合。

2. 搅拌作用下流体的流动状态

搅拌作用下，釜内液体的流动状态可用搅拌雷诺数 Re_{M} 来判断。搅拌雷诺数的定义式为

$$Re_{M}=\frac{d^{2}(n/60)\rho}{\mu}$$

式中：d——搅拌器直径，m；

n——搅拌器转速，r/min；

ρ——液体的密度，kg/m^{3}；

μ——液体黏度，Pa · s。

搅拌雷诺数反映液体黏滞力对液体流动状态的影响。现以八片平直叶开启涡轮为例，分析釜内液体随叶轮转速变化的流动状态。

（1）当 $Re_{M}<10$ 时，叶轮周围液体随叶轮旋转作轴向流动，远离叶轮的液体基本是静止的，属于完全层流，如图3-4(a)所示。

（2）当 Re_{M} 为 10～30 时，液体的流动达到釜壁，并沿釜壁有少量上下循环流发生，如图 3-4(b)所示，此现象为部分层流，仍为层流范围。

（3）当 Re_{M} 为 30～10^{3} 时，桨叶附近的液体已出现湍流，而其外周仍为层流，如图 3-4(c)所示，此为过渡流状态。

（4）当 $Re_{M}>10^{3}$ 时，流体达到湍流状态。若釜壁处无挡板，由于离心力的作用，搅拌轴附近会形成旋涡，如图 3-4(d)所示。搅拌器转速越大，形成的旋涡越深，这种现象称为“打旋”。旋涡中心的液体几乎与搅拌轴作同步旋转，类似于一个回转的圆形固体柱，称之为“圆柱状回转区”。“打旋”发生时几乎不产生轴向混合作用，对于多相系统，甚至导致轻、重相分层。当旋涡达到一定深度后，还会发生吸入气体的现象，特别是当旋涡深入达到搅拌

器叶轮之后,吸入气体量大增,降低了被搅拌物料的表观密度,致使搅拌功率下降,搅拌效果变差。因此,搅拌操作中应避免“打旋”现象的发生。釜内加挡板,即可抑制“打旋”现象的发生,如图 3-4(e)所示。

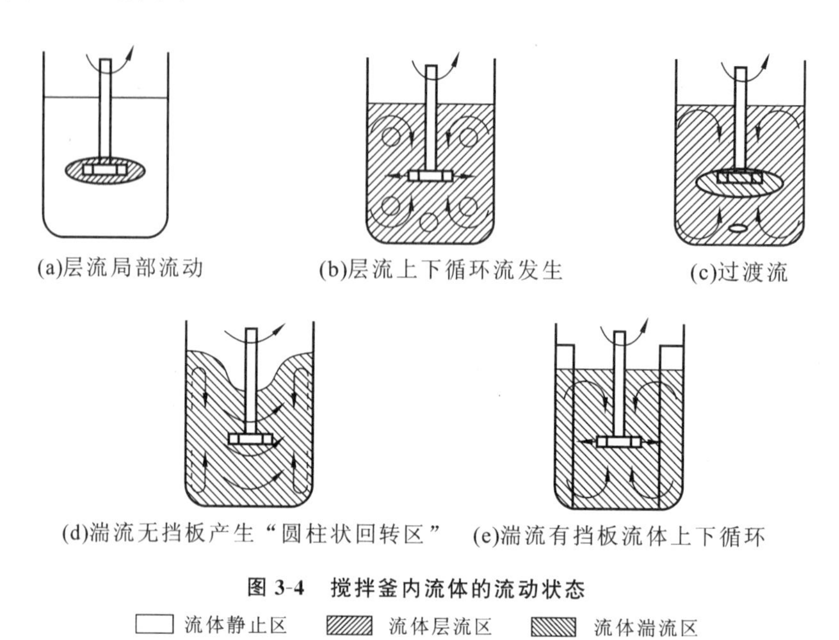

图 3-4 搅拌釜内流体的流动状态

□ 流体静止区 ▨ 流体层流区 ▧ 流体湍流区

3. 强化湍动的措施

液流中湍动的强弱虽难以直接测量,但可从搅拌器所产生的压头大小反映出来。因为在容器内液体作循环流动,搅拌器对单位重量流体所提供的能量即压头,必定全部消耗在循环回路的阻力损失上。回路中消耗的能量越大,说明液流中旋涡运动越剧烈,内部剪应力越大,即湍动程度越高。所以提高液流的湍动程度与增加循环回路的阻力损失是同一回事。为此可从以下几个方面来采取措施。

(1) 提高搅拌器的转速。

搅拌器的工作原理与泵的叶轮相同。因此,无论是离心泵还是轴流泵,所产生的压头 H 和转速 n 的平方成正比。提高搅拌器的转速,搅拌器可提供较大的压头。

(2) 抑制“打旋”现象的发生。

涡轮式和推进式搅拌器,当搅拌雷诺数 $Re_{M}>300$ 时,釜内液体便可能出现“打旋”现象,引起搅拌质量下降。抑制“打旋”现象发生可采取的方法主要如下。

① 在搅拌釜内装设挡板。最常用的挡板是沿容器壁面垂直安装的条形钢板,它可以有效地阻止容器内液体的环形流动。挡板可将切向流动转化为径向流动和轴向流动,并增大被搅拌液体的湍动,从而改善搅拌效果。对于推进式和涡轮式搅拌器,安装挡板后的流动情况如图 3-5 所示。

对于通常的搅拌釜,设置 4 块挡板便可满足“全挡板条件”,即抑制或消除了“打旋”现象,搅拌器的功率达到最大。如果容器非常大,则可适当增加挡板数目。此外,釜内设置的其他能阻止水平回转流动的附件,如温度计插管、各种形式的换热管等也在一定程度上起着挡板的

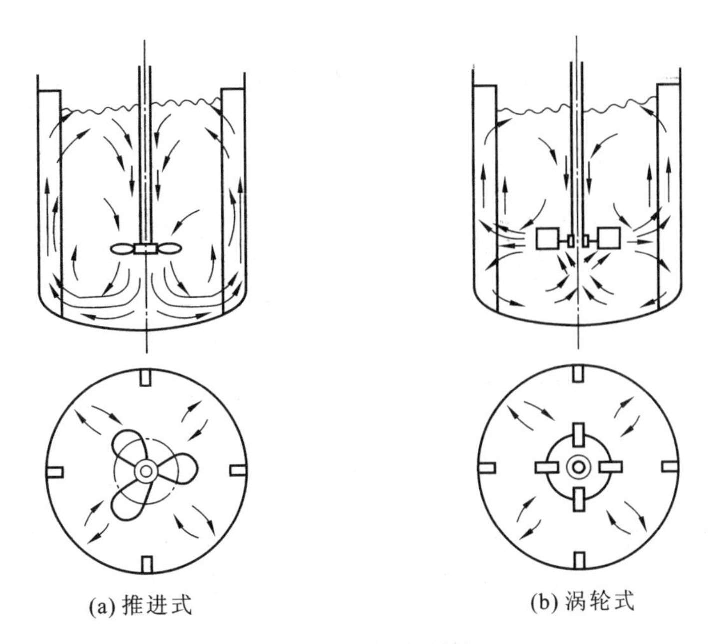

图 3-5　装有挡板的流动状况

作用。

② 破坏循环回路的对称性。破坏循环回路的对称性，增加旋转运动的阻力，可有效地阻止液体的环形流动，增加湍动，提高混合效果，抑制或消除“打旋”现象。

对于小容器，可将搅拌器偏心或偏心倾斜安装，如图 3-6(a)(b)所示；对于大容器，可将搅拌器偏心水平地安装在容器下部，如图 3-6(c)所示。

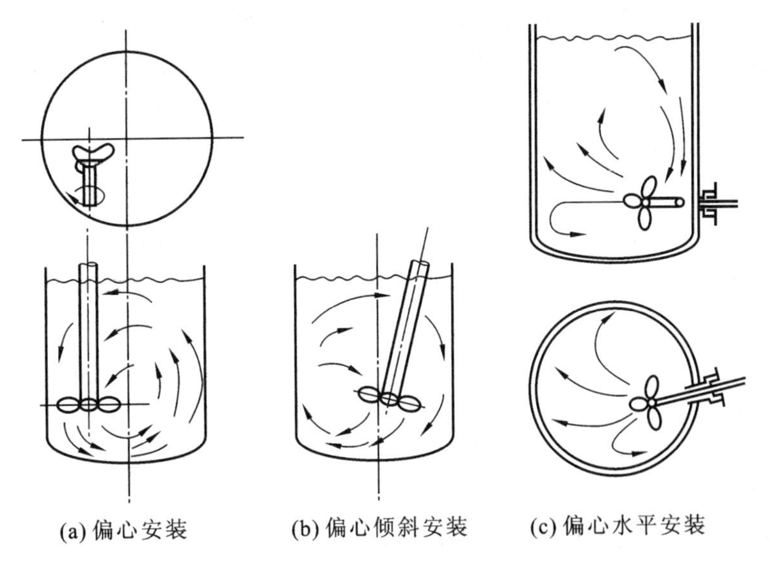

图 3-6　破坏流体循环回路的对称性

(3) 装设导流筒。

若搅拌器周围无固体边界约束，液体可沿各个方向回流到搅拌器入口，故不同的流动微元行程长短不一。在容器中设置导流筒，可以严格地控制流动方向，既消除了短路现象，又有助于消除死区。导流筒的安装形式如图 3-7 所示。对于推进式搅拌器,导流筒可安装在搅拌器的外面;对于涡轮式搅拌器,导流筒应安装在搅拌器的上面。

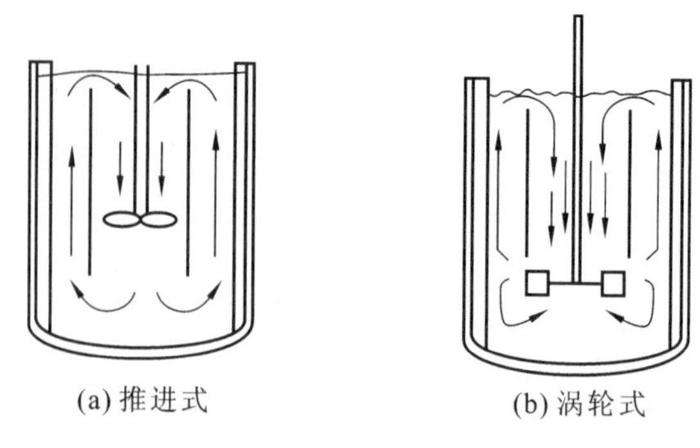

图 3-7　导流筒的安装形式

对某些特殊场合,如含有易于悬浮的固体颗粒的液体的搅拌,安装导流筒是非常有益的。导流筒抑制了圆周运动的扩展,对增大湍动程度、提高混合效果也有好处。

3.3　混合机理

3.3.1　均相系统的混合机理

在搅拌过程中存在三种扩散方式:总体对流扩散、涡流扩散和分子扩散。

1）总体对流扩散

排出流和诱导流造成釜内液体大范围宏观流动,并使整个釜内液体产生流动循环,这种流动称为总体流动。由此产生的整个搅拌釜范围内的扩散称为对流扩散。总体流动能使液体宏观上均匀混合(大尺度上的混合)。为达到大尺度上的均匀混合,必须合理设计搅拌装置和釜体,注意消除不流动的死区。

2）涡流扩散

当搅拌具备一定条件时,釜内流体的局部或整体的流动将处于湍流区,湍流区的流体处于湍流场中,由于射流中心与周围液体交界处的速度梯度很大而产生强的剪切作用,对低黏度的液体形成大量旋涡。旋涡的分裂、破碎及能量传递,使微团尺寸减小(最小尺寸可达微米级),从而达到小尺寸的微观均匀混合。

3）分子扩散

均相液体在分子尺度的均匀混合靠分子扩散。釜内液体强的湍动使微团的尺寸减小,可大大加速分子扩散。

在大多数混合过程中,上述三种混合机理同时发挥作用。总体对流扩散将液体微团带到釜内各处,达到宏观上的均匀混合;涡流扩散使大尺寸的液体团块分割成尺寸较小的流体微团;分子扩散使流体微团最终消失,釜内液体达到分子尺度的均匀混合。一般来说,涡流扩散在整个混合过程中占主导地位。

对于低黏度液体,总体流动将液体破碎成较大的液团并带至釜内各处,更小尺度上的混合则是由高度湍动液流中的旋涡造成的。不同尺寸和不同强度的旋涡对液团有不同程度的破碎作用。旋涡尺寸越小,破碎作用越大,所形成的液团也越小。通常搅拌条件下最小液团的尺寸约为几十微米。大尺度的旋涡只能产生较大尺寸的液团,因为小尺寸液团将被大旋涡卷入与其一起旋转而不被破碎。旋涡的尺寸和强度取决于总体流动的湍动程度。总体流动的湍动程度越高,旋涡的尺寸越小,数量也越多。因此,为达到更小尺度上的宏观混合,除选用适当的搅拌器外,还可采用其他措施人为地促进总体流动的湍动。

对于高黏度流体,在经济的操作范围内不可能获得高度湍动而只能在层流状态下流动,此时的混合作用主要依赖于充分的总体流动,但同时也依赖于由速度梯度的剪切引起的液体微团的分散和破碎。为加强轴向流动,采用带上下往复运动的旋转搅拌器则混合效果更佳。

对于非牛顿型流体,大多为假塑性流体,具有明显的剪切稀化特性。桨叶端部的液体,由于高速度梯度使黏度减小而易于流动;但在桨叶以外区域,则呈现高黏度而更难流动。这将对混合及釜内进行的过程产生严重影响。所以宜采用大直径搅拌器以促进总体流动,且应使釜内的剪切力场尽可能均匀。

3.3.2 非均相系统的混合机理

1. *液滴或气泡的分散*

两种不互溶液体搅拌时,其中必有一种被破碎成液滴,称为分散相,而另一种液体称为连续相。气体在液体中分散时,气泡为分散相。

为达到小尺度的宏观混合,必须尽可能减小液滴或气泡的尺寸,气泡的破碎主要依靠高度湍动。

液滴是一个具有明显界面的液团。界面张力力图使液滴的表面积最小,抵抗液滴变形和破碎。因此,对液体分散而言,界面张力是过程的抗力。为使液滴破碎,首先必须克服界面张力使液滴变形。

当总体流动处于高度湍动状态时,液滴表面会产生不均匀的压力分布和表面剪应力,将液滴压扁并扯碎。总体流动的湍动程度越高,可能产生的液滴尺寸越小。

实际搅拌釜内不仅能发生大液滴的破碎过程,同时也存在小液滴相互碰撞而合并的过程。破碎与合并过程同时发生,必然导致液滴尺寸的不均匀分布。实际的液滴尺寸分布取决于破碎和合并过程之间的抗衡。

此外,在搅拌釜各处流体湍动程度不均也是造成液滴尺寸不均匀分布的重要因素。实际过程通常希望液滴尺寸分布均匀。为达到分散相液滴尺寸的均匀一致,可采取下列措施:

(1) 尽量使流体在设备内的湍动程度分布均匀;

(2) 在允许的情况下,在混合液中加入少量的保护胶或表面活性物质,使液滴在碰撞时难以合并。

气泡在液体中的分散原因原则上与液滴分散相同,只是气-液表面张力比液-液界面张力大,分散更加困难。此外,气、液密度差较大,大气泡更易浮升逸出液体表面。单位体积的气体,小气泡不但具有较大的相际接触面积,而且在液体中有较长的停留时间。所以气泡的分散度非常重要。搅拌能达到的气泡尺寸通常为 2～5 mm。

2. 固体颗粒的分散

细颗粒投入液体中搅拌时,首先发生固体颗粒的表面润湿过程,即液体取代颗粒表面层的气体,并进入颗粒之间的间隙;接着是颗粒团聚体被流体动力打散,即分散过程。通常,搅拌过程中不会使颗粒的大小发生变化,只能达到原来颗粒尺度上的均匀混合。

对粗颗粒,如果搅拌速度较慢,颗粒会全部或部分沉于釜底,这会大大降低固、液接触界面。只有足够强的扫底总体流动和高度湍动才能使颗粒悬浮起来。当搅拌器转速由小增大到某一临界值时,全部颗粒离开釜底悬浮起来,这一临界转速称为搅拌器的悬浮临界转速。实际操作时,搅拌器的转速必须大于此临界转速,才能使固、液两相有充分的接触界面。

3.3.3 搅拌效果的度量

搅拌操作视工艺过程的目的不同而采用不同的评价方法来衡量搅拌装置及其操作状况的优劣。若为加强传热或传质,可用传热系数或传质系数的大小来评价;若为促进化学反应的进行,可用反应转化率等指标来衡量。但多数搅拌操作均以两种或多种物料的混合为基本目的,因而常用混合的调匀度(主要对均相系统)和分隔尺度(主要对非均相系统)作为搅拌效果的评价准则。

1. 调匀度

设有 A、B 两种液体,分别取体积为 V_A、V_B 的液体置于同一容器中,则容器内液体 A 的平均体积分数为

$$c_{A0}=\frac{V_A}{V_A+V_B} \tag{3-1}$$

现经一定时间的搅拌以后,在容器中各处取样分析。若各处样品的分析结果一致,皆等于 c_{A0},表明已搅拌均匀;若分析结果不一致,则表明搅拌尚未均匀,而且样品浓度与平均浓度偏离越大,均匀程度越差。因此,引入调匀度来表示样品与均匀状态的偏离程度。定义某一样品的调匀度 I 为

$$I=\frac{c_A}{c_{A0}} \quad (\text{当样品中 } c_A<c_{A0} \text{ 时})$$

或

$$I=\frac{1-c_A}{1-c_{A0}} \quad (\text{当样品中 } c_A>c_{A0} \text{ 时}) \tag{3-2}$$

显然,调匀度 I 不可能大于 1,即 $I\leqslant 1$。

若对全部 m 个样品的调匀度取平均值,得平均调匀度

$$\bar{I}=\frac{I_1+I_2+\cdots+I_m}{m}$$

平均调匀度 $\bar{I}$ 可用以度量整个液体的混合效果,即均匀程度。当混合均匀时,$\bar{I}=1$。

2. 分隔尺度

若需用搅拌将液体或气体以液滴或气泡的形式分散于另一种不互溶的液体中,此时单凭调匀度并不足以说明系统的均匀程度,现举例说明如下。

设有 A、B 两种液体通过搅拌达到如图 3-8所示的两种状态。在两种状态中,液体 A 都已

成微团均布于另一种液体B中，但液体微团的尺寸相差很大。如果取样体积远大于微团尺寸，每一样品皆包含为数众多的微团，则两种状态的分析结果相同，平均调匀度$\bar{I}$都应接近于1。但是，如果样品体积小到与图3-8(a)中的微团尺寸相近，则图3-8(b)所示状态的平均调匀度将明显下降，而图3-8(a)所示状态的调匀度仍可保持不变。换言之，同一个混合状态的调匀度是随所取样品的尺寸而变的，说明单凭调匀度不能反映混合物的状态。

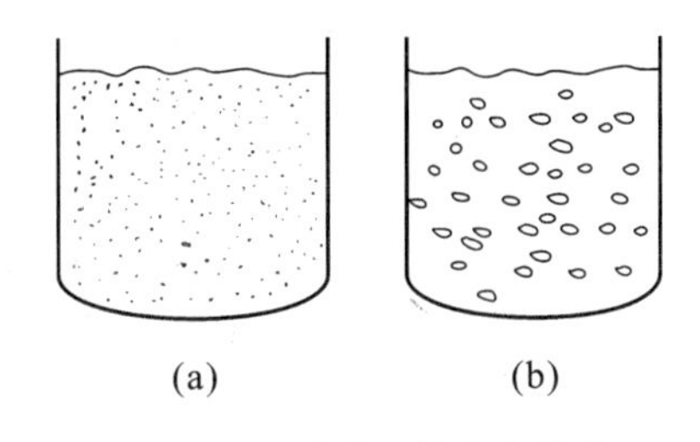

图3-8　两种微团的均布状态

因此，对多相分散系统，分隔尺度(如气泡、液滴和固体颗粒的尺寸分布)是搅拌操作的重要指标。

3. 宏观混合与微观混合

如上所述，混合效果的度量是与考察的尺度有关的，因此必须引入混合尺度的概念。就图3-8所示的(a)、(b)两种状态而言，从设备尺度上考察，两者都是均匀的宏观混合。当考察尺度缩小到微团或最小的旋涡尺度，则(a)、(b)两种状态具有不同的调匀度，即宏观混合的优劣不同。如果从分子尺度上考察系统的均匀性，即微观混合，则两者都是不均匀的。真正的微观混合只有依赖于分子扩散，达到分子尺度上的均匀性。

3.4　搅拌功率

3.4.1　搅拌釜内叶轮的泵出流量、压头及功率

1. 泵出流量和液体的循环量

搅拌釜内液体的循环速度取决于循环液体的总体积流量。搅拌釜内从叶轮直接排出的液体体积流量称为叶轮的泵出流量(q_V)，也称为叶轮的排液量。循环量则是指参与循环流动的所有液体的体积流量(包括排出流量)，用q表示。因叶轮排出液流引起的夹带作用，循环量(q)大于泵出流量(q_V)，有时大出几倍。

对于几何相似的叶轮，其泵出流量q_V、搅拌器直径d、转速n之间存在如下关系：

$$q_V \propto nd^3 \tag{3-3}$$

式中：q_V——叶轮的泵出流量，m^3/s；

d——搅拌器直径，m；

n——叶轮转速，r/min。

2. 搅拌釜内液体的压头

与离心泵的叶轮作用相类似，搅拌器叶轮旋转时既能使液体产生流动，又能产生用来克服流动阻力的压头。压头通常用动压头的倍数来表示，即

$$H \propto \frac{u^2}{2g} \tag{3-4}$$

式中：H——压头，m；

u——液体离开叶轮的速度，m/s；

g——重力加速度,m/s^2。

而
$$u \propto nd \tag{3-5}$$
则
$$H \propto n^2 d^2 \tag{3-6}$$

压头 H 的数值可以度量釜内湍流运动的程度,而湍流运动产生于液体中的剪切作用,因而压头 H 是剪切力大小的量度。

3. 搅拌功率及其分配

与泵相同,搅拌器所消耗的功率用于向液体提供能量。依照离心泵功率的计算式,搅拌器叶轮所消耗的功率为

$$P \propto qH \propto n^3 d^5 \tag{3-7}$$

从前述混合机理可知,为达到大尺度上的均匀,必须有强大的总体流动;而要达到小尺度上的均匀,则必须提高总体流动的湍动强度。对于釜内循环流动,搅拌器产生的压头 H 可直接反映总体流动湍动的剧烈程度。显然,为达到一定的混合效果,搅拌器必须提供足够大的流量(q),同时必须提供足够大的压头(H)。换言之,为达到一定的混合效果,必须向搅拌器提供足够的功率。

与泵不同的是,搅拌器的设计不是千方百计提高效率减少功率消耗,而是设法通过搅拌器把更多的能量输入被搅拌的液体中。搅拌釜内单位体积液体的能耗往往是断定过程进行得好坏的一个判据。尽管如此,搅拌装置仍然存在着能量的有效利用问题。输入功率相同时,既可以产生大流量、低压头,也可产生高压头、小流量。例如,低黏度均相液体的混合需要较大的泵出流量,而气-液混合需要强剪切作用,为达到同样的混合效果,选用不同的搅拌桨则所需的能耗代价不同。因此,选用合适的搅拌器是提高能量利用率的重要途径,否则会造成能量的无效损耗。

在功率相同的条件下,流量与压头的关系可由式(3-3)及式(3-6)推得,即

$$\frac{q}{H} \propto \frac{d}{n} \tag{3-8}$$

当搅拌功率 P 一定时(即 $n^3 d^5$ 为定值),则有

$$n \propto d^{-5/3}$$

及

$$d \propto n^{-3/5}$$

将上两式分别代入式(3-8),得

$$\frac{q}{H} \propto d^{8/3} \tag{3-8a}$$

及

$$\frac{q}{H} \propto n^{8/5} \tag{3-8b}$$

由上两式可以看出,在功率相等的条件下,采用大直径、低转速的叶轮,更多的功率消耗于总体流动,反之,采用高转速、小直径的叶轮,则更多的功率消耗于湍动。

3.4.2 功率关联式及功率曲线

由于搅拌釜中液体运动的状况十分复杂,搅拌器的功率目前尚不能由理论算出,只能通过实验获得它和该系统其他变量之间的经验关联式。

与搅拌器所需功率有关的因素很多,可分为几何因素与物理因素两类。

影响搅拌功率的几何因素(见图 3-9)有:

(1) 搅拌器的直径 d；

(2) 搅拌器叶片数 Z、形状以及叶片长度 l 和宽度 B；

(3) 容器直径 D；

(4) 容器中所装液体的高度 h；

(5) 搅拌器距离容器底部的距离 h_1；

(6) 挡板的数目及宽度 b。

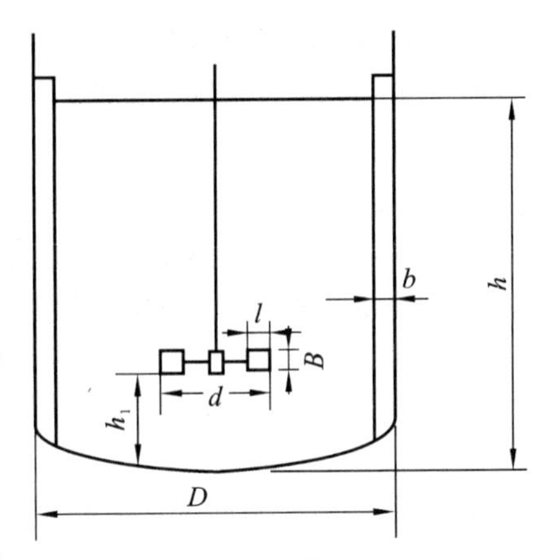

图 3-9 典型搅拌器的各部分比例

涡轮叶片数 $Z=6$；4 块挡板 $D/d=3$；$h/d=3$；$B/d=1/5$；$l/d=1/4$；$h_1/d=1$；$b/d=3/10$

对于特定的搅拌装置，通常以搅拌器的直径 d 为特征尺寸，而把其他几何尺寸以无因次的对比变量来表示。

$$\alpha_1=\frac{D}{d},\quad \alpha_2=\frac{h}{d},\quad \alpha_3=\frac{l}{d},\quad \cdots$$

影响搅拌的物理因素也很多，对于均相液体搅拌过程，主要因素为液体的密度 ρ、黏度 μ、搅拌器转速 n。此外，当容器中液体表面有下凹现象时，必有部分液体被推到高于平均液面的位置，此部分液体须克服重力做功，故重力也是影响搅拌功率的物理因素，在变量中还需加入重力加速度 g。则功率消耗与变量之间的关系为

$$P=f(\rho,\mu,n,d,g,\alpha_1,\alpha_2,\cdots) \tag{3-9}$$

对于一系列几何相似的搅拌装置，对比变量 α_1，α_2…都为常数，于是上式也可以表示成指数形式，即

$$P=kn^{\beta_1}d^{\beta_2}\rho^{\beta_3}\mu^{\beta_4}g^{\beta_5} \tag{3-10}$$

对式(3-10)进行因次分析，可得

$$P=k\rho n^3d^5\left(\frac{\mu}{\rho nd^2}\right)^{\beta_4}\left(\frac{g}{n^2d}\right)^{\beta_5} \tag{3-11}$$

即

$$\frac{P}{\rho n^3d^5}=k\left(\frac{\rho nd^2}{\mu}\right)^{-\beta_4}\left(\frac{n^2d}{g}\right)^{-\beta_5} \tag{3-12}$$

若令 $x=-\beta_4$，$y=-\beta_5$，则上式可变为

$$\frac{P}{\rho n^3d^5}=k\left(\frac{\rho nd^2}{\mu}\right)^{x}\left(\frac{n^2d}{g}\right)^{y} \tag{3-13}$$

式中：$\dfrac{P}{\rho n^3d^5}$——功率特征数，用 P_N 表示；

$\dfrac{\rho nd^2}{\mu}$——搅拌雷诺数，用 Re_M 表示；

$\dfrac{n^2d}{g}$——弗劳德数，用 Fr 表示。

式(3-13)可简化为

$$P_N=f(Re_M,Fr)=kRe_M^xFr^y \tag{3-14}$$

令 $\Phi=\dfrac{P_N}{Fr^y}$，称为功率因数，则有

$$\Phi=\frac{P_N}{Fr^y}=kRe_M^x \tag{3-15}$$

在此需要注意功率特征数与功率因数是两个完全不同的概念。

对于全挡板条件的搅拌装置,$Fr=1$,则

$$\Phi=P_{\mathrm{N}}=kRe_{\mathrm{M}}^{x} \tag{3-16}$$

这样,在特定的搅拌装置上,按上式设计实验不难测得功率特征数 P_{N} 与搅拌雷诺数 $\rho nd^2/\mu$ 的关系。将此关系标绘在双对数坐标图上即得功率曲线。图 3-10 为有挡板时几种典型搅拌器的功率曲线。如果用函数式:

$$P_{\mathrm{N}}=k\left(\frac{\rho nd^2}{\mu}\right)^x \tag{3-17}$$

或

$$\lg P_{\mathrm{N}}=\lg k+x\lg Re_{\mathrm{M}}$$

来逼近方程(3-16),则可对每一指定形式的搅拌器功率曲线分段求出搅拌功率的关联式。由图 3-10 可知,在低搅拌雷诺数($Re_{\mathrm{M}}<10$)的层流区内,功率曲线是斜率为-1的直线,即 $x=-1$。于是,由式(3-13)和式(3-17)可得层流区的搅拌功率为

$$P=k\mu n^2d^3 \tag{3-18}$$

对图 3-9 所示的搅拌器装置,$k=71$。

当流动进入充分湍流区,即 $Re_{\mathrm{M}}>10^4$ 时,P_{N} 为与 Re_{M} 无关的常数。此时搅拌功率与 n^3 和 d^5 成正比。对图 3-9 所示的搅拌装置,$P_{\mathrm{N}}=6.3$。

式(3-13)、式(3-18)对各种不同形式的搅拌器皆成立(如图 3-10 所示),但划分层流与充分湍流区的 Re_{M} 范围可能不同,常数 k 和 P_{N} 亦不等。

图 3-10 所示的功率曲线只适用于尺寸比例符合规定比例关系(即几何相似)的搅拌装置,其误差约为 20%。比例关系不同,即各对比变量 α 的数值不同的搅拌装置,其功率曲线亦不同,此点切勿忽视。在有关设计手册中,列有不同比例关系的搅拌装置的功率曲线,供选用。

必须说明,上述功率曲线是对单一液体测定的。对于非均相的液-液或液-固系统,用上述功率曲线进行计算时,需用混合物的平均密度 $\bar{\rho}$ 和修正黏度 $\bar{\mu}$ 代替单一液体的 ρ、μ。气-液两相系统的搅拌功率与充气量也有关,也需进行修正。各项修正方法可从有关设计手册中查到。

此外,上述求得的功率仅指正常运转时桨叶向液体提供的功率。实际上,搅拌器在启动时为克服静止液体的惯性使之流动,启动功率必定比运转功率大,其间的差别对小型搅拌釜尤为显著,在选择电动机时应予注意。

【例 3-1】 现有一个釜壁上有 4 块挡板的 6 平片涡轮搅拌器,各有关几何尺寸比例如图 3-9 所示,搅拌器直径为 3 m,转速为 10 r/min。液体黏度为 1 000 cP,密度为 960 kg/m³。试求搅拌功率。

解 (1) 此搅拌器系统符合标准构型,其功率曲线见图 3-10。先计算 Re_{M}:

$$1\ 000\ \mathrm{cP}=1\ \mathrm{Pa\cdot s}$$

$$Re_{\mathrm{M}}=\frac{\rho nd^2}{\mu}=\frac{960\times\frac{10}{60}\times 3^2}{1}=1\ 440$$

(2) 由图 3-10 查出:

$$Re_{\mathrm{M}}=1\ 440\ \text{时},P_{\mathrm{N}}=4.5$$

(3) 计算搅拌功率:

$$P=P_{\mathrm{N}}\rho n^3d^5=4.5\times 960\times\left(\frac{10}{60}\right)^3\times 3^5\ \mathrm{W}=4\ 860\ \mathrm{W}$$

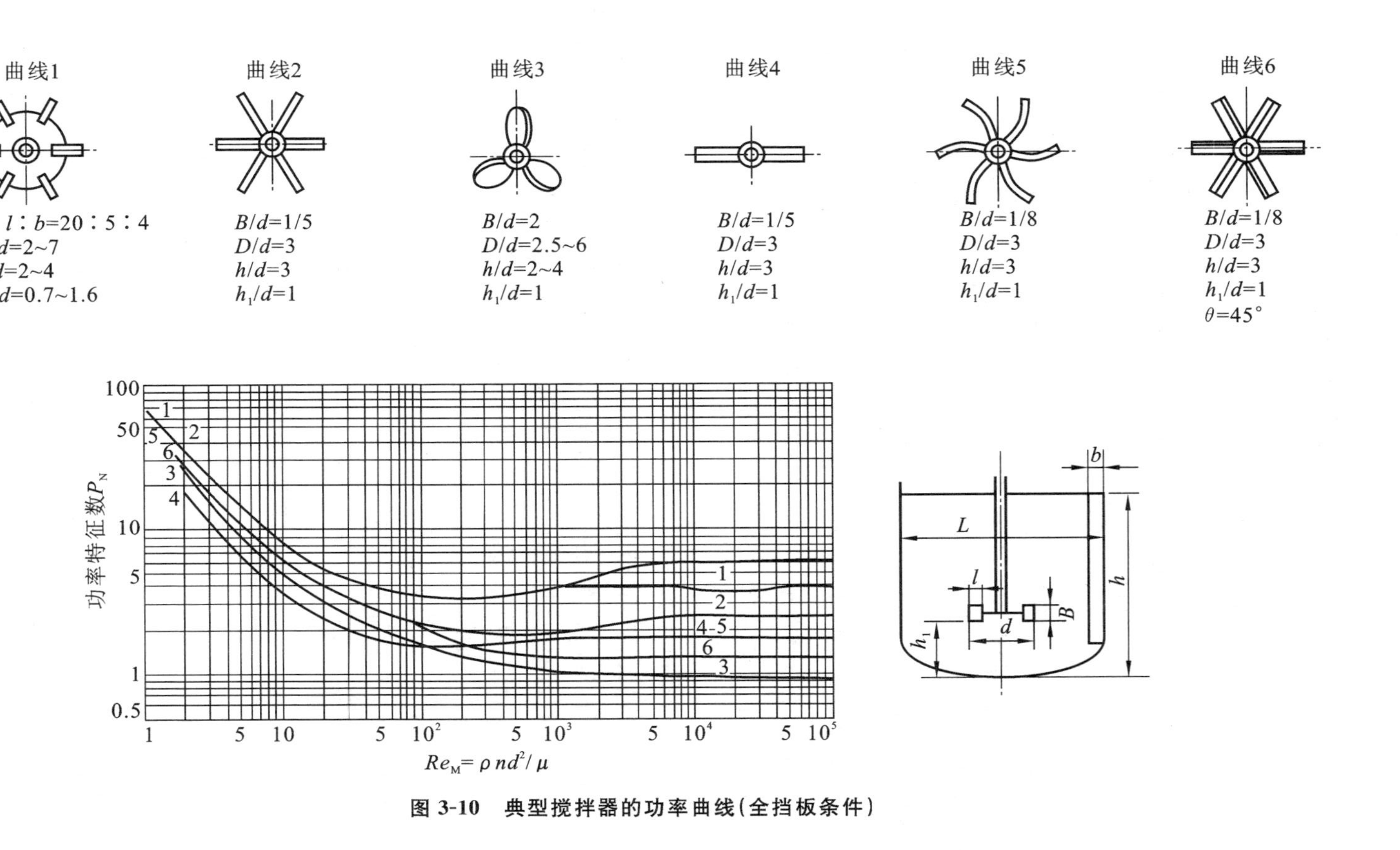

图 3-10　典型搅拌器的功率曲线(全挡板条件)

3.5　搅拌装置的设计

从前述混合效果的度量和混合机理的定性讨论中可以看出,搅拌问题是非常复杂的。搅拌的目的各异,涉及的物质各不相同,虽然已有许多理论和实验研究,但搅拌过程的混合理论及有关的设计计算方法仍不完善,很难建立搅拌效果与搅拌器几何尺寸及转速之间的定量关系,以供设计之用。因此,只能通过模型实验来解决放大问题。

搅拌装置的设计主要包括以下几个方面:

(1) 确定搅拌器的类型以及搅拌釜的几何形状,以满足工艺过程的混合要求;

(2) 进行小规模的实验设备研究,确定搅拌装置的具体几何构型;

(3) 在此基础上,进行放大实验,确定搅拌器的具体尺寸、转速和功率。

3.5.1　搅拌器的选型

选型时需要考虑的因素较多,涉及搅拌设备规模、操作条件及液体的性质,覆盖面非常广泛,但主要考虑的因素有介质黏度、搅拌的目的和搅拌器能造成的流动形态等。

根据介质黏度由小到大,各种搅拌器的选用顺序是推进式、涡轮式、桨式、锚式、螺带式和螺杆式。

根据搅拌目的来选择搅拌器是另一种基本的方法。低黏度均相液体的混合功率消耗少、循环容易,宜选循环流量大、能耗低的推进式搅拌器;对于分散、乳化或固体溶解过程,除要求搅拌器的循环流量大外,还应具有较强的剪切作用,宜选循环流量大、剪切强的涡轮式搅拌器,特别是平直叶涡轮搅拌器的剪切作用比折叶和后弯叶的更大,就更为合适;而对于气体吸收过程,以圆盘涡轮式最为合适,其循环流量大、剪切强,而且圆盘的下方可以存住一些气体,使气体的分散更为平稳。桨式和推进式则基本上不能用于气体的吸收过程;对于带搅拌的结晶过程,一般是小晶粒宜选小直径的快速搅拌器,如涡轮式搅拌器,而大晶粒宜选大直径的慢速搅拌器,如桨式搅拌器。从搅拌器本身性能来说,涡轮式搅拌器的应用最为广泛。

实际应用中,根据搅拌器的适用条件选择搅拌器时可参考表 3-2。

表 3-2　搅拌器形式及其适用条件

搅拌器形式	流动状态		搅拌目的										搅拌槽容积范围/m³	转速范围/(r/min)	最高黏度/(Pa·s)
	对流循环	湍流扩散	剪切流	低黏度液体混合	高黏度液体混合	分散	溶解	固体悬浮	气体吸收	结晶	传热	液相反应			
涡轮式	√	√	√	√	√	√	√	√	√	√	√	√	1～100	10～300	50
桨式	√	√	√	√	√		√	√		√	√	√	1～200	10～300	50
推进式	√	√		√		√	√	√		√	√	√	1～1 000	100～500	2
锚式	√			√			√						1～100	1～100	100
螺杆式	√			√			√						1～50	0.5～150	100
螺带式	√			√									1～50	0.5～150	100

具体操作时，搅拌器的类型及搅拌釜形状是通过实验确定的。其方法是在若干种不同类型的小型搅拌装置中，加入与实际生产相同的物料并改变搅拌器的转速进行实验，从中确定能够满足混合效果的搅拌器类型。对不同的搅拌过程，度量其混合效果的标志亦不同。例如，对于化学反应过程，可用反应速率来度量；对于固体悬浮过程，则可用平均调匀度来度量。

3.5.2　搅拌器的放大准则

搅拌器的类型一经确定，下一步工作就是将选定的小型搅拌装置按一定方法放大为几何相似的生产装置，即确定其尺寸、转速和功率。搅拌设备的放大主要有两种方法。

1. 按工艺过程结果放大

保证在放大时混合效果不变的前提下，对于不同的搅拌过程和搅拌目的，有以下一些放大准则可供选择。

(1) 保持搅拌雷诺数$\frac{\rho n d^2}{\mu}$不变。

因物料相同，由此准则可导出小型搅拌器和大型搅拌器之间应满足：

$$n_1 d_1^2 = n_2 d_2^2 \tag{3-19}$$

其中下标“1”、“2”分别表示小型、大型搅拌器。

(2) 保持单位体积搅拌功率$\frac{P}{V_0}$不变。

这里的V_0是指搅拌釜内所装液体的体积，因$V_0 \propto d^3$，由此准则可导出充分湍流区小型搅拌器和大型搅拌器之间应满足：

$$n_1^3 d_1^2 = n_2^3 d_2^2 \tag{3-20}$$

(3) 保持叶片端部切向速度$\pi n d$不变。

由此可导出小型搅拌器和大型搅拌器之间应满足：

$$n_1 d_1 = n_2 d_2 \tag{3-21}$$

(4) 保持搅拌器的流量和压头之比值，即$\frac{q_1}{H}$不变。

据此准则，可导出小型搅拌器和大型搅拌器之间应满足：

$$\frac{d_1}{n_1} = \frac{d_2}{n_2} \tag{3-22}$$

至于针对具体的搅拌过程究竟哪一个放大准则比较适用，需通过逐级放大实验来确定。

逐级放大实验的步骤为：在几个(一般为三个)几何相似、大小不同的小型或中型实验装置中，改变搅拌器转速进行实验，以获得同样满意的混合效果。然后根据式(3-19)至式(3-22)判定哪一个放大准则较为适用，并据此放大准则外推求出大型搅拌器的尺寸和转速。

必须指出，有时会出现以上四个放大准则皆不适用的情况，此时，必须进一步探索放大规律，再行放大。

2. 按搅拌功率放大

几何结构相似的搅拌设备不论其尺寸大小，均可用同一条功率曲线。即只要搅拌雷诺数相同，功率因数必相同。如果符合全挡板条件，相同的搅拌雷诺数对应于相同的功率值。这样就可通过测量实验设备的搅拌功率推算出生产设备的搅拌功率。

【例 3-2】 某合成洗涤剂在小规模生产时所用搅拌釜的容积为 9.36 L，釜直径为 229 mm。采用直径为 76.3 mm 的涡轮式搅拌器，在 $n=1\ 273$ r/min 时，获得良好的搅拌效果。拟根据小型设备生产的数据，设计一套容积为 18.6 m^3 的搅拌釜，应如何进行放大设计？

解 (1) 按几何相似进行放大实验。

先制造两套与小型生产设备几何相似的实验设备，容积分别为 75 L 和 600 L，调节转速以获得同样的混合效果。三套设备的实验数据如下：

釜　　号	釜容积 V_0/L	釜直径 D/mm	搅拌器直径 d/mm	达到相同混合效果时的转速 n/(r/min)
1	9.36	229	76.3	1 273
2	75	457	153	673
3	600	915	305	318

(2) 确定放大准则。

根据放大实验的数据计算各放大准则的相对值。计算结果如下：

釜　　号	nd^2	n^3d^2	nd	d/n
1	7.41	12.0×10^6	97.1	0.599×10^{-4}
2	15.8	7.14×10^6	103	2.27×10^{-4}
3	29.6	2.99×10^6	97.0	9.59×10^{-4}

由以上数值可以看出，三个搅拌装置在混合效果相同时 nd 基本相同。因此，应选取“保持叶片端部切向速度不变”作为放大准则，并由此推算出生产装置的直径和转速。

(3) 按几何相似计算生产装置的直径。

大型搅拌釜的直径：

$$D_2=\sqrt[3]{\frac{V_2}{V_1}}\times D_1=\sqrt[3]{\frac{18.6}{9.36\times10^{-3}}}\times229\ \text{mm}=2\ 879\ \text{mm}$$

大型搅拌器的直径：

$$d_2=\frac{2\ 879}{229}\times76.3\ \text{mm}=959\ \text{mm}$$

(4) 按“πnd 不变”的放大原则计算生产设备中搅拌器的转速。

$$n_2=\frac{n_1d_1}{d_2}=\frac{1\ 273\times76.3}{959}=101\ \text{r/min}$$

思　考　题

1. 搅拌的目的是什么？
2. 为什么要提出混合尺度的概念？
3. 推进式、涡轮式、大叶片低转速搅拌器，各有什么特长和缺陷？
4. 要提高液流的湍动程度可采取哪些措施？
5. 均相液体搅拌的机理是什么？
6. 选择搅拌器放大准则时的基本要求是什么？
7. 影响搅拌功率的因素有哪些？对于不同的搅拌目的，q/H 值有何区别？
8. 制备乳状液宜选用什么类型的搅拌器？搅拌功率主要消耗在哪些方面？

习　　题

1. “标准”构型搅拌釜的直径为0.6 m，该涡轮搅拌器有6个平直叶片，在此釜内搅拌黏度为0.5 Pa·s，密度为1 100 kg/m^3的某液体，要求叶轮的叶端线速度为3 m/s，试求需要的叶轮转速和功率。

（4.78 r/s，132.63 W）

2. 现有一搅拌装置，其叶轮直径为0.3 m，搅拌釜直径为0.9 m，叶轮离釜底的距离为0.3 m，釜壁上有4块宽度为0.09 m的挡板，釜内液体深度为0.9 m。该涡轮搅拌器有6个平直叶片，其转速为6 r/s，液体黏度为0.5 Pa·s，液体的密度为900 kg/m^3。搅拌装置所配电动机的额定功率为2.5 kW，已知电机的总效率为0.8，试问：此功率能否满足搅拌需要？

（能）

3. 一生产工序拟采用“标准”构型搅拌装置生产。为满足生产要求，搅拌釜的直径D=1.5 m。为获得满意的搅拌效果，在实验室进行了三次按几何相似的放大实验。实验数据如下。试根据实验数据确定放大准则。

（应选取“保持叶片端部切向速度不变”作为放大准则）

实验编号	釜径 D/m	转速 n/(r/min)	桨径 d/m	桨径釜径比
1	0.15	1 800	0.05	0.333
2	0.3	1 133	0.1	0.333
3	0.6	714	0.2	0.333

本章主要符号说明

符号	意　　义	计量单位
B	桨叶宽度	m
b	挡板宽度	m
c_A	组分A的体积分数	
d	搅拌器直径	m
Fr	弗劳德数	
H	压头	m
h	搅拌釜中的液面高度	m
h_1	搅拌器与搅拌釜底部的距离	m
I	调匀度	
k	系数	
l	桨叶长度	m
n	转速	r/min
P_N	功率特征数	
P	搅拌功率	W
q_V	泵出流量	m^3/s
Re_M	搅拌雷诺数	

符号	意　义	计量单位
V_0	搅拌釜容积	m^3
x、y	指数	
Z	桨叶数	
α	桨叶后弯角	
$\alpha_1,\alpha_2,\cdots$	几何尺寸的对比变量	
$\beta_1,\beta_2,\cdots$	指数	
μ	液体黏度	Pa・s
ρ	液体密度	kg/m^3
Φ	功率因数	

第4章　非均相系统的分离

本章学习要求

■ **掌握**:过滤基本方程;板框压滤机的基本结构及应用计算;颗粒在流体中的沉降原理;重力沉降速度的定义及计算;降尘室的基本结构及应用计算。

■ **熟悉**:颗粒及颗粒床层的特性;流体通过固定床层的压降;过滤的基本概念。

■ **了解**:离心沉降设备;流态化过程;流化床的流化类型与不正常现象;流化床的主要特性。

4.1　概　　述

化工生产中经常涉及非均相系统的分离。其主要目的如下。

(1) 收集有用物质,以制取产品。例如,回收从结晶器出来的晶浆中携带的晶粒。

(2) 去除有害物质。例如,气体进入反应器之前必须除净其中的杂质,以保证催化剂的活性。

(3) 环境保护。近年来,各种工业污染成为国计民生中亟待解决的严重问题,因此要求工厂对排出的废气、废液中的有害物质加以处理,使其浓度符合规定的标准,以保护环境。

非均相混合物的特点是系统内部存在不同的相态,且相界面两侧的物质性质(如密度)有差别,如悬浮液、乳状液、泡沫液和含尘气体等。

在非均相系统中,处于分散状态的物质(如悬浮液中的固体颗粒)称为分散相或分散物质;包围着分散物质而处于连续状态的流体(如悬浮液中的液体)称为连续相或分散介质。

由于非均相系统中的连续相和分散相具有不同的物理性质(如密度不同),故一般可用机械方法将它们分离。要实现这种分离,必须使分散相和连续相之间发生相对运动,因此,非均相系统的分离操作遵循流体力学的基本规律。按两相运动方式的不同,机械分离可分为沉降和过滤两种操作。

4.2　流体通过颗粒床层的流动

4.2.1　颗粒及颗粒床层的特性

流体相对于颗粒或颗粒床层的流动规律既与流体性质有关,又与颗粒与流体间的相对运动状况有关,同时也与颗粒及颗粒床层本身的特性有关。在此首先讨论颗粒及颗粒床层的特性。

1. 单颗粒的特性

描述颗粒特性的参数主要是尺寸(大小)、形状和表面积(或比表面积)。

对于形状规则的颗粒,如球形颗粒,仅用直径就可以表示其特性。

球形颗粒的体积
$$V=\frac{\pi}{6}d_p^3 \tag{4-1}$$

表面积
$$S=\pi d_p^2 \tag{4-2}$$

比表面积

$$a=\frac{S}{V}=\frac{\pi d_p^2}{\frac{\pi}{6}d_p^3}=\frac{6}{d_p} \tag{4-3}$$

式中：d_p——球形颗粒的直径，m；

V——球形颗粒的体积，m^3；

S——球形颗粒的表面积，m^2；

a——球形颗粒的比表面积，m^2/m^3。

对于形状不规则的颗粒(非球形颗粒)，其形状与尺寸难用单一参数表示，工程上常将它与球形颗粒相对比，用形状系数和当量直径来表示其特性。

1）颗粒的形状系数

颗粒的形状可用形状系数表示，最常用的形状系数是球形度 ϕ_s，它的定义式为

$$\phi_s=\frac{\text{与颗粒等体积的球形颗粒的表面积}}{\text{颗粒的表面积}}=\frac{S}{S_p} \tag{4-4}$$

式中：ϕ_s——颗粒的球形度；

S——与颗粒等体积的球形颗粒的表面积，m^2；

S_p——颗粒的表面积，m^2。

由于相同体积、不同形状的颗粒中，球形颗粒的表面积最小，所以对非球形颗粒而言，总有 $\phi_s<1$。当然，对于球形颗粒，$\phi_s=1$。

2）颗粒的当量直径

颗粒的尺寸可用与其某种几何量相等的球形颗粒的直径表示，称为当量直径。根据所用几何量的不同，常用的当量直径有以下几种。

(1) 等体积当量直径 d_{eV}。将体积等于颗粒体积的球形颗粒的直径定义为非球形颗粒的等体积当量直径。

$$d_{eV}=\left(\frac{6V_p}{\pi}\right)^{1/3} \tag{4-5}$$

(2) 等比表面积当量直径 d_{ea}。将比表面积等于颗粒比表面积的球形颗粒的直径定义为非球形颗粒的等比表面积当量直径，根据式(4-3)有

$$d_{ea}=\frac{6}{a_p} \tag{4-6}$$

(3) 等表面积当量直径 d_{eS}。将表面积等于颗粒表面积的球形颗粒的直径定义为非球形颗粒的等表面积当量直径。

$$d_{eS}=\left(\frac{S_p}{\pi}\right)^{1/2} \tag{4-7}$$

对同一个非球形颗粒，用上述三种定义所求出的当量直径的数值是不相同的，它们之间的关系与颗粒的形状有关。一般等体积当量直径用得较多，三者的关系为

$$d_{ea}=\phi_s d_{eV}=\phi_s^{1.5} d_{eS} \tag{4-8}$$

2. 颗粒群的特性

化工生产中常遇到流体通过大小不等的混合颗粒群的流动，此时常认为这些颗粒的形状一致，只是大小不同。工程上，常用筛分分析法测得颗粒群粒度分布，再求其相应的平均特性参数。

1）颗粒群的粒度分布

不同粒径范围内所含颗粒的个数或质量，或者说颗粒的粒度组成情况，称为颗粒群的粒度

分布。工业上，常用一套标准筛来测定各种尺寸颗粒所占的百分数，这种方法称为筛分分析法。筛分分析法常用的标准筛是泰勒(Tyler)标准筛。

泰勒标准筛筛孔的大小以每英寸长筛网上所具有的筛孔数目表示，称为目，每个筛的筛网金属丝的直径也有规定，因此一定目数的筛孔尺寸一定。例如，200 目的筛子是指长度为 1 英寸的筛网上有 200 个筛孔。所以筛号越大，筛孔越小。

进行筛分分析(简称筛析)时，将一套标准筛按筛孔尺寸上大下小的次序叠置起来，将称量过的颗粒样品放在最上面的筛子上，用振荡器振动过筛，不同粒径的颗粒便被分别截留在各号筛子上面。显然，各筛网上的颗粒尺寸应介于其上一层筛孔尺寸与本层筛孔尺寸之间。通过筛孔的颗粒量称为筛过量，截留于筛面上的颗粒量称为筛余量。称量各层筛网上的颗粒量，即得筛分分析的基本数据，以此可得出颗粒群的粒径分布。

2) 颗粒的平均粒径

颗粒的平均粒径有不同的表示法，但对于流体与颗粒之间的相对运动过程，主要涉及流体与颗粒表面间的相互作用，即颗粒群的比表面积起重要作用，因此通常用等比表面积当量直径来表示颗粒的平均直径，混合颗粒的平均比表面积为

$$a_{\mathrm{m}} = \sum w_i a_i = \sum w_i \frac{6}{d_{\mathrm{ea},i}} \tag{4-9}$$

由此可得颗粒群的等比表面积当量直径为

$$d_{a,\mathrm{m}} = \frac{6}{a_{\mathrm{m}}} = \frac{1}{\sum w_i \dfrac{1}{d_{\mathrm{ea},i}}} \tag{4-10}$$

式中：a_i——第 i 层筛网上颗粒的比表面积，$\mathrm{m^2/m^3}$；

w_i——第 i 层筛网上颗粒的质量分数；

a_{m}——混合颗粒的平均比表面积，$\mathrm{m^2/m^3}$；

$d_{\mathrm{ea},i}$——混合颗粒的等比表面积当量直径，m。

3. 颗粒床层的特性

1) 床层的空隙率

单位体积颗粒床层中空隙的体积，称为床层的空隙率 ε，即

$$\varepsilon = \frac{\text{床层体积} - \text{颗粒所占体积}}{\text{床层体积}} \tag{4-11}$$

床层空隙率是颗粒床层的一个重要特性，它反映了床层中颗粒堆集的紧密程度，其大小主要与颗粒的形状、粒度分布、装填方法、床层直径等有关。

用大小均一的球形颗粒装填床层时，其最松排列时的空隙率为 0.48，最紧密排列时的空隙率为 0.26；用非球形颗粒装填床层时的空隙率往往大于球形颗粒。

粒度分布对床层空隙率的影响很大，由于小颗粒可以嵌入大颗粒间的空隙，所以粒径分布宽的混合颗粒的床层空隙率较小。

装填方法及条件也直接影响床层空隙率的大小。装填床层时，若将颗粒直接装入容器内，则形成的床层较为紧密，如先在容器内充满适量水后再装填颗粒，让颗粒慢慢沉聚到一起，则形成的床层较为松散。实际上，即使装填方法一样，也很难保证两次装填所得的床层空隙率完全一致。床层空隙率在床层运行过程中也会发生一定的变化。

颗粒的尺寸 d_{p} 与床层直径 D 之比也显著影响床层的空隙率，一般说来，d_{p}/D 值越小，床层的空隙率也越小。

床层空隙率除主要受以上因素影响外,在颗粒床层的不同位置,床层空隙率的大小也有区别,紧靠容器壁面处的空隙率相对较大,这种效应称为壁效应。故当 d_p/D 值较大时,需要考虑壁效应的影响。当流体流经这样的床层时,会产生流速分布不均的现象,给操作带来不利的影响。

一般颗粒床层的空隙率为 0.37～0.7。

床层的空隙率可以用充水法和称量法测出。

(1) 充水法。取体积为 V 的颗粒床层,加水至床层表面,计量加入的水量为 V_1,则床层空隙率为

$$\varepsilon=\frac{V_1}{V} \tag{4-12}$$

此法不适用于多孔性的颗粒,因为本节所指的空隙率并不包括颗粒内的孔隙。

(2) 称量法。取体积为 V 的颗粒床层,称得其质量为 m,若颗粒的密度为 ρ_s,则

$$\varepsilon=\frac{V-\dfrac{m}{\rho_s}}{V} \tag{4-13}$$

2) 床层的比表面积

单位体积床层中颗粒的表面积称为床层的比表面积。若忽略因颗粒相互接触而减小的裸露面积,则床层的比表面积 a_b 与颗粒的比表面积 a 的关系为

$$a_b=(1-\varepsilon)a \tag{4-14}$$

床层的比表面积主要与颗粒尺寸及形状有关,颗粒尺寸越小,床层的比表面积越大。

3) 床层的自由截面积

床层中某一床层截面上空隙所占的截面积(即流体可以通过的截面积)与床层截面积的比值称为床层的自由截面积,即

$$A_o=\frac{A-A_p}{A}=1-\frac{A_p}{A} \tag{4-15}$$

式中:A_o——床层的自由截面积;

A_p——颗粒所占截面积,m^2;

A——整个床层截面积,m^2。

对于乱堆的颗粒床层,颗粒的位向是随机的,所以堆成的床层可以近似认为各向同性。对于这样的床层,其床层自由截面积在数值上与床层空隙率相等。

4.2.2 流体通过固定床层的压降

流体流过固定床层时,床层中的细小颗粒间存在的网络状空隙是供流体通过的通道,如图 4-1(a)所示。这些通道曲折而互相交联,其截面大小和形状很不规则。床层中的细小颗粒对流体的流动产生的较大阻力可使流体在床层两端造成很大压降,此压降很难通过理论计算,工程上一般依靠实验来测定。现在介绍一种实验规划方法——数学模型法。

1. *颗粒床层的物理模型*

将流体在颗粒层内的实际流动过程(如图 4-1(a)所示)简化成等效流动过程(如图 4-1(b)所示),其中图 4-1(b)称为原真实流动过程的物理模型。那么如何进行简化可以得到等效流动过程呢?经过分析知道,单位体积床层所具有的颗粒表面积(即床层比表面积 a_b)和床层空隙率 ε 对流动阻力起决定性的作用。为得到等效流动过程,简化后的物理模型中的 a_b 和 ε 应

与真实模型的 a_b 和 ε 相等，为此许多研究者将床层中的不规则通道简化成长度为 L_e 的一组平行细管，并规定如下：

（1）细管的内表面积等于床层颗粒的全部表面积；

（2）细管的全部流动空间等于颗粒床层的空隙体积。

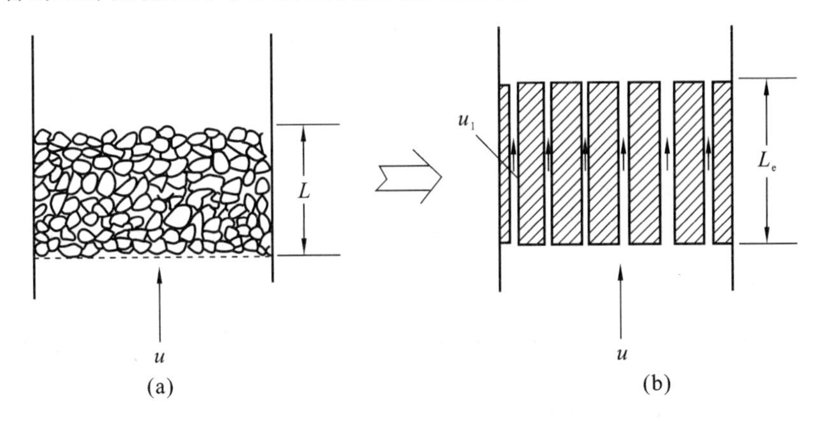

图 4-1　颗粒床层的简化模型

根据上述假定，可求得这些虚拟细管的当量直径 d_e：

$$d_e = 4\times\frac{\text{通道的截面积}}{\text{湿润周边}} = 4\times\frac{(\text{通道截面积}\times L_e)/V}{(\text{湿润周边}\times L_e)/V}$$

$$= 4\times\frac{\text{空隙体积}/V}{\text{颗粒表面积}/V} = 4\times\frac{\varepsilon}{a_b} = \frac{4\varepsilon}{a(1-\varepsilon)} \tag{4-16}$$

按此简化模型，流体通过固定床的压降等同于流体通过一组当量直径为 d_e、长度为 L_e 的细管的压降。

2. 床层压降的数学模型

上述简化的物理模型，已将流体通过具有复杂几何边界（网络状孔道）的床层的压降简化为通过均匀圆管的压降，故可用流体流过圆管的阻力损失作出如下的数学描述：

$$h_f = \frac{\Delta p_f}{\rho} = \lambda\frac{L_e}{d_e}\frac{u_1^2}{2} \tag{4-17}$$

式中的 u_1 为流体在细管内的流速，由于细管内的流动过程等效于原真实流动过程，故 u_1 可取为实际填充床中颗粒空隙间的流速。它与空床流速（也称表观流速）u 的关系为

$$u_1 = \frac{u}{\varepsilon} \tag{4-18}$$

将式(4-16)、式(4-18)代入式(4-17)中，单位床层高度的虚拟压降

$$\frac{\Delta p_f}{L} = \left(\lambda\frac{L_e}{L}\right)\frac{a(1-\varepsilon)}{4\varepsilon}\frac{\rho\left(\frac{u}{\varepsilon}\right)^2}{2}$$

$$= \left(\lambda\frac{L_e}{8L}\right)\frac{a(1-\varepsilon)}{\varepsilon^3}\rho u^2 \tag{4-19}$$

细管长度 L_e 与实际床层高度 L 不等，但可认为 $\frac{L_e}{L}$ 为常数，于是将其与 λ 合并得

$$\lambda' = \frac{\lambda}{8}\frac{L_e}{L} \tag{4-20}$$

则式(4-19)可简化为

$$\frac{\Delta p_{\mathrm{f}}}{L}=\lambda'\frac{a(1-\varepsilon)}{\varepsilon^3}\rho u^2 \tag{4-21}$$

其中$\frac{\Delta p_{\mathrm{f}}}{L}$为单位床层高度的虚拟压降,当床层不高,重力的影响可以忽略时,有

$$\frac{\Delta \mathscr{P}_{\mathrm{f}}}{\rho}\approx\frac{\Delta p_{\mathrm{f}}}{L}$$

式(4-21)即为流体通过固定床压降的数学模型,其中包括一个待定系数λ'。λ'称为模型参数,就其物理意义而言,也可称为固定床的流动摩擦系数。

3. 模型的检验和模型参数的估值

上述床层的简化处理只是一种假定,模型正确与否必须经过实验检验,其中的模型参数λ'亦必须由实验测定。

康采尼(Kozeny)对此进行了实验研究,发现在流速较低,床层雷诺数$Re'=\frac{d_{\mathrm{e}}u_1\rho}{4\mu}=\frac{\rho u}{a(1-\varepsilon)\mu}<2$时,实验数据能较好地符合下式:

$$\lambda'=\frac{K'}{Re'}=\frac{K'a(1-\varepsilon)\mu}{\rho u} \tag{4-22}$$

式中的K'称为康采尼常数,其值为5.0。对于不同的床层,K'的可能误差不超过10%,这表明上述的简化模型确实是实际过程的合理简化。把式(4-22)代入式(4-21)得

$$\frac{\Delta p_{\mathrm{f}}}{L}=K'\frac{a^2(1-\varepsilon)^2}{\varepsilon^3}\mu u \tag{4-23}$$

上式称为康采尼方程,它仅适用于低雷诺数($Re'<2$)范围,对于本章下节要重点讨论的过滤操作,此式成立。

对于较宽的Re'范围($Re'=0.17\sim420$),欧根(Ergun)进行研究获得如下关联式:

$$\lambda'=\frac{4.17}{Re'}+0.29 \tag{4-24}$$

将式(4-24)代入式(4-21)得

$$\frac{\Delta p_{\mathrm{f}}}{L}=4.17\times\frac{(1-\varepsilon)^2a^2}{\varepsilon^3}\mu u+0.29\times\frac{(1-\varepsilon)a}{\varepsilon^3}\rho u^2 \tag{4-25}$$

根据比表面积公式$a=\frac{6}{d_{\mathrm{p}}}$,式(4-25)也可表示为

$$\frac{\Delta p_{\mathrm{f}}}{L}=150\times\frac{(1-\varepsilon)^2}{\varepsilon^3d_{\mathrm{p}}^2}\mu u+1.75\times\frac{1-\varepsilon}{\varepsilon^3d_{\mathrm{p}}}\rho u^2 \tag{4-26}$$

对于非球形颗粒,式(4-26)中的d_{p}应以$\phi_{\mathrm{s}}d_{\mathrm{eV}}$代替。

式(4-25)和式(4-26)称为欧根方程。当$Re'<3$时,等式右方第二项可以略去;当$Re'>100$时,右方第一项可以略去。欧根方程的误差约为±25%,且不适用于细长物体及环状填料。

从康采尼方程或欧根方程可看出,影响床层压降Δp的变量有:①操作变量u;②流体物性变量μ和ρ;③床层特性变量ε和a。

在上述因素中,影响最大的是空隙率ε。在其他条件不变时,若ε从0.5降至0.4,从康采

尼方程中不难算出$\frac{\Delta p_f}{L}$将增加 2.8 倍。另一方面，ε 又随装填料情况而变，同一种物料用同样方式装填，其 ε 也未必能够重复。因此，在设计计算时，ε 的选取应当十分慎重。

4.3 过　　滤

过滤是分离悬浮液最普遍、最有效的单元操作之一。借过滤操作可获得清净的液体或固相产品。过滤属于机械分离操作，与蒸发、干燥等非机械操作相比，其能量消耗比较低。

4.3.1 过滤概述

过滤是以某种多孔物质为介质，在外力作用下，使悬浮液中的液体通过介质的孔道，而固体颗粒被截留在介质上，从而实现固、液分离的操作。过滤操作采用的多孔物质称为过滤介质，所处理的悬浮液称为滤浆或料浆，通过多孔通道的液体称为滤液，被截留的固体物质称为滤饼或滤渣。图 4-2 是过滤操作的示意图。

实现过滤操作的外力可以是重力、压力差或惯性离心力。但在化工生产中应用最多的还是以压力差为推动力的过滤。

1. 过滤方式

工业上的过滤操作分为两大类，即滤饼过滤和深层过滤。滤饼过滤时，悬浮液置于过滤介质的一侧，固体物沉积于介质表面而形成滤饼层。过滤介质中微细孔道的直径可能大于悬浮液中部分颗粒的粒径，因而，过滤之初会有一些细小颗粒穿过介质而使滤液混浊，但是颗粒会在孔道中迅速地发生“架桥”现象（见图 4-3），使小于孔道直径的细小颗粒也能被拦截，故当滤饼开始形成时，滤液即变清，此后过滤才能有效地进行。可见，在滤饼过滤中，真正发挥拦截颗粒作用的主要是滤饼层而不是过滤介质。通常，过滤开始阶段得到的混浊液，待滤饼形成后应返回滤浆槽重新处理。滤饼过滤适用于处理固体含量较高（固相体积分数在 1%以上）的悬浮液。

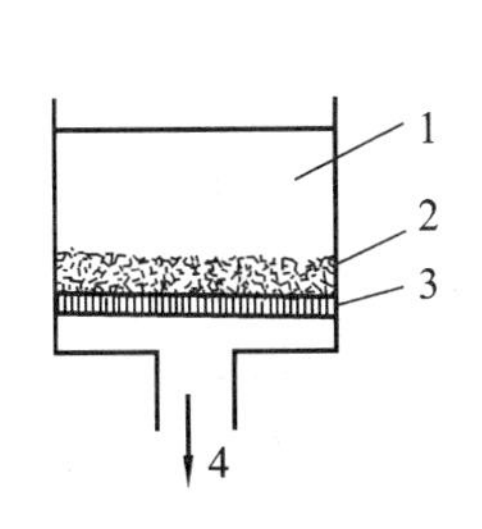

图 4-2　过滤操作示意图

1—滤浆；2—滤饼；3—过滤介质；4—滤液

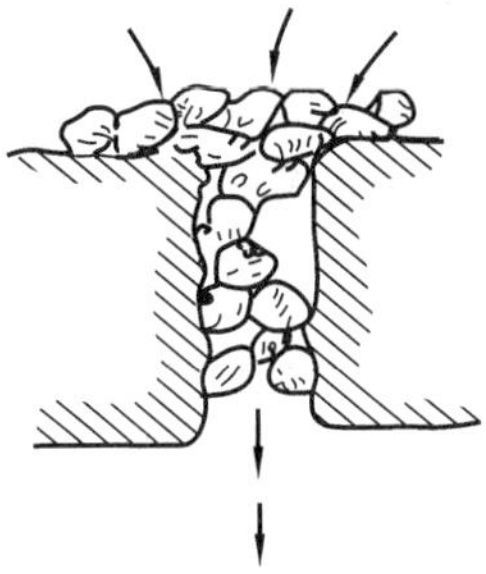

图 4-3　“架桥”现象

在深层过滤中，固体颗粒并不形成滤饼，而是沉积于较厚的粒状过滤介质床层内部。悬浮液中的颗粒尺寸小于床层孔道直径，当颗粒随流体在床层内的曲折孔道中流过时，借静电力与表面力附着在过滤介质上，这种过滤适用于生产能力大而悬浮液中颗粒小、含量甚微（固相体积分数在 0.1%以下）的场合。自来水厂饮水的净化及从合成纤维纺丝液中除去极细固体物质等均采用这种过滤方法。

化工生产中所处理的悬浮液固相浓度往往较高,故下面只讨论滤饼过滤。

2. 过滤介质

过滤介质是滤饼的支承物,它应具有足够的机械强度和尽可能小的流动阻力,同时,还应具有相应的耐腐蚀性和耐热性。

工业上常用的过滤介质主要如下。

1) 织物介质

织物介质又称滤布,包括由棉、毛、丝、麻等天然纤维及合成纤维制成的织物,以及由玻璃丝、金属丝等织成的网。这类介质能截留颗粒的最小直径为5～65 μm。织物介质在工业上应用最为广泛。

2) 堆积介质

此类介质由各种固体颗粒(细砂、木炭、石棉、硅藻土)或非编织纤维等堆积而成,多用于深层过滤中。

3) 多孔固体介质

这类介质是具有很多微细孔道的固体材料,如多孔陶瓷、多孔塑料及多孔金属制成的管或板,能拦截1～3 μm的微细颗粒。

3. 滤饼的压缩性和助滤剂

滤饼是由截留下的固体颗粒堆积而成的床层,随着操作的进行,滤饼的厚度与流动阻力都逐渐增加。构成滤饼的颗粒特性对流动阻力的影响悬殊。颗粒如果是不易变形的坚硬固体(如硅藻土、碳酸钙等),则当滤饼两侧的压力差增大时,颗粒的形状和颗粒间的空隙都不发生明显变化,单位厚度床层的流体阻力可视为恒定,这类滤饼称为不可压缩滤饼。相反,如果滤饼是由某些类似氢氧化物的胶体物质构成的,则当滤饼两侧的压力差增大时,颗粒的形状和颗粒间的空隙便有明显的改变,单位厚度饼层的流体阻力随压力差加高而增大,这种滤饼称为可压缩滤饼。

为了减少可压缩滤饼的流体阻力,有时将某种质地坚硬而形成疏松饼层的另一种固体颗粒混入悬浮液或预涂于过滤介质上,以形成疏松饼层,使滤液得以畅流。这种预混或预涂的粒状物质称为助滤剂。

对助滤剂的基本要求如下:

(1) 应是能形成多孔饼层的刚性颗粒,使滤饼有良好的渗透性及较低的流体阻力;

(2) 应具有化学稳定性,不与悬浮液发生化学反应,也不溶于液相中;

(3) 在过滤操作的压力差范围内,应具有不可压缩性,以保证滤饼有较高的空隙率。

应当注意,一般以获得清净滤液为目的时,采用助滤剂才是适宜的。

4.3.2 过滤基本方程

通常将单位时间、单位过滤面积上获得的滤液体积定义为过滤速度,单位为m/s。过滤速度的表达式为

$$u=\frac{\mathrm{d}V}{A\,\mathrm{d}\tau}=\frac{\mathrm{d}q}{\mathrm{d}\tau} \tag{4-27}$$

式中:V——在过滤时间为τ时获得的滤液体积,m^3;

τ——过滤时间,s;

A——过滤面积，m^2；

q——单位过滤面积获得的滤液体积，$q=\frac{V}{A}$，m^3/m^2。

滤液通过滤饼流动时，因构成饼层的颗粒尺寸较小，一方面众多的颗粒会对滤液的流动产生很大的阻力（压降），另一方面滤液在饼层空隙的流动速度很慢，雷诺数较小（满足 $Re'<2$），因此此种流动符合康采尼方程：

$$\frac{\Delta p_f}{L}=K'\frac{a^2(1-\varepsilon)^2}{\varepsilon^3}\mu u$$

式(4-23)中的表观流速 u，即为过滤速度 $u=\frac{dV}{A d\tau}=\frac{dq}{d\tau}$。其中 $K'=5.0$。因此有

$$u=\frac{dV}{A d\tau}=\frac{\varepsilon^3}{K'a^2(1-\varepsilon)^2}\frac{\Delta p_f}{\mu L} \tag{4-28}$$

对于不可压缩滤饼，滤饼层中的空隙率 ε 可视为常数，颗粒的形状、尺寸也不改变，因而比表面积 a 亦为常数。式(4-28)中的 $\frac{\varepsilon^3}{K'a^2(1-\varepsilon)^2}$ 反映了颗粒的特性，其值随物料而不同。若以 r 代表其倒数，则式(4-28)可写成

$$\frac{dV}{A d\tau}=\frac{\Delta p_f}{\mu r L} \tag{4-29}$$

式中的 r 为滤饼的比阻，其单位为 m^{-2}，其计算式为

$$r=\frac{K'a^2(1-\varepsilon)^2}{\varepsilon^3} \tag{4-30}$$

应指出，式(4-29)具有"速度＝推动力/阻力"的形式，其中 Δp_f 是过滤过程的推动力，$\mu r L$ 为过程的阻力。

比阻 r 是单位厚度滤饼的阻力，它在数值上等于黏度为 1 Pa·s 的滤液以 1 m/s 的平均流速通过厚度为 1 m 的滤饼层时所产生的压降。比阻反映了颗粒形状、尺寸及床层空隙率对滤液流动的影响。床层空隙率 ε 愈小及颗粒比表面积 a 愈大，则床层愈致密，对流体流动的阻滞作用也愈大。对于不可压缩滤饼，a、ε 为常数，故 r 也为常数；而对于可压缩滤饼，r 则随过滤压力差 Δp 增大而变大，一般 $r=r_0\Delta p^s$，r_0、s 均为实验常数，其中 s 称为压缩指数。可压缩滤饼的 s 为 0.2～0.8。对于不可压缩滤饼，$s=0$。

滤饼过滤中，过滤介质的阻力有时不能忽略，尤其在过滤初始滤饼尚薄期间。过滤介质的阻力当然也与其厚度及本身的致密程度有关。通常，滤饼与滤布的面积相同，所以两层中的过滤速度应相等。为方便起见，设想以一层厚度为 L_e 的滤饼来代替滤布，而过程仍能完全按照原来的速度进行，那么，这层设想中的滤饼就应当具有与滤布相同的阻力，则式(4-29)写为

$$\frac{dV}{A d\tau}=\frac{\Delta p_c}{\mu r L}=\frac{\Delta p_m}{\mu r L_e}=\frac{\Delta p_c+\Delta p_m}{\mu r(L+L_e)}=\frac{\Delta p}{\mu r(L+L_e)} \tag{4-31}$$

式中：Δp_c——滤液通过滤饼层的压降，Pa；

Δp_m——滤液通过过滤介质（滤布）的压降，Pa；

Δp——通过滤饼和过滤介质的总压降，也称为过滤压力差，$\Delta p=\Delta p_c+\Delta p_m$，Pa；

L——滤饼厚度，m；

L_e——过滤介质的当量滤饼厚度，或称虚拟滤饼厚度，m。

在一定的操作条件下,以一定介质过滤一定悬浮液时,L_e为定值;但同一介质在不同的过滤操作中,L_e值不同。

若每获得 1 m³ 滤液所形成的滤饼体积为 v m³,则任一瞬间的滤饼厚度 L 与当时已经获得的滤液体积 V 之间的关系应为

$$L=\frac{vV}{A} \tag{4-32}$$

式中:v——滤饼体积与相应的滤液体积之比,无因次,或 m³/m³。

将式(4-32)代入式(4-31)中,并令 $L_e=\frac{vV_e}{A}$及

$$K=\frac{2\Delta p}{\mu r v}=\frac{2\Delta p^{1-s}}{\mu r_0 v} \tag{4-33}$$

得

$$\frac{dV}{d\tau}=\frac{KA^2}{2(V+V_e)} \tag{4-34}$$

式中:V_e——过滤介质的当量滤液体积,或称虚拟滤液体积,m³。

令 $q_e=\frac{V_e}{A}$,则

$$\frac{dq}{d\tau}=\frac{K}{2(q+q_e)} \tag{4-34a}$$

式(4-34)、式(4-34a)称为过滤基本方程。式中的 K、V_e(或 q_e)通常称为过滤常数,其值需由实验测定。应用过滤基本方程进行计算时,需针对操作的具体方式而积分。

1. 恒压过滤

若过滤操作是在恒定压力差下进行的,则称为恒压过滤。对于指定的悬浮液恒压过滤,K 为常数,对过滤基本方程(4-34)积分

$$\int_0^V 2(V+V_e)\,dV = KA^2\int_0^\tau d\tau$$

得

$$V^2+2VV_e=KA^2\tau \tag{4-35}$$

同理

$$q^2+2qq_e=K\tau \tag{4-35a}$$

式(4-35)、式(4-35a)称为恒压过滤方程。

当过滤介质阻力可以忽略时,$V_e=0$,$q_e=0$,则式(4-35)、式(4-35a)简化为

$$V^2=KA^2\tau \tag{4-36}$$

$$q^2=K\tau \tag{4-36a}$$

恒压过滤因为 Δp 始终保持不变,随着滤饼层的增厚,则过滤速度变小。

【例 4-1】 拟在 9.81×10^3 Pa 的恒定压力差下过滤直径为 0.1 mm 的球形颗粒状物质悬浮于水中形成的悬浮液,又知此悬浮液中固相所占的体积分数为 10%。过滤时形成不可压缩滤饼,其空隙率为 60%。已知水的黏度为 1.0×10^{-3} Pa·s,过滤介质阻力可以忽略。

(1) 试求每平方米过滤面积上获得 1.5 m³ 滤液所需的过滤时间;

(2) 若将此过滤时间延长一倍,可再得多少滤液?

解　根据式(4-30)知:

$$r=\frac{5a^2(1-\varepsilon)^2}{\varepsilon^3}$$

已知滤饼的空隙率

$$\varepsilon=0.6$$

球形颗粒的比表面积

$$a=\frac{颗粒表面积}{颗粒体积}=\frac{\pi d^2}{\frac{\pi}{6}d^3}=\frac{6}{d}=\frac{6}{0.1\times10^{-3}}\ \mathrm{m^2/m^3}=6\times10^4\ \mathrm{m^2/m^3}$$

所以

$$r=\frac{5\times(6\times10^4)^2\times(1-0.6)^2}{0.6^3}=1.333\times10^{10}\ \mathrm{m^{-2}}$$

(1) 过滤时间。

已知过滤介质阻力可以忽略时的恒压过滤方程为

$$q^2=K\tau$$

单位面积上所得滤液量

$$q=1.5\ \mathrm{m^3/m^2}$$

过滤常数

$$K=\frac{2\Delta p^{1-s}}{\mu r_0 v}$$

对于不可压缩滤饼，$s=0$，$r_0=r=$常数，则

$$K=\frac{2\Delta p}{\mu r v}$$

已知 $\Delta p=9.81\times10^3$ Pa，$\mu=1.0\times10^{-3}$ Pa·s，$r=1.333\times10^{10}\ \mathrm{m^{-2}}$。

每平方米过滤面积上获得 1.5 $\mathrm{m^3}$ 滤液时的滤饼厚度 L 可以通过对滤饼、滤液及滤浆中的水分作物料衡算求得。过滤时水的密度没有变化，故

$$V_{滤液}+V_{滤饼中的水}=V_{滤浆中的水}$$

即

$$1.5+1\times0.60L=(1.5+L\times1)(1-0.1)$$

解得

$$L=0.5\ \mathrm{m}$$

可知滤饼体积与滤液体积之比为

$$v=\frac{0.5}{1.5}\ \mathrm{m^3/m^3}=0.333\ \mathrm{m^3/m^3}$$

则

$$K=\frac{2\times9.81\times10^3}{1.0\times10^{-3}\times1.333\times10^{10}\times0.333}\ \mathrm{m^2/s}=4.42\times10^{-3}\ \mathrm{m^2/s}$$

所以

$$\tau=\frac{q^2}{K}=\frac{1.5^2}{4.42\times10^{-3}}\ \mathrm{s}=509\ \mathrm{s}$$

(2) 过滤时间加倍时增加的滤液量。

$$\tau'=2\tau=2\times509\ \mathrm{s}=1\ 018\ \mathrm{s}$$

则

$$q'=\sqrt{K\tau'}=\sqrt{4.42\times10^{-3}\times1\ 018}\ \mathrm{m^3/m^2}=2.12\ \mathrm{m^3/m^2}$$

$$q'-q=(2.12-1.5)\ \mathrm{m^3/m^2}=0.62\ \mathrm{m^3/m^2}$$

即每平方米过滤面积上将再得 0.62 $\mathrm{m^3}$ 滤液。

2. 恒速过滤

维持速度恒定的过滤方式称为恒速过滤。要保持过滤速度恒定，必须持续地提高过滤压力才行。

恒速过滤时的过滤速度为

$$u_R=\frac{\mathrm{d}V}{A\,\mathrm{d}\tau}=\frac{V}{A\tau}=常数\tag{4-37}$$

将式(4-37)代入式(4-34)中，积分得

$$V^2+VV_e=\frac{K}{2}A^2\tau\tag{4-38}$$

或

$$q^2+qq_e=\frac{K}{2}\tau\tag{4-38a}$$

式(4-38)、式(4-38a)称为恒速过滤方程。

当过滤介质阻力可以忽略时，则以上两式可简化为

$$V^2=\frac{K}{2}A^2\tau \tag{4-39}$$

$$q^2=\frac{K}{2}\tau \tag{4-39a}$$

工业上，为避免过滤初期因压力差过高而引起滤液混浊或滤布堵塞，可采用先恒速后恒压的复合操作方式。

3. 过滤常数的测定

不同物料形成的悬浮液，其过滤常数 K、V_e（或 q_e）差别很大；即使是同一种物料，由于操作条件不同、浓度不同，其过滤常数亦不尽相同。过滤常数一般由实验来测定。

将恒压过滤方程(4-35a)改写成

$$\frac{\tau}{q}=\frac{1}{K}q+\frac{2}{K}q_e \tag{4-40}$$

实验中，记录不同过滤时间 τ 内的单位面积滤液量 q，在直角坐标系中以 $\frac{\tau}{q}$ 为纵坐标，q 为横坐标，可得到一条斜率为 $\frac{1}{K}$、截距为 $\frac{2}{K}q_e$ 的直线，由此可求出 K、q_e。

对指定物料，用上述方法可以测出不同压力差下的 K 值，然后对 K-Δp 数据加以处理，即 $\lg K=(1-s)\lg(\Delta p)+B$，由直线的斜率可求出压缩指数 s。

4. 滤饼的洗涤

洗涤滤饼的目的在于回收滞留在颗粒缝隙间的滤液，或净化构成滤饼的颗粒。

单位时间、单位面积消耗的洗水容积称为洗涤速率，以 $\left(\frac{\mathrm{d}V}{A\,\mathrm{d}\tau}\right)_W$ 表示。若每次过滤终了以体积为 V_W 的洗水洗涤滤饼，则所需洗涤时间为

$$\tau_W=\frac{V_W}{\left(\frac{\mathrm{d}V}{\mathrm{d}\tau}\right)_W} \tag{4-41}$$

式中：V_W——洗水用量，m^3；

τ_W——洗涤时间，s。

4.3.3　过滤设备及过滤计算

家用净水器

1. 过滤设备

各种生产工艺的悬浮液，其性质有很大的差异，过滤的目的及料浆的处理量也很悬殊，为适应各种不同的要求而发展了多种形式的过滤机。按照操作方式，可分为间歇过滤机与连续过滤机；按照采用的压力差，可分为压滤过滤机、吸滤过滤机和离心过滤机。工业上应用最广泛的板框压滤机和叶滤机为间歇压滤过滤机，转筒真空过滤机则为连续吸滤过滤机。

1）板框压滤机

板框压滤机早为工业所使用，至今仍沿用不衰。它由多块带凹凸纹路的滤板和滤框交替排列组装在机架而构成，如图 4-4 所示。

典型的滤板和滤框的四角均开有圆孔（如图 4-5 所示），装合、压紧后即构成供滤浆、滤液

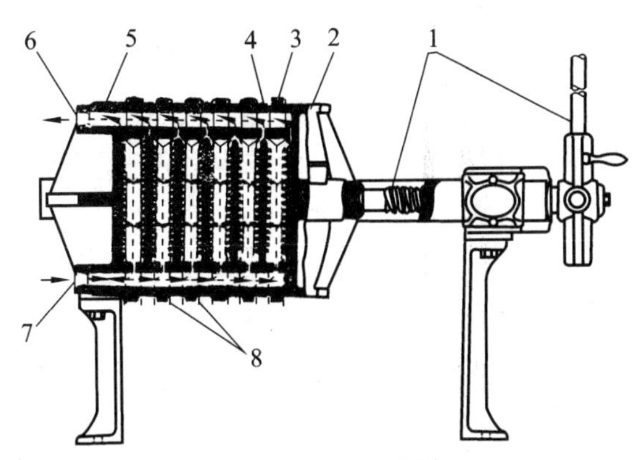

图 4-4　板框压滤机

1—压紧装置；2—可动头；3—滤框；4—滤板；5—固定头；6—滤液出口；7—滤浆进口；8—滤布

或洗涤液流动的通道。框的两侧覆以滤布，空框与滤布围成了容纳滤浆及滤饼的空间。滤板又分为洗涤板与过滤板两种。洗涤板左上角的圆孔内还开有与板面两侧相通的侧孔道，洗水可由此进入框内。为了便于区别，常在板、框外侧铸有小钮或其他标志，通常，过滤板为一钮，洗涤板为三钮，而框则为二钮（如图 4-5 所示）。装合时即按钮数以 1-2-3-2-1-2…的顺序排列。压紧装置的驱动可用手动、电动或液压传动等方式。

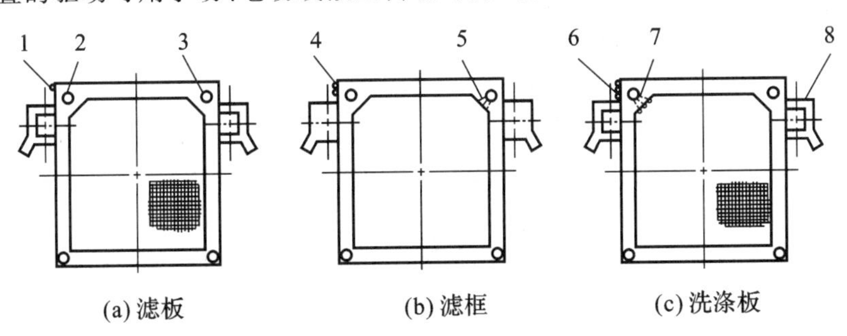

图 4-5　滤板和滤框

1——钮；2—洗水通路；3—滤浆通路；4—二钮；5—滤浆进口；6—三钮；7—洗水进口；8—支耳

过滤时，悬浮液在指定的压力下经滤浆通道由滤框角的暗孔进入框内，滤液分别穿过两侧滤布，再经邻板板面流至滤液出口排走，固体则被截留于框内，如图 4-6(a)所示，待滤饼充满滤框后，即停止过滤。滤液的排出方式有明流与暗流之分。若滤液经由每块滤板底部侧管直接排出（如图 4-6(a)所示），则称为明流。若滤液不宜暴露于空气中，则需将各板流出的滤液汇集于总管后送走（如图 4-4 所示），称为暗流。

若滤饼需要洗涤，可将洗水压入洗水通道，经洗涤板角端的暗孔进入板面与滤布之间。此时，应关闭洗涤板下部的滤液出口，洗水便在压力差推动下穿过一层滤布及整个厚度的滤饼，然后再横穿另一层滤布，最后由过滤板下部的滤液出口排出，如图 4-6(b)所示，这种操作方式称为横穿洗涤法。洗涤结束后，旋开压紧装置，将板框拉开卸出滤饼，清洗滤布，重新装合，进入下一个操作循环。

横穿洗涤过程中，洗水所走路径为过滤终了时滤液所走路径的两倍，而洗涤面积为过滤面积的一半，则在同样的压力差下有

$$\left(\frac{\mathrm{d}V}{\mathrm{d}\tau}\right)_{\mathrm{W}}=\frac{1}{4}\left(\frac{\mathrm{d}V}{\mathrm{d}\tau}\right)_{\mathrm{E}} \tag{4-42}$$

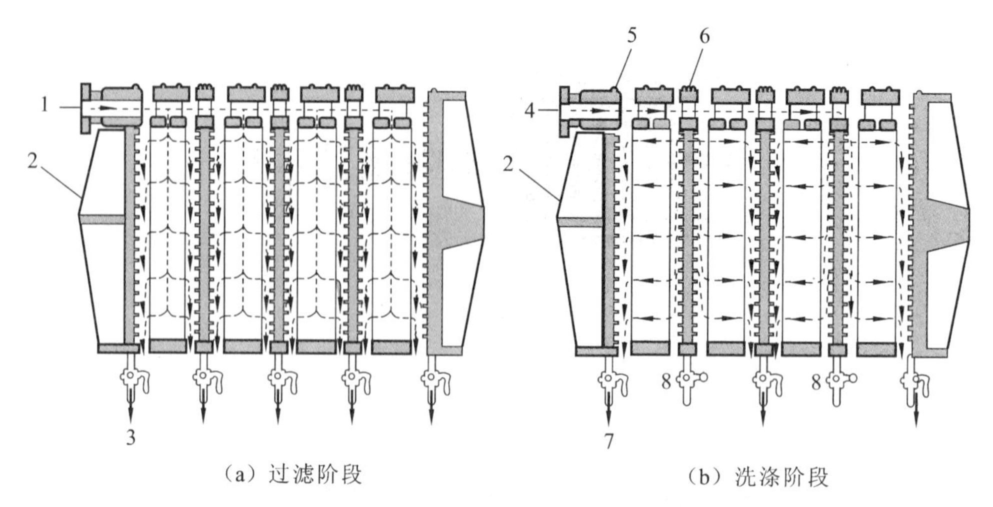

图 4-6　板框压滤机内液体流动路径

1—滤浆入口；2—机头；3—滤液；4—洗水入口；5—过滤板；6—洗涤板；7—洗水；8—阀门(关)

式中：$\left(\dfrac{dV}{d\tau}\right)_W$——洗涤速率，$m^3/s$；

$\left(\dfrac{dV}{d\tau}\right)_E$——过滤终了时速率，$m^3/s$。

由于洗涤过程中滤饼厚度不再增加，所以洗涤速率$\left(\dfrac{dV}{d\tau}\right)_W$基本为一常数，即

$$\left(\frac{dV}{d\tau}\right)_W=\frac{V_W}{\tau_W}$$

将过滤基本方程(4-34)代入式(4-42)，则得板框压滤机的洗涤时间

$$\tau_W=\frac{8V_W(V+V_e)}{KA^2} \tag{4-43}$$

板框压滤机的操作表压，一般在 $3\times10^5\sim8\times10^5$ Pa 的范围内，有时可高达 15×10^5 Pa。滤板和滤框可由多种金属材料(如铸铁、碳钢、不锈钢、铝等)、塑料及木材制造。滤框的边长为 320～1 000 mm，厚度为 25～50 mm。滤板和滤框的数目，可根据生产任务自行调节，一般为 10～60 块，所提供的过滤面积为 2～80 m^2。当生产能力小，所需过滤面积较小时，可于板框间插入一块盲板，以切断过滤通道，盲板后部即失去作用。

板框压滤机结构简单、制造方便、占地面积较小而过滤面积较大，操作压力高，适应能力强，故应用颇为广泛。它的主要缺点是间歇操作，生产效率低，劳动强度大，滤布损耗也较快。而各种自动操作板框压滤机的出现，使上述缺点在一定程度上得到弥补。

2) 转筒真空过滤机

转筒真空过滤机是一种连续操作的过滤机械。设备的主体是一个能转动的水平圆筒，其表面有一层金属网，网上覆盖滤布，筒的下部浸入滤浆中，如图 4-7 所示。圆筒沿径向分隔成若干扇形格，每格都有单独的孔道通至分配头上。圆筒转动时，凭借分配头的作用使这些孔道依次分别与真空管及压缩空气管相通，因而在回转一周的过程中每个扇形格表面即可顺序进行过滤、洗涤、吸干、吹松、卸饼等操作。

分配头由紧密贴合着的转动盘与固定盘构成，转动盘随着筒体一起旋转，固定盘内侧各凹

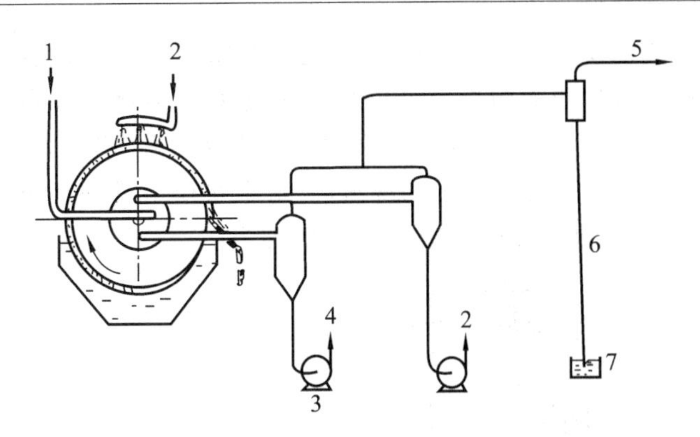

图 4-7　转筒真空过滤机装置示意图

1—压缩空气；2—洗水；3—泵；4—滤液；5—去真空泵；6—气压腿；7—溢流

槽分别与各种不同作用的管道相通。如图 4-8 所示，当转鼓上某些扇形格浸入料浆中时，恰与滤液吸出系统相通，进行真空吸滤，该部分扇形格离开液面时继续吸滤，吸走滤饼中残余的液体；当转到洗涤水喷淋处时，恰与洗涤水吸出系统相通，在洗涤过程中将洗涤水吸走并脱水；再转到与空气压入系统连接处，滤饼被压入的空气吹松并由刮刀刮下。在再生区，空气将残余滤渣从过滤介质上吹除。转鼓旋转一周，完成一个操作周期。

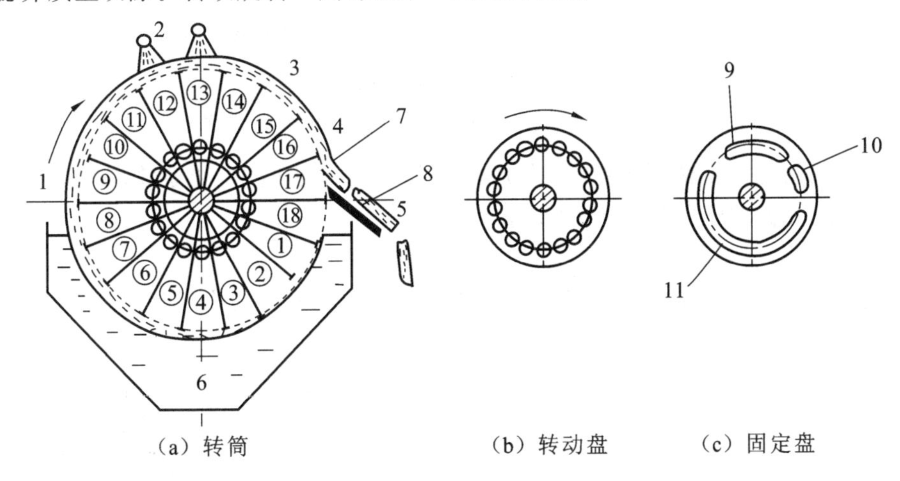

图 4-8　转筒及分配头的结构

1—脱水区；2—洗涤区；3—脱水区；4—卸饼区；5—再生区；6—过滤区；7—滤饼；8—割刀；
9—吸走洗水的真空凹槽；10—通入压缩空气的凹槽；11—吸走滤液的真空凹槽

转筒的过滤面积一般为 5～40 m^2，浸没部分占总面积的 30%～40%。转速为 0.1～3 r/min。滤饼厚度一般保持在 40 mm 以内，转筒过滤机所得滤饼中的液体含量很少低于 10%，常可达 30%左右。

转筒真空过滤机能连续自动操作，节省人力，生产能力大，特别适宜于处理量大而容易过滤的料浆，对难以过滤的胶体系统或细微颗粒的悬浮液，若采用预涂助滤剂措施也比较方便。该过滤机附属设备较多，投资费用高，过滤面积不大。此外，由于它是真空操作，因而过滤推动力有限，尤其不能过滤温度较高（饱和蒸气压高）的滤浆，滤饼的洗涤也不充分。

3）加压叶滤机

图 4-9 所示的加压叶滤机是由许多不同宽度的长方形滤叶装合而成的。滤叶由金属多孔

板或金属网制造,内部具有空间,外罩滤布。过滤时滤叶安装在能承受内压的密闭机壳内。滤浆用泵压送到机壳内,滤液穿过滤布进入滤叶内,汇集至总管后排出机外,颗粒则积于滤布外侧形成滤饼。滤饼的厚度通常为 5～35 mm,视滤浆性质及操作情况而定。

若滤饼需要洗涤,则于过滤完毕后通入洗水,洗水的路径与滤液相同,这种洗涤方法称为置换洗涤法。洗涤过后打开机壳上盖,拔出滤叶卸除滤饼。

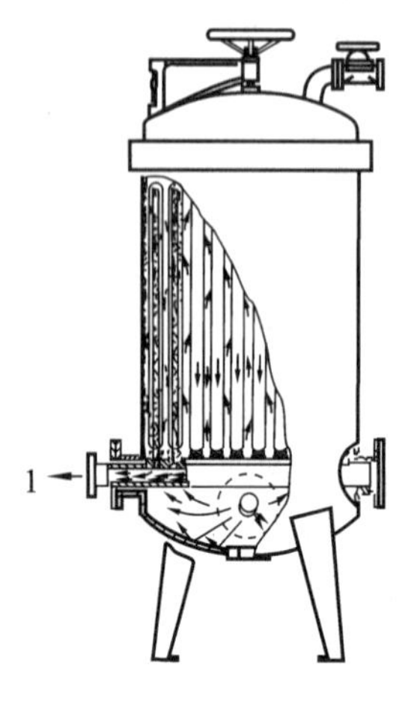

(a) 加压叶滤机剖面

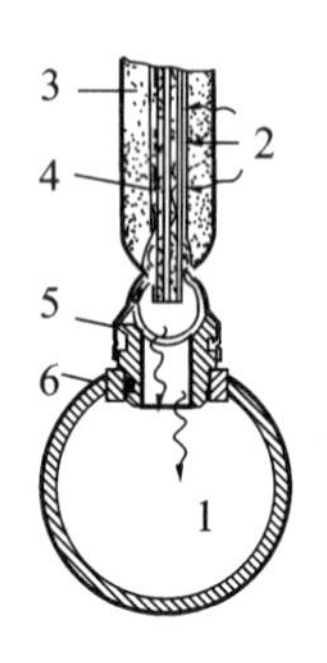

(b) 滤叶剖面

图 4-9　加压叶滤机

1—滤液;2—滤浆;3—滤饼;4—滤布;5—拔出装置;6—橡胶圈

加压叶滤机的优点是密闭操作,改善了操作条件;过滤速度大,洗涤效果好。缺点是造价较高,更换滤布(尤其对于圆形滤叶)比较麻烦。

4) 离心过滤机

离心过滤机有间歇操作的三足式离心机(见图 4-10)和连续操作的刮刀卸料离心机(见图 4-11)等。

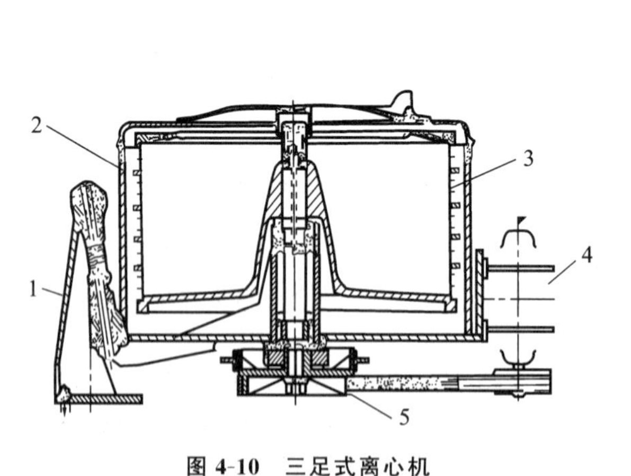

图 4-10　三足式离心机

1—支脚;2—外壳;3—转鼓;4—马达;5—皮带轮

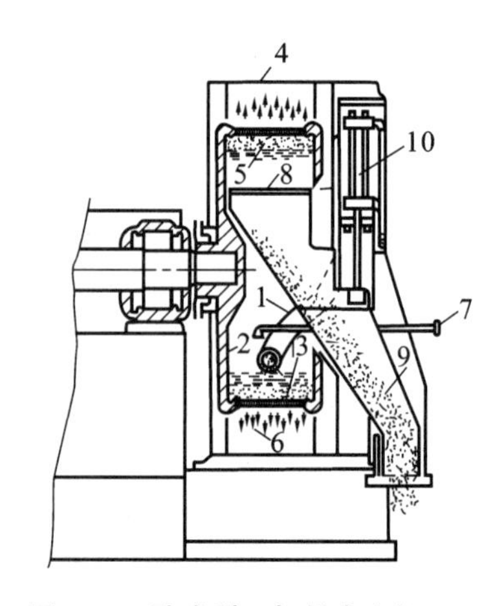

图 4-11　卧式刮刀卸料离心机

1—进料管;2—转鼓;3—滤网;4—外壳;5—滤饼;6—冲洗管;7—活塞推进器;8—刮刀;9—溜槽;10—液压缸

三足式离心机是工业上采用较早、应用最广、制造数目最多的一种离心机。它结构简单，制造方便，运转平衡，适应性强，滤渣颗粒不易受损伤，适用于过滤周期较长、处理量不大、要求滤渣含液量较低的场合。其缺点是上部卸料时劳动强度大，操作周期长，生产能力小。

卧式刮刀卸料离心机的特点是在转鼓全速运转的情况下能够自动地依次进行加料、分离、洗涤、甩干、卸料、洗网等工序的循环操作，生产能力较大，劳动条件好。缺点是对细、黏的物料往往需要较长的过滤时间，而且使用刮刀卸料时，对晶体物料的晶形有一定程度的破坏。

近年来，过滤设备和新过滤技术不断涌现，有些已在大型生产中获得很好的效益。诸如，预涂层转筒真空过滤机、真空带式过滤机、采用动态过滤技术的叶滤机等。

2. 过滤机的生产能力

过滤机的生产能力通常是指单位时间获得的滤液体积，少数情况下，也有按滤饼的产量或滤饼中固相物质的产量来计算的。

1）间歇过滤机的生产能力

间歇过滤机的生产能力应以一个操作周期为基准进行计算。一个操作周期包括过滤时间 τ，洗涤时间 τ_W 和卸渣、清理、装合等辅助操作所需时间 τ_D。

生产能力的计算式为

$$Q=\frac{3\,600V}{\sum\tau}=\frac{3\,600V}{\tau+\tau_W+\tau_D} \tag{4-44}$$

式中：V—— 一个操作循环内所获得的滤液体积，m^3；

Q—— 过滤机的生产能力，m^3/h；

$\sum\tau$ —— 一个操作循环的时间，即操作周期，s。

【例 4-2】 在 25 ℃下对每升水中含 25 g 某种颗粒的悬浮液用具有 26 个框的 BMS20/635-25 板框压滤机进行恒压过滤，过滤压力(表压)为 3.39×10^5 Pa，已测得过滤常数 $K=5\times10^{-4}\ m^2/s$，$q_e=0.25\ m^3/m^2$。每次过滤完毕用清水洗涤滤饼，洗水温度及表压与滤浆相同，而其体积为滤液体积的 8%。每次卸渣、清理、装合等辅助操作时间为 15 min。已知固相密度为 2 930 kg/m^3，又测得湿饼密度为 1 930 kg/m^3。求此板框压滤机的生产能力。

解　过滤面积　　$A=0.635^2\times2\times26\ m^2=21\ m^2$

滤框总容积　　$V_{总}=0.635^2\times0.025\times26\ m^3=0.262\ m^3$

已知 1 m^3 滤饼的质量为 1 930 kg，设其中含水 x kg，水的密度按 1 000 kg/m^3 考虑，则

$$\frac{1\,930-x}{2\,930}+\frac{x}{1\,000}=1$$

解得

$$x=518$$

故知 1 m^3 滤饼中的固相质量为

$$(1930-518)\ kg=1\,412\ kg$$

生成 1 m^3 滤饼所需的滤浆质量为

$$1\,412\times\frac{1\,000+25}{25}\ kg=57\,892\ kg$$

则 1 m^3 滤饼所对应的滤液质量为

$$(57\,892-1\,930)\ kg=55\,962\ kg$$

1 m^3 滤饼所对应的滤液体积为

$$\frac{55\,962}{1\,000}\ m^3=55.96\ m^3$$

由此可知，滤框全部充满时的滤液体积为

$$V=55.962\times0.262\ m^3=14.66\ m^3$$

则过滤终了时的单位面积滤液量为

$$q=\frac{V}{A}=\frac{14.66}{21}\ \mathrm{m^3/m^2}=0.6981\ \mathrm{m^3/m^2}$$

将 $q=0.6981\ \mathrm{m^3/m^2}$ 代入恒压过滤方程 $q^2+2qq_e=K\tau$，其中

$$K=5\times10^{-4}\ \mathrm{m^2/s},\quad q_e=0.25\ \mathrm{m^3/m^2}$$

解得过滤时间为

$$\tau=1673\ \mathrm{s}$$

过滤终了时的速度

$$\left(\frac{\mathrm{d}V}{\mathrm{d}\tau}\right)_E=A\frac{K}{2(q+q_e)}=21\times\frac{5\times10^{-4}}{2\times(0.6981+0.25)}\ \mathrm{m^3/s}=5.537\times10^{-3}\ \mathrm{m^3/s}$$

已知

$$V_W=0.08V=0.08\times14.66\ \mathrm{m^3}=1.173\ \mathrm{m^3}$$

则

$$\tau_W=\frac{1.173}{\frac{1}{4}\times5.537\times10^{-3}}\ \mathrm{s}=848\ \mathrm{s}$$

又知

$$\tau_D=15\times60\ \mathrm{s}=900\ \mathrm{s}$$

则生产能力为

$$Q=\frac{3600V}{\sum\tau}=\frac{3600V}{\tau+\tau_W+\tau_D}=\frac{3600\times14.66}{1673+848+900}\ \mathrm{m^3/h}=15.43\ \mathrm{m^3/h}$$

2）连续过滤机的生产能力

以转筒真空过滤机为例，连续过滤机的特点是过滤、洗涤、卸饼等操作在转筒表面的不同区域内同时进行。任何时刻总有一部分表面浸没在滤浆中进行过滤，任何一块表面在转筒回转一周的过程中都只有部分时间进行过滤操作。

转筒表面浸入滤浆中的分数称为浸没度，以 ψ 表示，即

$$\psi=\frac{\text{浸没角度}}{360^\circ}\tag{4-45}$$

因转筒以匀速运转，故浸没度 ψ 就是转筒表面任意一小块过滤面积每次浸入滤浆中的时间(即过滤时间)τ 与转筒回转一周所用时间 T 的比值。若转筒转速为n(r/min)，则

$$T=\frac{60}{n}\ (\mathrm{s})\tag{4-46}$$

在此时间内，整个转筒表面上任意一小块过滤面积所经历的过滤时间均为

$$\tau=\psi T=\frac{60\psi}{n}\ (\mathrm{s})\tag{4-47}$$

每旋转一周，获得的滤液体积为 $V(\mathrm{m^3})$，所需时间为$\frac{60}{n}$(s)，相当于间歇式过滤机操作的一个周期，因此，其生产能力 $Q(\mathrm{m^3/h})$为

$$Q=60nV\tag{4-48}$$

将恒压过滤方程(4-35)及式(4-47)代入上式得

$$Q=60nV=60n\left(\sqrt{\frac{60\psi KA^2}{n}+V_e^2}-V_e\right)\tag{4-49}$$

当滤布阻力可以忽略时，$V_e=0$，则上式简化为

$$Q=60n\sqrt{KA^2\frac{60\psi}{n}}=465A\sqrt{Kn\psi}\tag{4-50}$$

可见，连续过滤机的转速愈高，生产能力也愈大。但若旋转过快，每一周期中的过滤时间便缩至很短，使滤饼太薄，难以卸除，也不利于洗涤，而且功率消耗增大。合适的转速需经实验决定。

【例4-3】 用转筒真空过滤机过滤某种悬浮液，料浆处理量为 20 m^3/h。已知：每得 1 m^3 滤液可得滤饼 0.04 m^3，要求转筒的浸没度为 0.35，过滤表面上滤饼厚度不低于 5 mm。现测得过滤常数 $K=8\times10^{-4}\ m^2/s$，$q_e=0.01\ m^3/m^2$。试求过滤机的过滤面积 A 和转筒的转速 n。

解 以 1 min 为基准。由题给数据知：

$$v=0.04,\quad \psi=0.35$$

$$Q=\frac{\dfrac{20}{(1+v)}}{60}\ m^3/min=\frac{\dfrac{20}{(1+0.04)}}{60}\ m^3/min=0.321\ m^3/min$$

$$V_e=Aq_e=0.01A$$

$$\tau=\frac{60\psi}{n}=\frac{60\times0.35}{n}=\frac{21}{n} \tag{a}$$

滤饼体积 $0.321\times0.04\ m^3/min=0.012\ 84\ m^3/min$

取滤饼厚度 $\delta=5$ mm，于是得

$$n=\frac{0.012\ 84}{\delta A}=\frac{0.012\ 84}{0.005A}=\frac{2.568}{A}(r/min) \tag{b}$$

转筒旋转一周可得到的滤液体积为

$$V=\sqrt{\frac{60\psi KA^2}{n}+V_e^2}-V_e$$

每分钟获得的滤液量为

$$Q=nV=n\left(\sqrt{\frac{60\psi KA^2}{n}+V_e^2}-V_e\right)$$

将式(b)代入上式，得

$$\frac{2.568}{A}\times\left[\sqrt{8\times10^{-4}\times60\times0.35A^3/2.568+(0.01A)^2}-0.01A\right]=0.321$$

解得

$$A=2.771\ m^2$$

$$n=\frac{2.568}{A}=\frac{2.568}{2.771}\ r/min=0.927\ r/min$$

4.4　沉　　降

4.4.1　颗粒在流体中的沉降过程

沉降操作是指在某种力场中利用分散相和连续相之间的密度差异，使之发生相对运动而实现分离的操作过程。实现沉降操作的作用力可以是重力，也可以是惯性离心力。因此，沉降过程有重力沉降和离心沉降两种方式。

1. 沉降速度

受地球吸引力场的作用而发生的沉降过程称为重力沉降。

将表面光滑的刚性球形颗粒置于静止的流体介质中，如果颗粒的密度大于流体的密度，则颗粒将在流体中降落。此时，颗粒受到三个力的作用，即重力、浮力与阻力，如图 4-12 所示。重力向下，浮力向上，阻力与颗粒运动的方向相反(即向上)。对于一定的流体和颗粒，重力与浮力是恒定的，而阻力却随颗粒的降落速度而变。

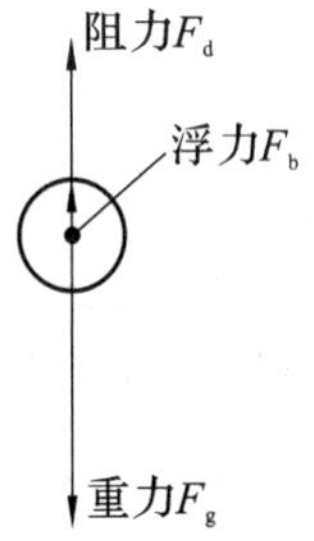

阻力F_d
浮力F_b
重力F_g

图 4-12　颗粒受力分析

令颗粒的密度为 ρ_s，直径为 d，流体的密度为 ρ，质量为 m，则

重力 $$F_g=\frac{\pi}{6}d^3\rho_s g \tag{4-51}$$

浮力 $$F_b=\frac{\pi}{6}d^3\rho g \tag{4-52}$$

阻力 $$F_d=\zeta A\frac{\rho u^2}{2} \tag{4-53}$$

式中：ζ——阻力系数，无因次；

A——颗粒在垂直于其运动方向的平面上的投影面积，$A=\frac{\pi}{4}d^2$，m^2；

u——颗粒相对于流体的降落速度，m/s。

根据牛顿第二运动定律可知，上面三个力的合力应等于颗粒的质量与其加速度 a 的乘积，即

$$F_g-F_b-F_d=ma \tag{4-54}$$

或 $$\frac{\pi}{6}d^3(\rho_s-\rho)g-\zeta\frac{\pi}{4}d^2\left(\frac{\rho u^2}{2}\right)=\frac{\pi}{6}d^3\rho_s\frac{du}{d\tau} \tag{4-54a}$$

颗粒开始沉降的瞬间，速度 u 为零，因此阻力 F_d 也为零，故加速度 a 具有最大值。颗粒开始沉降后，阻力随运动速度 u 的增加而相应加大，直至 u 达到某一数值 u_t 后，阻力、浮力与重力达到平衡，即合力为零。质量 m 不可能为零，故只有加速度 a 为零。此时，颗粒便开始作匀速沉降运动。

由上面分析可见，静止流体中颗粒的沉降过程可分为两个阶段，起初为加速段，后来为等速段。

由于小颗粒具有相当大的比表面积(即单位体积颗粒具有的表面积)，使得颗粒与流体间的接触表面很大，故阻力在很短时间内便与颗粒所受的净重力(重力减浮力)接近平衡。因而，经历加速段的时间很短，在整个沉降过程中往往可以忽略。

等速阶段中颗粒相对于流体的运动速度，称为沉降速度。由于这个速度是加速阶段终了时颗粒相对于流体的速度，故又称为"终端速度"。由式(4-54a)可得到沉降速度 u_t 的关系式。当 $a=0$ 时，$u=u_t$，则

$$u_t=\sqrt{\frac{4gd(\rho_s-\rho)}{3\zeta\rho}} \tag{4-55}$$

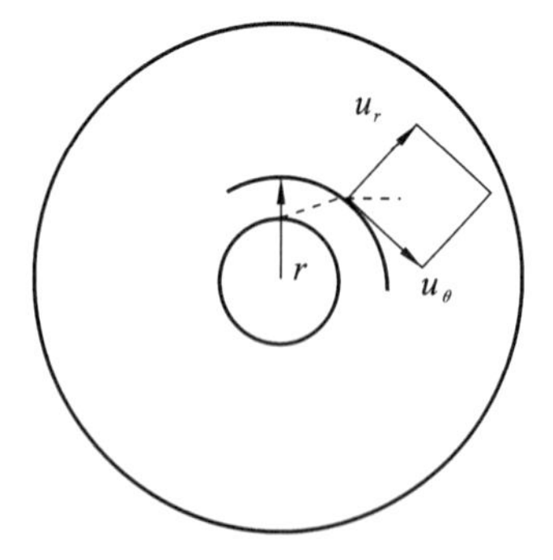

图 4-13　颗粒在旋转流场中的运动

当颗粒在离心力场中沉降时(如图 4-13 所示)，则只要将式(4-55)中的 g 用离心加速度 a_c 代替即可(此时 $u_t=u_r$)。但须注意，离心沉降不同于重力沉降，因为离心加速度 $a_c=\omega^2 r=\frac{u_\theta^2}{r}$ 不是常量，a_c 与颗粒所在圆周半径大小有关。这就使离心场中的沉降过程没有匀速段，即 $\frac{du}{d\tau}\neq 0$，但在小颗粒沉降时，加速度很小，可近似作为匀速沉降处理。

工程上，常将离心加速度与重力加速度之比称为离心分离因数，即

$$K_c=\frac{a_c}{g}=\frac{\omega^2 r}{g} \tag{4-56}$$

离心分离因数 K_c 一般为几百到几万，因此，同一颗粒在离心场中的沉降速度远远大于其在重力场中的沉降速度，用离心沉降可将更小的颗粒从流体中分离出来。

2. 阻力系数 ζ

用式(4-55)计算沉降速度时，首先需要确定阻力系数 ζ 值。通过因次分析可知，ζ 是颗粒与流体作相对运动时的雷诺数 Re_t 的函数，由实验测得的综合结果如图4-14所示。图中，ϕ_s 为球形度，对球形颗粒，$\phi_s=1$；$Re_t=\frac{du_t\rho}{\mu}$，$\mu$ 为流体的黏度，单位为 Pa·s。

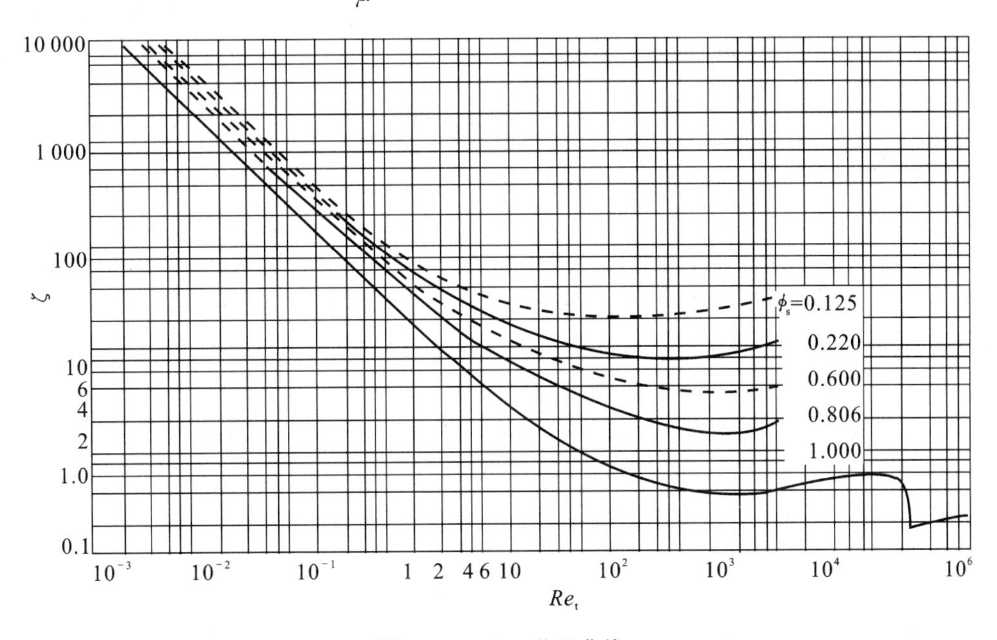

图 4-14　ζ-Re_t 关系曲线

由图 4-14 可看出，对球形颗粒的曲线($\phi_s=1$)，按 Re_t 值大致可分为三个区，各区内的曲线可分别用相应的关系式表达。

(1) 层流区或斯托克斯(Stokes)定律区($10^{-4}<Re_t<2$)。

$$\zeta=\frac{24}{Re_t} \tag{4-57}$$

(2) 过渡区或艾仑(Allen)定律区($2\leqslant Re_t<10^3$)。

$$\zeta=\frac{18.5}{Re_t^{0.6}} \tag{4-58}$$

(3) 湍流区或牛顿(Newton)定律区($10^3\leqslant Re_t<2\times10^5$)。

$$\zeta\approx0.44 \tag{4-59}$$

将式(4-57)、式(4-58)及式(4-59)分别代入式(4-55)，便可得到颗粒在各区相应的沉降速度公式，即

层流区
$$u_t=\frac{d^2(\rho_s-\rho)g}{18\mu} \tag{4-60}$$

过渡区
$$u_t=0.27\sqrt{\frac{d(\rho_s-\rho)g}{\rho}Re_t^{0.6}} \tag{4-61}$$

湍流区
$$u_t = 1.74\sqrt{\frac{d(\rho_s - \rho)g}{\rho}} \tag{4-62}$$

式(4-60)、式(4-61)及式(4-62)分别称为斯托克斯公式、艾仑公式及牛顿公式。在层流区内,由流体黏性引起的表面摩擦力占主要地位。在湍流区,流体黏性对沉降速度已无影响,由流体在颗粒后半部出现的边界层分离所引起的形体阻力占主要地位。在过渡区,表面摩擦阻力和形体阻力两者都不可忽略。在整个范围内,随着雷诺数 Re_t 的增大,表面摩擦阻力的作用逐渐减弱,而形体阻力的作用逐渐增强。当雷诺数 Re_t 超过 2×10^5 时,出现湍流边界层,此时反而不易发生边界层分离,故阻力系数 ζ 值突然下降,但在沉降操作中很少达到这个区域。

3. 影响沉降速度的因素

上面的讨论,都是针对表面光滑、刚性球形颗粒在流体中作自由沉降的简单情况。所谓自由沉降,是指在沉降过程中,颗粒之间的距离足够大,任一颗粒的沉降不因其他颗粒的存在而受到干扰,以及可以忽略容器壁面的影响。单个颗粒在大空间中的沉降或气态非均相系统中颗粒的沉降都可视为自由沉降。如果分散相的体积分数较高,颗粒间有显著的相互作用,容器壁面对颗粒沉降的影响不可忽略,则称为干扰沉降或受阻沉降。液态非均相系统中,当分散相浓度较高时,往往发生干扰沉降。在实际沉降操作中,影响沉降速度的因素如下。

1) 颗粒的体积浓度

前述各种沉降速度关系式中,当颗粒的体积浓度小于 0.2%时,理论计算值的偏差在 1%以下。但当颗粒浓度较高时,由于颗粒间相互作用明显,便发生干扰沉降。干扰沉降速度可先按自由沉降计算,然后用经验法予以校正。

2) 器壁效应

容器的壁面和底面均增加颗粒沉降时的曳力,使颗粒的实际沉降速度较自由沉降速度低。当容器尺寸远远大于颗粒尺寸时(如在 100 倍以上),器壁效应可忽略,否则需加以修正。

3) 颗粒形状的影响

同一种固体物质,球形或近球形颗粒比同体积非球形颗粒的沉降要快一些。非球形颗粒的形状及其投影面积均影响沉降速度。

几种 ϕ_s 值下的阻力系数 ζ 与雷诺数 Re_t 的关系曲线,已根据实验结果标绘在图 4-14 中。对于非球形颗粒,雷诺数 Re_t 中的直径 d_p 要用颗粒的当量直径 d_{eV} 代替。

由图 4-14 可见,颗粒的球形度愈小,对应于同一 Re_t 值的阻力系数 ζ 愈大,但 ϕ_s 值对 ζ 的影响在层流区内并不显著。随着 Re_t 的增大,这种影响逐渐变大。

【例 4-4】 试计算直径为 95 μm、密度为 3 000 kg/m³ 的固体颗粒分别在 20 ℃的水中的自由沉降速度。

解 沉降操作所涉及的粒径往往很小,常在层流区进行沉降,故先假设颗粒在层流区内沉降,沉降速度可用式(4-60)计算,即

$$u_t = \frac{d^2(\rho_s - \rho)g}{18\mu}$$

由附录查得,20 ℃时水的密度为 998.2 kg/m³,黏度为 1.004×10^{-3} Pa·s。

$$u_t = \frac{(95\times10^{-6})^2\times(3\,000-998.2)\times9.81}{18\times1.004\times10^{-3}}\ \text{m/s} = 9.807\times10^{-3}\ \text{m/s}$$

校核流动类型

$$Re_t = \frac{du_t\rho}{\mu} = \frac{95\times10^{-6}\times9.807\times10^{-3}\times998.2}{1.004\times10^{-3}} = 0.926\,3 < 2$$

故原设层流区正确，求得的沉降速度有效。

4.4.2　重力沉降设备

1. 降尘室

借重力沉降从气流中分离出尘粒的设备称为降尘室，最常见的降尘室如图 4-15(a)所示。

含尘气体进入降尘室后，因流道截面积扩大而速度减慢，只要颗粒能够在气体通过降尘室的时间内降至室底，便可从气流中分离出来。颗粒在降尘室内的运动情况如图 4-15(b)所示。

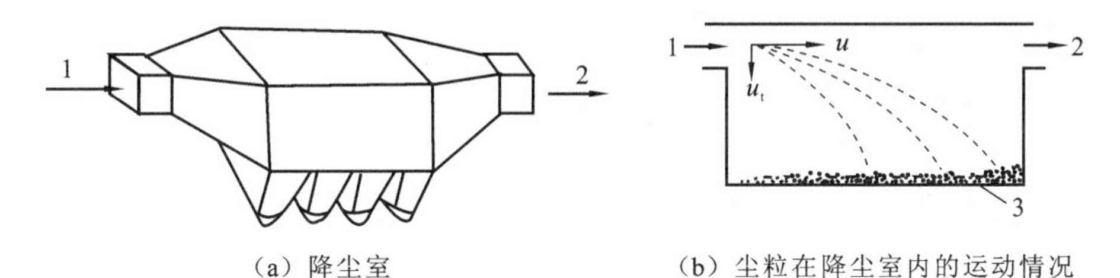

(a) 降尘室　　(b) 尘粒在降尘室内的运动情况

图 4-15　降尘室示意图

1—含尘气体；2—净化气体；3—尘粒

令 l 为降尘室的长度，m；H 为降尘室的高度，m；b 为降尘室的宽度，m；u 为气体在降尘室的水平通过速度，m/s；V_t 为降尘室的生产能力（即含尘气通过降尘室的体积流量），m^3/s。

位于降尘室最高点的颗粒沉降至室底需要的时间为

$$\tau_t = \frac{H}{u_t} \tag{4-63}$$

气体通过降尘室的时间为

$$\tau = \frac{l}{u} \tag{4-64}$$

为满足除尘要求，气体在降尘室内的停留时间至少需要等于颗粒的沉降时间，即

$$\tau \geqslant \tau_t \quad 或 \quad \frac{l}{u} \geqslant \frac{H}{u_t} \tag{4-65}$$

气体在降尘室内的水平通过速度为

$$u = \frac{V_t}{Hb} \tag{4-66}$$

将此式代入式(4-65)并整理得

$$V_t \leqslant blu_t \tag{4-67}$$

可见，理论上降尘室的生产能力只与其沉降面积 bl 及颗粒的沉降速度 u_t 有关，而与降尘室高度 H 无关。故降尘室应设计成扁平形，或在室内均匀设置多层水平隔板，构成多层降尘室，如图 4-16 所示。隔板间距一般为 40～100 mm。

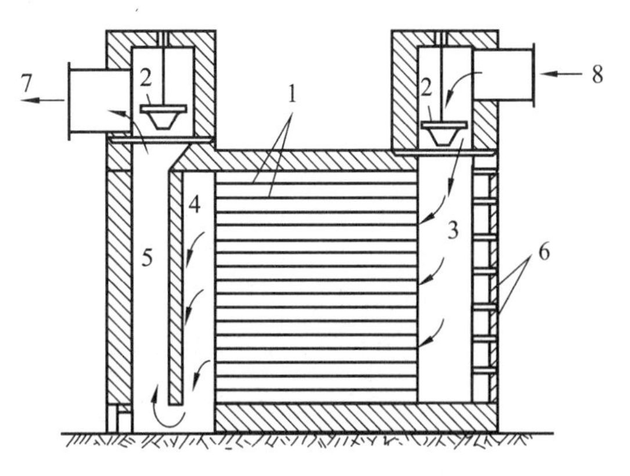

图 4-16　多层降尘室

1—隔板；2—调节阀；3—气体分配道；4—气体集聚道；5—气道；6—清灰口；7—净化气体；8—含尘气体

降尘室结构简单，流体阻力小，但体积庞大，分离效率低，通常只适用于分离粒度大于 50 μm 的粗颗粒，一般作为预除尘使用。多层

降尘室虽能分离较细的颗粒且节省地面,但清灰比较麻烦。

需要指出,沉降速度u_t应根据需要完全分离下来的最小颗粒尺寸计算。此外,气体在降尘室内的速度不应过高,一般应保证气体流动的雷诺数处于层流区,以免干扰颗粒的沉降或把已沉降下来的颗粒重新扬起。

【例 4-5】 拟采用降尘室回收常压炉气中所含的球形固体颗粒。降尘室底面积为 10 m^2,宽和高均为 2 m。操作条件下,气体的密度为 0.75 kg/m^3,黏度为 2.5×10^{-5} Pa·s;固体的密度为3 000 kg/m^3;降尘室的生产能力为 3 m^3/s。试求:

(1) 理论上能完全捕集下来的最小颗粒直径;

(2) 粒径为 40 μm 的颗粒的回收率;

(3) 如欲完全回收直径为 10 μm 的尘粒,对原降尘室应采取何种措施?

解 (1) 理论上能完全捕集下来的最小颗粒直径。

由式(4-67)可知,降尘室能够完全分离出来的最小颗粒的沉降速度为

$$u_t=\frac{V_t}{bl}=\frac{3}{10}\ \text{m/s}=0.3\ \text{m/s}$$

设沉降在层流区,根据式(4-60)得

$$d_{\min}=\sqrt{\frac{18\mu u_t}{(\rho_s-\rho)g}}=\sqrt{\frac{18\times2.5\times10^{-5}\times0.3}{(3\ 000-0.75)\times9.81}}\ \text{m}=6.77\times10^{-5}\ \text{m}$$

校核流动类型

$$Re_t=\frac{d_{\min}u_t\rho}{\mu}=\frac{6.77\times10^{-5}\times0.3\times0.75}{2.5\times10^{-5}}=0.609<2$$

满足层流流动,故 $d_{\min}=6.77\times10^{-5}$ m 为所求。

(2) 料径为 40 μm 颗粒的回收率。

由上面计算知,直径为 40 μm 颗粒的沉降必定在层流区,其沉降速度可用斯托克斯公式计算,即

$$u_t'=\frac{d^2(\rho_s-\rho)g}{18\mu}=\frac{(40\times10^{-6})^2\times(3\ 000-0.75)\times9.81}{18\times2.5\times10^{-5}}\ \text{m/s}=0.104\ 6\ \text{m/s}$$

气体通过降尘室的时间为

$$\tau=\frac{H}{u_t}=\frac{2}{0.3}\ \text{s}=6.7\ \text{s}$$

直径为 40 μm 的颗粒在 6.7 s 内的沉降高度为

$$H'=u_t'\tau=0.104\ 6\times6.7\ \text{m}=0.701\ \text{m}$$

假定颗粒在降尘室入口处的炉气中是均布的,则颗粒在降尘室内的沉降高度与降尘室高度之比约等于该尺寸颗粒被分离下来的百分数。因此,直径为 40 μm 的颗粒的回收率约为

$$\frac{H'}{H}=\frac{0.701}{2.0}\times100\%=35.05\%$$

(3) 完全回收直径为 10 μm 颗粒时应采取的措施。

欲完全回收直径为 10 μm 的颗粒,则可在降尘室内设置水平隔板,使之变为多层降尘室。降尘室内隔板层数 n 及板间距 z 的计算如下。

由上面计算知,直径为 10 μm 的颗粒在层流区内沉降,故

$$u_t=\frac{d^2(\rho_s-\rho)g}{18\mu}=\frac{(10\times10^{-6})^2\times(3\ 000-0.75)\times9.81}{18\times2.5\times10^{-5}}\ \text{m/s}=0.006\ 54\ \text{m/s}$$

对于多层降尘室,代入式(4-67)得

$$n=\frac{V_t}{blu_t}-1=\frac{3}{10\times0.006\ 54}-1=44.9\approx45$$

则隔板间距为

$$z=\frac{H}{n+1}=\frac{2}{45+1}\ \text{m}=0.043\ 5\ \text{m}$$

校核气体在多层降尘室内的流动类型(忽略隔板厚度所占空间)：

$$u=\frac{V_t}{Hb}=\frac{3}{2\times 2}\ \text{m/s}=0.75\ \text{m/s}$$

多层降尘室的当量直径

$$d_e=\frac{4bz}{2(b+z)}=\frac{4\times 2\times 0.043\ 5}{2\times(2+0.043\ 5)}\ \text{m}=0.085\ 2\ \text{m}$$

则

$$Re_t=\frac{d_e u\rho}{\mu}=\frac{0.085\ 2\times 0.75\times 0.75}{2.5\times 10^{-5}}=1\ 917<2\ 000$$

在原降尘室内设置 45 层隔板理论上可全部回收直径为 10 μm 的颗粒。

2. 沉降槽

沉降槽是用来提高悬浮液浓度并同时得到澄清液体的重力沉降设备。因此，沉降槽又称为增浓器或澄清器。沉降槽可间歇操作或连续操作。

间歇沉降槽通常为带有锥底的圆槽，其中的沉降情况与进行间歇沉降实验时玻璃筒内的情况相似。需要处理的悬浮料浆在槽内静置足够时间以后，增浓的沉渣由槽底排出，清液则由槽上部排出管抽出。

连续沉降槽是底部略呈锥状的大直径浅槽，如图 4-17 所示。料浆经中央进料口送到液面以下 0.3～1.0 m 处，在尽可能减小扰动的条件下，迅速分散到整个横截面上，液体向上流动，清液经由槽顶端四周的溢流堰连续流出，称为溢流；固体颗粒下沉至底部，槽底有徐徐旋转的耙将沉渣缓慢地聚拢到底部中央的排渣口连续排出，排出的稠浆称为底流。

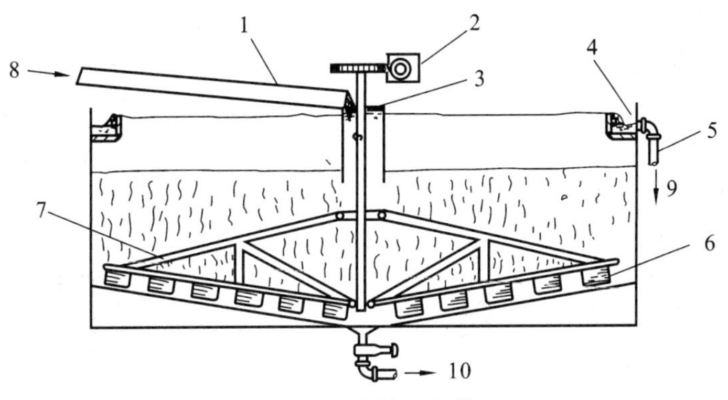

图 4-17　连续沉降槽

1—进料槽道；2—转动机构；3—料井；4—溢流堰；5—溢流管；6—叶片；7—转耙；8—料浆；9—溢流；10—底流

连续沉降槽的直径，小者为数米，大者可达数百米，高度为 2.5～4 m。有时将数个沉降槽垂直叠放，共用一根中心竖轴带动各槽的转耙。这种多层沉降槽可以节省地面，但操作控制较为复杂。

连续沉降槽适用于处理量大而浓度不高，且颗粒不甚细微的悬浮料浆，常见的污水处理就是一例。经过这种设备处理后的沉渣中还含有约 50%的液体。

为了在给定尺寸的沉降槽内获得最大可能的生产能力，应尽可能提高沉降速度。向悬浮液中添加少量电解质或表面活性剂，使细粒发生“凝聚”或“絮凝”；改变一些物理条件(如加热、冷冻或震动)，使颗粒的粒度或相界面面积发生变化，都有利于提高沉降速度。沉降槽中装置搅拌耙，除能把沉渣导向排出口外，还能降低非牛顿型悬浮系统的表观黏度，并能促使沉淀物压紧,从而加速沉聚过程。搅拌耙的转速应选择适当,通常小槽耙的转速为 1 r/min,大槽耙的在 0.1 r/min 左右。

4.4.3　离心沉降设备

依靠惯性离心力的作用而实现的沉降过程称为离心沉降。对于两相密度差较小、颗粒粒度较细的非均相系统,在重力场中的沉降效率很低甚至完全不能分离,若改用离心沉降则可大大地提高沉降速度,设备尺寸也可缩小很多。

通常,气-固非均相系统的离心沉降是在旋风分离器中进行的,液-固悬浮系统可在旋液分离器或沉降离心机中进行。

1. 旋风分离器

旋风分离器是利用惯性离心力的作用从气流中分离出尘粒的设备。图 4-18 所示为具有代表性的结构形式,称为标准旋风分离器。主体的上部为圆筒形,下部为圆锥形。各部件的尺寸比例均标注于图中。含尘气体由圆筒上部的进气管切向进入,受器壁的约束而向下作螺旋运动。在惯性离心力作用下,颗粒被抛向器壁而与气流分离,再沿壁面落至锥底的排灰口。净化后的气体在中心轴附近由下而上作螺旋运动,最后由顶部排气管排出。图 4-19 描绘了气体在器内的运动情况。通常,把下行的螺旋形气流称为外旋流,上行的螺旋形气流称为内旋流(又称气芯)。内、外旋流的旋转方向相同。外旋流的上部是主要除尘区。

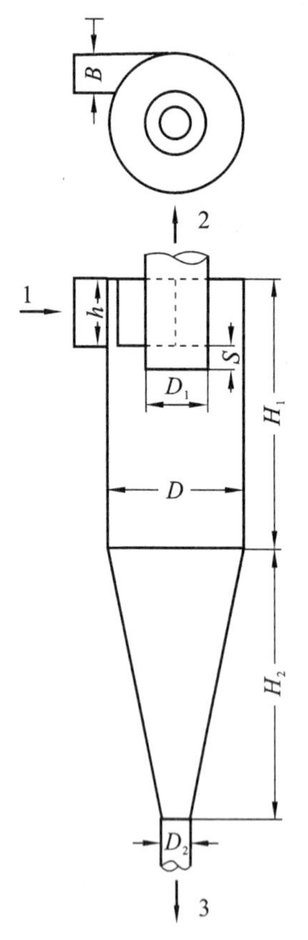

图 4-18　标准旋风分离器

1—含尘气体;2—净化气体;3—尘粒

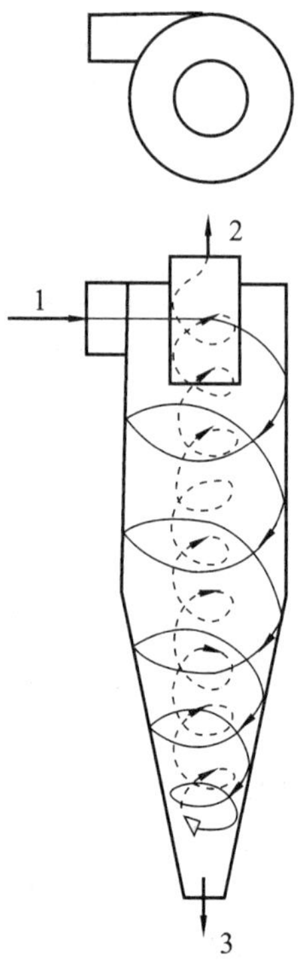

图 4-19　气体在旋风分离器内的运动情况

1—进气;2—排气;3—尘粒

$$h=\frac{D}{2},\quad B=\frac{D}{4},\quad D_1=\frac{D}{2},\quad H_1=2D$$

$$H_2=2D,\quad S=\frac{D}{8},\quad D_2=\frac{D}{4}$$

旋风分离器内的静压在器壁附近最高，仅稍低于气体进口处的压力，往中心逐渐降低，在气芯处可降至气体出口压力以下。旋风分离器内的低压气芯由排气管入口一直延伸到底部出灰口。因此，如果出灰口或集尘室密封不良，便易漏入气体，把已收集在锥形底部的粉尘重新卷起，严重降低分离效果。

旋风分离器的应用已有近百年的历史，因其结构简单，造价低廉，没有活动部件，可用多种材料制造，操作条件范围宽广，分离效率较高，所以至今仍是化工、采矿、冶金、机械、轻工等工业部门最常用的一种除尘、分离设备。旋风分离器一般用来除去气流中直径在 5 μm 以上的尘粒。对颗粒含量高于 200 g/m^3 的气体，由于颗粒聚结作用，它甚至能除去 3 μm 以下的颗粒。旋风分离器还可以从气流中分离出雾沫。对于直径在 200 μm 以上的粗大颗粒，最好先用重力沉降法除去，以减少颗粒对分离器内壁的磨损；对于直径在 5 μm 以下的颗粒，一般旋风分离器的捕集效率已不高，需用袋滤器或湿法捕集。旋风分离器不适用于处理黏性粉尘、含湿量高的粉尘及腐蚀性粉尘。此外，气量的波动对除尘效果及设备阻力影响较大。

评价旋风分离器性能的主要指标是尘粒从气流中的分离效果及气体经过旋风分离器的压降。

1）临界粒径

研究旋风分离器分离性能时，常从分析其临界粒径入手。所谓临界粒径，是理论上在旋风分离器中能被完全分离下来的最小颗粒直径。临界粒径是判断分离效率高低的重要依据。

计算临界粒径的关系式，可在如下简化条件下推导出来：

（1）进入旋风分离器的气流严格按螺旋形路线作等速运动，其切向速度等于进口气速 u_i；

（2）颗粒向器壁沉降时，必须穿过厚度等于整个进口宽度 B 的气流层，方能到达壁面而被分离；

（3）颗粒在层流情况下作自由沉降。

根据假设(3)，沉降速度可参照式(4-60)计算，但应用离心加速度 a_c 代替式中的 g。又因 $\rho \ll \rho_s$，可略去；又由假设(1)，可将 $a_c=\omega^2 r=\frac{u_\theta^2}{r}$ 中的 u_θ 用进口气速 u_i 代替；旋转半径 R 可取平均值 R_m，则气流中颗粒的离心沉降速度为

$$u_r=\frac{d^2\rho_s u_i^2}{18\mu R_m}$$

根据假设(2)，可得颗粒到达器壁所需的沉降时间为

$$\tau_t=\frac{B}{u_r}=\frac{18\mu R_m B}{d^2\rho_s u_i^2}$$

令气流的有效旋转圈数为 N_e，它在器内运行的距离便是 $2\pi R_m N_e$，则停留时间为

$$\tau=\frac{2\pi R_m N_e}{u_i}$$

若某种尺寸的颗粒所需的沉降时间 τ_t 恰好等于停留时间 τ，该颗粒就是理论上能被完全分离下来的最小颗粒。以 d_c 代表这种颗粒的直径，即临界粒径，则

$$d_c=\sqrt{\frac{9\mu B}{\pi N_e\rho_s u_i}} \tag{4-68}$$

一般旋风分离器以圆筒直径 D 为参数,其他尺寸都与 D 成一定比例。由式(4-68)可见,临界粒径随分离器尺寸增大而加大,因此分离效率随分离器尺寸增大而减小。因此,当气体处理量很大时,常将若干个小尺寸的旋风分离器并联使用(称为旋风分离器组),以维持较高的除尘效率。

在推导式(4-68)时所作的(1)、(2)两项假设与实际情况差距较大,但因这个公式非常简单,只要给出合适的 N_e值,尚属可用。N_e的数值一般为 0.5~3.0,但对标准旋风分离器,可取 $N_e=5$。

2) 分离效率

旋风分离器的分离效率有两种表示法:一是总效率,以 η_0表示;一是分效率,又称粒级效率,以 η_p表示。

总效率是指进入旋风分离器的全部颗粒中被分离下来的质量分数,即

$$\eta_0=\frac{C_1-C_2}{C_1} \tag{4-69}$$

式中:C_1——旋风分离器进口气体含尘浓度,g/m³;

C_2——旋风分离器出口气体含尘浓度,g/m³。

总效率是工程中最常用的,也是最易于测定的分离效率。这种表示方法的缺点是不能表明旋风分离器对各种尺寸粒子的不同分离效果。

含尘气流中的颗粒通常是大小不均的。通过旋风分离器之后,各种尺寸的颗粒被分离下来的百分数互不相同。按各种粒度分别表明其被分离下来的质量分数,称为粒级效率。通常把气流中所含颗粒的尺寸范畴等分成 n 个小段,而其中第 i 个小段范围内的颗粒的粒级效率定义为

$$\eta_{pi}=\frac{C_{1i}-C_{2i}}{C_{1i}} \tag{4-70}$$

式中:C_{1i}——进口气体中粒径在第 i 小段范围内的颗粒的浓度,g/m³;

C_{2i}——出口气体中粒径在第 i 小段范围内的颗粒的浓度,g/m³。

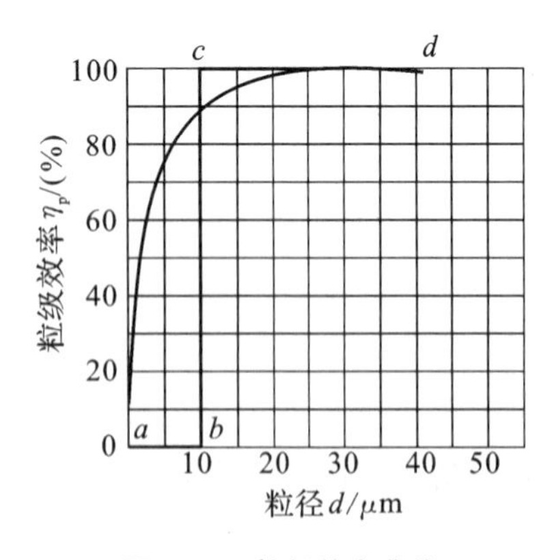

图 4-20 粒级效率曲线

粒级效率 η_p与颗粒直径 d 的对应关系可用曲线表示,称为粒级效率曲线。这种曲线可通过实测旋风分离器进、出气流中所含尘粒的浓度及粒度分布而获得。图4-20所示为某旋风分离器的实测粒级效率曲线。根据计算,其临界粒径 d_c约为 10 μm。理论上,凡直径大于 10 μm 的颗粒,其粒级效率都应为 100%,而小于 10 μm 的颗粒,粒级效率都应为零,即应以 d_c为界作清晰的分离,如图中折线 $abcd$ 所示。但由图中实测的粒级效率曲线可知,对于直径小于 d_c的颗粒,也有可观的分离效果,而对直径大于 d_c的颗粒,还有部分未被分离下来。这主要是因为直径小于 d_c的颗粒中,有些在旋风分离器进口处已很靠近壁面,在停留时间内能够到达壁面上;或者在器内聚结成了大的颗粒,因而具有较大的沉降速度。直径大于 d_c的

颗粒中,有些受气体涡流的影响未能到达壁面,或者沉降后又被气流重新卷起而带走。

有时也把旋风分离器的粒级效率 η_p 标绘成粒径比 $\frac{d}{d_{50}}$ 的函数曲线。d_{50} 是粒级效率恰为 50% 的颗粒直径,称为分割粒径。图 4-18 所示的标准旋风分离器,其 d_{50} 可用下式估算:

$$d_{50} \approx 0.27\sqrt{\frac{\mu D}{u_i(\rho_s-\rho)}} \tag{4-71}$$

这种标准旋风分离器的 η_p-$\frac{d}{d_{50}}$ 曲线见图 4-21。对于同一形式且尺寸比例相同的旋风分离器,无论大小,皆可通用同一条 η_p-$\frac{d}{d_{50}}$ 曲线,这就给旋风分离器效率的估算带来了很大的方便。

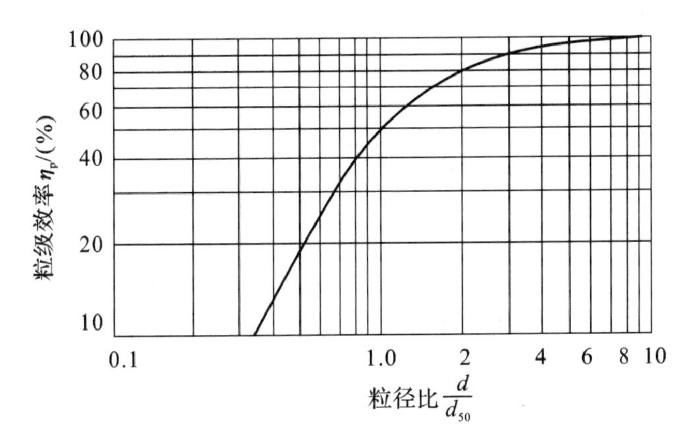

图 4-21　标准旋风分离器的 $\eta_p-\frac{d}{d_{50}}$ 曲线

3) 压降

气体经旋风分离器时,进气管和排气管及主体器壁所引起的摩擦阻力、流动时的局部阻力以及气体旋转运动所产生的动能损失等,都会造成气体的压降。可以将压降看作与进口气体动能成正比,即

$$\Delta p_f = \zeta\frac{\rho u_i^2}{2} \tag{4-72}$$

式中的 ζ 为比例系数,亦即阻力系数。对于同一结构形式及尺寸比例的旋风分离器,ζ 为常数,不因尺寸大小而变。例如图 4-18 所示的标准旋风分离器,其阻力系数 $\zeta=8.0$。旋风分离器的压降一般为 500～2 000 Pa。

影响旋风分离器性能的因素多而复杂,系统情况及操作条件是其中的重要方面。一般说来,颗粒密度大、粒径大、进口气速高及粉尘浓度高等情况均有利于分离。譬如,含尘浓度高则有利于颗粒的聚结,可以提高效率,而且颗粒浓度增大可以抑制气体涡流,从而使阻力下降,所以较高的含尘浓度对压降与效率两个方面都是有利的。但有些因素则对这两个方面有相互矛盾的影响,譬如进口气速稍高有利于分离,但过高则导致涡流加剧,反而不利于分离,陡然增大压降。因此,旋风分离器的进口气速保持在 10～25 m/s 范围内为宜。

【例 4-6】 用如图 4-18 所示的标准旋风分离器除去气流中所含固体颗粒。已知固体密度为 1 100 kg/m³,颗粒直径为 4.5 μm;气体密度为 1.2 kg/m³,黏度为 1.8×10^{-5} Pa·s,流量为 0.40 m³/s;允许压降为 1 780 Pa。

试估算采用以下各方案时的设备尺寸及分离效率：

(1) 一台旋风分离器；

(2) 四台相同的旋风分离器串联；

(3) 四台相同的旋风分离器并联。

解　(1) 一台旋风分离器。

已知图 4-18 所示的标准旋风分离器的阻力系数 $\zeta=8.0$，依式(4-72)可以写出

$$1\ 780=8.0\times1.2\times\frac{u_i^2}{2}$$

解得进口气速为

$$u_i=19.26\ \text{m/s}$$

旋风分离器进口截面积为

$$hB=\frac{D^2}{8}$$

同时

$$hB=\frac{V_t}{u_i}$$

故设备直径为

$$D=\sqrt{\frac{8V_t}{u_i}}=\sqrt{\frac{8\times0.40}{19.26}}\ \text{m}=0.408\ \text{m}$$

再依式(4-71)计算分割粒径，即

$$d_{50}\approx0.27\sqrt{\frac{\mu D}{u_i(\rho_s-\rho)}}=0.27\times\sqrt{\frac{1.8\times10^{-5}\times0.408}{19.26\times(1\ 100-1.2)}}\ \text{m}$$

$$=5.029\times10^{-6}\ \text{m}=5.029\ \mu\text{m}$$

$$\frac{d}{d_{50}}=\frac{4.5}{5.029}=0.894\ 8$$

查图 4-21 得

$$\eta_p=44\%$$

(2) 四台旋风分离器串联。

当四台相同的旋风分离器串联时，若忽略级间连接管的阻力，则每台旋风分离器允许的压降为

$$\Delta p_f=\frac{1}{4}\times1\ 780\ \text{Pa}=445\ \text{Pa}$$

则各级旋风分离器的进口气速为

$$u_i=\sqrt{\frac{2\Delta p_f}{\zeta\rho}}=\sqrt{\frac{2\times445}{8.0\times1.2}}\ \text{m/s}=9.63\ \text{m/s}$$

每台旋风分离器的直径为

$$D=\sqrt{\frac{8V_t}{u_i}}=\sqrt{\frac{8\times0.40}{9.63}}\ \text{m}=0.576\ 5\ \text{m}$$

又

$$d_{50}\approx0.27\sqrt{\frac{1.8\times10^{-5}\times0.576\ 5}{9.63\times(1\ 100-1.2)}}\ \text{m}=8.46\times10^{-6}\ \text{m}=8.46\ \mu\text{m}$$

$$\frac{d}{d_{50}}=\frac{4.5}{8.46}=0.532$$

查图 4-21 得每台旋风分离器的效率为 22%，则四台旋风分离器串联的总效率为

$$\eta_0=1-(1-0.22)^4=63\%$$

(3) 四台旋风分离器并联。

当四台旋风分离器并联时，每台旋风分离器的气体流量为 $\frac{1}{4}\times0.4\ \text{m}^3/\text{s}=0.1\ \text{m}^3/\text{s}$，而每台旋风分离器的允许压降仍为 1 780 Pa，则进口气速为

$$u_i=\sqrt{\frac{2\Delta p_f}{\zeta\rho}}=\sqrt{\frac{2\times1\ 780}{8.0\times1.2}}\ \text{m/s}=19.26\ \text{m/s}$$

因此每台分离器的直径为

$$D=\sqrt{\frac{8\times0.1}{19.26}}\ \text{m}=0.2038\ \text{m}$$

$$d_{50}\approx0.27\sqrt{\frac{1.8\times10^{-5}\times0.2038}{19.26\times(1100-1.2)}}\ \text{m}=3.55\times10^{-6}\ \text{m}=3.55\ \mu\text{m}$$

$$\frac{d}{d_{50}}=\frac{4.5}{3.55}=1.268$$

查图 4-21 得

$$\eta_p=61\%$$

由上面的计算结果可以看出，在处理气量及压降相同的条件下，本例中串联四台与并联四台的效率大体相同，并联时所需的设备小、投资省。

2. 旋液分离器

旋液分离器又称水力旋流器，是利用离心沉降原理从悬浮液中分离固体颗粒的设备，它的结构与操作原理和旋风分离器相类似。设备主体也是由圆筒和圆锥两部分组成，如图 4-22 所示。悬浮液经入口管沿切向进入圆筒，向下作螺旋形运动，固体颗粒受惯性离心力作用被甩向器壁，随下旋流降至锥底的出口；清液或含有微细颗粒的液体则成为上升的内旋流，从顶部的中心管排出。内旋流中心有一个处于负压的气柱。气柱中的气体是由料浆中释放出来的，或者是由溢流管口暴露于大气中时而将空气吸入器内的。

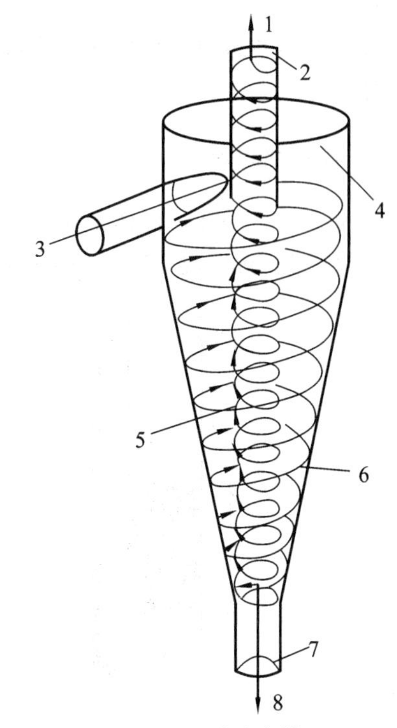

图 4-22　旋液分离器

1—溢流；2—溢流口；3—进料；4—盖下流；5—内旋流；6—外旋流；7—底流口；8—底流

旋液分离器的结构特点是直径小而圆锥部分长。因为固、液间的密度差比固、气间的密度差小，在一定的切线进口速度下，小直径的圆筒有利于增大惯性离心力，以提高沉降速度；同时，锥形部分加长可增大液流的行程，从而延长了悬浮液在器内的停留时间。

旋液分离器不仅可用于悬浮液的增浓，在分级方面更有显著特点，而且还可用于不互溶液体的分离、气液分离以及传热、传质和雾化等操作中，因而广泛应用于多种工业领域中。

根据增浓或分级用途的不同，旋液分离器的尺寸比例也有相应的变化。在进行旋液分离器设计或选型时，应根据工艺的不同要求，对技术指标或经济指标加以综合权衡，以确定设备的最佳结构及尺寸比例。例如，用于分级时，分割粒径通常为工艺所规定，而用于增浓时，则往往规定总收率或底流浓度。从分离角度考虑，在给定处理量时，选用若干个小直径旋液分离器并联运行，其效果要比使用一个大直径的旋液分离器好得多。正因如此，多数制造厂家都提供不同结构的旋液分离器组，使用时可单级操作，也可串联操作，以获得更高的分离效率。

近年来，世界各国对超小型旋液分离器（指直径小于 15 mm 的旋液分离器）进行开发。超小型旋液分离器组特别适用于微细物料悬浮液的分离操作,颗粒直径可小到 2～5 μm。

在旋液分离器中,颗粒沿器壁快速运动时产生严重磨损,为了延长使用期限,应采用耐磨材料制造或采用耐磨材料作内衬。

4.5　固体流态化

依靠流体流动的作用,使固体颗粒悬浮在流体中或随流体一起流动的过程称为固体流态化。固体流态化技术于 1926 年首先在煤粉气化炉中应用。20 世纪 40 年代固体流态化技术在催化裂化制造汽油的装置中成功地应用,使这种技术得到充分的重视和很快的发展。目前,它在固体物料的化学加工,气-固相催化反应过程,固体物料的干燥、加热与冷却,吸附和浸取等传质分离过程以及固体物料的输送等过程中已广泛应用,成为化学工程学科的一个很重要的领域。

固体流态化可以用气体或液体进行,目前工业上用得多的是气体,本节主要介绍气-固系统的流态化。

4.5.1　流态化过程

在垂直的管中装填固体颗粒(如图 4-23(a)所示),气体自下而上通过颗粒床层,随着流速从小到大变化,将出现下述三种不同的状态。

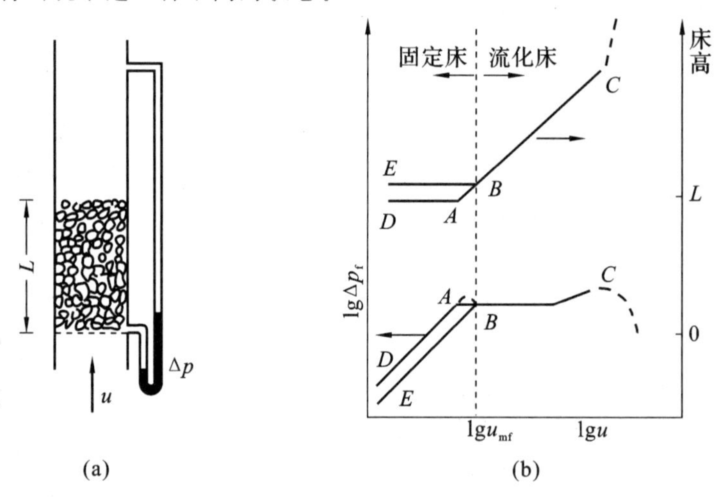

图 4-23　流态化过程曲线

1. 固定床阶段

当流速低时,气体通过颗粒床层对颗粒的曳力小,颗粒相互紧密相接,静止不动,此时的颗粒床层为固定床。床层高度不变,气体通过床层的压降随流速的增加而增加(如图 4-23(b)中 DA 段所示)。

2. 流化床阶段

当气体流速增加到一定值,气体对颗粒的曳力增加到等于颗粒所受的重力减浮力,或者说气体通过床层的压降等于单位截面床层的重力时,颗粒将开始浮动,相当于图 4-23(b)中的点 A。颗粒浮动后,床层常常会稍有增高(或称膨胀),而颗粒始终互相接触,此时流速增加,但因床层空隙率增加，气体通过床层的压降 Δp_f 可始终保持不变(有时也会稍有增加)。当流速增加到图 4-23(b)的点 B，再继续增加流速，颗粒互相离开，悬浮在流体中。这个转折点，称为临界流化点，此时的流速称为临界流化速度(或起始流化速度)u_{mf}。

临界流化点以后，流速增加，颗粒间距离增大，颗粒在床层中剧烈地随机运动，这个阶段即为流化床阶段。在此阶段中，随着流速增加，床层增高，而压降则几乎保持不变，等于单位截面床层的重力(如图 4-23(b)BC 段所示)。当气速较高时，由于颗粒间的碰撞、颗粒以及气体与器壁的摩擦等原因，Δp_f 随气速 u 的增加略有上升。

3. 气流输送阶段

在流化床阶段，当气速增大到高于单个颗粒的沉降速度时，颗粒随气体上升，被气体带出，床层的上界面消失，这时的流速称为流化床的带出速度，流速高于带出速度后为流体输送阶段。

流化床操作的适宜速度原则上要大于临界流化速度，又要小于带出速度。

4. 流化床的操作范围

流化床的操作范围可用 u_t/u_{mf} 的大小来衡量，该比值称为流化数。对于均匀的细颗粒，$u_t/u_{mf}=91.7$；对于大颗粒，$u_t/u_{mf}=8.62$。研究表明，上述两个上、下限值与实验数据基本相符，u_t/u_{mf} 常在 10～90 范围内。u_t/u_{mf} 是表示正常操作时允许气速波动范围的指标，大颗粒床层的 u_t/u_{mf} 较小，说明其操作灵活性较差。实际上，不同生产过程的流化数差别很大。有些流化床的流化数高达数百，远远超过上述 u_t/u_{mf} 的上限值。

对于粒径大于 500 μm 的颗粒，根据平均粒径计算出粒子的带出速度，通常取操作流化速度为 $(0.4\sim0.8)u_t$。

4.5.2　流化床的流化类型与不正常现象

由于流体与固体的密度差、颗粒尺寸、床的结构尺寸以及流速等条件不同，流化床中可以出现下述不同的流化情况。

1. 散式流化

散式流化的特点是固体颗粒均匀地分散在流动的流体中，床层中各部分的密度几乎相等，床层有比较稳定的上界面。随着流体气速的增加，颗粒间的距离(即床层的空隙率)均匀增大，床层的高度均匀增加，床层的上界面比较稳定，所以流体通过床层的压降稳定，波动很小。

一般，流体与固体密度差小的系统趋向于形成散式流化，所以固-液流化系统多为散式流化。

2. 聚式流化

聚式流化也称为鼓泡流化，它的特点是床层中存在不同的两个相：一个是固体浓度大而分布比较均匀的连续相，称为乳化相；另一个是夹带少量固体颗粒以气泡形式通过床层的不连续的气泡相。乳化相内的状态接近于起始流化状态，其中的空隙率和流体的实际流速约等于起始流化时的数值。超过临界流化速度的气体，集中以气泡的形式通过床层。气泡在床层上界面处破裂，造成上界面的波动，因此床层上界面不像散式流化那样平稳，流体通过床层的压降的波动也较大。随着流速增加，通过乳化相的流体流速几乎不变，增加的气量都以气泡的形式通过床层，所以气泡的尺寸与频率增加，床层上界面和压降的波动增大。

气-固流态化系统多为聚式流化。

3. 腾涌现象

在聚式流化时,小气泡在上升过程中会合并成大气泡,如果床层高度与直径的比值过大,或气速过高时,气泡直径可长大到与床径相等,此时气泡形成团,将床层分为气泡与颗粒层相互隔开的若干段,颗粒层将像活塞那样被气泡向上推进(如图4-24所示),达到床层上部而崩裂,颗粒分散下落,这种现象称为腾涌。出现腾涌现象时,床层起伏波动很大,器壁被颗粒的磨损加剧,引起设备震动,甚至将床内构件冲坏。腾涌是流化床的不正常现象,在设计流化床时和流化床的操作过程中应避免其发生。

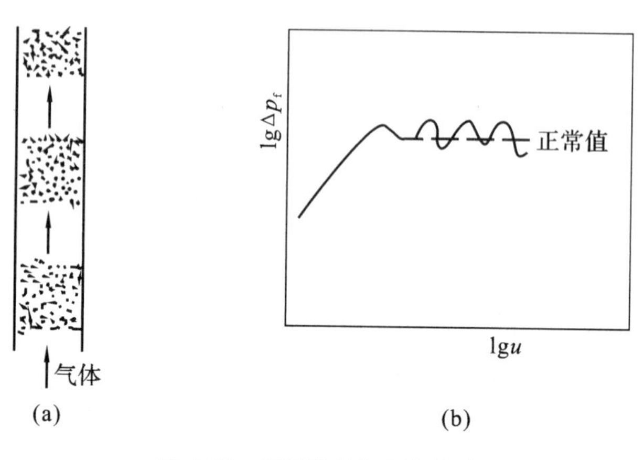

图 4-24 腾涌现象与压降波动

4. 沟流现象

沟流是指床层中部分地方已经流化,而其他地方尚处于固定状态,从而大量气体从已流化的局部地方上升的现象(如图4-25所示),它是流化床中另一种不正常的现象。

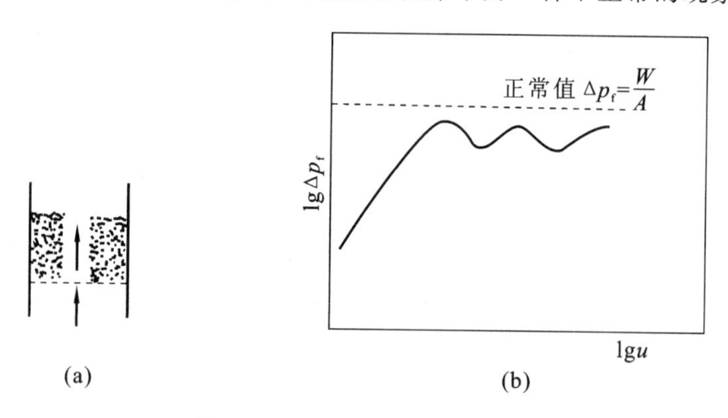

图 4-25 沟流现象与压降的降低

出现沟流时,大量气体短路,气体与固体的接触情况不良,不利于气、固两相间的传质、传热与化学反应。

根据上述流化床中几种正常与不正常状态的压降特性,观察流化床的压降的波动情况,有助于判断流化床的操作是否正常。例如:压降比正常值低,说明可能产生了沟流现象;如果压降上下波动,则可能产生了腾涌现象。

4.5.3　流化床的主要特性

1. 类似于液体的特性

流化床中气-固的运动情况很像沸腾的液体，所以通常也称它为沸腾床。它具有一些类似于液体的性质，例如：密度比床层小的物体能浮在床层的上界面，见图 4-26(a)；床体倾斜，床层表面仍能保持水平，见图 4-26(b)；床层中任意两截面间的压力变化大致服从流体静力学的关系式（$\Delta p=\rho g L$，其中 ρ、L 分别表示颗粒层的密度与高度），见图 4-26(c)；有流动性，颗粒能像液体那样从器壁小孔流出，见图 4-26(d)；在两个联通的床中，当床层高度不同时，能自动调整平衡，见图 4-26(e)。流化床的这种类似于液体的流动性可以实现固体颗粒在设备内与设备间的流动，易于实现过程的连续化与自动化。

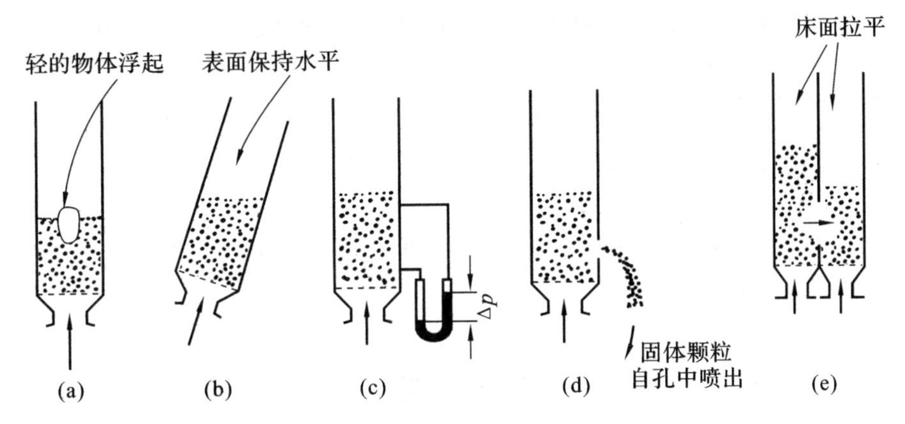

图 4-26　流化床类似于液体的特性

2. 固体颗粒的剧烈运动与迅速混合

流化床内颗粒处于悬浮状态并不停地运动，特别是在聚式流化床内，由于气泡的运动，颗粒处于强烈的上下左右的运动之中，使床层基本上处于全混状态，温度与浓度趋于均匀。这一特征的有利一面是可以使床层保持均一的温度，便于温度的调节控制；不利的一面是当固体颗粒连续进出床层时，固体颗粒在床层内的停留时间不均，导致固体产品的质量不均；此外，还使传热、传质的推动力降低。

3. 强烈的碰撞与摩擦

固体颗粒的剧烈运动使颗粒间和颗粒与固体器壁间产生强烈的碰撞与摩擦，造成颗粒粉碎和固体壁面磨损。这一现象的有利一面是可使床层中气-固系统与固体壁面间的对流传热系数大大增加，有利于床层的加热与冷却。

4. 颗粒比表面积大

流化床的操作特点决定了其所用颗粒比固定床小得多，所以颗粒的比表面积大，可以大大加速气、固间的传热、传质和反应过程。

5. 气体与颗粒接触时间不均

在聚式流化床中，大部分气体以气泡形式较快地通过床层，与颗粒的接触时间短，而乳化相中的气体与颗粒的接触时间较长，造成气体与颗粒接触时间不均，这是流化床的重要缺点。

流化床的这些特性是工业上根据过程特点决定是否采取流化床的基本依据。

思　考　题

1. 直径为 50 μm 的球形石英颗粒(密度为 2 650 kg/m^3)在 20 ℃的空气中从静止状态开始作自由沉降，需要多少时间才能完全达到其(终端)沉降速度？需要多少时间便能达到其沉降速度的 99%？

2. 颗粒在旋风分离器内沿径向沉降的过程中，其沉降速度是否为常数？

3. 以间歇过滤机处理某种悬浮液，若滤布阻力可以忽略，洗水体积与滤液体积之比为 a，试分析洗涤时间与过滤时间的关系。

4. 当滤布阻力可以忽略时，若要恒压操作的间歇过滤机取得其最大生产能力，在下列两种条件下，确定过滤时间 τ。

(1) 若已规定每一循环中的辅助操作时间为 τ_D，洗涤时间为 τ_W。

(2) 若已规定每一循环中的辅助操作时间为 τ_D，洗水体积与滤液体积之比为 a。

5. 若分别采用下列各项措施，试分析转筒过滤机的生产能力将如何变化。已知滤布阻力可以忽略，滤饼不可压缩。

(1) 转筒尺寸按比例增大 50%。

(2) 转筒浸没度增大 50%。

(3) 操作真空度增大 50%。

(4) 转速增大 50%。

(5) 滤浆中固相体积分数由 10%增大至 15%，已知滤饼中固相体积分数为 60%。

(6) 升温，使滤液黏度减小 50%。

再分析上述各种措施的可行性。

习　　题

1. 在实验室用一片过滤面积为 0.1 m^2 的滤叶对某种颗粒在水中的悬浮液进行实验，滤叶内部真空度为 500 mmHg。过滤 5 min 得滤液 0.6 L。过滤 5 min 得滤液 1 L，又过滤 5 min 得滤液 0.6 L。若再过滤 5 min，可再得滤液多少？

(0.47 L)

2. 以小型板框压滤机对碳酸钙颗粒在水中的悬浮液进行过滤实验，测得数据如下。

过滤压力差 $\Delta p/(kgf/cm^2)$	过滤时间 τ/s	滤液体积 V/m^3
1.05	50	2.27×10^{-3}
	660	9.10×10^{-3}
3.50	17.1	2.27×10^{-3}
	233	9.10×10^{-3}

已知过滤面积为 0.093 m^2，试求：

(1) 过滤压力差为 1.05 kgf/cm^2 时的过滤常数 K、q_e；

(2) 滤饼的压缩性指数 s；

(3) 若滤布阻力不变，试写出此滤浆在过滤压力差为 2.0 kgf/cm^2 时的过滤方程。

((1) $K_1=1.572\times10^{-5}\ m^2/s$，$q_{e1}=3.91\times10^{-3}\ m^3/m^2$，$K_2=4.36\times10^{-5}\ m^2/s$，$q_{e2}=3.09\times10^{-3}\ m^3/m^2$；(2) 0.152 6；(3) $(q+3.544\times10^{-3})^2=2.74\times10^{-5}(\tau+0.463)$)

3. 在实验室中用一个边长为 0.162 m 的小型滤框对 $CaCO_3$ 颗粒在水中的悬浮液进行过滤实验。料浆温度为 19 ℃，其中 $CaCO_3$ 固体的质量分数为 0.072 3。测得每 1 m^3 滤饼烘干后的质量为 1 602 kg。在过滤压力差为 275 800 Pa 时所得的数据如下。

过滤时间 τ/s	1.8	4.2	7.5	11.2	15.4	20.5	26.7	33.4	41.0	48.8	57.7	67.2	77.3	88.7
滤液体积 $V/\mathrm{m^3}$	0.2	0.4	0.6	0.8	1.0	1.2	1.4	1.6	1.8	2.0	2.2	2.4	2.6	2.8

试求过滤介质的当量滤液体积 V_e、滤饼的比阻 r、滤饼的空隙率 ε 及滤饼颗粒的比表面积 a。已知 $CaCO_3$ 颗粒的密度为 2 930 kg/m³，其形状可视为圆球。

($V_e=3.23\times10^{-4}\ \mathrm{m^3}$，$r=2.71\times10^{14}\ \mathrm{m^{-2}}$，$\varepsilon=0.453\ 2$，$a=4.108\times10^6\ \mathrm{m^2/m^3}$)

4. 用一台 BMS50/810-25 型板框压滤机过滤某悬浮液，悬浮液中固相质量分数为 0.139，固相密度为 2 200 kg/m³，滤相为水。每 1 m³ 滤饼中含 500 kg 水，其余全为固相。已知操作条件下的过滤常数 $K=2.72\times10^{-5}\ \mathrm{m^2/s}$，$q_e=3.45\times10^{-3}\ \mathrm{m^3/m^2}$。滤框尺寸为 810 mm×810 mm×25 mm，共 38 个框。试求：

(1) 过滤至滤框内全部充满滤渣所需的时间及所得的滤液体积；

(2) 过滤完毕用 0.8 m³ 清水洗涤滤饼，求洗涤时间。洗水温度及表压与滤液相同。

((1) 249 s，3.94 m³；(2) 388 s)

5. 用叶滤机处理某种悬浮液，先以等速过滤 20 min，得滤液 2 m³。随即保持当时的压力差再过滤 40 min，则共得滤液多少？若该叶滤机每次卸渣、重装等全部辅助操作共需 20 min，求滤液日产量。滤布阻力可以忽略。

(4.47 m³，80.4 m³)

6. 在 3×10^5 Pa 的压力差下对钛白粉在水中的悬浮液进行过滤实验，测得过滤常数 $K=5\times10^{-5}\ \mathrm{m^2/s}$、$q_e=0.01\ \mathrm{m^3/m^2}$，又测得滤饼体积与滤液体积之比 $v=0.08$。现拟用有 38 个框的 BMY50/810-25 型板框压滤机处理此料浆，过滤推动力及所用滤布也与实验用的相同。试求：

(1) 过滤至框内全部充满滤渣所需的时间；

(2) 过滤完毕以相当于滤液量 1/10 的清水进行洗涤的洗涤时间；

(3) 若每次卸渣、重装等全部辅助操作共需 15 min，求每台过滤机的生产能力(以每小时平均可得多少 m³ 滤饼计)。

((1) 275.6 s；(2)207.9 s；(3)20.27 m³/h)

7. 密度为 1 030 kg/m³、直径为 400 μm 的球形颗粒在 150 ℃的热空气中降落，求其沉降速度。

(1.79 m/s)

8. 密度为 2 500 kg/m³ 的玻璃球在 20 ℃的水中和空气中以相同的速度沉降。试求在这两种介质中沉降的颗粒直径的比值，假设沉降处于斯托克斯定律区。

(9.61)

9. 降尘室的长度为 10 m，宽度为 5 m，其中用隔板分为 20 层，间距为 100 mm，气体中悬浮的最小颗粒直径为 10 μm，气体密度为 1.1 kg/m³，黏度为 21.8×10^{-6} Pa·s，颗粒密度为 4 000 kg/m³。试求：

(1) 最小颗粒的沉降速度；

(2) 若需要最小颗粒沉降，气体的最大流速不能超过多少？

(3) 此降尘室每小时能处理多少立方米的气体？

((1) 0.01 m/s；(2)1 m/s；(3) 3.6×10^4 m³/h)

10. 有一重力沉降室，长 4 m，宽 2 m，高 2.5 m，内部用隔板分成 25 层。炉气进入除尘室时的密度为 0.5 kg/m³，黏度为 0.035 mPa·s。炉气所含尘粒的密度为 4 500 kg/m³。现要用此降尘室分离 100 μm 以上的颗粒，试求可处理的炉气流量。

(140 m³/s)

11. 现有一底面积为 4 m² 的降尘室，降尘室中均匀设置有 5 块水平隔板，用以全部除去空气中 25 μm 的尘粒。空气性质如下：$\rho=1.2\ \mathrm{kg/m^3}$，$\mu=1.81\times10^{-5}$ Pa·s。尘粒密度 $\rho_P=1\ 800\ \mathrm{kg/m^3}$。试求该降尘室处理能力。

(0.816 m³/s)

12. 温度为 200 ℃、压力为 101.33 kPa 的含尘空气用旋风分离器除尘。尘粒的密度为 2 000 kg/m³。若旋风分离器的直径为 0.65 m，进口气速为 21 m/s，试求：

(1) 气体处理量(标准状态)；

(2) 气体通过旋风分离器的压力损失;

(3) 尘粒的临界直径。

((1) 0.615 m^3/s;(2) 1.37 kPa;(3)6.79 μm)

13. 悬浮液中固体颗粒浓度(质量分数)为 0.025 kg(固体)/kg(悬浮液),滤液密度为 1 120 kg/m^3,湿滤渣与其中固体(干渣)的质量比为 2.5 kg(湿滤渣)/kg(干渣),固体颗粒密度为 2 900 kg/m^3。试求与 1 m^3 滤液相对应的湿滤渣体积 V,单位为 m^3(湿滤渣)/m^3(滤液)。 (0.050 5 m^3(湿滤渣)/m^3(滤液))

14. 用板框压滤机过滤某悬浮液,共有 20 个滤框,每个滤框的两侧有效过滤面积为 0.85 m^2,试求 1 h 过滤所得滤液量。已知过滤常数 $K=4.97\times10^{-5}$ m^2/s,$q_e=1.64\times10^{-2}$ m^3/m^2。 (6.92 m^3)

本章主要符号说明

符号	意　义	计量单位
a	颗粒的比表面积	m^2/m^3
a_c	离心加速度	m/s^2
A	截面积	m^2
b	降尘室宽度	m
B	旋风分离器的进口宽度	m
C	悬浮系统中的分散相浓度	g/m^3
d	颗粒直径	m
d_c	旋风分离器的临界粒径	m
d_{50}	旋风分离器的分割粒径	m
d_e	当量直径	m
D	设备直径	m
D_i	旋液分离器的进口管直径	m
D_1	旋风(旋液)分离器排出管直径	m
D_2	旋风(旋液)分离器底流排出管直径	m
F	作用力	N
g	重力加速度	m/s^2
h	沉降槽内压紧区的高度或旋风分离器的进口高度	m
H	设备高度	m
H_1	旋液分离器排出管插入筒体的深度	m
K	过滤常数;无因次数群	m^2/s;无因次
K_c	离心分离因数	
l	降尘室长度	m
L	滤饼厚度	m
L_e	过滤介质的当量滤饼厚度	m
n	转速	r/min
N_e	旋风分离器内气流的有效旋转圈数	
Δp	过滤压力差	Pa

符号	意　义	计量单位
Δp_f	压降	Pa
Δp_W	洗涤推动力	Pa
q	单位过滤面积获得的滤液体积	m^3/m^2
q_e	单位过滤面积上的当量滤液体积	m^3/m^2
Q	过滤机的生产能力	m^3/h
r	滤饼的比阻	m^{-2}
Re	雷诺数	
Re_t	颗粒与流体作相对运动时的雷诺数	
s	滤饼的压缩指数	
S	表面积	m^2
T	操作周期或回转周期	s
u	流速，相对运动速度或过滤速度	m/s
u_i	旋风分离器的进口气速	m/s
u_t	沉降速度	m/s
u_r	径向速度或离心沉降速度	m/s
u_R	恒速阶段的过滤速度	m/s
u_θ	切向速度	m/s
v	滤饼体积与滤液体积之比	
V	滤液体积或每个操作周期所得滤液体积	m^3
V_e	过滤介质的当量滤液体积	m^3
V_t	含尘气体的体积流量	m^3/s
X	悬浮系统中固相与液相的质量比	
X_c	滤饼或滤渣中固相与液相的质量比	
α	转筒过滤机的浸没角度数	
ε	床层空隙率	
ζ	阻力系数	
η	分离效率	
μ	流体黏度或滤液黏度	Pa·s
μ_W	洗水黏度	Pa·s
ρ	流体密度	kg/m^3
ρ_s	固相密度或分散相密度	kg/m^3
τ	通过时间或过滤时间	s
τ_D	辅助操作时间	s
τ_t	沉降时间	s
τ_W	洗涤时间	s
ϕ_s	颗粒的球形度	
ψ	转筒过滤机的浸没度	

第5章 传 热

本章学习要求

■ **掌握**:传热的三种基本方式;热流量与热流密度;傅里叶定律;单、多层平(圆筒)壁的定态热传导;牛顿冷却定律;管内强制对流无相变时的对流给热系数的计算;间壁传热过程的计算;总传热系数和壁温的计算;换热器的传热强化途径。

■ **熟悉**:导热系数;影响对流传热系数的因素、特征数及其物理意义;有相变(蒸气冷凝和液体沸腾)对流给热特征,物体的辐射能力与斯蒂芬-玻尔兹曼定律;克希霍夫(又译基尔霍夫)定律;主要的换热设备。

■ **了解**:常用的加热和冷却介质;对流传热过程分析;流体有相变时的对流传热系数;蒸气冷凝方式;冷凝传热的影响因素及强化措施;沸腾传热的分类;沸腾曲线包含的阶段;两固体间的相互辐射;影响辐射传热的主要因素。

5.1 概 述

5.1.1 传热在化工生产中的应用

根据热力学第二定律,凡是有温度差存在的系统之间,就会有热量从高温处向低温处传递,这一过程称为热量传递,简称为传热。传热不仅是自然界普遍存在的一种能量传递现象,而且在科学技术、工业生产以及日常生活中都具有很重要的地位。

传热与化学工业的关系尤为密切。在化工生产过程中,存在着大量的与传热相关的过程。例如:绝大多数的化学或物理过程均要在一定的温度条件下进行,这就要求向系统输入或输出热量,以保证建立适宜的温度条件;为减少热量损失,高温或低温下操作的设备和管道,需要保温或保冷;随着能源价格的上涨和环境保护意识的增强,热量的合理利用和废热的回收不仅是降低生产成本的重要措施,而且具有深远的社会意义。因此,传热是化工生产中最常见的单元操作。

在化工生产中,根据不同的需要,对传热的要求有以下两种。

(1) 强化传热过程:在传热设备中加热或冷却物料,希望热量以较高的速率进行传递,使其达到指定的温度,使传热设备紧凑,从而节省设备费用。

(2) 削弱传热过程:对设备及管道进行保温,要减少热损失。

5.1.2 加热介质与冷却介质

所谓加热介质、冷却介质,是指生产中用于加热、冷却所用的物质。加热介质和冷却介质统称为载热体。(如果生产中有需冷却的热流体和需加热的冷流体,则首先把它们用作加热介质和冷却介质互相换热,以充分利用生产中的热。)载热体有多种,应根据工艺流体温度的要求,选择合适的载热体。载热体的选择原则如下:

(1) 温度需满足工艺要求;

(2) 温度易于调节;

(3) 不易燃、不分解、无毒；

(4) 不易结垢、腐蚀性小；

(5) 传热性能好；

(6) 价廉易得。

工业上常用的载热体如表 5-1 所示。

表 5-1　工业上常用的载热体

载热体			使用温度范围	说明
加热介质	热水		40～100 ℃	利用蒸汽冷凝水或废热水的余热
	饱和蒸汽		100～180 ℃	180 ℃蒸汽压力为 1.0 MPa。(压力再高就不经济了。)温度易调节,冷凝相比热容大,对流传热系数大
	矿物油		<250 ℃	价廉易得,黏度大,对流传热系数小,高于 250 ℃时易分解,易燃
	联苯混合物	液体	15～255 ℃	使用温度范围宽,用蒸气加热时温度易调节,黏度比矿物油小
		蒸气	255～380 ℃	
	熔盐 (7% $NaNO_3$、40% $NaNO_2$、53% KNO_3)		142～530 ℃	温度高,加热均匀,比热容小
	烟道气		500～1 000 ℃	温度高,比热容小,对流传热系数小
冷却介质	冷水(河水、井水、水厂给水、循环水)		15～20 ℃ 15～35 ℃	来源广,价格便宜,冷却效果好,调节方便,水温受季节和气候影响,冷却水出口温度不宜高于 50 ℃,以免结垢
	空气		<35 ℃	缺乏水资源地区可用空气,对流传热系数小,温度受季节、气候影响
	冷冻盐水(氯化钙溶液)		−15～0 ℃	用于低温冷却,成本高

5.1.3　传热的三种基本方式

根据传热机理,热量传递有以下三种基本方式。

1. 热传导

热传导又称导热。它是热量从物体内温度较高处传递到温度较低处,或从一物体传递到与之接触的温度较低的另一物体的过程。在热传导过程中,物体各部分之间不发生相对位移,即没有物质的宏观位移。

从微观角度来看,热传导是由物质的分子、原子和自由电子等微观粒子的热运动所产生的热量传递现象。气体、液体、导电固体和非导电固体的热传导机理各不相同。气体中的热传导是气体分子作不规则热运动时相互碰撞的结果。在固体中,热传导是通过分子振动而将能量的一部分传给相邻的分子,而在金属中,热传导主要是依靠其自由电子的迁移实现的。液体则主要靠原子、分子在其平衡位置的振动将能量传给相邻的部分。

2. 对流传热

对流传热只能发生在流动的流体中，是通过流体质点宏观位移和混合而将热量由一处传至另一处的热量传递过程。在化工生产中将流体与固体壁面之间的热量传递称为对流传热。

依据引起质点发生相对位移的原因不同，对流传热又可分为自然对流和强制对流。自然对流是由流体内部各处温度不同而引起密度不同，从而造成流体内部质点的相对运动。强制对流则是指在某种外力(如风机、泵或其他外界压力等)的强制作用下产生的对流传热。

3. 辐射传热

辐射传热又称热辐射，是物体由于热的原因而发出的电磁波在空间的传递过程，物体将热能变为辐射能，以电磁波的形式在空中传播，当遇到另一物体时，又被物体全部或部分地吸收而变为热能。与热传导和对流传热不同，辐射传热不仅是能量的传递，而且伴有能量形式的转化。此外，辐射传热不需任何介质作为媒介，它可在真空中传递。物体向外界辐射的能量与物体的温度有关，只有在物体的温度较高时，辐射才成为传热的主要方式。

热量传递可以以上述三种传热基本方式中的任何一种方式进行，也可以两种或三种方式同时进行。

5.1.4 热流量与热流密度

讨论传热过程的中心问题是确定热流量，它是传热过程的基本参数。在换热器中传热的快慢用热流量表示。

热流量(Q)：又称传热速率，指单位时间内通过传热面的热量。它表征换热器的生产能力，单位为 W。

热流密度(q)：又称热通量，指单位时间内通过单位传热面积的热量。在一定的热流量下，q 越小，所需的传热面积越大。因此，热流密度是反映传热强度的指标，单位为 W/m^2。

热流密度与热流量的关系为

$$q=\frac{Q}{A} \tag{5-1}$$

式中：A——总传热面积，m^2。

5.1.5 定态传热与非定态传热

如果空间中各点的温度不随时间而变，仅为位置的函数，此时发生的传热称为定态传热；反之，则称为非定态传热。定态传热时在同一热流方向上的热流量为常量。连续生产过程中传热多为定态传热；而在开车、停车以及改变操作条件时，则为非定态传热。

本章重点讨论定态传热过程。

5.2 热　传　导

5.2.1 基本概念和傅里叶定律

1. 温度场和等温面

由热传导引起的热流量取决于物体内部的温度分布。物体内各点温度分布的集合称为温度场。一般来说，物体内任意点的温度是空间位置和时间的函数，故温度场的数学表达式为

$$t=f(x,y,z,\tau) \tag{5-2}$$

式中：t——温度，℃；

x、y、z——任一点的空间坐标；

τ——时间。

温度场分为两类：若温度场中各点的温度随时间而改变，称为非定态温度场；若温度不随时间而改变，则为定态温度场。若温度只沿着一个坐标方向变化，则为一维温度场。

在温度场中，温度相同的点组成的面称为等温面。由于空间任一点不可能同时有两个不同的温度，所以温度不同的等温面彼此不相交，如图 5-1 所示。

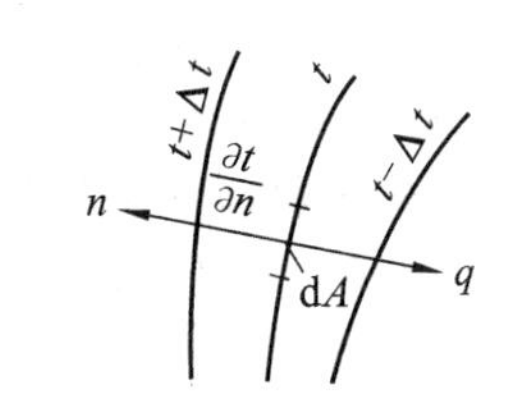

图 5-1　温度梯度与热流方向的关系

2. 温度梯度

沿等温面方向不存在温度差，也就没有热量传递；只有跨越不同的等温面才有温度变化，也就有热量传递。自等温面上某一点出发，沿不同方向的温度变化率不同，以该点等温面法线方向的温度变化率最大。将等温面法线方向上的温度变化率称为温度梯度。其数学表达式为

$$\lim_{\Delta n\to 0}\frac{\Delta t}{\Delta n}=\frac{\partial t}{\partial n} \tag{5-3}$$

温度梯度是向量，其方向垂直于等温面，并以温度增加的方向为正，与热量传递方向相反。对定态的一维温度场，温度梯度可表示为

$$\lim_{\Delta x=0}\frac{\Delta t}{\Delta x}=\frac{\mathrm{d}t}{\mathrm{d}x} \tag{5-4}$$

3. 傅里叶定律

热传导的宏观统计规律可用傅里叶定律来描述，即

$$\mathrm{d}Q=-\lambda\,\mathrm{d}A\,\frac{\partial t}{\partial n} \tag{5-5}$$

式中：$\mathrm{d}Q$——热流量，W；

$\mathrm{d}A$——传热面积，m^2；

$\partial t/\partial n$——温度梯度，℃/m 或 K/m；

λ——导热系数（热导率），W/(m·℃)或 W/(m·K)。

科学家传记：傅里叶

式(5-5)表示热流量与温度梯度及垂直于热流方向的截面积成正比。式中的负号表示热流方向与温度梯度方向相反，如图 5-1 所示，热量从高温向低温传递。

式(5-5)是热传导的基本定律。傅里叶定律也可表示为

$$q=\frac{\mathrm{d}Q}{\mathrm{d}A}=-\lambda\,\frac{\partial t}{\partial n} \tag{5-6}$$

对一维定态热传导，傅里叶定律可用下式表达：

$$Q=-\lambda A\,\frac{\mathrm{d}t}{\mathrm{d}x} \tag{5-6a}$$

5.2.2　导热系数

导热系数即热导率，由式(5-6)得

$$\lambda=\frac{q}{\dfrac{\partial t}{\partial n}} \tag{5-7}$$

上式即为导热系数的定义式。导热系数是表征物质导热性能的一个物性参数,在数值上等于单位温度梯度下的热流密度。其值越大,物质的导热性能越好。导热系数的数值与物质的组成、结构、密度、温度及压力等因素有关。除非压力极高或极低,压力对导热系数的影响可忽略。

各种物质的导热系数可由实验测定,工程上常见物质的导热系数可由手册查取。一般来说,金属的导热系数最大,液体的次之,而气体的最小。

1. 固体的导热系数

在所有的固体中,金属是最好的导热体。纯金属的导热系数一般随温度的升高而降低。但金属的导热系数大都随其纯度的降低而降低,因此,合金的导热系数一般要比纯金属的低。非金属建筑材料和绝热材料的导热系数与温度、组成及密度有关。

对大多数均质固体材料,其导热系数在一定温度范围内与温度近似呈线性关系,可用下式表示:

$$\lambda=\lambda_0(1+at) \tag{5-8}$$

式中:λ——固体在温度为 t 时的导热系数,W/(m·℃)或 W/(m·K);

λ_0——固体在 0 ℃时的导热系数,W/(m·℃)或 W/(m·K);

a——温度系数,对大多数金属材料为负值($a<0$),对大多数非金属材料为正值($a>0$),$℃^{-1}$。

2. 液体的导热系数

液体分为金属液体和非金属液体两类。金属液体导热系数较高,非金属液体的导热系数较低。在非金属液体中,水的导热系数最大。除水和甘油等少数液体物质外,绝大多数液体的导热系数随温度的升高而略有降低。一般来说,纯液体的导热系数大于溶液的导热系数,如图 5-2 所示。

3. 气体的导热系数

气体的导热系数很小,不利于导热,有利于保温。固体绝热材料的导热系数之所以小,是因为它的结构呈纤维状或多孔状,空隙率很大,其孔隙中含有大量空气。如软木、玻璃棉等就是因其细小的孔隙中有气体存在,所以导热系数很小。气体的导热系数随着温度升高而增大。在相当大的压力范围内,压力对导热系数的影响可忽略不计。

几种常见气体的导热系数见图 5-3。各类物质导热系数大致范围见表 5-2。

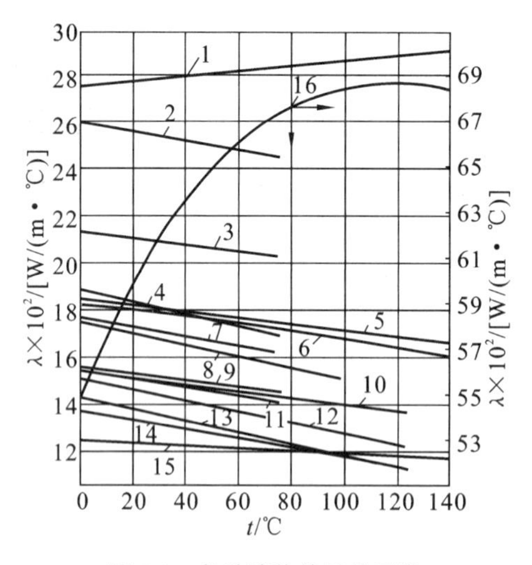

图 5-2 各种液体的导热系数

1—无水甘油;2—甲酸;3—甲醇;4—乙醇;5—蓖麻油;6—苯胺;7—醋酸;8—丙酮;9—丁醇;10—硝基苯;11—异丙苯;12—苯;13—甲苯;14—二甲苯;15—凡士林油;(以上用左边的纵坐标)16—水(用右边的纵坐标)

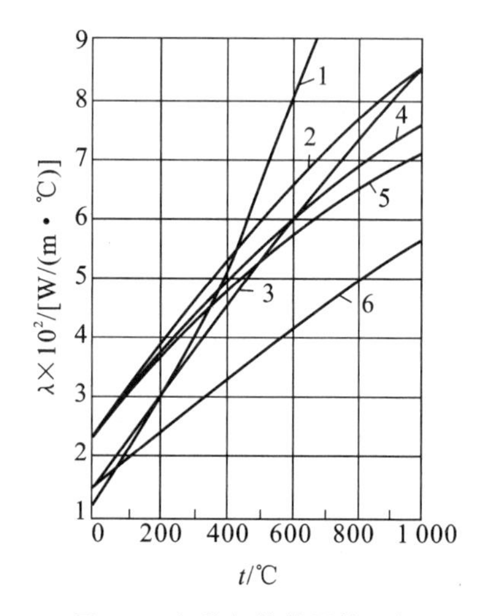

图 5-3 各种气体的导热系数

1—水蒸气;2—氧气;3—CO_2;4—空气;5—氮气;6—氩气

表 5-2 各类物质导热系数大致范围

物质种类	λ值范围 /[W/(m·℃)]	常温下常用物质的λ值 /[W/(m·℃)]
纯金属	20～400	银 411,铜 380,铝 230,铁 70
合金	10～130	黄铜 110,碳钢 45,灰铸铁 40,不锈钢 17
建筑材料	0.2～2.0	普通砖 0.7,耐火砖 1.0,混凝土 1.3
液体	0.1～0.7	水 0.6,甘油 0.28,乙醇 0.18,60%甘油 0.38,60%乙醇 0.3
绝热材料	0.02～0.2	保温砖 0.15,石棉粉 0.13,矿渣棉 0.06,玻璃棉 0.04,膨胀珍珠岩 0.04
气体	0.01～0.6	氢气 0.6,空气 0.025,CO_2 0.015,乙醇蒸气 0.015

5.2.3 平壁的定态热传导

1. 单层平壁的定态热传导

如图 5-4 所示,设有一个面积与厚度相比很大的平壁,壁边缘处散热可忽略。平壁内的温度只沿着垂直于壁面的 x 方向变化,温度场为一维温度场,即等温面皆为垂直于 x 轴的平行平面,此导热过程为一维定态热传导。设平壁厚为 b,平壁的传热面积为 A,两侧温度分别保持 t_1 和 t_2 不变。假设平壁材料均匀,导热系数 λ 不随温度而变化(或取平均导热系数)。

由傅里叶定律:

$$Q=-\lambda A\frac{dt}{dx}$$

当 $x=0$ 时,$t=t_1$;当 $x=b$ 时,$t=t_2$;且 $t_1>t_2$。分离变量后积分得

$$Q=\frac{\lambda}{b}A(t_1-t_2) \tag{5-9}$$

或

$$Q=\frac{t_1-t_2}{\dfrac{b}{\lambda A}}=\frac{\Delta t}{R}=\frac{传热推动力}{热阻} \tag{5-9a}$$

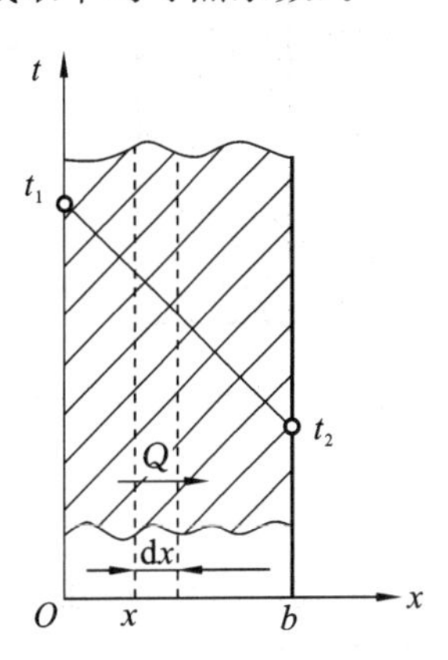

图 5-4 单层平壁热传导

式中:Q——热流量,即单位时间通过平壁的热量,W;

A——平壁的传热面积,m^2;

b——平壁的厚度,m;

R——热阻,K/W,$R=\dfrac{b}{\lambda A}$;

λ——平壁的导热系数,W/(m·℃)或 W/(m·K);

t_1、t_2——平壁两侧的温度,℃;

Δt——传热推动力,$\Delta t=t_1-t_2$。

式(5-9)也可用热流密度表示:

$$q=\frac{Q}{A}=\frac{\lambda}{b}(t_1-t_2) \tag{5-9b}$$

若将积分的边界条件 $x=b$ 时,$t=t_2$ 改为 $x=x$ 时,$t=t$,积分得

$$Q=\frac{\lambda}{x}A(t_1-t)$$

则平壁内任意位置的温度可表示为

$$t=t_1-\frac{Qx}{\lambda A} \tag{5-10}$$

由式(5-10)可知，当 λ 为常数时，平壁内沿 x 轴的温度变化呈线性关系。

【例 5-1】 现有一厚度为 240 mm 的砖壁，内壁温度为 300 ℃，外壁温度为50 ℃。试求通过每平方米砖壁壁面的热流密度。已知该温度范围内砖壁的平均导热系数 $\lambda=0.60\ \mathrm{W/(m\cdot ℃)}$。

解　由式(5-9b)有

$$q=\frac{Q}{A}=\frac{\lambda}{b}(t_1-t_2)=\frac{0.60}{0.24}\times(300-50)\ \mathrm{W/m^2}=625\ \mathrm{W/m^2}$$

2. 多层平壁的定态热传导

若平壁由多层不同厚度、不同导热系数的材料组成，各层接触良好，且相互接触的表面上温度为定值，各等温面皆为垂直于 x 轴的平行平面，如图 5-5(以三层平壁为例)所示。假设各层的厚度分别为 b_1、b_2 和 b_3，导热系数分别为 λ_1、λ_2 和 λ_3(皆视为常数)，平壁面积为 A。

在定态热传导过程中，各层的热流量必相等，即

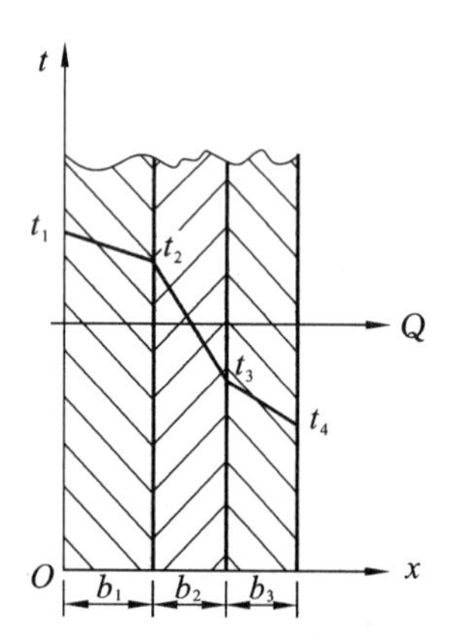

图 5-5　多层平壁热传导

$$Q_1=Q_2=Q_3=Q$$

由式(5-9b)知

$$Q=\frac{t_1-t_2}{\dfrac{b_1}{\lambda_1 A}}=\frac{t_2-t_3}{\dfrac{b_2}{\lambda_2 A}}=\frac{t_3-t_4}{\dfrac{b_3}{\lambda_3 A}} \tag{5-11}$$

对于串联传递过程，推动力和阻力都具有加和性，即

$$Q=\frac{\sum\limits_{i=1}^{3}\Delta t_i}{\sum\limits_{i=1}^{3}\dfrac{b_i}{\lambda_i A}}=\frac{t_1-t_4}{\sum\limits_{i=1}^{3}\dfrac{b_i}{\lambda_i A}}=\frac{t_1-t_4}{\sum\limits_{i=1}^{3}R_i}=\frac{\text{总推动力}}{\text{总热阻}} \tag{5-11a}$$

推广至 n 层，有

$$Q=\frac{t_1-t_{n+1}}{\sum\limits_{i=1}^{n}\dfrac{b_i}{\lambda_i A}}=\frac{t_1-t_{n+1}}{\sum\limits_{i=1}^{n}R_i} \tag{5-11b}$$

由式(5-11b)可知，在定态多层平壁热传导过程中，热阻大的壁层，其温度差也大。当总温度差一定时，热流量的大小取决于总热阻的大小。

【例 5-2】 有一燃烧炉，炉壁由三种材料组成。最内层为耐火砖，中间为保温砖，最外层为建筑砖。已知

耐火砖　$b_1=150\ \mathrm{mm}$，$\lambda_1=1.05\ \mathrm{W/(m\cdot ℃)}$

保温砖　$b_2=290\ \mathrm{mm}$，$\lambda_2=0.15\ \mathrm{W/(m\cdot ℃)}$

建筑砖　$b_3=228\ \mathrm{mm}$，$\lambda_3=0.81\ \mathrm{W/(m\cdot ℃)}$

今测得炉内壁和外壁表面温度分别为 1 016 ℃和 34 ℃。试计算：

(1) 单位面积的热损失；

(2) 耐火砖和保温砖之间界面的温度；

(3) 保温砖与建筑砖之间界面的温度。

解　(1) 由式(5-11b)得单位面积的热损失

$$q=\frac{Q}{A}=\frac{t_1-t_4}{\dfrac{b_1}{\lambda_1}+\dfrac{b_2}{\lambda_2}+\dfrac{b_3}{\lambda_3}}=\frac{1\ 016-34}{\dfrac{0.150}{1.05}+\dfrac{0.290}{0.15}+\dfrac{0.228}{0.81}}\ \mathrm{W/m^2}$$

$$=\frac{982}{0.1429+1.933+0.2815}\ \text{W/m}^2=416.6\ \text{W/m}^2$$

(2) 由式(5-9a)得

$$\Delta t_1=\frac{b_1}{\lambda_1}\times q=0.1429\times416.6\ ℃=59.5\ ℃$$

所以耐火砖与保温砖之间的温度为

$$t_2=t_1-\Delta t_1=(1\,016-59.5)\ ℃=956.5\ ℃$$

(3) 同理有

$$\Delta t_2=\frac{b_2}{\lambda_2}\times q=1.933\times416.6\ ℃=805.3\ ℃$$

所以保温砖与建筑砖之间的温度为

$$t_3=t_2-\Delta t_2=(956.5-805.3)\ ℃=151.2\ ℃$$

则

$$\Delta t_3=t_3-t_4=(151.2-32)\ ℃=117.2\ ℃$$

各层的温度差如下。

材料	耐火砖	保温砖	建筑砖
温度差/℃	59.5	805.3	117.2

5.2.4 圆筒壁的定态热传导

在化工生产中，常常遇到圆筒形的容器、设备和管道，因此有必要讨论圆筒壁的热传导。

1. 单层圆筒壁的定态热传导

如图 5-6 所示，设圆筒的内、外半径分别为 r_1、r_2，内、外表面分别维持恒定的温度 t_1、t_2，且 $t_1>t_2$。温度只沿半径方向变化，等温面为同心圆柱面。与平壁不同，其传热面积随半径而变化。

在半径 r 处取一厚度为 dr 的薄层，若圆筒的长度为 l，则半径为 r 处的传热面积为 $A=2\pi rl$。

根据傅里叶定律，通过此环形薄层的热流量为

$$Q=-\lambda A\,\frac{\mathrm{d}t}{\mathrm{d}r}=-\lambda\times2\pi rl\,\frac{\mathrm{d}t}{\mathrm{d}r}$$

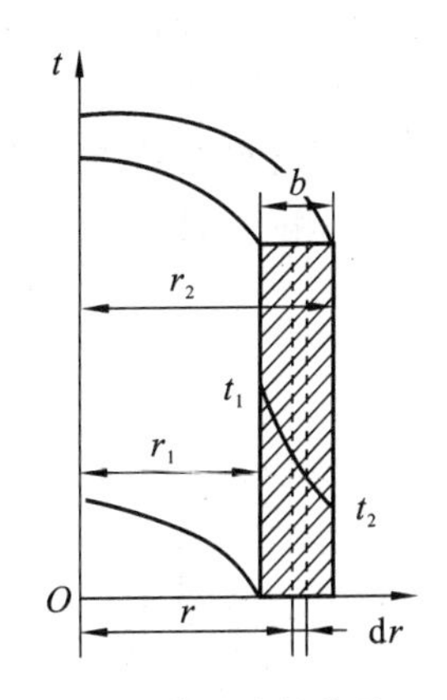

图 5-6 圆筒壁的热传导

设导热系数 λ 为常数，根据边界条件 $r=r_1$ 时，$t=t_1$；$r=r_2$ 时，$t=t_2$ 对上式积分

$$\int_{r_1}^{r_2}Q\mathrm{d}r=-\int_{t_1}^{t_2}\lambda\times2\pi rl\,\mathrm{d}t$$

得

$$Q=\frac{2\pi\lambda l(t_1-t_2)}{\ln\dfrac{r_2}{r_1}}=\frac{2\pi l(t_1-t_2)}{\dfrac{1}{\lambda}\ln\dfrac{r_2}{r_1}}\tag{5-12}$$

式中：Q——热流量，即单位时间通过圆筒壁的热量，W；

λ——圆筒壁的导热系数，W/(m·℃)或 W/(m·K)；

t_1、t_2——圆筒壁两侧的温度，℃。

r_1、r_2——圆筒壁内、外半径，m。

式(5-12)经处理可转化为与单层平壁类似的计算式，即

$$Q=\frac{2\pi\lambda l(t_1-t_2)(r_2-r_1)}{(r_2-r_1)\ln\frac{r_2}{r_1}}=\frac{2\pi\lambda lr_m(t_1-t_2)}{r_2-r_1}=\frac{t_1-t_2}{\frac{b}{\lambda A_m}}=\frac{\text{推动力}}{\text{热阻}} \tag{5-12a}$$

式中：r_m——对数平均半径，$r_m=\frac{r_2-r_1}{\ln\frac{r_2}{r_1}}$，工程上，当$\frac{r_2}{r_1}<2$时，可用$r_m=\frac{r_1+r_2}{2}$近似计算；

b——圆筒壁的厚度，$b=r_2-r_1$；

A_m——对数平均面积，$A_m=2\pi r_m l$。

若将上式的积分上限从$r=r_2$时，$t=t_2$改为$r=r$时，$t=t$，积分得

$$Q=-2\pi\lambda l(t-t_1)\ln\frac{r_1}{r}$$

则圆筒壁内任意位置的温度为

$$t=t_1-\frac{Q}{2\pi\lambda l}\ln\frac{r}{r_1} \tag{5-13}$$

由式(5-13)可知，圆筒壁内的温度分布是一对数曲线，其温度梯度随r增大而减小。

需要指出的是，在平壁的热传导中，通过各等温面的Q和q均相等；而在圆筒壁的热传导中，由于等温面面积与半径有关，各等温面的传热面积不相同，但在圆筒的不同半径r处等温面的热流量Q是相等的，只是热流密度$q=\frac{Q}{2\pi rl}$不等。

2. 多层圆筒壁的定态热传导

层与层之间接触良好的多层圆筒壁定态热传导，与多层平壁类似，也是串联热传导的过程。

如图5-7(以三层圆筒壁为例)所示，设各层壁厚分别为$b_1=r_2-r_1$，$b_2=r_3-r_2$，$b_3=r_4-r_3$；各层材料的导热系数λ_1、λ_2、λ_3视为常数。对于定态的热传导，经过各单层圆筒壁所传导的热量必相等，故

$$Q=\frac{2\pi l\lambda_1(t_1-t_2)}{\ln\frac{r_2}{r_1}}=\frac{2\pi l\lambda_2(t_2-t_3)}{\ln\frac{r_3}{r_2}}=\frac{2\pi l\lambda_3(t_3-t_4)}{\ln\frac{r_4}{r_3}}$$

整理上式得

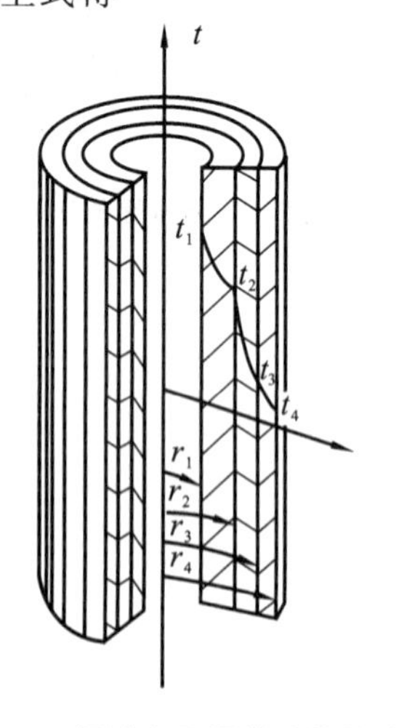

图5-7　通过多层圆筒壁的热传导

$$Q=\frac{2\pi l(t_1-t_4)}{\frac{1}{\lambda_1}\ln\frac{r_2}{r_1}+\frac{1}{\lambda_2}\ln\frac{r_3}{r_2}+\frac{1}{\lambda_3}\ln\frac{r_4}{r_3}} \tag{5-14}$$

上式也可写成与平壁类似的计算式，即

$$Q=\frac{\Delta t_1+\Delta t_2+\Delta t_3}{\frac{b_1}{\lambda_1A_{m1}}+\frac{b_2}{\lambda_2A_{m2}}+\frac{b_3}{\lambda_3A_{m3}}}=\frac{t_1-t_4}{\frac{b_1}{\lambda_1A_{m1}}+\frac{b_2}{\lambda_2A_{m2}}+\frac{b_3}{\lambda_3A_{m3}}} \tag{5-14a}$$

推广到n层圆筒壁：

$$Q=\frac{t_1-t_{n+1}}{\sum\limits_{i=1}^{n}\frac{b_i}{\lambda_iA_{mi}}}=\frac{\sum\limits_{i=1}^{n}\Delta t}{\sum\limits_{i=1}^{n}R_i}=\frac{2\pi l(t_1-t_{n+1})}{\sum\limits_{i=1}^{n}\frac{1}{\lambda_i}\ln\frac{r_{i+1}}{r_i}} \tag{5-14b}$$

多层圆筒壁热传导的总推动力也为总温度差，总热阻也为各层热阻之和，但计算时与多层平壁不同的是，计算各层热阻所用的传热面积不相等，所以应采用各层的平均面积 A_{mi}。

【例 5-3】 内径为 15 mm、外径为 19 mm 的金属管，$\lambda_1=20$ W/(m·℃)，其外包扎一层厚为 30 mm、$\lambda_2=0.2$ W/(m·℃)的保温材料，若金属管内表面温度为680 ℃，保温层外表面温度为80 ℃，试求每米管长的热损失以及保温层中的温度分布。

解 由式(5-14)得

$$\frac{Q}{l}=\frac{2\pi(t_1-t_3)}{\frac{1}{\lambda_1}\ln\frac{r_2}{r_1}+\frac{1}{\lambda_2}\ln\frac{r_3}{r_2}}=\frac{2\pi\times(680-80)}{\frac{1}{20}\ln\frac{0.009\ 5}{0.007\ 5}+\frac{1}{0.2}\ln\frac{0.039\ 5}{0.009\ 5}}\ \text{W/m}=528.7\ \text{W/m}$$

对于保温层，有

$$\frac{Q}{l}=\frac{2\pi\lambda_2(t_2-t_3)}{\ln\frac{r_3}{r_2}}$$

则

$$t_2=t_3+\frac{Q}{l}\frac{\ln\frac{r_3}{r_2}}{2\pi\lambda_2}=\left(80+528.7\times\frac{\ln\frac{0.039\ 5}{0.009\ 5}}{2\pi\times0.2}\right)\ ℃=679.8\ ℃$$

于是，保温层的温度分布可表示为

$$t=t_2-\frac{t_2-t_3}{\ln\frac{r_3}{r_2}}\ln\frac{r}{r_2}=679.8-\frac{679.8-80}{\ln\frac{0.039\ 5}{0.009\ 5}}\ln\frac{r}{0.009\ 5}=-1\ 280-420.9\ln r$$

5.3　对 流 传 热

5.3.1　对流传热过程分析

如图 5-8 所示，流体与壁面直接接触时发生的热量传递现象为对流传热。对流传热发生在流动流体内部，它既有流体分子微观热运动的热传导作用，又有流体质点宏观相对位移而产生的热对流作用。因此，对流传热必然受到热传导和热对流规律的双重支配。理论分析和实验结果都表明：对流传热发生时，壁面附近的流体层沿壁面法向温度变化最显著。仿照流动边界层的概念，将这一温度变化显著的流体层称为热边界层。热边界层外，流体的法向温度几乎不变化，可看作无温度梯度的等温流动区，其热阻为零。流体内法向温度变化集中在热边界层内，说明热边界层内集中了对流传热的全部热阻。热阻的大小由热边界层的厚度、热边界层内流体运动状态等因素决定。

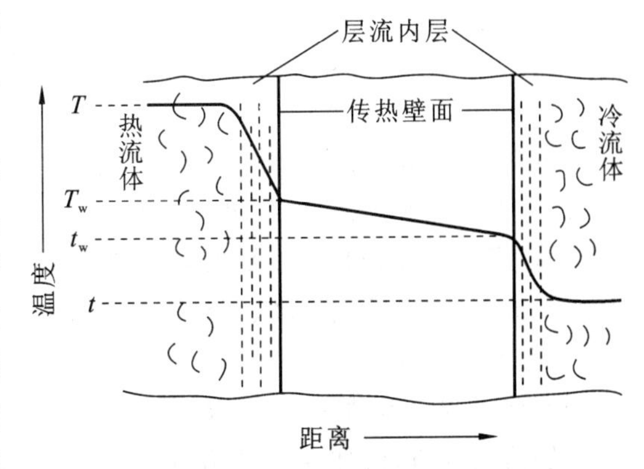

图 5-8　对流传热温度分布情况

若热边界层内流体沿壁面呈层流状态流动（即层流边界层），沿壁面法向热量传递主要依靠热传导的方式进行，热阻较大。若热边界层内流体呈湍流状态流动（即湍流边界层），边界层的传热由层流底层传热和层流底层外的湍流传热组成，层流底层内法向热量传递仍以热传导为主，也就是说，对流传热热阻集中在层流底层内。

5.3.2 牛顿冷却定律

对流热流密度可用牛顿冷却定律表示。

液体被加热时：
$$q=\alpha(t_w-t) \tag{5-15}$$

液体被冷却时：
$$q=\alpha(T-T_w) \tag{5-16}$$

式中：q——对流热流密度，W/m^2；

α——对流传热系数，$W/(m^2 \cdot ℃)$或$W/(m^2 \cdot K)$；

T_w、t_w——壁温，℃；

t、T——冷、热流体平均温度，℃。

科学家传记：牛顿

以上两式称为牛顿冷却定律。由于对流传热的影响因素很多，按牛顿冷却定律处理传热过程并未改变问题的复杂性，只是一种简化处理方法，把诸多影响过程的因素都归结到了对流传热系数α中。

由牛顿冷却定律可知，对流传热系数α在数值上等于单位温度梯度下、单位传热面积的对流热流量，它反映了对流传热的快慢。牛顿冷却定律还表明，热流密度与温度差ΔT及α成正比。实际上，在有些情况下，热流密度并非与温度差ΔT成正比，此时，α也与温度差有关。如何确定在各种条件下的对流传热系数，则成为研究对流传热的关键问题。

5.3.3 影响对流传热系数的因素

影响对流传热系数的因素很多，理论分析和实验证明，主要有以下几个方面。

1. 液体的物理性质

流体的物性主要有密度ρ、黏度μ、导热系数λ、比热容c_p及体积膨胀系数β等。

2. 流体流动的原因

引起流体流动的原因有自然对流和强制对流。

自然对流是由于流体内部存在温度差而引起密度差，从而引起流体质点的相对位移。设ρ_1和ρ_2分别代表温度为t_1和t_2两点的密度，则单位体积流体因密度差而产生的升力为$(\rho_1-\rho_2)g$。若流体的体积膨胀系数为β，单位为$℃^{-1}$或K^{-1}，并以Δt代表温度差(t_2-t_1)，则有

$$\rho_1=\rho_2(1+\beta\Delta t)$$

于是，单位体积的流体所产生的升力为

$$(\rho_1-\rho_2)g=[\rho_2(1+\beta\Delta t)-\rho_2]g=\rho_2\beta g\Delta t$$

或

$$(\rho_1-\rho_2)/\rho_2=\beta\Delta t$$

强制对流是由于外力的作用，如泵、搅拌器等迫使流体的流动。

3. 传热面的形状、尺寸和相对位置

圆管、套管环隙、翅片管、平板等不同的壁面形状，管径和管长的大小，传热面是垂直放置还是水平放置，以及管内流动、管外沿轴向流动或垂直于轴向流动等，都会影响对流传热系数。

4. 流体流动形态

当流体呈湍流流动时，随着Re的增大，层流底层的厚度变小，故α增大，热流量增大；而当流体呈层流流动时，流体在热流方向上基本没有混杂流动，故α较湍流时小，热流量较湍流时小。

5. 流体的相态变化

流体的相态变化主要有蒸气冷凝和液体沸腾。由于发生相变时，汽化或冷凝的潜热远大于温度变化的显热（r 远大于 c_p），且界面不断扰动，因此一般情况下，有相变化时对流传热系数较大。

由以上分析可知，影响对流传热的因素很多，因此，对流传热系数的确定是一个极为复杂的问题。各种情况下的对流传热系数尚不能完全通过理论推导得出计算式，通常需通过实验测定。为减少实验工作量，使获得的实验结果便于推广，可应用因次分析法进行实验和整理实验结果。

5.3.4　对流传热系数无因次分析

根据前面的分析可知，影响对流传热系数 α 的因素有强制对流流速 u、传热设备的特征尺寸 l、流体的密度 ρ、黏度 μ、比热容 c_p、导热系数 λ 以及表征自然对流速度的流体受到的升力 $\rho g\beta\Delta t$ 等。它可表示为

$$\alpha=f(u,l,\mu,\lambda,c_p,\rho,\rho g\beta\Delta t)$$

由无因次化方法可以将上式转化为如下无因次形式：

$$\frac{\alpha l}{\lambda}=f\left(\frac{lu\rho}{\mu},\frac{c_p\mu}{\lambda},\frac{\beta g\Delta t l^3\rho^2}{\mu^2}\right) \tag{5-17}$$

于是，描述对流传热过程的特征数关联式为

$$Nu=ARe^aPr^bGr^c \tag{5-17a}$$

式中：Nu——努塞尔数，$Nu=\dfrac{\alpha l}{\lambda}$；

Re——雷诺数，$Re=\dfrac{lu\rho}{\mu}$；

Pr——普朗特数，$Pr=\dfrac{c_p\mu}{\lambda}$；

Gr——格拉晓夫数，$Gr=\dfrac{\beta g\Delta t l^3\rho^2}{\mu^2}$。

式(5-17a)为无相变条件下对流传热系数的特征数关联式的一般形式。特征数的符号和意义见表 5-3。

表 5-3　特征数的符号和意义

特征数名称	符　　号	物 理 意 义
努塞尔数	$Nu=\dfrac{\alpha l}{\lambda}$	包含对流传热系数的特征数
雷诺数	$Re=\dfrac{lu\rho}{\mu}$	流体流动状态和湍动程度对对流传热的影响
普朗特数	$Pr=\dfrac{c_p\mu}{\lambda}$	流体物性对对流传热的影响
格拉晓夫数	$Gr=\dfrac{\beta g\Delta t l^3\rho^2}{\mu^2}$	自然对流对对流传热的影响

对于不同情况下的对流传热，式(5-17a)中的系数 A、a、b、c 由实验方法测定。特征数关联式是经验公式，在使用这些经验公式计算对流传热系数 α 时，应注意以下几点。

1. 适用范围

关联式中各特征数的数值应在实验所进行的数值范围内,使用时不能超出适用范围。

2. 定性温度

特征数中包含的物性参数 ρ、μ、λ、c_p 及 β 等随温度而变,考虑到沿流体流动方向温度逐渐变化,因此,在处理实验数据时取一个有代表性的温度以确定物性参数的数值。用于确定物性参数数值的温度称为定性温度。定性温度的选取视具体情况取某个平均值。

3. 特征尺寸

关联式中所用的特征尺寸 l 一般选用对流体的流动和传热有决定性影响的尺寸。对于圆形管,特征尺寸为管径 d;对于非圆形管道,通常取当量直径 d_e。

4. 计量单位

特征数是无因次的数群,每个特征数所涉及的物理量必须采用统一的单位制。

5.3.5 流体无相变时对流传热系数的经验关联式

1. 流体在圆形直管内作强制湍流时的对流传热系数

对于强制湍流,可忽略自然对流的影响,即不考虑式(5-17a)中的 Gr。

1) 低黏度流体的对流传热系数

对于低黏度流体,可采用下列关联式:

$$Nu=0.023Re^{0.8}Pr^k \tag{5-18}$$

或

$$\alpha=0.023\frac{\lambda}{d}\left(\frac{du\rho}{\mu}\right)^{0.8}\left(\frac{c_p\mu}{\lambda}\right)^k \tag{5-18a}$$

式(5-18)与式(5-18a)中的应用条件如下。

(1) $Re>10^4$,$0.7<Pr<160$,管长与管径之比 $l/d>60$,流体黏度 $\mu<2$ mPa·s。

(2) 定性温度:取流体进、出口温度的算术平均值 t_m。

(3) 特征尺寸:Nu、Re 中特征尺寸 l 取管内径 d_i。

(4) 流体被加热时,$k=0.4$;流体被冷却时,$k=0.3$。

k 取不同值的主要原因,是考虑温度对近壁层流内层内流体黏度和导热系数的影响。当管内流体被加热时,靠近管壁处层流内层的温度高于流体主体温度;而流体被冷却时,情况正好相反。对于液体,其黏度随温度升高而降低,液体被加热时层流内层变薄,大多数液体的导热系数随温度升高也有所减小,但不显著,总的结果使对流传热系数增大。液体被加热时的对流传热系数必大于冷却时的对流传热系数。大多数液体的 $Pr>1$,即 $Pr^{0.4}>Pr^{0.3}$。因此,液体被加热时,k 取 0.4;冷却时,k 取0.3。对于气体,其黏度随温度升高而增大,气体被加热时层流内层增厚,气体的导热系数随温度升高也略有升高,总的结果使对流传热系数减小。气体被加热时的对流传热系数必小于冷却时的对流传热系数。由于大多数气体的 $Pr<1$,即 $Pr^{0.4}<Pr^{0.3}$,故同液体一样,气体被加热时 k 取 0.4,冷却时 k 取 0.3。

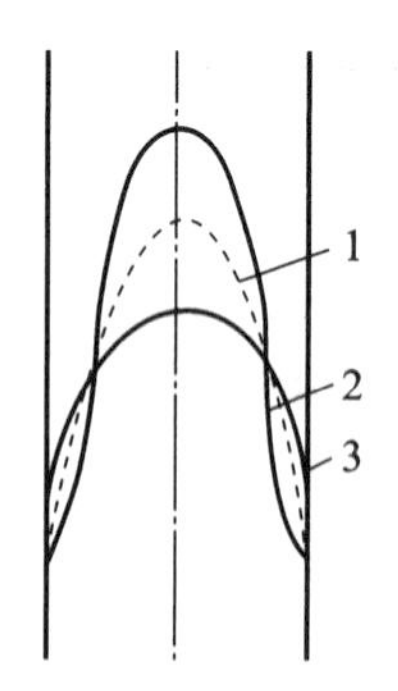

图 5-9 热流方向对层流速度分布的影响

1—等温;2—冷却;3—加热

由以上分析可知,温度对近壁处层流内层内流体黏度的影响,引起近壁流体层内速度分布的变化,故而整个截面上的速度分布也将产生相应的变化,如图5-9所示。

【例 5-4】 常压下，空气在一 $\phi60\ \text{mm}\times3.5\ \text{mm}$ 的钢管中流动，管长为 4 m，流速为 15 m/s，温度由 150 ℃升至 250 ℃。

(1) 试求管壁对空气的对流传热系数；

(2) 若空气的流量提高一倍，对流传热系数有何变化？

(3) 若体积流量不变，管径缩小一半，对流传热系数又有何变化？

解　(1) 定性温度 $t=\dfrac{150+250}{2}$ ℃ $=200$ ℃，查 200 ℃时空气的物性参数：

$$\lambda=0.0393\ \text{W/(m}\cdot\text{℃)},\quad \mu=2.6\times10^{-5}\ \text{Pa}\cdot\text{s},$$

$$\rho=0.746\ \text{kg/m}^3,\quad c_p=1.026\times10^3\ \text{J/(kg}\cdot\text{℃)}$$

特征尺寸

$$d=(0.06-2\times0.0035)\ \text{m}=0.053\ \text{m}$$

$$l/d=4/0.053=75.5>60$$

$$Re=\frac{du\rho}{\mu}=\frac{0.053\times15\times0.746}{2.6\times10^{-5}}=2.28\times10^4>10^4\text{（湍流）}$$

$$Pr=\frac{c_p\mu}{\lambda}=\frac{2.6\times10^{-5}\times1.026\times10^3}{0.0393}=0.68$$

因此可采用式(5-18a)计算空气的对流传热系数 α，本题中空气被加热，$k=0.4$，故

$$\alpha=0.023\frac{\lambda}{d}Re^{0.8}Pr^{0.4}=0.023\times\frac{0.0393}{0.053}\times(2.28\times10^4)^{0.8}\times0.68^{0.4}\ \text{W/(m}^2\cdot\text{℃)}$$

$$=44.8\ \text{W/(m}^2\cdot\text{℃)}$$

(2) 若忽略定性温度的变化，当空气的流量增加一倍时，管内空气的流速为原来的 2 倍。

由于

$$\alpha\propto Re^{0.8}\propto u^{0.8}$$

所以

$$\alpha_1=\alpha\left(\frac{u_1}{u}\right)^{0.8}=44.8\times2^{0.8}\ \text{W/(m}^2\cdot\text{℃)}=78.0\ \text{W/(m}^2\cdot\text{℃)}$$

(3) 若其他条件均不变，管径缩小一半，则

$$\alpha\propto\frac{Re^{0.8}}{d}\propto\frac{(du)^{0.8}}{d}\propto\frac{\left(\dfrac{dq_V}{0.785d^2}\right)^{0.8}}{d}\propto\frac{1}{d^{1.8}}$$

$$\alpha_2=\alpha\left(\frac{d}{d_2}\right)^{1.8}=44.8\times2^{1.8}\ \text{W/(m}^2\cdot\text{℃)}=156.0\ \text{W/(m}^2\cdot\text{℃)}$$

由上可知，当管径不变时，对流传热系数与管内空气流速的 0.8 次方成正比，但当流体流量一定时，对流传热系数与管内径的 1.8 次方成反比。

2) 高黏度流体的对流传热系数

对高黏度流体，因近管壁处流体的黏度与管中心处的黏度相差较大，所以计算高黏度流体的对流传热系数时要考虑壁面温度变化对黏度的影响，可采用下式计算：

$$\alpha=0.027\frac{\lambda}{d}\left(\frac{du\rho}{\mu}\right)^{0.8}\left(\frac{c_p\mu}{\lambda}\right)^{0.33}\left(\frac{\mu}{\mu_w}\right)^{0.14}\tag{5-19}$$

此式的应用范围：$Re>10^4$，$0.7<Pr<700$，长径比 $l/d>60$；特征尺寸的规定与式(5-18a)相同；除 μ_w 取壁温下的黏度，其余同式(5-18a)所规定的。但在实际中，由于壁温难以测得，工程上可用下法进行近似处理：

对于液体，被加热时，$\left(\dfrac{\mu}{\mu_w}\right)^{0.14}=1.05$；被冷却时，$\left(\dfrac{\mu}{\mu_w}\right)^{0.14}=0.95$。

3) 流体在短管中的对流传热系数

当 $l/d<60$ 时，则为短管，由于管入口扰动较大，存在管入口效应，热阻减小，使 α 增大，可将式(5-19)所计算的 α 乘上校正系数 f 加以校正。

$$f=1+\left(\frac{d}{l}\right)^{0.7} \tag{5-20}$$

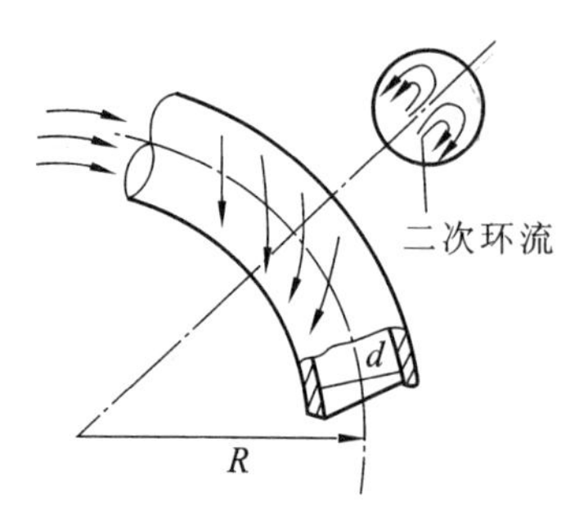

图 5-10 弯管内流体的流动

2. 流体在弯管中的对流传热系数

如图 5-10 所示,流体在弯管内流动时,由于受离心力的作用,湍动加剧,α 增大。弯管中的对流传热系数计算,可以先按直管计算,然后乘以校正系数 f''。

$$f''=\left(1+1.77\frac{d}{R}\right) \tag{5-21}$$

式中:d——管径;

R——弯管的曲率半径。

3. 非圆形直管内强制对流的对流传热系数

此时仍可采用圆形直管内流动时相应的公式计算,只需将特征尺寸由管内径改为当量直径 d_e。当量直径可按下式计算:

$$d_e=\frac{4\times\text{流体流动截面}}{\text{润湿周边}}$$

则式(5-18a)改为

$$\alpha=0.023\frac{\lambda}{d_e}\left(\frac{d_e u\rho}{\mu}\right)^{0.8}\left(\frac{c_p\mu}{\lambda}\right)^k \tag{5-22}$$

此式为近似计算式,对套管环隙,用水和空气进行实验,可得 α 的更为准确的经验公式:

$$\alpha=0.02\frac{\lambda}{d_e}\left(\frac{d_1}{d_2}\right)^{0.53}Re^{0.8}Pr^{1/3} \tag{5-23}$$

式中:d_1、d_2——套管外管内径和内管外径。适用范围:$Re=1.2\times10^4\sim2.2\times10^5$,$d_1/d_2=1.65\sim17$。

需特别注意的是,计算环隙流体流速时,需用环隙的真实流通面积,而不能用当量直径计算流速。

4. 流体在过渡区的对流传热系数

当雷诺数 Re 在 2 300~10 000 时,因流体流动的湍动程度减少,层流内层变厚,α 减小。可先按湍流计算 α,然后乘以校正系数 f'。

$$f'=1.0-\frac{6\times10^5}{Re^{1.8}} \tag{5-24}$$

【例 5-5】 常压空气在内径为 20 mm 的管内由 20 ℃加热到 100 ℃,空气的平均流速为30 m/s,试求管壁对空气的对流传热系数。

解 定性温度 $t_m=\frac{100+20}{2}$ ℃=60 ℃,查附录 C,60 ℃时空气的物性参数为

$\mu=2.01\times10^{-5}$ Pa·s, $\rho=1.06$ kg/m³, $\lambda=0.028\ 93$ W/(m·℃), $Pr=0.696$

则

$$Re=\frac{du\rho}{\mu}=\frac{0.02\times30\times1.06}{2.01\times10^{-5}}=31\ 641\text{(湍流)}$$

根据式(5-18a),又因为气体被加热,取 $k=0.4$,于是得

$$\alpha_{\text{湍}}=0.023\frac{\lambda}{d}Re^{0.8}Pr^{0.4}=0.023\times\frac{0.028\ 93}{0.02}\times31\ 641^{0.8}\times0.696^{0.4}\ \text{W/(m}^2\cdot\text{℃)}$$

$$=114.6\ \text{W/(m}^2\cdot\text{℃)}$$

5. 流体在圆形直管内作强制层流流动时的对流传热系数

流体在圆形直管内作强制层流流动时,如果传热不影响速度分布,则热量传递完全以热传

导的方式进行。但实际上只有在管径较小、流体与管壁之间的温度差和流速较低的情况下，才有较严格的层流传热。即当 $Gr<2.5\times10^4$ 时，自然对流的影响可忽略不计，此时对流传热系数可采用下式计算：

$$Nu=1.86\left(RePr\frac{d}{l}\right)^{1/3}\left(\frac{\mu}{\mu_w}\right)^{0.14} \tag{5-25}$$

适用范围：$Re<2\ 300$，$RePr\dfrac{d}{l}>10$，$l/d>60$，$0.6<Pr<6\ 700$。

定性温度取流体进、出口温度的算术平均值；特征尺寸取管内径，μ_w 按壁温确定。工程上可用下法近似处理：

对于液体，加热时，$\left(\dfrac{\mu}{\mu_w}\right)^{0.14}=1.05$；

冷却时，$\left(\dfrac{\mu}{\mu_w}\right)^{0.14}=0.95$。

对于气体，$\left(\dfrac{\mu}{\mu_w}\right)^{0.14}\approx1.0$。

当 $Gr>2.5\times10^4$ 时，若忽略自然对流的影响，就会造成很大的误差，此时计算 α 值，应乘以校正系数 $f=0.8\times(1+0.015Gr^{1/3})$ 加以校正。

必须指出，由于强制层流时对流传热系数很低，故在换热器设计中，应尽量避免在强制层流条件下进行传热。

6. 流体在管外强制对流时的对流传热系数

流体垂直流过管束时，管束的排列情况可以有直列和错列两种。由于管束的排列方式不同，对 α 的影响也不同，如图 5-11 所示。当流体流过第一列管束时，无论是直列还是错列，其换热情况和单管时相仿，但后面各排管子的情况就不同了。对错列来说，各排管子受到流体冲击的情况相差不大，但直列时，后排管子的前半部处于前一排管子的旋涡之中，因此在 Re 不大时，直列时管子前半部的传热强度比错列时差；又由于错列时流体受扰动的情况更为显著，因而在同样的 Re 下，错列的平均对流传热系数要比直列时大。随着 Re 的增大，流体本身的扰动逐渐加强，而流体通过管束的扰动已逐渐退居次要地位，错列和直列时的 α 差别减小。当 Re 很大时，直列的对流传热系数有可能超过错列。

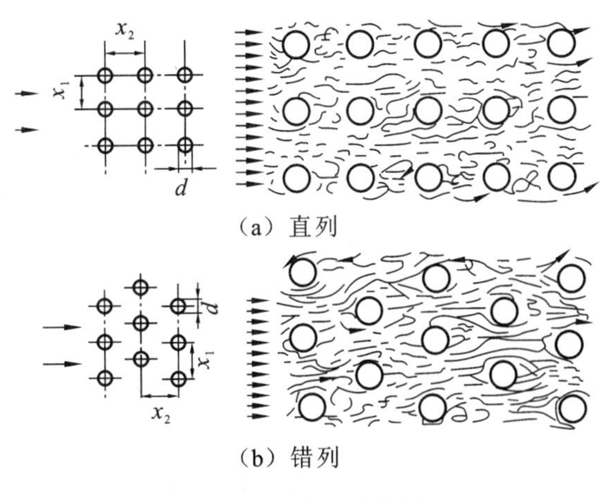

图 5-11　管束的排列

流体在管外垂直流过管束时的对流传热系数用下式计算：

$$Nu=C\varepsilon Re^{n}Pr^{0.4} \tag{5-26}$$

其中 C、ε、n 取决于排列方式和管排数，数值由实验测定，具体取值见表 5-4。

表 5-4 流体垂直于管束时的 C、ε 和 n 值

列数	直列		错列		C
	n	ε	n	ε	
1	0.6	0.171	0.6	0.171	$\frac{x_1}{d}=1.2\sim3$ 时，$C=1+0.1\frac{x_1}{d}$
2	0.65	0.157	0.6	0.228	
3	0.65	0.157	0.6	0.290	$\frac{x_1}{d}>3$ 时，$C=1.3$
3 以上	0.65	0.157	0.6	0.290	

7. 流体在大空间自然对流时的对流传热系数

不存在强制流动的大容积自然对流条件下，对流传热系数仅与反映自然对流的 Gr 和反映物性的 Pr 有关，可使用下面的经验式计算：

$$Nu=C(GrPr)^{n} \tag{5-26a}$$

或写为

$$\alpha=C\frac{\lambda}{l}\left(\frac{c_p\mu}{\lambda}\frac{\beta g\Delta t l^3\rho^2}{\mu^2}\right)^{n} \tag{5-26b}$$

式(5-26b)中的 C、n 亦由图 5-12 中曲线分段求取，具体数值列在表 5-5 中。

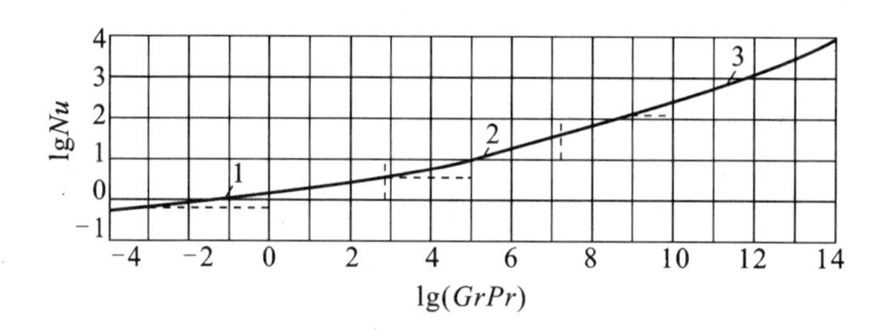

图 5-12 自然对流时的传热系数

表 5-5 式(5-26b)中的系数 C 和 n

段数	$GrPr$	C	n
1	$1\times10^{-3}\sim5\times10^{2}$	1.18	1/8
2	$5\times10^{2}\sim2\times10^{7}$	0.54	1/4
3	$2\times10^{7}\sim1\times10^{13}$	0.135	1/3

使用上式应注意以下几点：

(1) 对于水平管，特征尺寸取外径 d_o，对于垂直管、垂直板，特征尺寸取管长、板高 l；

(2) 定性温度取膜温 $(t_m+t_w)/2$；

(3) Gr 中 $\Delta t=t_w-t$，t_w 为壁温，t 为流体平均温度；

(4) Gr 中 β 为体积膨胀系数，$\beta=1/T$。

【例 5-6】 直径为 0.3 m 的水平圆管，表面温度为 250 ℃，水平圆管置于室内，空气温度为15 ℃，计算每米管长的自然对流热损失。

解 定性温度为
$$t_m=\frac{t_w+t}{2}=\frac{250+15}{2}\ ℃=132.5\ ℃$$

查 132.5 ℃时空气的物性参数：
$$\lambda=0.034\ W/(m\cdot ℃),\quad \nu=26.26\times10^{-6}\ m^2/s,\quad Pr=0.685$$
$$\beta=\frac{1}{T}=\frac{1}{132.5+273.2}\ K^{-1}=2.46\times10^{-3}\ K^{-1}$$

则
$$GrPr=\frac{g\beta(t_w-t)d^3}{\nu^2}Pr=\frac{9.81\times2.46\times10^{-3}\times(250-15)\times0.3^3}{(26.26\times10^{-6})^2}\times0.685$$
$$=1.52\times10^8$$

查表 5-5 得 $C=0.135$，$n=1/3$，于是
$$Nu=0.135\times(GrPr)^{1/3}=0.135\times(1.52\times10^8)^{1/3}=72.05$$
$$\alpha=Nu\frac{\lambda}{d}=72.05\times\frac{0.034}{0.3}\ W/(m^2\cdot ℃)=8.17\ W/(m^2\cdot ℃)$$

所以每米管长的热损失为
$$\frac{Q}{l}=\pi d\alpha(t_w-t)=3.14\times0.3\times8.17\times(250-15)\ W/m=1\ 808.6\ W/m$$

5.3.6 流体有相变时的对流传热系数

1. 蒸气冷凝时的对流传热系数

1）蒸气冷凝方式

当饱和蒸气与低于其饱和温度的冷壁面接触时，将释放出潜热冷凝为液体。蒸气冷凝成液体时，可有两种完全不同的冷凝方式：膜状冷凝和滴状冷凝。

（1）膜状冷凝。

冷凝液能很好地润湿壁面，形成一层完整的液膜布满壁面，称为膜状冷凝，如图 5-13所示。当壁面形成液膜后，蒸气冷凝释放的热量只能通过液膜传给冷壁面，因此，这层冷凝液膜成为膜状冷凝的主要热阻。若冷凝液膜在重力作用下连续向下流动，则越往下液膜越厚，垂直壁面越高或水平放置的管径越大，整个壁面的对流传热系数就越小。

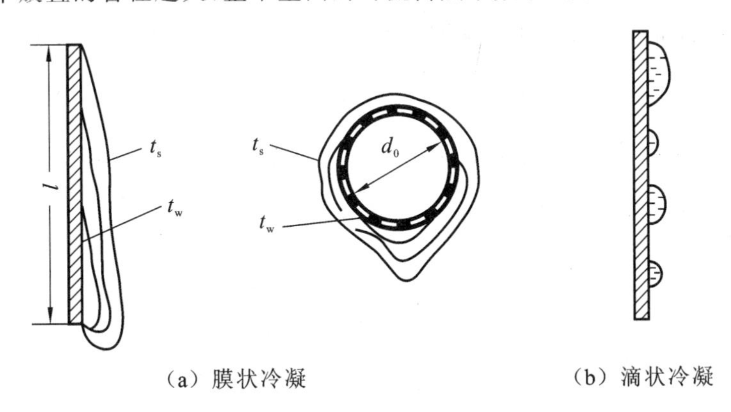

（a）膜状冷凝　　（b）滴状冷凝

图 5-13 膜状冷凝和滴状冷凝

（2）滴状冷凝。

若冷凝液不能很好地润湿壁面，仅在其上凝结成小液滴，此后长大或合并成较大的液滴而

脱落,这种冷凝称为滴状冷凝。滴状冷凝时,由于大部分壁面直接暴露在蒸气中,没有液膜阻碍传热,因而滴状冷凝的传热系数比膜状冷凝的高 5～10 倍。

冷凝液润湿壁面的能力取决于其表面张力和对壁面附着力的大小。若附着力大于表面张力,则会形成膜状冷凝;反之,则形成滴状冷凝。迄今为止,尽管人们采用多种措施,但仍难实现持久性的滴状冷凝,工业上遇到的大多是膜状冷凝,所以工业冷凝器的设计皆按膜状冷凝来处理。下面仅介绍纯饱和蒸气膜状冷凝时的对流传热系数计算。

2) 膜状冷凝时的对流传热系数

(1) 蒸气在垂直板或垂直管外的冷凝。

当蒸气在垂直管外或垂直板上冷凝时,最初冷凝液沿壁面以层流形式向下流动,同时由于蒸气不断在液膜表面冷凝,新的冷凝液不断加入,形成一个流量逐渐增加的液膜流,相应液膜厚度加大,局部对流传热系数减小;当板或管足够高时,下部可能发展为湍流流动,局部的对流传热系数反而增加,如图 5-14 所示。此时仍采用雷诺数来判断层流与湍流:当 $Re<2\ 000$ 时,膜内流体为层流;当 $Re>2\ 000$ 时,膜内流体为湍流。

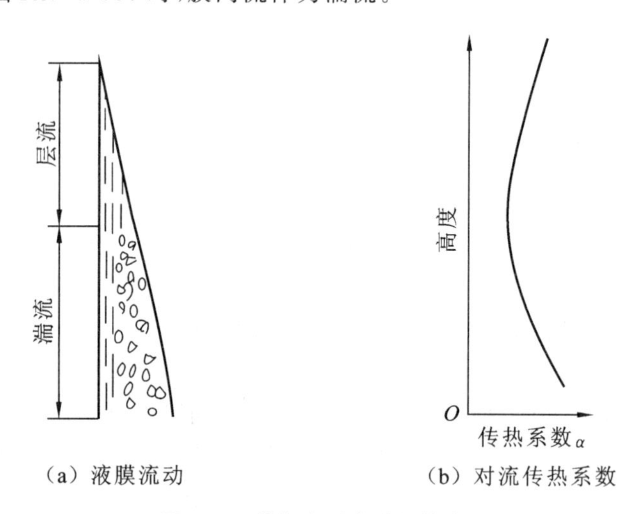

(a) 液膜流动　　(b) 对流传热系数

图 5-14　蒸气在垂直壁上的冷凝

此处的雷诺数通常表示为冷凝负荷 M 的函数。冷凝负荷指单位时间、单位润湿周边上流过的冷凝液量,即 $M=\dfrac{q_m}{\Pi}$(kg/(m · s))。q_m 为冷凝液的质量流量(kg/s),Π 为润湿周边(m)。对于垂直的平壁,Π 为壁的宽度;对于垂直管,Π 为管外壁周长。

若液膜的流通截面积为 A,则当量直径为 $d_e=\dfrac{4A}{\Pi}$,由此可得

$$Re_M=\frac{d_e u\rho}{\mu}=\frac{\dfrac{4Aq_m}{\Pi A}}{\mu}=\frac{4q_m}{\Pi\mu} \tag{5-27}$$

由于

$$\Delta t=\frac{Q}{A\alpha}=\frac{q_m r}{\alpha\Pi l}=\frac{Mr}{\alpha l}$$

则

$$\frac{r}{\Delta tl}=\frac{\alpha}{M} \tag{5-28}$$

所以
$$Re_M=\frac{4\alpha l\Delta t}{\mu r}$$

注意:此处的雷诺数 Re 是指板或管最低处的值(此时 Re 为最大)。

① 层流膜状冷凝时的对流传热系数。层流膜状冷凝时对流传热系数关系式的推导可用努塞尔模型。模型假设:冷凝液膜呈层流流动,传热方式为通过液膜的热传导;蒸气静止不动,对液膜无摩擦阻力;蒸气冷凝成液体时所释放的热量仅为冷凝潜热,蒸气温度和壁面温度保持不变;冷凝液的物性可按平均液膜温度取值,且为常数。

根据上述假设,对蒸气在垂直管外或垂直板侧的冷凝,可推导得努塞尔关系式,即

$$\alpha=0.943\left(\frac{r\rho^2 g\lambda^3}{\mu l\Delta t}\right)^{1/4} \tag{5-29}$$

将式(5-28)代入式(5-29)得

$$\alpha=0.943\left(\frac{\rho^2 g\lambda^3}{\mu}\frac{\alpha}{M}\right)^{1/4}=0.943\left(\frac{\rho^2 g\lambda^3}{\mu^2}\frac{4\mu}{4M}\alpha\right)^{1/4} \tag{5-29a}$$

整理简化得

$$\alpha\left(\frac{\mu^2}{\rho^2 g\lambda^3}\right)^{1/3}=1.47Re^{-1/3} \tag{5-29b}$$

或写成
$$\alpha^*=1.47Re^{-1/3},\quad \alpha^*=\alpha\left(\frac{\mu^2}{\rho^2 g\lambda^3}\right)^{1/3} \tag{5-29c}$$

其中,α^* 为无因次数群,称为冷凝特征数。

实际的对流传热系数值比理论计算值高,在工程计算时,应将计算结果提高 20%,即

$$\alpha=1.13\left(\frac{r\rho^2 g\lambda^3}{\mu l\Delta t}\right)^{1/4} \tag{5-29d}$$

或
$$\alpha^*=1.88Re^{-1/3} \tag{5-30}$$

式中:l——特性尺寸,取垂直管或垂直板的高度,m;

λ——冷凝液的导热系数,W/(m·℃)或 W/(m·K);

ρ——冷凝液的密度,kg/m^3;

μ——冷凝液的黏度,Pa·s;

r——饱和蒸气的冷凝潜热,kJ/kg;

Δt——蒸气的饱和温度 t_s 与壁面温度 t_w 之差,℃。

定性温度除蒸气冷凝潜热取饱和温度 t_s 外,其余均取液膜平均温度 $t_m=(t_s+t_w)/2$。

② 湍流时的对流传热系数。湍流时,$Re>2\,000$,液膜的流动形态由层流转为湍流,其实验关联式为

$$\alpha^*=0.007Re^{0.4} \tag{5-31}$$

值得注意的是,由式(5-29c)和式(5-30)可以看出,在层流时,随 Re 值增加,α 值减小;湍流时,则随 Re 值增加,α 值增大。

由于冷凝液的液膜流动有层流与湍流两种形式,因此,在计算 α 时,应先假设液膜的流动类型,求出 α 值后,再计算雷诺数,然后校核其是否在所假设的流动类型范围内。

(2) 蒸气在水平管外冷凝。

当蒸气在管外径较小的水平管外冷凝时,冷凝液膜流动处于层流状态。可将水平圆管看作不同角度的斜壁所组成的连续过程,从而得到水平圆管外的平均冷凝传热系数,即

$$\alpha=0.725\left[\frac{r\rho^2 g\lambda^3}{\mu d(t_s-t_w)}\right]^{1/4} \tag{5-32}$$

式中:d——圆管外径。

计算 Re_l 中润湿周边取为管长 l 时,还可将其写成无因次的形式,即

$$\alpha^*=\alpha\left(\frac{\mu^2}{\lambda^3\rho^2 g}\right)^{1/3}=1.51Re_l^{-1/3} \tag{5-33}$$

式中定性温度取法与竖壁的特征数方程相同。

工业冷凝器是由管束组成的,当蒸气在水平管束外冷凝,冷凝液下落时,不可避免地产生撞击、飞溅,使下排液膜扰动增强,但通常液膜厚度增加,故需对式(5-32)进行修正。研究证明,式(5-32)中 d 用 $n^{2/3}d$ 表示更符合实际结果,即

$$\alpha=0.725\left[\frac{r\rho^2 g\lambda^3}{\mu n^{2/3}d(t_s-t_w)}\right]^{1/4} \tag{5-34}$$

式中:n——管束在垂直方向上的管排数。对于不同的管束排列方式,n 值的计算方法不同,具体计算方法可查阅有关换热器设计手册。

【例 5-7】 常压甲醇蒸气在一卧式冷凝器中于饱和温度下全部冷凝成液体。冷凝器从上到下均布 6 排 ϕ19 mm×2.0 mm 钢管,管内通冷却水,甲醇蒸气在管外冷凝。蒸气的饱和温度为65 ℃,汽化潜热为 1 120 kJ/kg,管壁的平均温度为 45 ℃。试求:

(1) 第一排水平管上的蒸气冷凝传热系数;

(2) 水平管束的平均对流传热系数。

解 定性温度 $t_m=\frac{65+45}{2}$ ℃=55 ℃,查 55 ℃时甲醇的物性参数:

$$\mu=0.376\times10^{-3}\ \text{Pa·s},\quad \rho=760\ \text{kg/m}^3,\quad \lambda=0.2\ \text{W/(m·℃)}$$

(1) 第一排管的蒸气冷凝传热系数。

由式(5-34)可知

$$\alpha=0.725\left(\frac{r\rho^2 g\lambda^3}{\mu d\Delta t}\right)^{1/4}=0.725\times\left[\frac{1\ 120\times10^3\times760^2\times9.81\times0.2^3}{0.376\times10^{-3}\times0.019\times(65-45)}\right]^{1/4}\ \text{W/(m}^2\text{·℃)}$$
$$=3\ 148\ \text{W/(m}^2\text{·℃)}$$

(2) 各排管的平均对流传热系数。

$n=6$,其他条件不变,则

$$\alpha_m=3\ 148\times\left(\frac{1}{6^{\frac{2}{3}}}\right)^{1/4}\ \text{W/(m}^2\text{·℃)}=2\ 335\ \text{W/(m}^2\text{·℃)}$$

3) 冷凝传热的影响因素和强化措施

前已述及,纯饱和蒸气冷凝时,热阻主要集中在冷凝液膜内,液膜的厚度及其流动状况是影响冷凝传热的关键,因此,影响液膜状况的因素都将影响冷凝传热,现分述如下。

(1) 不凝性气体的影响。

上面的讨论对象均针对纯蒸气冷凝,而在工业冷凝器中,由于蒸气中常含有微量的不凝性气体,如空气等,因此当蒸气冷凝时,不凝性气体会在液膜表面富集形成气膜。这相当于额外附加了一层热阻,而且由于气体的导热系数 λ 小,故使蒸气冷凝的对流传热系数大大下降。实验证明:当蒸气中含不凝气量达 1%时,α 下降 60%左右。因此,在冷凝器的设计中,应在蒸气冷凝侧的高处安装气体排放口,定期排放不凝性气体,减少不凝性气体对 α 的不良影响。

(2) 冷凝液膜两侧温度差的影响。

当液膜作层流流动时,若 $\Delta t=t_s-t_w$ 增大,则蒸气冷凝速率加大,液膜厚度 δ 增大,使冷凝

传热系数 α 降低。

(3) 流体物性的影响。

由膜状冷凝的传热系数计算式可知，若冷凝液密度 ρ 增大或黏度 μ 减小，则液膜厚度 δ 减小，导致冷凝传热系数 α 增大。冷凝液导热系数 λ 增大，也会增大冷凝传热系数 α。冷凝潜热 r 较大的蒸气，在同样的热流量 Q 下冷凝液量小，则液膜厚度较小，因而冷凝传热系数 α 大。在所有的物质中，水蒸气的冷凝传热系数最大，一般可达10^4 W/(m^2 · K)左右，而某些有机物蒸气的冷凝传热系数可低至 10^3 W/(m^2 · K)以下。

(4) 蒸气流速与流向的影响。

前面介绍的公式只适用于蒸气静止或流速不大的情况。蒸气流速 $u<10$ m/s 时，可不考虑其对 α 的影响。当蒸气流速 $u>10$ m/s 时，还需考虑蒸气与液膜之间的摩擦作用力。蒸气与液膜流向相同时，会加速液膜流动，使液膜变薄，α 增大；蒸气与液膜流向相反时，会阻碍液膜流动，使液膜变厚，α 减小；但当流速达到一定程度超过液膜重力时，液膜会被蒸气吹散，使 α 急剧增大。一般在设计冷凝器时，蒸气入口在其上部，此时蒸气与液膜流向相同，有利于 α 的提高。

(5) 蒸气过热的影响。

温度高于操作压力下饱和温度的蒸气称为过热蒸气。过热蒸气与比其饱和温度高的壁面接触($t_w>t_s$)时，壁面无冷凝现象，此时为无相变的对流传热过程。过热蒸气与比其饱和温度低的壁面接触($t_w<t_s$)时，该过程由两个串联的传热过程组成：冷却和冷凝。整个过程是过热蒸气首先在气相下冷却到饱和温度，然后在液膜表面继续冷凝，冷凝的推动力仍为 $\Delta t=t_s-t_w$。

一般过热蒸气的冷凝过程可按饱和蒸气冷凝来处理，所以前面的公式仍适用。但此时应将公式中饱和蒸气的潜热 r 改为 $r'=c_p(t_v-t_s)+r$，c_p 和 t_v 分别为过热蒸气的比热容和温度。工业中过热蒸气显热增加较小，可近似用饱和蒸气计算。

(6) 冷凝面的形状及布置方式的影响。

减小液膜厚度最直接的方法是从冷凝壁面的形状和布置方式入手。例如，在垂直壁面上开纵向沟槽，以减小壁面上的液膜厚度。还可在壁面上安装金属丝或翅片，使冷凝液在表面张力的作用下，集中流向金属丝或翅片附近，从而使壁面上的液膜变薄，使冷凝传热系数得到提高，强化传热过程。

对于水平布置的管束，冷凝液从上部各排管子流向下部各排管子，使下部各排管子的液膜变厚，α 减小。因此，沿垂直方向上管排数目越多，α 减小越多。为此，应减少垂直方向上管排数目，或将管束由直列改为错列，或安装能去除冷凝液的挡板等方式，来提高对流传热系数，强化传热。

2. 液体沸腾时的对流传热系数

液体被加热时，其内部伴有由液相变为气相产生气泡的过程称为沸腾。因液体沸腾时壁面有流体流动，所以沸腾传热过程属于对流传热。液体沸腾有两种情况：一种是流体在管内流动过程中受热沸腾，称为管内沸腾，此时液体流速对沸腾过程有影响，而且加热面上气泡不能自由上浮，被迫随流体一起流动，出现了复杂的气、液两相的流动形态，如蒸发器中管内料液的沸腾等；另一种是将加热面浸入液体中，液体被壁面加热而引起的无强制对流的沸腾现象，称为大容器内沸腾或池内沸腾。管内沸腾的传热机理比大容器内沸腾更复杂。本节仅讨论大容器内沸腾传热过程。

1) 大容器内沸腾现象

液体沸腾的主要特征,是在浸入液体内部的加热壁面上不断有气泡生成、长大、脱离并上升到液体表面。理论上液体沸腾时气、液两相处于平衡状态,即液体的沸腾温度等于该液体所处压力下相对应的饱和温度 t_s。但实验测定表明,由于表面张力的作用,气泡内的蒸气压力大于液体的压力。而气泡生成和长大都需要从周围液体中吸收热量,要求压力较低的液相温度高于气相的温度,故液体必须处于过热状态,即液体的主体温度 t_1 必须高于液体的饱和温度 t_s。温度差 t_1-t_s 称为过热度,用 Δt 表示。在液相中紧贴加热面的液体温度等于加热面的温度 t_w,这时的过热度最大,$\Delta t=t_w-t_s$。液体的过热度是小气泡生成的必要条件。

实验观察表明,即便液体存在过热度,纯净的液体在绝对光滑的加热面上也不可能产生气泡,而只能在加热表面的若干粗糙不平的点上产生,这种点称为汽化核心。汽化核心是一个复杂的问题,它与表面粗糙程度、氧化情况、材料的性质及其不均匀性质等多种因素有关。在沸腾过程中,小气泡首先在汽化核心处生成并长大,并在浮力作用下脱离壁面。随着气泡不断地形成并上升,气泡让出的空间被周围的液体所置换,冲刷壁面,引起贴壁液体层的剧烈扰动,从而使液体沸腾时的对流传热系数比无相变时大得多。在一定的范围内,过热度越大,生成气泡数量越多,液体沸腾越剧烈,对流传热系数就越大。

2) 沸腾曲线

大容器内的沸腾过程随着温度差 Δt(壁面温度 t_w 与操作压力下液体的饱和温度 t_s 之差)的不同,会出现不同类型的沸腾状态。如图 5-15 所示,以常压水在大容器内沸腾为例,讨论温度差 Δt 对对流传热系数 α 的影响。

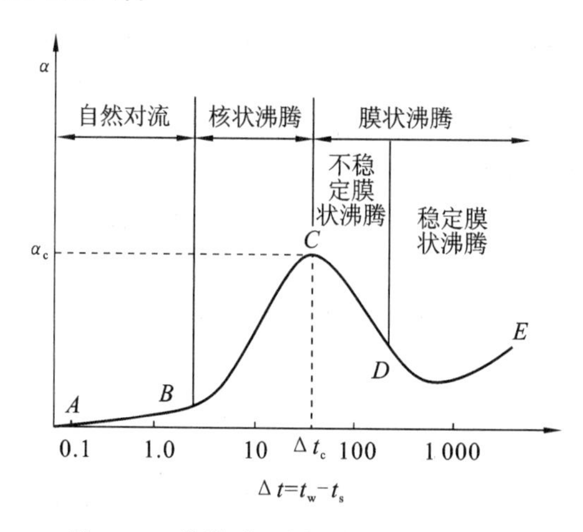

图 5-15　沸腾时 α 和温差 Δt 的对数关系

(1) AB 段,Δt 很小($\Delta t<5$ ℃)时,仅在加热面有少量汽化核心形成气泡,气泡长大速度慢,汽化仅发生在液体表面,严格地说还不是沸腾,而是表面汽化。加热面附近受到气泡的扰动不大,α 较小,且随 Δt 增大而缓慢增加,加热面与液体之间的热量传递主要以自然对流为主,通常将此区称为自然对流区。

(2) BC 段,25 ℃$>\Delta t>$5 ℃时,随着 Δt 的增大,气泡数增多,气泡长大速度增快,对液体扰动增强,对流传热系数增大。此区称为核状沸腾区。

(3) CD 段，$\Delta t>25$ ℃时，随着过热度 Δt 不断增大，加热面上的汽化核心大大增加，以致气泡产生的速度大于脱离壁面的速度，气泡相连形成气膜，将加热面与液体隔开，由于气体的导热系数 λ 较小，使 α 急剧下降，此阶段称为不稳定膜状沸腾。

(4) DE 段，$\Delta t>250$ ℃时，气膜稳定，由于加热面 t_w 高，热辐射影响增大，对流传热系数增大，此时为稳定膜状沸腾。

从核状沸腾转变为膜状沸腾的转折点 C 称为临界点，临界点所对应的温度差、沸腾传热系数和热流密度分别称为临界温度差 Δt_c、临界沸腾传热系数 α_c 和临界热流密度 q_c。常压水在大容器内沸腾时，临界温度差 Δt_c 为 25 ℃，临界热流密度 q_c 为 1.25×10^6 W/m^2。

其他液体在不同压力下的沸腾曲线与水有类似的形式，只是临界点的数值不同。

工业上的沸腾装置，一般应维持在核状沸腾区工作，此阶段沸腾传热系数较大，t_w 小。但应注意温度差 Δt 不应大于 Δt_c，否则一旦变为膜状沸腾，将导致传热过程恶化，不仅 α 急剧下降，还会因管壁温度过高造成严重事故。

3) 沸腾对流传热系数的计算

沸腾传热过程极其复杂，各种经验公式很多，但都不够完善，至今尚无可靠的一般关联式。下面仅介绍水沸腾时 α 的经验计算式。

在双对数坐标图上，核状沸腾阶段的对流传热系数 α 与温度差 Δt 呈线性关系，故可用下述关系式表示：

$$\alpha=C\Delta t^m \tag{5-35}$$

式中的 C 与 m 由实验测定。对于不同的液体和加热面材料，C 与 m 值不同。

若考虑压力的影响，式(5-35)可写为

$$\alpha=C\Delta t^m p^n \tag{5-35a}$$

对于水，在 $10^5\sim4\times10^6$ Pa 压力(绝对压)范围内，有下列经验式：

$$\alpha=0.123\Delta t^{2.33}p^{0.5} \tag{5-35b}$$

式中：p——沸腾绝对压，Pa；

$\Delta t=t_w-t_s$，t_w 为加热壁面温度，t_s 为沸腾液体的饱和温度。

4) 影响沸腾传热的因素和强化措施

(1) 流体物性。

在液体沸腾过程中气泡离开壁面的速度越快，新气泡生成的频率就越高，α 就越大。而气泡离开壁面的快慢与液体对金属表面的润湿能力及液体表面张力的大小有关。表面张力 σ 小，润湿能力大的液体，有利于气泡形成和脱离壁面，对传热有利。同时流体的 μ、λ、ρ 等对 α 也有影响，一般说来，α 随 λ 和 ρ 的增加而增大，而随 μ 的增加而减小。

(2) 温度差 Δt。

由沸腾曲线可知，温度差 Δt 是影响和控制沸腾传热过程的重要因素，应尽量控制在核状沸腾阶段进行操作。

(3) 操作压力。

提高操作压力 p，相当于提高液体的饱和温度 t_s，使液体的 μ 和 σ 降低，有利于气泡的形成和脱离壁面，强化了沸腾传热，在相同的温度差下，α 增大。

(4) 加热面的状况。

加热面越粗糙，提供的汽化核心越多，越有利于传热。新的、洁净的、粗糙的加热面，α

大;当壁面被油脂污染后,会使 α 下降。此外,加热面的布置情况对沸腾传热也有明显的影响。例如在水平管束外沸腾时,其上升气泡会覆盖上方管的一部分加热面,导致平均表面张力下降。

除了上述因素之外,设备结构、加热面形状和材料性质以及液体深度都会影响沸腾传热。

5.4 热　辐　射

5.4.1 热辐射的基本概念

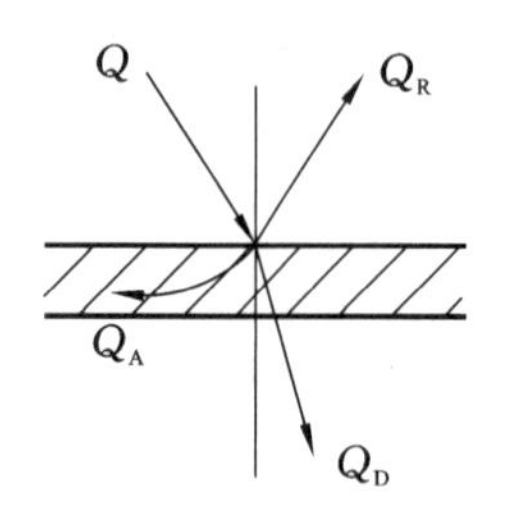

图 5-16　辐射能的吸收、反射和透过

和可见光一样,当来自外界的辐射能投射到物体表面上,也会发生吸收、反射和透过现象(如图 5-16 所示)。假设外界投射到物体表面上的总辐射能量为 Q,其中一部分进入表面后被物体吸收(Q_A),一部分被物体反射(Q_R),其余部分穿透物体(Q_D)。按能量守恒定律

$$Q=Q_A+Q_R+Q_D \tag{5-36}$$

或

$$\frac{Q_A}{Q}+\frac{Q_R}{Q}+\frac{Q_D}{Q}=1 \tag{5-36a}$$

式中:$\frac{Q_A}{Q}$——吸收率,用 A 表示;

$\frac{Q_R}{Q}$——反射率,用 R 表示;

$\frac{Q_D}{Q}$——透过率,用 D 表示。

式(5-36a)也可写成

$$A+R+D=1 \tag{5-36b}$$

物体的吸收率 A、反射率 R、透过率 D 的大小取决于物体的性质、表面和辐射线的波长等。通常辐射能不能透过固体和液体,即 $A+R=1$,而气体对辐射能几乎无反射能力,即 $R=0$。

能全部吸收辐射能的物体,即 $A=1$,称为绝对黑体或黑体。黑体是能全部吸收辐射能的物体。黑体只是一种理想化物体,实际物体只能或多或少地接近黑体,如没有光泽的黑漆表面,其吸收率 $A=0.96\sim0.98$。能全部反射辐射能的物体,即$R=1$的物体称为绝对白体或镜体。镜体也是一种理想物体,如磨光的金属表面的反射率 $R=0.97$,接近于镜体。引入黑体和镜体的概念是作为实际物体的比较标准,以简化辐射传热计算。能全部透过辐射能的物体,即 $D=1$ 的物体称为透热体,一般单原子气体和对称的双原子气体(如 He、O_2、H_2、N_2 等)可视为透热体。

能够以相同的吸收率吸收所有辐射能的物体,称为灰体。灰体也是理想物体,实验证明,多数工程材料,对于波长在 0.76～20 μm 范围内的辐射能(此波长范围内的辐射能为工业上应用最多的热辐射),其吸收率随波长的变化不大,故可把这些物体视为灰体。灰体不是透热体,其吸收率与辐射线的波长无关。

5.4.2　物体的辐射能力与斯蒂芬-玻尔兹曼定律

物体在一定温度下，单位表面积、单位时间内所发射的全部辐射能(波长从0到∞)，称为该物体在该温度下的辐射能力，以E表示，单位为W/m^2。

1. 黑体的辐射能力与斯蒂芬-玻尔兹曼定律

斯蒂芬-玻尔兹曼定律：理论上已证明，黑体的辐射能力与其表面的热力学温度T的四次方成正比。即

$$E_b=\sigma_0 T^4 \tag{5-37}$$

式中：E_b——黑体的辐射能力，W/m^2；

σ_0——黑体的辐射常数，数值为$5.669\times10^{-8}\ W/(m^2\cdot K^4)$；

T——黑体表面的热力学温度，K。

科学家传记:斯蒂芬

此式称为斯蒂芬-玻尔兹曼定律，为了使用方便，通常将式(5-37)表示为

$$E_b=C_0\left(\frac{T}{100}\right)^4 \tag{5-37a}$$

式中：C_0——黑体的辐射系数，数值为$5.669\ W/(m^2\cdot K^4)$。

科学家传记:玻尔兹曼

【例5-8】 试计算黑体表面温度分别为30 ℃及800 ℃时的辐射能力。

解　(1) 黑体在30 ℃时的辐射能力。

$$E_{b1}=C_0\left(\frac{T_1}{100}\right)^4=5.669\times\left(\frac{273+30}{100}\right)^4\ W/m^2=478\ W/m^2$$

(2) 黑体在800 ℃时的辐射能力。

$$E_{b2}=C_0\left(\frac{T_2}{100}\right)^4=5.669\times\left(\frac{273+800}{100}\right)^4\ W/m^2=75\ 146\ W/m^2$$

$$\frac{E_{b2}}{E_{b1}}=\frac{75\ 146}{478}=157.2$$

显然热辐射与对流和传导遵循完全不同的规律。由上题可见，同一黑体温度变化$\frac{800+273}{30+273}=3.54$倍时，辐射能力增加157.2倍，说明物体在低温时辐射影响较小，可以忽略，而高温时辐射则成为主要的传热方式。

2. 实际物体的辐射能力

在同一温度下，实际物体的辐射能力恒小于同温度下黑体的辐射能力。不同物体的辐射能力也有较大的差别。通常用黑体的辐射能力E_b作为基准，引入物体的黑度的概念，实际物体的辐射能力与黑体的辐射能力之比称为物体的黑度，用ε表示。

$$\varepsilon=\frac{E}{E_b} \tag{5-38}$$

黑度表示实际物体接近黑体的程度，其值恒小于1。由式(5-38)得

$$E=\varepsilon E_b=\varepsilon C_0\left(\frac{T}{100}\right)^4 \tag{5-38a}$$

影响物体黑度ε的因素有物体的种类、表面温度、表面状况(如粗糙度、表面氧化程度等)、波长等。黑度是物体的一种性质，只与物体本身的情况有关，与外界因素无关，其值可用实验测定。

表5-6中列出某些工业材料的黑度ε的值。从表中可看出，不同材料的黑度ε值差异较

大。表面氧化材料的 ε 值比表面磨光材料的 ε 值大,说明其辐射能力也大。

表 5-6　常用工业材料的黑度 ε 的值

材　　料	温度/℃	黑度 ε
红砖	20	0.93
耐火砖	—	0.8～0.9
钢板(氧化的)	200～600	0.8
钢板(磨光的)	940～1 100	0.55～0.61
铸铁(氧化的)	200～600	0.64～0.78
铜(氧化的)	200～600	0.57～0.87
铜(磨光的)	—	0.03
铝(氧化的)	200～600	0.11～0.19
铝(磨光的)	225～575	0.039～0.057

5.4.3　克希霍夫定律

克希霍夫从理论上证明,同一灰体的吸收率与黑度在数值上相等,即

$$\varepsilon = A \tag{5-39}$$

此式称为克希霍夫定律。由此定律可以推知,物体的辐射能力越大,其吸收能力也越大。显然,知道了灰体的黑度,便可求得该灰体的辐射能力。

5.4.4　两固体间的相互辐射

科学家传记:克希霍夫

工业上通常遇到两固体间的相互辐射传热,一般可视为两灰体间的热辐射。当两灰体间通过热辐射进行热交换时,由于从一个物体发射出来的能量只能部分到达另一物体,而且这部分能量还要反射出一部分,即不能被另一物体全部吸收。同理,从另一物体反射回来的能量,也只有一部分回到原物体,而反射回的这部分能量又被部分地反射和部分地吸收,这种过程反复进行,直到被吸收和反射的能量变为微不足道为止,如图 5-17 所示。

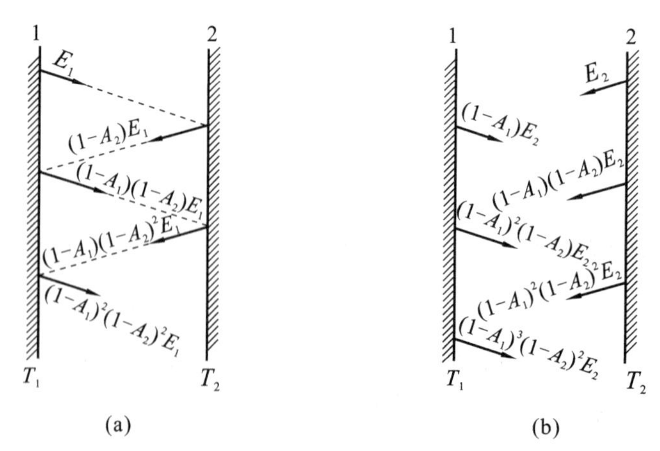

图 5-17　两平行灰体间的相互辐射

两固体间的辐射传热总的结果是热量从高温物体传向低温物体。其热流量与两固体的吸收率、反射率、形状及大小有关，而且还和两固体间的距离与相对位置有关。一般可用下式表示：

$$Q_{1-2}=C_{1-2}\varphi_{1-2}A\left[\left(\frac{T_1}{100}\right)^4-\left(\frac{T_2}{100}\right)^4\right] \tag{5-40}$$

式中：Q_{1-2}——高温物体1向低温物体2辐射的热流量，W；

C_{1-2}——总辐射系数，$W/(m^2 \cdot K^4)$；

φ_{1-2}——几何因子或角系数（物体1发射的能量被物体2拦截的分数）；

A——辐射面积，m^2；

T_1——高温物体的温度，K；

T_2——低温物体的温度，K。

其中总辐射系数 C_{1-2} 和角系数 φ_{1-2} 的数值与物体黑度、形状、大小、距离及相对位置有关。工业上常遇到以下几种情况的固体之间的相互辐射：

(1) 两平行平面之间的辐射，一般又可分为极大的两平行平面间的辐射和面积有限的两相等平行平面间的辐射两种情况；

(2) 一物体被另一物体包围时的辐射，一般可分为很大物体2包住物体1和物体2恰好包住物体1两种情况。

在上述较简单的情况下，辐射面积 A 的确定及总辐射系数 C_{1-2} 和角系数 φ_{1-2} 的求取可参见图5-18和表5-7。其中，$\frac{l}{b}\left(\text{或}\frac{d}{b}\right)=\frac{\text{边长（长方形用短边）或直径}}{\text{辐射面间的距离}}$，对较为复杂的情况，可直接采用实验方法测定。关于这部分内容可查阅有关资料。

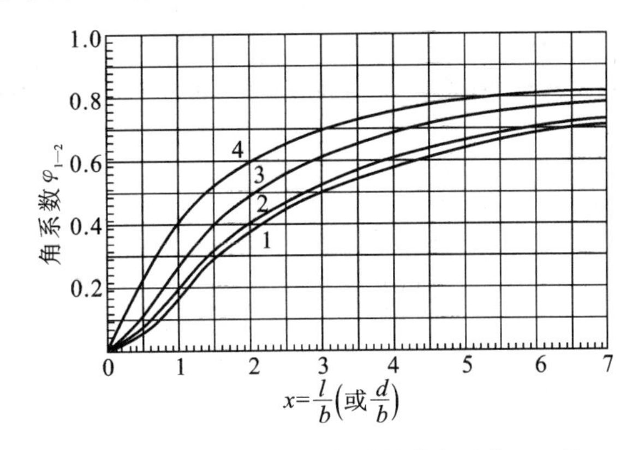

图5-18 平行平面间辐射传热的角系数 φ_{1-2} 值

1—圆盘形；2—正方形；3—长方形（边长之比为2∶1）；4—长方形（狭长）

表5-7 角系数与总辐射系数的计算式

序号	辐射情况	面积 A/m^2	角系数 φ_{1-2}	总辐射系数 C_{1-2} /[$W/(m^2 \cdot K^4)$]
1	极大的两平行平面	A_1或A_2	1	$\dfrac{C_0}{\frac{1}{\varepsilon_1}+\frac{1}{\varepsilon_2}-1}$
2	面积有限的两相等平行平面	A_1	$<1^*$	$\varepsilon_1\varepsilon_2C_0$

续表

序号	辐射情况	面积 A/m^2	角系数 φ_{1-2}	总辐射系数 C_{1-2} /[W/(m² · K⁴)]
3	很大的物体 2 包住物体 1	A_1	1	$\varepsilon_1 C_0$
4	物体 2 恰好包住物体 1,$A_2 \approx A_1$	A_1	1	$\dfrac{C_0}{\dfrac{1}{\varepsilon_1}+\dfrac{1}{\varepsilon_2}-1}$
5	在 3、4 两种情况之间	A_1	1	$\dfrac{C_0}{\dfrac{1}{\varepsilon_1}+\dfrac{A_1}{A_2}\left(\dfrac{1}{\varepsilon_2}-1\right)}$

* 此表 φ_{1-2} 值由图 5-18 查得。

【例 5-9】 室内有一高为 0.5 m,宽为 0.5 m 的铸铁炉门,表面温度为 627 ℃,室温为 27 ℃。

(1) 试求炉门辐射散热的速率;

(2) 若炉门前很小距离处平行放置一块同样大小的已氧化的铝质隔热板,则增加隔热板后,辐射散热减少多少?

解 取铸铁黑度为 $\varepsilon_1=0.78$,铝的黑度 $\varepsilon_2=0.15$。

(1) 由于炉门(用 1 表示)被四壁(用 2 表示)包围,由表 5-7 知

$$\varphi=1,\quad C_{1-2}=\varepsilon_1 C_0=0.78C_0,\quad A=A_1=0.5\times0.5\ \mathrm{m^2}=0.25\ \mathrm{m^2}$$

所以

$$Q_{1-2}=C_{1-2}\varphi_{1-2}A\left[\left(\frac{T_1}{100}\right)^4-\left(\frac{T_2}{100}\right)^4\right]$$

$$=0.78\times5.669\times1\times0.25\times\left[\left(\frac{627+273}{100}\right)^4-\left(\frac{27+273}{100}\right)^4\right]\ \mathrm{W}$$

$$=7.16\times10^3\ \mathrm{W}$$

(2) 因炉门与隔热板(用 3 表示)相距很近,两者间的辐射可视为两无限大平行板间的热辐射。设铝板温度为 T_3,由表 5-7 可知

$$C_{1-3}=\frac{C_0}{\dfrac{1}{\varepsilon_1}+\dfrac{1}{\varepsilon_3}-1},\quad \varphi=1,\quad A=A_1=0.25\ \mathrm{m^2}$$

所以

$$Q_{1-3}=C_{1-3}\varphi_{1-3}A\left[\left(\frac{T_1}{100}\right)^4-\left(\frac{T_3}{100}\right)^4\right]$$

$$=\frac{5.669}{\dfrac{1}{0.78}+\dfrac{1}{0.15}-1}\times1\times0.25\times\left[\left(\frac{900}{100}\right)^4-\left(\frac{T_3}{100}\right)^4\right]\tag{a}$$

由于隔热板被四周墙壁所包围,所以

$$Q_{3-2}=C_{3-2}\varphi_{3-2}A\left[\left(\frac{T_3}{100}\right)^4-\left(\frac{T_2}{100}\right)^4\right]$$

$$=0.15\times5.669\times1\times0.25\times\left[\left(\frac{T_3}{100}\right)^4-\left(\frac{300}{100}\right)^4\right]\tag{b}$$

在定态传热条件下,$Q_{1-3}=Q_{3-2}$,联立式(a)和式(b)得

$$T_3=755\ \mathrm{K}=482\ ℃$$

$$Q_{1-3}=Q_{3-2}=0.15\times5.669\times1\times0.25\times\left[\left(\frac{755}{100}\right)^4-\left(\frac{300}{100}\right)^4\right]\ \mathrm{W}=673.5\ \mathrm{W}$$

$$\frac{Q_{1-2}-Q_{1-3}}{Q_{1-2}}=\frac{7.16\times10^3-673.5}{7.16\times10^3}=90.6\%$$

此结果表明，增加隔热板后散热量减少了90.6%，所以设置隔热板是减少炉门热损失的有效途径。

5.4.5 影响辐射传热的主要因素

1. 温度的影响

由式(5-40)可知，辐射热流量正比于温度的四次方之差，因此，同样的温度差在高温时的热流量将远大于低温时的热流量。

2. 几何位置的影响

角系数对两物体间的辐射传热有重要影响，而角系数取决于两辐射表面的方位和距离。

3. 表面黑度的影响

当物体的相对位置一定时，系统黑度只和表面黑度有关，因此，通过改变表面黑度的方法可以强化或减弱辐射传热。

4. 辐射表面之间介质的影响

上述讨论时，都假定两表面间的介质为透明体，实际上某些气体也具有发射和吸收辐射能的能力。因此，这些气体的存在对物体的辐射传热必有影响。

5.4.6 辐射-对流联合传热

化工生产设备或管道的外壁温度常高于周围环境的温度，此时，热量将以自然对流和辐射两种形式同时自壁面向周围环境传递，而引起热损失。其值为

$$Q=Q_C+Q_R \tag{5-41}$$

其中以对流方式损失的热量为

$$Q_C=\alpha_C A_w(t_w-t) \tag{5-42}$$

以辐射方式损失的热量为

$$Q_R=C_{1-2}\varphi A_w\left[\left(\frac{T_w}{100}\right)^4-\left(\frac{T}{100}\right)^4\right] \tag{5-43}$$

令 $\varphi=1$，将上式写为对流传热的形式，即

$$Q_R=C_{1-2}A_w\left[\left(\frac{T_w}{100}\right)^4-\left(\frac{T}{100}\right)^4\right]\frac{t_w-t}{t_w-t}=\alpha_R A_w(t_w-t) \tag{5-43a}$$

其中

$$\alpha_R=\frac{C_{1-2}\left[\left(\frac{T_w}{100}\right)^4-\left(\frac{T}{100}\right)^4\right]}{t_w-t} \tag{5-43b}$$

式中：α_C——空气的对流传热系数，W/(m^2·K)或W/(m^2·℃)；

α_R——辐射传热系数，W/(m^2·K)或W/(m^2·℃)；

T_w——设备或管道外壁的温度，K；

t_w——设备或管道外壁的温度，℃；

T——周围环境温度，K；

t——周围环境温度，℃；

A_w——设备或管道的外壁面积，即散热的表面积，m^2。

将式(5-42)与式(5-43)代入式(5-41)得设备或管道的总热损失：

$$Q=Q_C+Q_R=(\alpha_C+\alpha_R)A_w(t_w-t)=\alpha_T A_w(t_w-t) \tag{5-44}$$

式中：α_T——对流-辐射联合传热系数，W/(m^2·K)或W/(m^2·℃)，$\alpha_T=\alpha_C+\alpha_R$。

对于有保温层的设备、管道等外壁对周围环境散热的联合传热系数 α_T,可用下列近似公式估算。

(1) 空气自然对流。

平壁保温层外　　$\alpha_T = 9.8 + 0.07(t_w - t)$　　(5-45)

管道及圆筒壁保温层外　　$\alpha_T = 9.4 + 0.052(t_w - t)$　　(5-46)

上两式适用范围:$t_w < 150$ ℃。

(2) 空气沿粗糙壁面强制对流。

空气速度 $u \leqslant 5$ m/s 时　　$\alpha_T = 6.2 + 4.2u$　　(5-47)

空气速度 $u > 5$ m/s 时　　$\alpha_T = 7.8u^{0.78}$　　(5-48)

【例 5-10】 有一 $\phi 108$ mm×4 mm,长为 4 m 的垂直蒸气管道,未加保温层,外壁温度为120 ℃,若周围空气温度为 20 ℃,试计算单位管长的热损失。

解　因为空气为自然对流,由式(5-46)计算对流-辐射联合传热系数,即

$$\alpha_T = 9.4 + 0.052(t_w - t) = [9.4 + 0.052 \times (120 - 20)]\ \text{W/(m}^2 \cdot \text{℃)} = 14.6\ \text{W/(m}^2 \cdot \text{℃)}$$

则单位管长的热损失为

$$\frac{Q}{l} = \alpha_T \pi d(t_w - t) = 14.6 \times 3.14 \times 0.1 \times (120 - 20)\ \text{W/m} = 458.4\ \text{W/m}$$

5.5　传热过程的计算

工程上传热过程的计算任务主要有两类:一类是设计型计算,即根据生产任务的要求和工艺条件,确定换热器的传热面积及其结构尺寸,以便设计或选用换热器;另一类是操作型计算,即判断一个现有换热器对指定生产是否适用,或者预测某些参数的变化对换热器传热能力的影响。这两类问题均需要以总热流量方程和热量衡算为基础。

5.5.1　热量衡算

热量衡算反映冷、热两流体在换热过程中温度变化的关系。如图 5-19(a)所示,定态逆流操作的套管换热器,热、冷流体分别于管内和环隙流动,质量流量分别为 q_{m1}、q_{m2},平均温度分别为 T 和 t。两流体通过管壁进行换热。

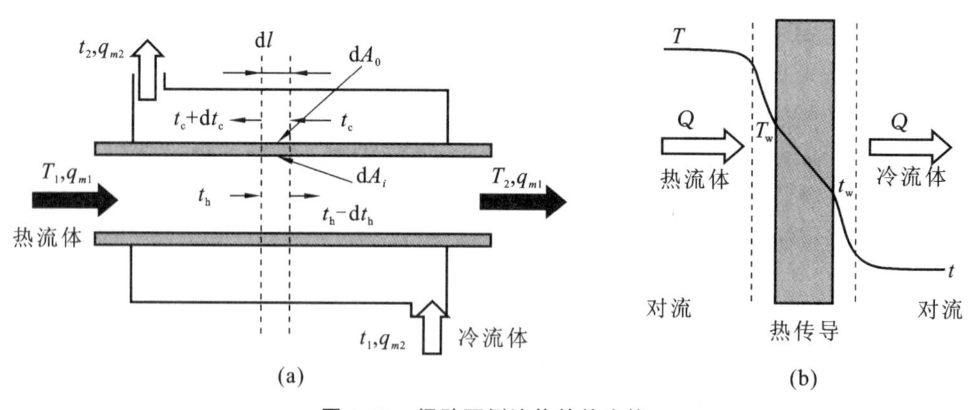

图 5-19　间壁两侧流体的热交换

在换热器保温良好,无热损失的情况下,单位时间内热流体释放的热量等于冷流体吸收的

热量。

取换热器的一个微分管段 dl，传热面积为 dA，热量衡算式为

$$dQ=-q_{m1}c_{p1}dT=q_{m2}c_{p2}dt$$

式中：c_{p1}、c_{p2}——热、冷流体的定压比热容，J/(kg·K)；

dQ——换热器微元段内的热流量，即通过 dA 的热流量，W。

对于整个换热器，有

$$Q=q_{m1}c_{p1}(T_1-T_2)=q_{m2}c_{p2}(t_2-t_1) \tag{5-49}$$

式中：T_1、t_1——热、冷流体的换热器进口的温度，℃；

T_2、t_2——热、冷流体的换热器出口的温度，℃。

当换热器中流体有相变，如热流体饱和蒸气冷凝，且冷凝液在饱和温度下排出，则

$$Q=q_{m1}r=q_{m2}c_{p2}(t_2-t_1) \tag{5-49a}$$

式中：r——饱和蒸气冷凝潜热，kJ/kg。

若冷凝液在低于饱和温度下排出，有

$$Q=q_{m1}[r+c_{p1}(T_s-T_2)]=q_{m2}c_{p2}(t_2-t_1) \tag{5-49b}$$

5.5.2 总热流量方程

冷、热流体通过传热壁面进行热交换如图 5-19(b)所示，热流体侧壁温为 T_w、冷流体侧壁温为 t_w，换热过程分为三步：① 热流体将热量传给固体壁面；② 热量从壁的热侧面传到冷侧面；③ 热量从壁面传给冷流体。第②步通过固体壁的传热纯属导热。第①步和第③步为流体与固体壁面之间的传热，主要依靠对流传热，但对于高温的多原子气体或含固体颗粒的气体，流体与壁面之间还会出现不容易忽略的辐射传热。化工中常遇到的是温度不太高的流体间热交换，所以通常对辐射传热不予考虑。

设管壁厚度为 b，其导热系数为 λ，内、外两侧流体与固体壁面间的表面传热系数分别为 α_i 和 α_o。根据牛顿冷却定律和傅里叶定律，分别列出各步热流量。

管内侧
$$Q_i=\alpha_i A_i(T-T_w)=\frac{T-T_w}{\dfrac{1}{\alpha_i A_i}} \tag{5-50}$$

管壁
$$Q_m=\lambda A_m\frac{T_w-t_w}{b}=\frac{T_w-t_w}{\dfrac{b}{\lambda A_m}} \tag{5-51}$$

管外侧
$$Q_o=\alpha_o A_o(t_w-t)=\frac{t_w-t}{\dfrac{1}{\alpha_o A_o}} \tag{5-52}$$

式中：A_i、A_o——管内、外壁传热面积，m²；

A_m——管壁平均传热面积，m²。

由以上各式理论上能计算两流体间热流量，但计算时必须知道壁温，而实际上壁温往往是未知的，为了计算方便，希望避开壁温，直接用易于得到的冷、热流体温度进行计算，将以上各式进行整理，对于定态传热，有

$$Q_i=Q_m=Q_o=Q$$

因此

$$\frac{T-T_w}{\dfrac{1}{\alpha_i A_i}}=\frac{T_w-t_w}{\dfrac{b}{\lambda A_m}}=\frac{t_w-t}{\dfrac{1}{\alpha_o A_o}} \tag{5-52a}$$

或

$$Q=\frac{T-t}{\dfrac{1}{\alpha_i A_i}+\dfrac{b}{\lambda A_m}+\dfrac{1}{\alpha_o A_o}}=\frac{\Delta t}{\sum R} \tag{5-52b}$$

式中:Δt—— 总传热温度差,传热总推动力;

$\sum R$—— 总传热热阻。

由此,再一次说明串联传递过程推动力和阻力具有加和性。工程上,上式通常写成

$$Q=KA(T-t) \tag{5-52c}$$

式中:T、t——换热器任一截面上热、冷流体的平均温度,℃;

Δt——总传热温度差,℃;

A——换热器传热面积,m^2;

K——换热器总传热系数,$W/(m^2\cdot℃)$或$W/(m^2\cdot K)$。

由传热基本方程,K在数值上等于单位传热面积上单位传热温度差下的热流量,它反映了传热过程的强度。传热过程总热阻$\frac{1}{KA}$的表达式为

$$\frac{1}{KA}=\frac{1}{\alpha_i A_i}+\frac{b}{\lambda A_m}+\frac{1}{\alpha_o A_o} \tag{5-52d}$$

由于换热器中沿程流体的温度和物性是变化的,故传热温度差Δt和传热系数K一般也是变化的,在工程计算上,在沿程温度和物性变化不是很大的情况下,通常取Δt和K在整个换热器的平均值,则对于整个换热器,传热基本方程可写成

$$Q=KA\Delta t_m \tag{5-53}$$

式中:K——换热器的平均总传热系数;

Δt_m——换热器间壁两侧流体的平均温度差。

式(5-53)称为总热流量方程或传热基本方程,它是换热器设计、传热计算中最重要的方程。式中的K、A、Δt_m是传热过程的三要素。当所要求的热流量Q、温度差Δt_m及总传热系数K已知时,可用传热方程计算所需的传热面积A。

5.5.3 平均传热温度差

间壁两侧流体的平均温度差的大小和计算方法与换热器中两流体的流动方向和温度变化情况有关,而换热器中两流体温度变化情况可分为恒温传热和变温传热。

1. 恒温传热时的平均温度差

恒温传热时间壁两侧流体均发生相变,且温度不变,则冷、热流体温度差处处相等,不随换热面位置而变。如间壁的一侧为液体沸腾,沸腾温度恒定为t;而间壁的另一侧为饱和蒸气冷凝,冷凝温度恒定为T,此时传热面两侧的温度差保持均一不变,称为恒温传热。平均温度差可按下式计算:

$$\Delta t_m=T-t \tag{5-54}$$

式中:T、t——热、冷流体的温度,℃。

2. 变温传热时的平均温度差

变温传热是指冷、热流体温度随换热面位置而变。即间壁传热过程中一侧或两侧的流体,

沿传热壁面不同位置处，其温度不同，此时传热温度差必随换热面位置而变化，该过程可分为单侧变温和双侧变温两种情况。

1）单侧变温

如用蒸气冷凝放出潜热加热冷流体，蒸气温度 T 不变，而冷流体的温度则从 t_1 上升到 t_2，如图 5-20(a)所示。或者热流体温度从 T_1 降至 T_2，放出显热去加热另一较低温度下沸腾的液体，后者温度始终保持在沸点 t，如图 5-20(b)所示。

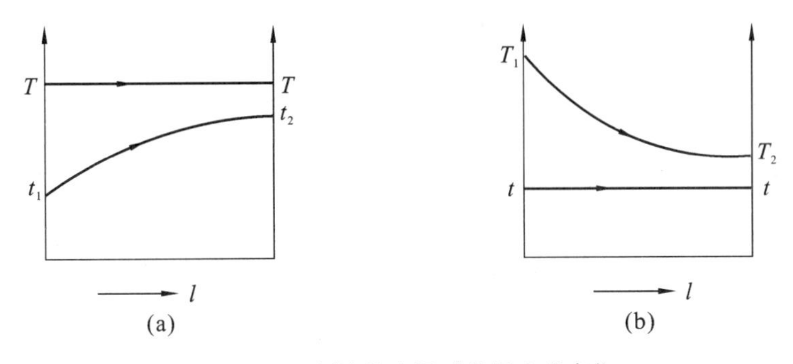

图 5-20　一侧流体变温时的温度差变化

2）双侧变温

间壁两侧流体皆发生温度变化，这时平均温度差 Δt_m 与换热器内冷、热流体流动方向有关。下面介绍工业上常见的几种流体流动方式。

(1) 并流：如图 5-21(a)所示，两流体在传热面两侧作同向流动。

(2) 逆流：如图 5-21(b)所示，两流体在传热面两侧作反向流动。

(3) 错流：如图 5-21(c)所示，两流体在传热面两侧作垂直流动。

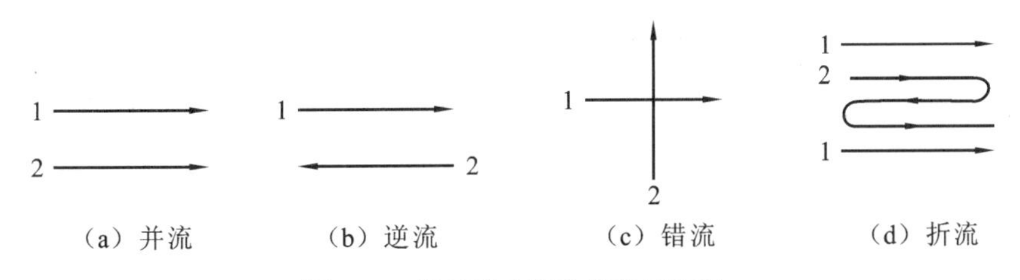

图 5-21　换热器中流体流向示意图

(4) 折流：如图 5-21(d)所示，两流体中一流体沿一个方向流动，另一流体反复改变流向；或两流体都作反复改变方向的流动。

3. 平均温度差 Δt_m

1）逆流的平均温度差

在变温传热时，不同传热面的温度差($T-t$)是不同的，因此在计算热流量时须用积分的方法求出整个传热面上的平均温度差 Δt_m。下面以逆流操作(两侧流体无相变)为例，推导 Δt_m 的计算式。

如图 5-22 所示，热流体的质量流量为 q_{m1}，比热容为 c_{p1}，进、出口温度分别为 T_1、T_2；冷流体的质量流量为 q_{m2}，比热容为 c_{p2}，进、出口温度分别为 t_1、t_2。

假定：

(1) 定态操作，q_{m1}、q_{m2} 为定值；

(2) c_{p1}、c_{p2}及总传热系数 K 沿传热面为定值；

(3) 忽略换热器的热损失。

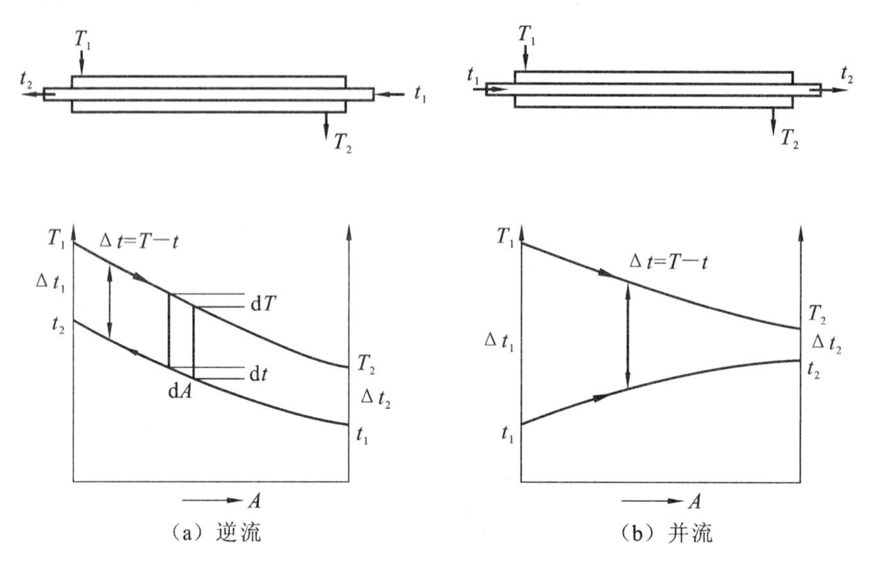

(a) 逆流　(b) 并流

图 5-22　两侧流体均变温时的温度差变化

现取换热器中一微元段为研究对象，其传热面积为 dA，若热流体在 dA 内因放出热量温度下降 dT，冷流体因吸收热量温度升高 dt，热流量为 dQ，则 dA 段内热量衡算的微分式为

$$dQ = q_{m1} c_{p1} dT = q_{m2} c_{p2} dt \tag{5-55}$$

由上式可得

$$\frac{dQ}{dT} = q_{m1} c_{p1} = 常数$$

同理可得

$$\frac{dQ}{dt} = q_{m2} c_{p2} = 常数$$

这表示 Q 与热、冷流体的温度呈线性关系。

因此

$$\frac{d(T-t)}{dQ} = \frac{dT}{dQ} - \frac{dt}{dQ} = \frac{1}{q_{m1} c_{p1}} - \frac{1}{q_{m2} c_{p2}} = 常数$$

这说明 Q 与 $\Delta t = T - t$ 也呈线性关系，且直线的斜率可表示为

$$\frac{d(\Delta t)}{dQ} = \frac{\Delta t_1 - \Delta t_2}{Q} \tag{5-55a}$$

式(5-55a)中，$\Delta t = T - t$，$\Delta t_1 = T_1 - t_2$，$\Delta t_2 = T_2 - t_1$，如图 5-23 所示。

dA 段热流量方程的微分式为

$$dQ = K \Delta t dA$$

代入式(5-55a)得

$$\frac{d(\Delta t)}{K \Delta t dA} = \frac{\Delta t_1 - \Delta t_2}{Q}$$

分离变量并积分得

$$\frac{1}{K}\int_{\Delta t_2}^{\Delta t_1} \frac{d(\Delta t)}{\Delta t} = \frac{\Delta t_1 - \Delta t_2}{Q}\int_0^A dA$$

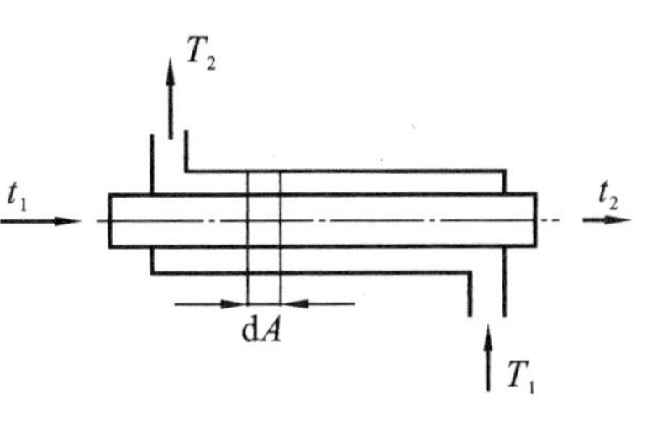

故
$$\frac{1}{K}\ln\frac{\Delta t_1}{\Delta t_2}=\frac{\Delta t_1-\Delta t_2}{Q}A$$

于是得
$$Q=KA\frac{\Delta t_1-\Delta t_2}{\ln\frac{\Delta t_1}{\Delta t_2}} \tag{5-56}$$

将式(5-56)和传热基本方程 $Q=KA\Delta t_m$ 比较，可得

$$\Delta t_m=\frac{\Delta t_1-\Delta t_2}{\ln\frac{\Delta t_1}{\Delta t_2}} \tag{5-57}$$

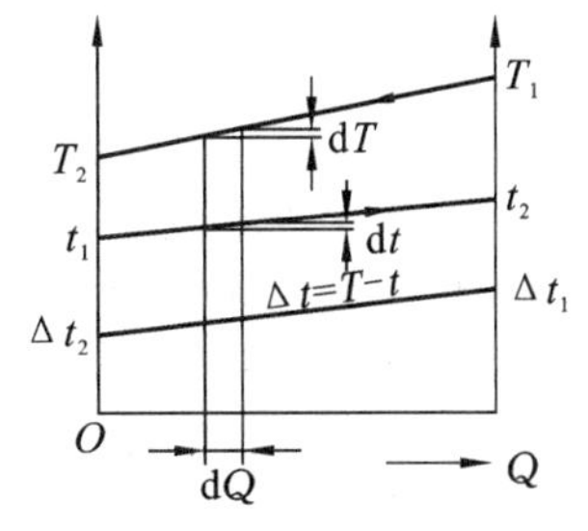

图 5-23　平均温度差的计算

式(5-57)中，Δt_m 表示换热器进、出口处两流体温度差的对数平均值，故称为对数平均温度差。

以下几点需要特别说明。

(1) 式(5-57)虽然由两侧流体变温且在逆流操作条件下推导而得，但它同样适用于单侧变温及双侧变温并流时的平均温度差计算。由式(5-56)可知，对单侧变温，不论并流或逆流，两种情况的对数平均温度差相等；当两侧流体都变温时，并流与逆流的温度差则不同。

(2) 习惯上，将较大温度差记为 Δt_1，较小温度差记为 Δt_2。

(3) 当 $\Delta t_1/\Delta t_2<2$ 时，可用算术平均值 $\Delta t_m=(\Delta t_1+\Delta t_2)/2$ 代替对数平均温度差，其误差小于4%。

(4) 当 $\Delta t_1=\Delta t_2$ 时，$\Delta t_m=\Delta t_1=\Delta t_2$。

【例5-11】 用某反应物料通过一列管式换热器加热原油，原油进口温度为100 ℃，出口温度为150 ℃，反应物料进口温度为250 ℃，出口温度为180 ℃。

(1) 试求逆流与并流时的平均温度差；

(2) 若原油流量为2 400 kg/h，比热容为2 kJ/(kg·℃)，总传热系数为150 W/(m²·℃)，求并流和逆流时所需的传热面积。

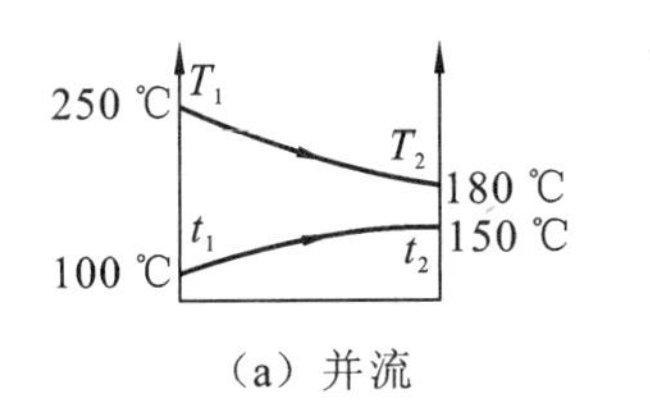

(a) 并流

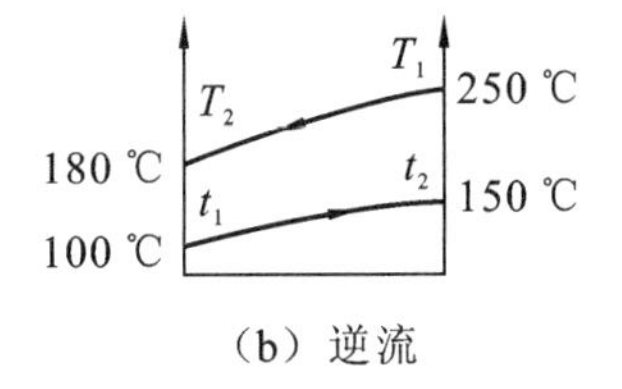

(b) 逆流

例5-11 附图

解　(1) 逆流和并流时的温度变化分析如图所示。

① 逆流时的平均温度差计算。

$$\Delta t_1=T_1-t_2=(250-150)\ ℃=100\ ℃$$
$$\Delta t_2=T_2-t_1=(180-100)\ ℃=80\ ℃$$
$$\frac{\Delta t_1}{\Delta t_2}=\frac{100}{80}=1.25<2$$

则
$$\Delta t_{m逆}=\frac{\Delta t_1+\Delta t_2}{2}=\frac{100+80}{2}\ ℃=90\ ℃$$

② 并流时的平均温度差计算。

$$\Delta t_1=T_1-t_1=(250-100)\ ℃=150\ ℃$$
$$\Delta t_2=T_2-t_2=(180-150)\ ℃=30\ ℃$$

$$\Delta t_{m并}=\frac{\Delta t_1-\Delta t_2}{\ln\frac{\Delta t_1}{\Delta t_2}}=\frac{150-30}{\ln\frac{150}{30}}\ ℃=74.6\ ℃$$

(2) 热负荷的计算。

$$Q=q_{m2}c_{p2}(t_2-t_1)=\frac{2\ 400}{3\ 600}\times2\times10^3\times(150-100)\ \text{W}=6.67\times10^4\ \text{W}$$

已知

$$K=150\ \text{W}/(\text{m}^2\cdot℃)$$

则传热面积

逆流时

$$A_{逆}=\frac{Q}{K\Delta t_{m逆}}=\frac{6.67\times10^4}{150\times90}\ \text{m}^2=4.94\ \text{m}^2$$

并流时

$$A_{并}=\frac{Q}{K\Delta t_{m并}}=\frac{6.67\times10^4}{150\times74.6}\ \text{m}^2=5.96\ \text{m}^2$$

逆流与并流相比，传热面积减少了$\frac{5.96-4.94}{5.96}\times100\%=17.1\%$。

由上例可知，在两流体进、出口温度相同的条件下，平均温度差 $\Delta t_{m逆}>\Delta t_{m并}$，所以在换热器的热流量 Q 及总传热系数的值相同的条件下，逆流操作可节省传热面积。逆流操作的另一个优点是可以节约加热剂或者冷却剂的用量。因为并流时，t_{c2} 总是小于 t_{h2}，而逆流时，t_{c2} 却可以大于 t_{h2}，所以逆流冷却时，冷却剂的温升 $t_{c2}-t_{c1}$ 可比并流操作时大些，在热流量相同的情况下，冷却剂用量就可以少些。同理，逆流加热时，加热剂本身温度下降 $t_{h1}-t_{h2}$ 可比并流操作时大些，即加热剂的用量可以减少些。

2) 错流和折流的平均温度差

在大多数的列管换热器中，两流体并非只作简单的逆流或并流，而是作比较复杂的多程流动，或相互垂直的交叉流动，即错流和折流。对于错流和折流时的平均温度差，其计算较为复杂。为便于计算，通常采用的方法是，先按逆流方式计算对数平均温度差 $\Delta t_{m逆}$，然后再乘以温度差校正系数 φ，即

$$\Delta t_m=\varphi\Delta t_{m逆} \tag{5-58}$$

校正系数 φ 是辅助量 R 与 P 的函数，即

$$\varphi=f(P,R)$$

其中

$$P=\frac{t_2-t_1}{T_1-t_1}=\frac{冷流体温升}{两流体最初温度差} \tag{5-59}$$

$$R=\frac{T_1-T_2}{t_2-t_1}=\frac{热流体温降}{冷流体温升} \tag{5-60}$$

根据 R 与 P 的数值，可由图 5-24 查得 φ 值。由图 5-24 可知，平均温度差校正系数 $\varphi<1$，这是由于在列管换热器内增设了折流挡板及采用多管程，使参与换热的冷、热流体在换热器内呈折流或错流，导致实际平均传热温度差恒小于纯逆流时的平均传热温度差。但 φ 值也不宜小于 0.8，否则一方面经济上不合理，另一方面设备操作时的稳定性较差，如果出现此情况应改变流动形式，使 φ 大于 0.8，以提高 φ 值。

【例 5-12】 在一单壳程、双管程的列管式换热器中，冷、热流体进行热交换。两流体的进、出口温度与例 5-11 的相同，试求此时的对数平均温度差。

解 先按逆流时计算，由例 5-11 知逆流时平均温度差为 90 ℃。

折流时的对数平均温度差为

$$\Delta t_m=\varphi\Delta t_{m逆}$$

其中

$$\varphi=f(R,P)$$

$$R=\frac{T_1-T_2}{t_2-t_1}=\frac{250-180}{150-100}=1.4$$

$$P=\frac{t_2-t_1}{T_1-t_1}=\frac{150-100}{250-100}=0.333$$

由图 5-24(a)查得 $\varphi=0.91$，故　$\Delta t_m=0.91\times 90\ ℃=81.9\ ℃$

由此可见，折流时的 Δt_m 恒小于 $\Delta t_{m逆}$。

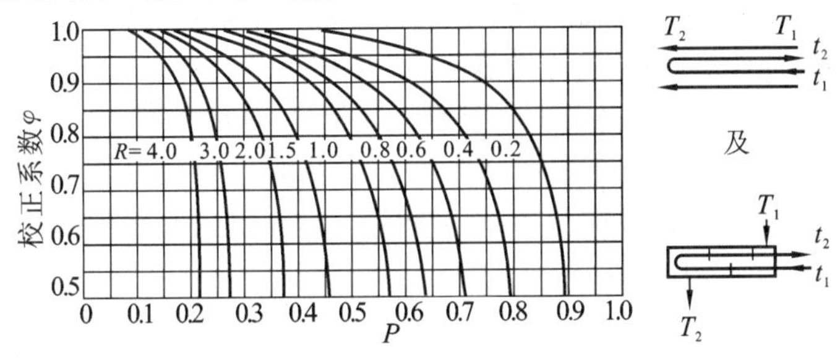

(a) 1-2折流及1壳程，2，4，6，…管程

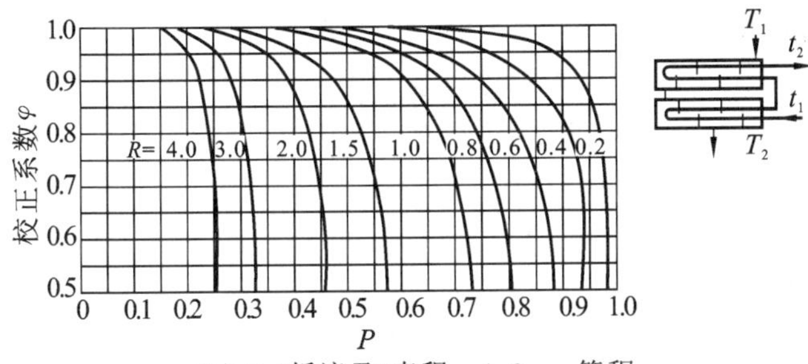

(b) 2-4折流及2壳程，4，8，…管程

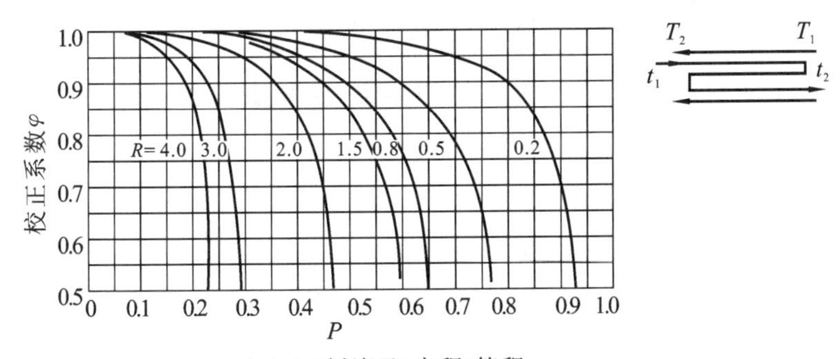

(c) 1-3折流及1壳程3管程

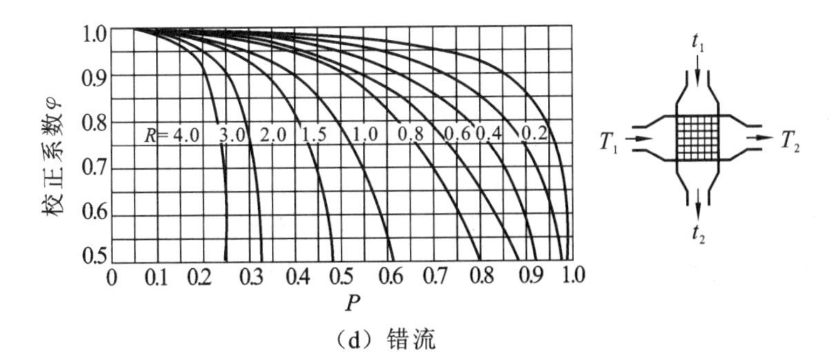

(d) 错流

图 5-24　对数平均温度差校正系数 φ

5.5.4 总传热系数和壁温的计算

1. 总传热系数 K

总传热系数 K 是表示换热设备性能的极为重要的参数，也是对换热设备进行传热计算的依据，不论是研究换热设备性能，还是设计换热器，求 K 值都是最基本的要求。K 的数值取决于流体的物性、传热过程的操作和换热器的类型等。通常，K 值的来源有三个方面：① 生产实际的经验数据，列于相关手册或有关传热的专业书中，书后附录中列出了管壳式换热器 K 值的经验数据，供设计时参考；② 实验测定；③ 分析计算。计算得到的 K 值常与前两种途径得到的 K 值相对照，以确定合适的 K 值。

这里着重介绍 K 值的计算方法。

根据$\dfrac{1}{KA}=\dfrac{1}{\alpha_i A_i}+\dfrac{b}{\lambda A_m}+\dfrac{1}{\alpha_o A_o}$，总传热系数 K 应和所选的传热面积对应，当传热面为平壁时，$A=A_i=A_m=A_o$，此时

$$\frac{1}{K}=\frac{1}{\alpha_i}+\frac{b}{\lambda}+\frac{1}{\alpha_o} \tag{5-61}$$

若是圆管，则

$$A_i \neq A_m \neq A_o$$

由于热流量是相同的，所以

$$K_i \neq K_m \neq K_o$$

但

$$K_i A_i = K_m A_m = K_o A_o$$

所以

$$\frac{1}{K_i A_i}=\frac{1}{K_m A_m}=\frac{1}{K_o A_o}=\frac{1}{\alpha_i A_i}+\frac{b}{\lambda A_m}+\frac{1}{\alpha_o A_o} \tag{5-62}$$

工程上，一般以圆管外表面积 A_o 为基准，并将 K_o 以 K 表示，则

$$\frac{1}{K}=\frac{A_o}{\alpha_i A_i}+\frac{A_o b}{\lambda A_m}+\frac{1}{\alpha_o} \tag{5-63}$$

或

$$\frac{1}{K}=\frac{d_o}{\alpha_i d_i}+\frac{b d_o}{\lambda d_m}+\frac{1}{\alpha_o} \tag{5-63a}$$

式中：d_o、d_i、d_m——圆管的外径、内径和管壁的平均直径。

同理可有

$$\frac{1}{K_i}=\frac{1}{\alpha_o}\frac{d_i}{d_o}+\frac{b d_i}{\lambda d_m}+\frac{1}{\alpha_i} \tag{5-64}$$

及

$$\frac{1}{K_m}=\frac{1}{\alpha_i}\frac{d_m}{d_i}+\frac{b}{\lambda}+\frac{1}{\alpha_o}\frac{d_m}{d_o} \tag{5-64a}$$

式(5-63a)、式(5-64)、式(5-64a)即为总传热系数计算式。

2. 污垢热阻

换热器使用一段时间后，热流量 Q 会下降，这是由于传热表面有污垢生成。虽然此层污垢很薄，但由于其导热系数小，热阻大，在计算 K 值时不可忽略。通常根据经验直接估计污垢热阻值，将其考虑在 K 中，即

$$\frac{1}{K}=\frac{1}{\alpha_o}+R_{so}+\frac{b}{\lambda}\frac{d_o}{d_m}+R_{si}\frac{d_o}{d_i}+\frac{1}{\alpha_i}\frac{d_o}{d_i} \tag{5-65}$$

式中：R_{si}、R_{so}——传热面内、外两侧的污垢热阻，$(m^2 \cdot K)/W$。

对于易结垢的流体，为消除污垢热阻的影响，应根据工作状况，定期清洗换热器。表 5-8 列出了工业上常见流体污垢热阻的大致范围，以供参考。

表 5-8　常见流体的污垢热阻

流　　体	污垢热阻 R_s /[(m^2·℃)/W]	流　　体	污垢热阻 R_s /[(m^2·℃)/W]
蒸馏水	0.09	优质水蒸气(不含油)	0.052
海水	0.09	劣质水蒸气(不含油)	0.09
清洁的河水	0.21	往复机排出液体	0.176
未处理的凉水塔用水	0.58	处理过的盐水	0.364
已处理的凉水塔用水	0.26	有机物	0.176
已处理的锅炉用水	0.26	燃料油	1.056
硬水、井水	0.58	焦油	1.76
空气	0.26～0.53	溶剂蒸气	0.14

3. 讨论

(1) 当传热壁很薄且热阻很小时，其热阻可忽略；若流体清洁，污垢热阻亦可忽略。则式(5-65)可简化为

$$\frac{1}{K}\approx\frac{1}{\alpha_o}+\frac{1}{\alpha_i} \tag{5-66}$$

由此看出，总传热系数 K 值必小于任一侧流体的对流传热系数。

(2) 当 $\alpha_o \ll \alpha_i$，且壁阻、垢阻均可忽略不计时，则

$$\frac{1}{K}\approx\frac{1}{\alpha_o} \tag{5-67}$$

同理，当 $\alpha_o \gg \alpha_i$，且壁阻、垢阻均可忽略不计时，则

$$\frac{1}{K}\approx\frac{1}{\alpha_i} \tag{5-67a}$$

(3) 传热过程的总热阻是各串联热阻之和，所以原则上减少任何环节的热阻都可提高总传热系数。但当各个环节的热阻具有不同数量级时，总热阻由其中数量级最大的热阻(称为控制热阻)所决定。因此，欲强化传热，提高 K 值，必须设法减少控制热阻。

【例 5-13】 某空气冷却器，空气在管外横向流过，冷却水在管内流过，管外侧的对流传热系数为 100 W/(m^2·℃)，管内侧的对流传热系数为 4 000 W/(m^2·℃)。冷却管为 ϕ25 mm×2.5 mm 的钢管，其导热系数为 45 W/(m·℃)。设管内、外侧污垢热阻均可忽略。试求：

(1) 总传热系数；

(2) 若将管外对流传热系数 α_o 提高一倍，其他条件不变，总传热系数增加的百分数；

(3) 若将管内对流传热系数 α_i 提高一倍，其他条件不变，总传热系数增加的百分数。

解　(1) 由式(5-63a)，有

$$K=\frac{1}{\dfrac{d_o}{\alpha_i d_i}+\dfrac{bd_o}{\lambda d_m}+\dfrac{1}{\alpha_o}}=\frac{1}{\dfrac{0.025}{4\ 000\times0.02}+\dfrac{0.002\ 5\times0.025}{45\times0.022\ 5}+\dfrac{1}{100}}\ \mathrm{W/(m^2\cdot ℃)}$$

$$=96.4\ \mathrm{W/(m^2\cdot ℃)}$$

(2) α_o提高一倍后,总传热系数为

$$K=\frac{1}{\frac{0.025}{4\ 000\times0.02}+\frac{0.002\ 5\times0.025}{45\times0.022\ 5}+\frac{1}{2\times100}}\ \mathrm{W/(m^2\cdot ℃)}=186.0\ \mathrm{W/(m^2\cdot ℃)}$$

总传热系数增加的百分数为

$$\frac{186.0-96.4}{96.4}\times100\%=92.9\%$$

(3) α_i提高一倍后,总传热系数为

$$K=\frac{1}{\frac{0.025}{2\times4\ 000\times0.02}+\frac{0.002\ 5\times0.025}{45\times0.022\ 5}+\frac{1}{100}}\ \mathrm{W/(m^2\cdot ℃)}=97.9\ \mathrm{W/(m^2\cdot ℃)}$$

总传热系数增加的百分数为

$$\frac{97.9-96.4}{96.4}\times100\%=1.6\%$$

通过计算可以看出,气侧的热阻远大于水侧的热阻,故该换热器过程为气侧热阻控制过程,此时将气侧对流传热系数提高一倍,则总传热系数显著提高,而若提高水侧对流传热系数,总传热系数变化不大。

4. 总传热系数 K 值的大致范围

在设计换热器时,往往可参照工艺条件相仿、结构类似的设备上所获得的较为成熟的生产数据,将其作为初步估算的依据。

当总传热系数缺乏可靠的经验数据时,也常在现场测定生产中工艺条件相近、结构类似的换热器的 K 值作为设计参数。若传热面积已知,可通过测定不同生产条件下两侧流体的进、出口温度和其他有关数据,再根据总热流量方程计算出 K 值。

5. 壁温的计算

计算某些对流传热系数、热损失以及选用换热器管材时需要知道壁温,对于定态传热过程,有

$$Q=\alpha_1A_1(T-T_w)=\frac{\lambda}{b}A_m(T_w-t_w)=\alpha_2A_2(t_w-t) \tag{5-68}$$

式中:A_1、A_2、A_m——热流体侧、冷流体侧传热面积和平均传热面积;

T_w、t_w——热流体侧、冷流体侧壁温;

α_1、α_2——热流体侧、冷流体侧对流传热系数。

根据上式可求壁温,即

$$T_w=T-\frac{Q}{\alpha_1A_1} \tag{5-69}$$

$$t_w=T_w-\frac{bQ}{\lambda A_m} \tag{5-70}$$

或

$$t_w=t+\frac{Q}{\alpha_2A_2} \tag{5-70a}$$

由以上各式可见,壁温应接近 α 较大的一侧流体温度。

【例 5-14】 有一废热锅炉,由 ϕ25 mm×2.5 mm 锅炉钢管 λ=45 W/(m·K)组成。管外为沸腾的水,压力为2 570 kPa(表压)。管内输送合成转化气,温度由 575 ℃下降到 472 ℃。已知转化气一侧 α_1 = 300 W/(m²·K),水侧 α_2 =10 000 W/(m²·K),若忽略污垢热阻,试求平均壁温 T_w 及 t_w。

解 (1) 求总传热系数。

以管外表面积 A_2为基准,有

$$\frac{1}{K_2}=\frac{A_2}{\alpha_1A_1}+\frac{bA_2}{\lambda A_m}+\frac{1}{\alpha_2}=\left(\frac{25}{300\times20}+\frac{0.002\ 5\times25}{45\times22.5}+\frac{1}{10\ 000}\right)\ \mathrm{m^2\cdot K/W}$$

$$=0.004\ 33\ \mathrm{m^2\cdot K/W}$$

$$K_2 = 231\ \mathrm{W/(m^2 \cdot K)}$$

(2) 求平均温度差。

在 2 570 kPa(表压)下,用内插法求得水的饱和温度为 226.4 ℃,故

$$\Delta t_m = \frac{(575-226.4)+(472-226.4)}{2}\ ℃ = 297.1\ ℃$$

(3) 求热流量。

$$Q = K_2 A_2 \Delta t_m = 231 \times 297.1 A_2 = 68\ 630 A_2$$

(4) 求管内壁温度 T_w 及管外壁温度 t_w。

$$T_w = T - \frac{Q}{\alpha_1 A_1}$$

T 为热流体温度,取进、出口温度的平均值,即

$$T = \frac{575+472}{2}\ ℃ = 523.5\ ℃$$

代入上式得

$$T_w = 523.5 - \frac{68\ 630 A_2}{300 A_1} = 237.5\ ℃$$

管外壁温度

$$t_w = T_w - \frac{bQ}{\lambda A_m} = 237.5 - \frac{0.002\ 5}{45} \times \frac{68\ 630 A_2}{A_m} = 233.3\ ℃$$

若预先不知 α_1 和 α_2 之值,则在计算时,需先假设一壁面温度以求得两侧的对流传热系数 α_1、α_2 以及总传热系数 K,然后再用式(5-63)和式(5-64)加以验证。

5.6　换　热　器

换热器是化工、石油、食品及其他许多工业部门的通用设备,在生产中占有重要地位。

换热器按用途不同,可分为加热器、冷却器、冷凝器、蒸发器和再沸器等;换热器按热量的传递方式,可分为直接接触式、蓄热式和间壁式。

5.6.1　间壁式换热器

在多数情况下,化工工艺上不允许冷、热流体直接接触,故工业上遇到的直接接触式传热和蓄热式传热并不多,工业上应用最多的是间壁式换热器。

1. 夹套式换热器

如图 5-25 所示,这种换热器结构简单,主要用于釜式设备的加热或冷却。在夹套和容器壁之间形成的环室,作为流体的通道。当用蒸汽加热时,蒸汽从上部进入环室,冷凝水从下部排出。冷却时,则冷却水由下部进入,上部排出。由于环室内部清洗困难,故一般选用不易结垢的蒸汽、冷却水、导热油等作为载热体。

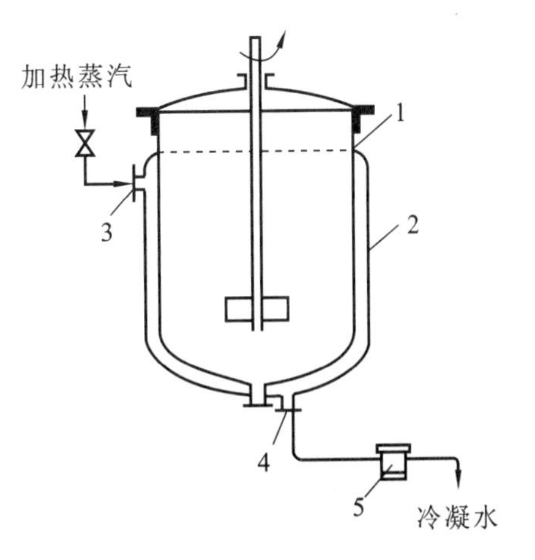

图 5-25　夹套式换热器

1—釜;2—夹套;3—蒸汽进口;4—冷凝水出口;5—疏水器

因夹套式换热器的传热面积受到一定限制,传热系数也不高,因此当需要及时移走较大热量时,可在釜内加设蛇管(或列管),管内通入冷却介质,及时取走热

量以控制釜内温度。当环室内通冷却水时,为提高其对流传热系数可在夹套内加设挡板,这样既可使冷却水流向一定,又可提高流速,从而提高总传热系数。

2. 沉浸式蛇管换热器

如图 5-26 所示,这种换热器是将金属管子绕成各种与容器相适应的形状,沉浸在容器中的流体内。冷、热流体通过管壁进行换热。优点是结构简单,制造方便,管内能承受高压并可选择不同的材料以利于防腐,管外便于清洗。缺点是传热面积不大,蛇管外容器中的流动情况较差,对流传热系数小。沉浸式蛇管换热器适用于反应器内的传热、高压下的传热以及强腐蚀性介质的传热。为了强化传热,容器内可加搅拌器。

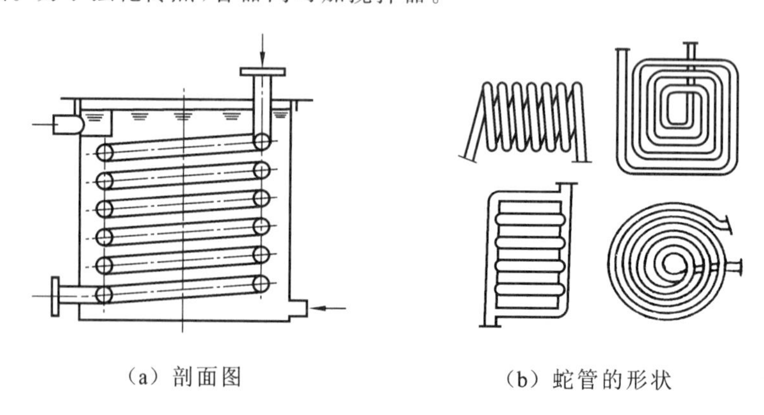

(a) 剖面图　　(b) 蛇管的形状

图 5-26　沉浸式蛇管换热器

3. 喷淋式换热器

如图 5-27 所示,喷淋式换热器是将换热管成排固定在钢架上,冷却水由上向下喷淋,流到底部的冷却水可回收再利用。热流体由下部管子流入,与冷却水逆流换热。喷淋式传热效果比沉浸式要好,结构简单,且管外便于检修、清洗,特别适合于高压流体的冷却;缺点是占地面积大,冷却水喷淋不易均匀而影响传热效果,且只能安装在室外。

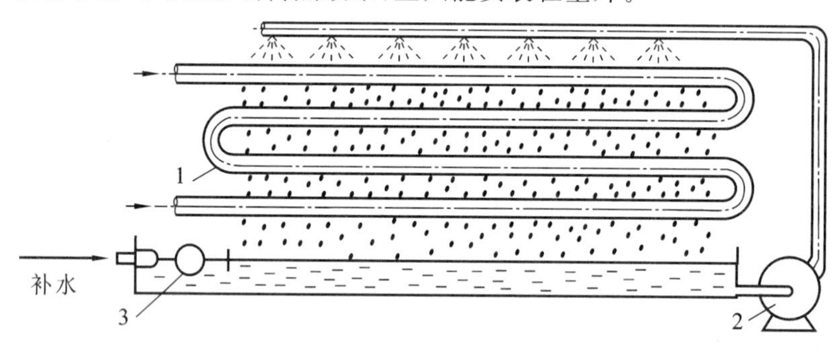

图 5-27　喷淋式换热器

1—蛇管;2—循环泵;3—控制阀

4. 套管式换热器

套管式换热器是由两种不同直径的直管制成的同心套管,并根据换热要求,将几段套管用 U 形肘管连接而成,如图 5-28 所示。每一段套管称为一程,程数可根据换热要求而增减,每程的有效长度为 4～6 m。其优点是结构简单,加工方便,能耐高压,传热面积可根据需要而增减;适当选择内、外管直径,以使流体的流速增大,提高传热系数,并能保持完全逆流而使对数平均温度差最大。其缺点是结构不紧凑,金属消耗量大,接头多而易漏,单位换热器长度具有的传热面积较小。它适用于流量不大,所需传热面积不大及高温、高压流体的换热。

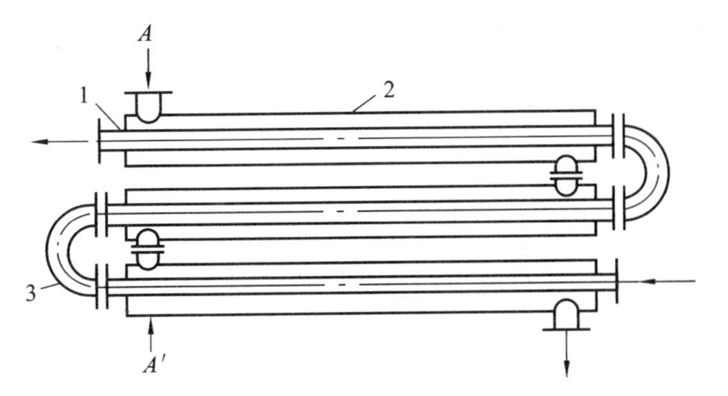

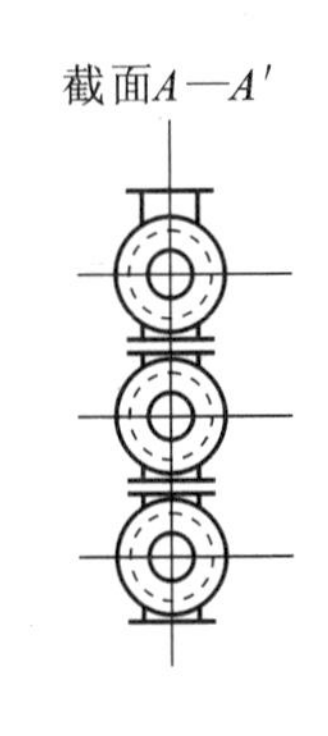

图 5-28 套管式换热器

1—内管;2—外管;3—U形肘管

5. 列管式换热器

列管式换热器又称为管壳式换热器,是最典型的间壁式换热器,在工业生产中占据主导地位。其优点是单位体积设备所能提供的传热面积大,传热效果好,结构坚固,可选用的结构材料范围宽广,操作弹性大,尤其在高温、高压和大型装置中普遍采用。

列管式换热器主要由壳体、管束、管板、折流挡板和封头等组成。一种流体在管内流动,其行程称为管程;另一种流体在管外流动,其行程称为壳程。管束的壁面即为传热面。管束两端固定在管板上,管板外是封头,供管程流体进入和流出,保证各管中的流体流动情况比较一致,如图 5-29 所示。

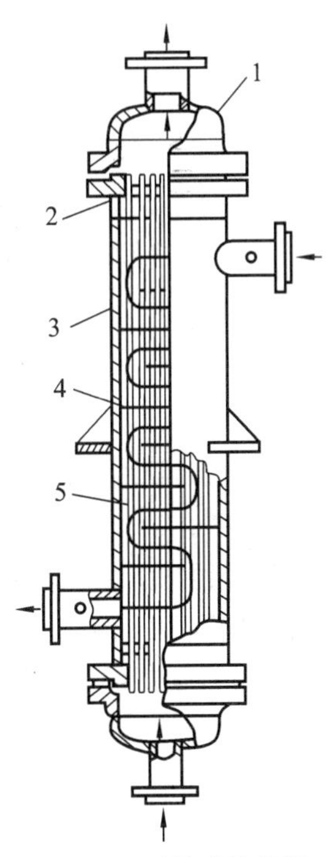

图 5-29 列管式换热器

1—封头;2—管板;3—壳体;4—折流挡板;5—管束

管程流体每通过一次管束称为一个管程。当换热器所需传热面积较大时,需要的管子数目较多。为提高管程的流体流速,可采用多管程,即在两端封头内安装隔板,使管子分成若干组,流体依次通过每组管子,往返多次。管程数增多有利于提高对流传热系数,但流体的机械能损失增大,而且传热温度差也减小,故程数不宜过多,以2、4、6程较为常见。图 5-30 为单壳程、双管程的固定管板式换热器。

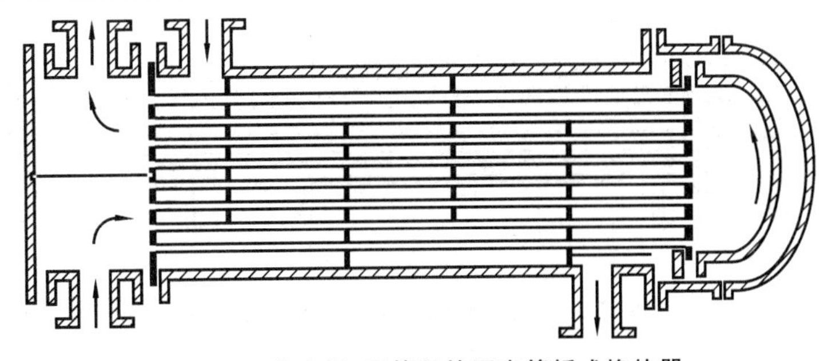

图 5-30 单壳程、双管程的固定管板式换热器

同理,流体每通过一次壳体称为一个壳程。通常在壳程内安装一定数目的与管束相互垂直的折流挡板。折流挡板不仅可防止流体短路,增加流体流速,还迫使流体按规定路径多次错流通过管束,使湍动程度大为增加,从而提高壳程的对流传热系数。常用的折流挡板有圆缺形和圆盘形两种,前者更为常用,如图 5-31 所示,流体通过折流挡板的流动方式如图 5-32 所示。

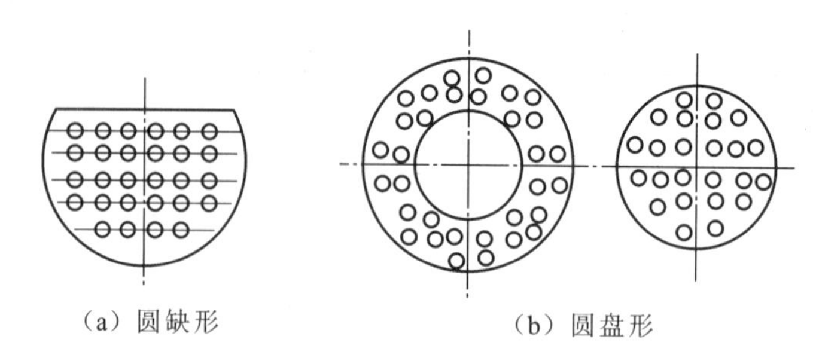

(a) 圆缺形　(b) 圆盘形

图 5-31　折流挡板的形式

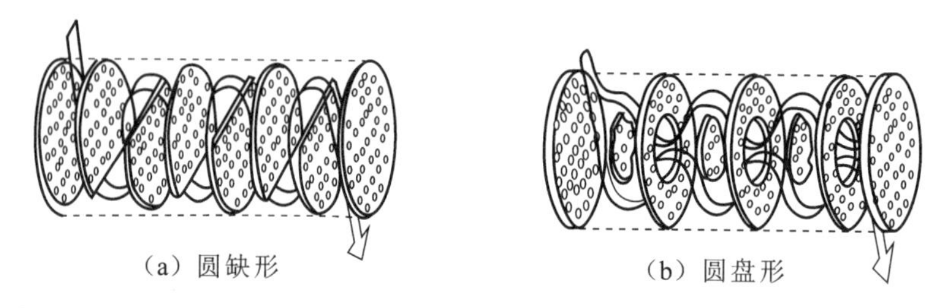

(a) 圆缺形　(b) 圆盘形

图 5-32　流体通过折流挡板的流动方式

换热器因管内外冷、热流体温度不同,壳体和管束受热不同,其膨胀程度也不同,当两者温度差较大(50 ℃以上)时,其产生的热应力会使管子扭弯,从管板上脱落,甚至毁坏换热器。因此,必须从结构上采取消除或减少热应力的措施,称为热补偿。根据所采取的热补偿措施,列管式换热器可分为以下几种形式。

1) 带补偿圈的固定管板式换热器

图 5-33 所示为带补偿圈的固定管板式换热器,其中 2 为补偿圈,也称膨胀节。它依靠补偿圈的弹性变形来吸收部分热应力。其特点是结构简单,成本低,但壳程检修和清洗困难。壳程必须是清洁、不易产生垢层和无腐蚀性的介质。它适用于壳体与传热管壁温度差小于 60 ℃、壳程压力小于 588 kPa 的场合。

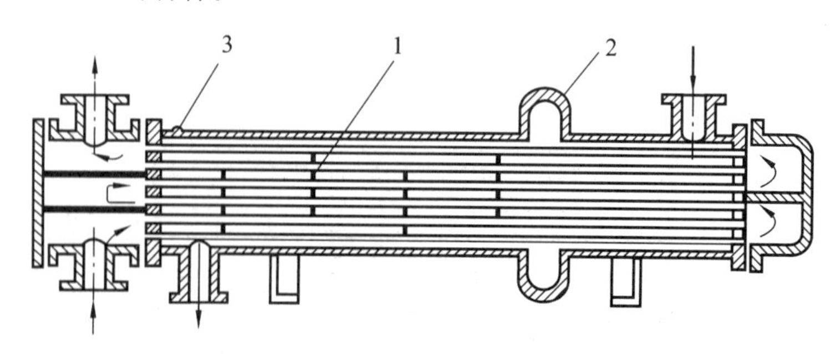

图 5-33　带补偿圈的固定管板式换热器

1—折流挡板;2—补偿圈;3—放气阀

2）浮头式换热器

这种换热器中两端的管板，有一端不与壳体相连，可沿管长方向自由伸缩，图5-34所示为一双壳程四管程的浮头式换热器。当壳体与管束的热膨胀不一致时，管束连同浮头可在壳体内轴向自由伸缩，这种结构可完全消除热应力。清洗和检修时整个管束可从壳体中抽出。尽管其结构复杂，造价较高，但应用十分广泛。

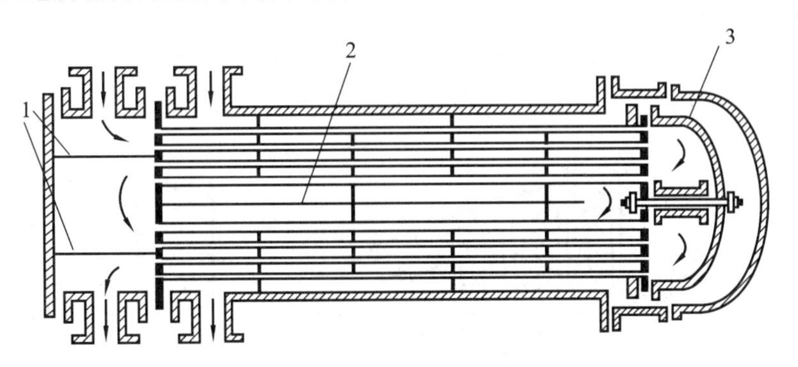

图5-34 浮头式换热器

1—管程隔板；2—壳程隔板；3—浮头

3）U形管式换热器

图5-35所示为一双壳程双管程的U形管式换热器，其特点是把每根管子都弯成U形，两端固定在同一管板上，每根管子可自由伸缩，从而解决了热补偿问题。这种换热器结构较简单，但管程不易清洗，因此，必须使用洁净流体。它适用于高温、高压气体的换热。

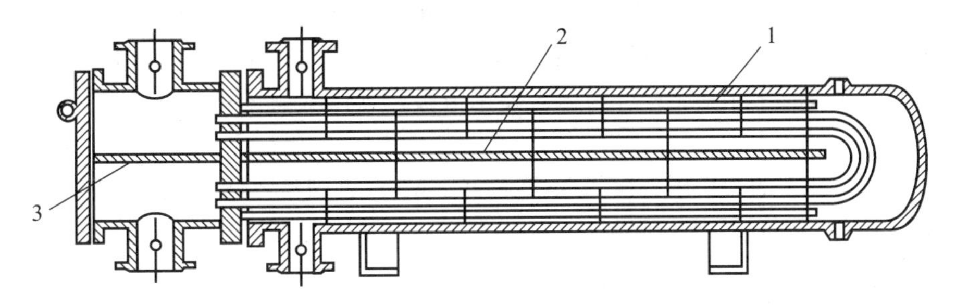

图5-35 U形管式换热器

1—U形管束；2—壳程隔板；3—管程隔板

相关换热器的系列型号、规格参见附录。

5.6.2 新型高效换热器

在传统的间壁式换热器中，除夹套式外，其他都为管式换热器。管式换热器的共同缺点是结构不紧凑，单位换热面积所提供的传热面积小，总传热系数不大，金属消耗量大。随着工业的发展，陆续出现了不少新型高效换热器，并逐渐趋于完善。这些换热器基本上可分为两类：一类是在有限的体积内增加传热面积（各种板状换热器）；另一类是在管式换热器的基础上，通过增加间壁两侧流体的湍动程度以提高对流传热系数。

1. 板式换热器

1) 平板式换热器

平板式换热器早在20世纪20年代开始出现,20世纪50年代逐渐用于化工及相近工业部门,现已发展成为一种传热效果较好、结构紧凑的化工换热设备。它由一组长方形的薄金属板平行排列,并用夹紧装置组装在支架上。两相邻板的边缘用垫片(橡胶或压缩石棉等)密封,板片四角有圆孔,在换热板叠合后形成流体通道。冷、热流体在板片的两侧流过,通过板片换热。传热板可被压制成多种形状的波纹,这样既可增加刚性,不易受压变形,同时也提高流体的湍动程度及增加传热面积,而且易于使液体均匀分布,如图5-36所示。

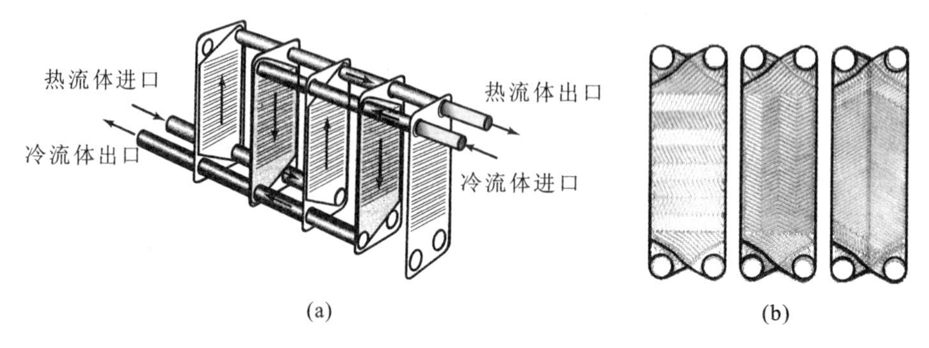

图5-36 平板式换热器

平板式换热器的主要优点:① 总传热系数大,因在平板式换热器中,板面被压制成波纹或沟槽,所以在低流速下(如$Re=200$),就可达到湍流,故总传热系数高,而流体阻力却增加不大,污垢热阻亦较小,如热水与冷水之间的传热,K值可达到1 500~5 000 W/(m^2·K),为列管式换热器的1.5~2倍;② 结构紧凑,单位体积提供的传热面积可达250~1 000 m^2,约为列管式换热器的6倍;③ 操作灵活,可根据需要调节板片数以增减传热面积;④ 安装、检修及清洗方便。

主要缺点:① 允许的操作压力较低,不能超过2 MPa,否则易渗漏;② 因受垫片耐热性能的限制,操作温度不能太高;③ 因板间距小,流道截面较小,流速亦不能过大,因此处理量较小。

2) 螺旋板式换热器

螺旋板式换热器由两张平行的薄钢板卷制而成,在其内部构成一对互相隔开的螺旋形流道。冷、热两流体以螺旋板为传热面在其间流动,两板之间焊有定距柱以维持流道间距,同时也可增加螺旋板的刚度。在换热器中心设有中心隔板,使两个螺旋通道隔开。在顶、底部分别焊有盖板或封头,以及两流体的出、入连接管,如图5-37所示。

螺旋板式换热器的优点:① 结构紧凑,单位体积的传热面积约为列管式换热器的3倍;② 总传热系数大,水对水换热时K值可达2 000~3 000 W/(m^2·K);③ 冷、热流体间为纯逆流流动,传热平均推动力大,传热效率高;④ 不易堵塞,成本较低。主要缺点是操作压力不能太大、温度不能太高(目前操作压力不大于2 MPa,温度不超过300~400 ℃),而且螺旋板难以维修,流体阻力较大。目前,国内已有系列标准的螺旋板式换热器,采用的材料为碳钢和不锈钢。

3) 板翅式换热器

板翅式换热器是一种传热效果好、结构更为紧凑的板式换热器。过去受焊接技术的限制,

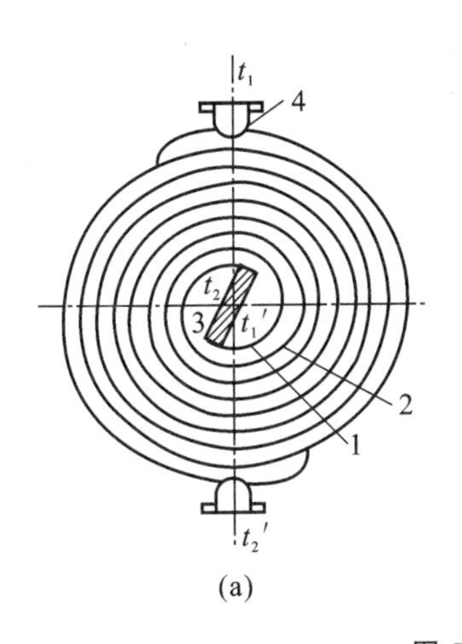

(a)

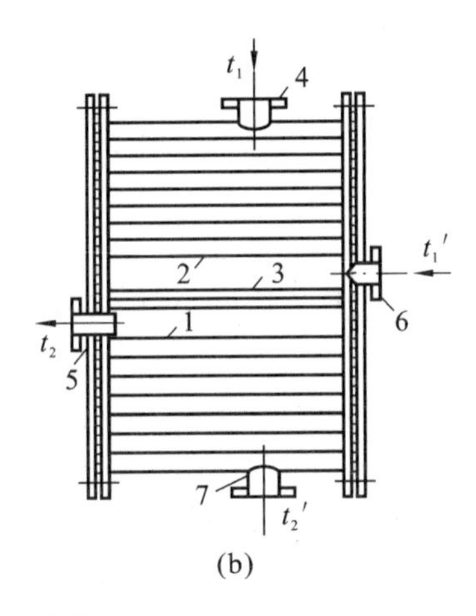

(b)

图 5-37 螺旋板式换热器

1、2—金属板；3—隔板；4、5—冷流体连接管；6、7—热流体连接管

板翅式换热器制造成本较高，仅限于宇航、电子、原子能等少数部门，作为散热冷却器使用。现已逐渐在石油化工、天然气液化、气体分离等领域中应用，获得良好的效果。

板翅式换热器的结构形式很多，但其基本结构相同，都是由平隔板和各种形式的翅片构成板束组装而成。如图 5-38 所示，在两块平行薄金属板（平隔板）间，夹入波纹状或其他形状的翅片，两边以侧条密封，即组成一个单元体。各个单元体又以不同的方式叠积和适当排列，并用钎焊固定，成为常用的逆流或错流板翅式换热器组装件，称为芯部或板束。再将带有集流进、出口的集流箱焊接到板束上，就成为板翅式换热器，如图 5-39 所示。我国目前最常用的翅片类型主要有光直型翅片、锯齿型翅片和多孔型翅片三种，如图 5-40 所示。

板翅式换热器的优点如下。

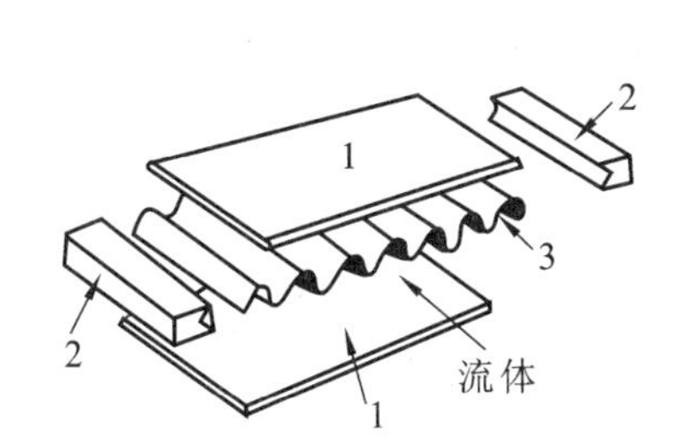

图 5-38 板翅式换热器单元体分解图

1—平隔板；2—侧封条；3—翅片（二次表面）

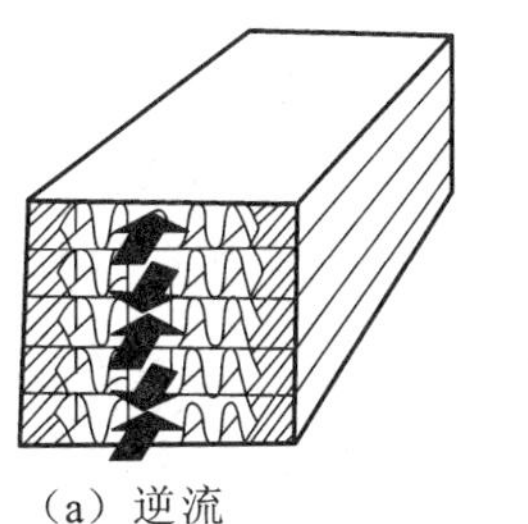
（a）逆流

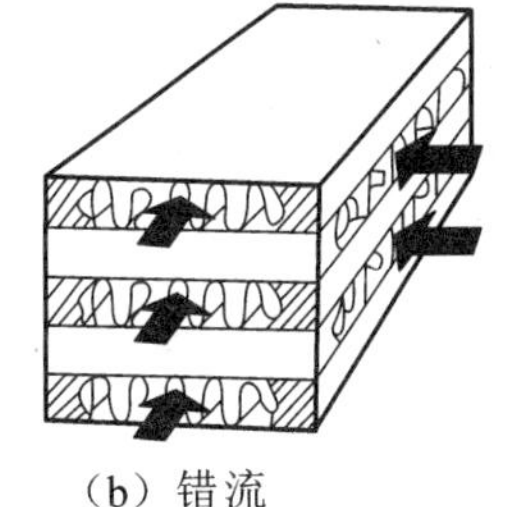
（b）错流

图 5-39 板翅式换热器的板束

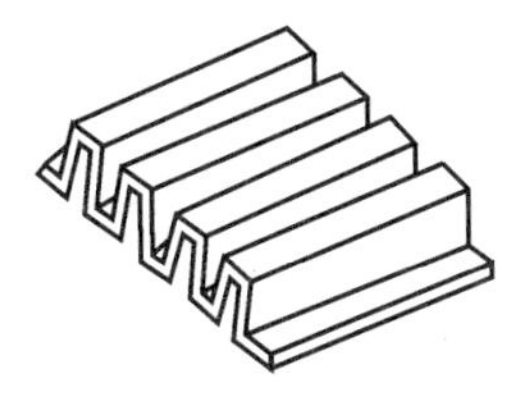
（a）光直型翅片

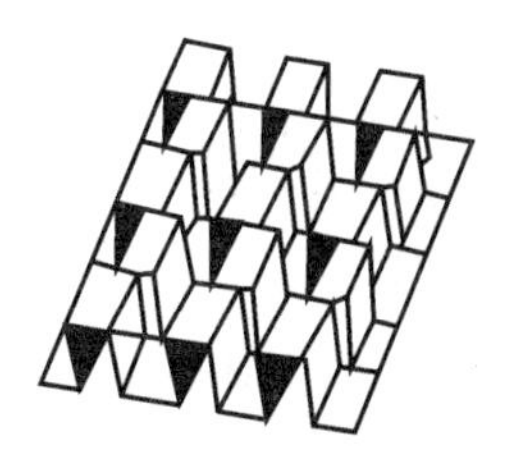
（b）锯齿型翅片

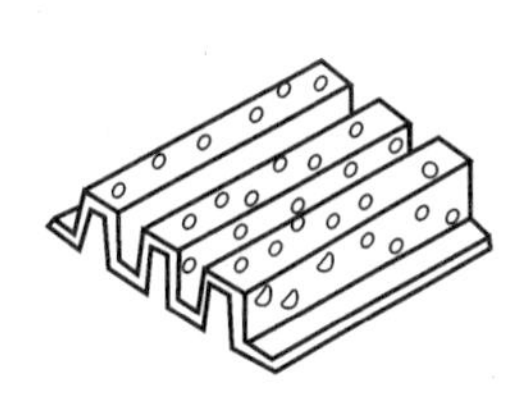
（c）多孔型翅片

图 5-40 板翅式换热器的翅片类型

(1) 结构高度紧凑。

板翅式换热器一般用铝合金制成,铝的导热系数高,密度小,在同样传热面积的情况下,板翅式换热器的质量仅为列管式换热器的十分之一左右。单位体积传热面积一般能达到 2 500 m^2/m^3,最高时可达到 4 000 m^2/m^3 以上。

(2) 轻巧牢固,承受压力高。

因波形翅片既是传热面,又起到两平隔板之间的支撑作用,因而板翅式换热器具有较高的强度,能承受的压力可达 5 MPa。

(3) 总传热系数高,传热效果好。

板翅式换热器使用各种形状的翅片,对促进湍流和破坏层流内层起着显著作用,隔板和翅片都是传热面,因此极大地提高了传热效果。

(4) 操作温度范围广,适应性强。

铝合金材料的导热系数高,在 0 ℃以下操作时,延性和抗拉强度可比常温下提高 20%~50%,因此操作温度范围较广,可在+200 ℃至绝对零度范围内使用,适用于低温和超低温场合。

板翅式换热器的缺点:① 制造工艺复杂,内漏后难修复,流动阻力较大;② 流道很小,易堵塞,检修、清洗困难,故要求换热介质清洁。

2. 管式换热器

1) 翅片管式换热器

在化工生产中常遇到一侧为气体或高黏度液体,另一侧为饱和蒸气冷凝或低黏度液体的传热过程。在这种情况下,由于气体或高黏度液体侧的对流传热系数很小,因而其热阻成为整个传热过程的控制热阻。为了强化传热,必须减小这一侧的热阻。因此,可以在换热管对流传热系数小的一侧安装翅片,既增加了传热面积,又改善了翅片侧流体的湍动状况。

常用的翅片形式有横向和纵向两大类。它可用机械轧制、焊接或铸造而成,也可用厚壁管滚压而成(螺纹管)。翅片管较为重要的应用场合是空气冷却器。它以空气为冷却剂在翅片管外流过,用以冷却或冷凝管内通过的流体。空气冷却器最初用于炼油厂。为了解决较为普遍存在的工业用水问题,目前以空气冷却器代替水冷器的趋势日益发展,因而翅片管换热器在各类化工生产中也已被广泛采用。翅片管的种类也极为繁多,常见的翅片管如图 5-41 所示。

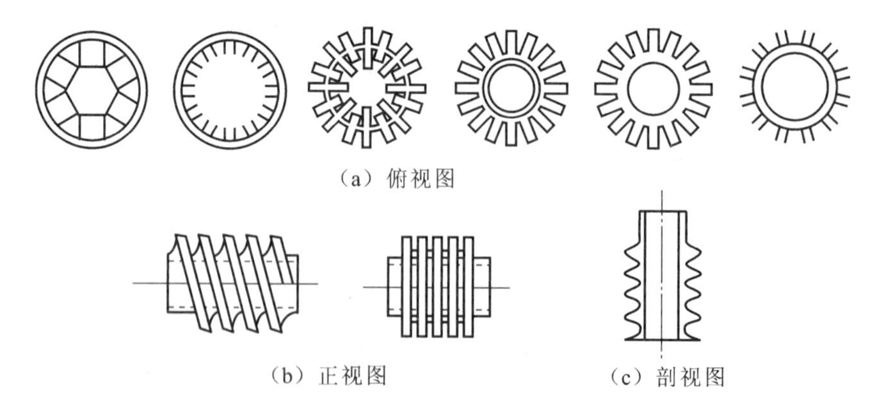

图 5-41　常见的翅片管形式

空气冷却器主要由翅片管束、风机和构架组成。管材本身大多采用碳钢,但翅片多为铝制,可以用缠绕、镶嵌的办法将翅片固定在管子的外表面上,也可以用焊接方式固定。热流体通过物料管线分配流入各管束,冷却后由排出管汇集排出。冷空气由安装在管束排下面的轴流式通风机向上吹过管束及其翅片,通风机也可以安装在管束上面,而将冷空气由底部引入。空气冷却器的主要缺点是装置比较庞大,占空间多,动力消耗也大,如图 5-42 所示。

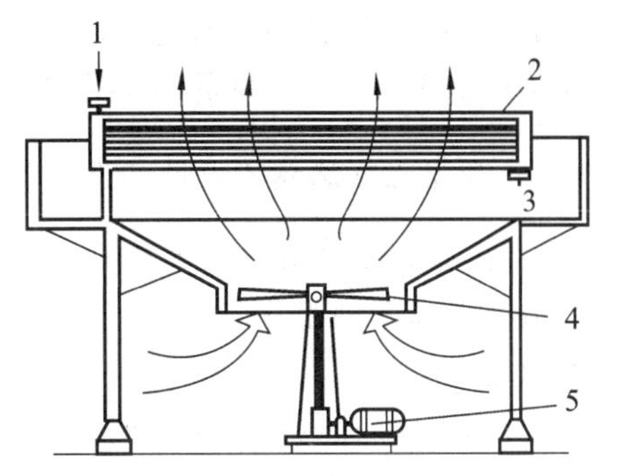

图 5-42 空气冷却器的结构简图

1—流体入口;2—管束;3—流体出口;4—鼓风机;5—电动装置

管外翅片的存在,既增强了管外流体的湍流程度,又极大地增加了管外表面的传热面积,使原来很差的空气侧传热情况大为改善,从而提高换热器的传热效能。例如:当空气流速为 1.5～4 m/s 时,空气侧的对流传热系数 α(以光管外表面为基准)可达 550～1 100 W/(m² · K)。如果以包括翅片在内的全部外表面积计算,则 α 为 35～70 W/(m² · K),与没有翅片的光管相比,空气侧的热阻显著减小。表 5-9 列出一些空气冷却器总传热系数的大致数值范围。

表 5-9 空气冷却器总传热系数的大致数值范围

物 料	总传热系数 K/[W/(m² · K)]	物 料	总传热系数 K/[W/(m² · K)]
轻质油	300～400	烃类气体	180～520
重质油	60～180	低压水蒸气冷凝	750～800
空气或烟道气	60～180	氨冷凝	600～700
合成氨反应气体	460～520	有机蒸气冷凝	350～470

2) 热管式换热器

热管是一种新型传热元件,如图 5-43 所示。它是由一根装有毛细吸液芯网的金属管,其内充以一定量的某种工作液体,然后封闭并抽除不凝性气体而制成的。当加热段(即为蒸发段)受热时,工作液体遇热沸腾,产生的蒸气流至冷却段(即为冷凝段)冷凝放热。冷凝液沿具有微孔结构的吸液芯网在毛细管力的作用下回流至加热段再次沸腾。如此反复循环,热量则由加热段传至冷却段。

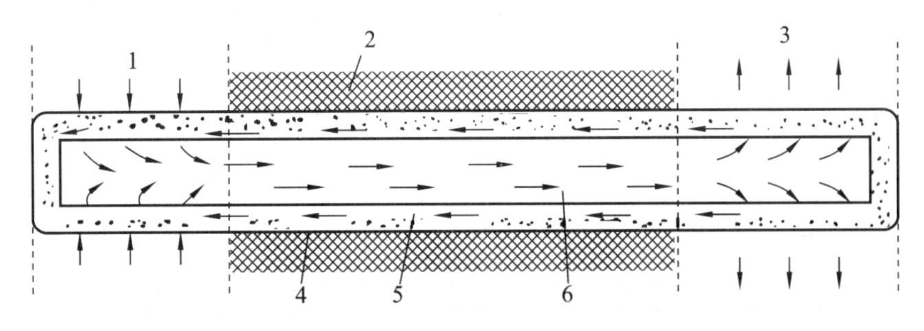

图 5-43 热管

1—吸热蒸发端;2—隔热网;3—放热冷凝端;4—导管;5—芯网;6—蒸气

在热管内部,热量的传递是由沸腾和冷凝两过程组成的。由于沸腾和冷凝传热系数皆很大,蒸气流动的能量损失很小,因此管壁温度相当均匀。故可利用热管的外表面作为冷、热流体换热的热源。如果在外表面加翅片强化,则对总传热系数很小的气-气传热过程也很有效。

这种新型的换热器具有传热能力大、应用范围广、结构简单、工作性能可靠等一系列优点,受到各方面的重视。它特别适用于低温度差传热(如利用工业余热)以及要求迅速散热的场合。

5.6.3　列管式换热器的设计和选用计算中的有关问题

1. 流体流动空间的选择原则

在列管式换热器中,流体走壳程还是走管程,可按传热效果好、结构简单、清洗方便等原则选择确定:

(1) 不洁净或易结垢的流体宜走易于清洗的一侧,如对于直管管束,宜走管程,因管内清洗方便,对于U形管管束,宜走壳程;

(2) 腐蚀性流体宜走管程,以免管束和壳体同时受到腐蚀;

(3) 压力高的流体宜走管程,这是因为管子耐压性能好;

(4) 需要提高流速以便增大对流传热系数的流体宜走管程,因管程流通截面积一般比壳程的小,且可制成多管程;

(5) 饱和蒸气宜走壳程,饱和蒸气比较清洁,而且冷凝液容易从壳程排出;

(6) 流量小而黏度大的流体一般以壳程为宜,因有折流挡板,在低 Re 值下($Re>100$)即可达到湍流;

(7) 需要被冷却的物料一般选壳程,便于散热,以减少冷却剂用量,但温度很高的流体,为提高其热能利用率宜选管程,以减少热损失;

(8) 两流体温度差较大时,对于固定管板式换热器,易使对流传热系数大的流体走壳程,以减小管壁与壳体的温度差,减少热应力。

以上各点常常不能同时满足,应视工程实际情况作出合理的选择。

2. 流体流速的选择

流体在管程或壳程中的流速,不仅直接影响对流传热系数,而且影响污垢热阻,从而影响总传热系数的大小,特别对于易沉淀的悬浮液,流速过低可能导致管路堵塞,但流速增大,又将使流体阻力增大。因此选择适宜的流速是十分重要的。表5-10、表5-11分别列出一些工业上常用的流速范围,以供参考。

表5-10　列管式换热器内常用的流速范围

流体种类	流速/(m/s)	
	管　程	壳　程
低黏度液体	0.3～0.5	0.2～1.5
易结垢液体	>1	>0.5
气体	5～30	9～15

表5-11　不同黏度液体在列管式换热器中的流速(在钢管中)

液体黏度/(mPa·s)	最大流速/(m/s)	液体黏度/(mPa·s)	最大流速/(m/s)
>1 500	0.6	100～35	1.5
500～1 000	0.75	35～1	1.8
100～500	1.1	<1	2.4

3. 流动方式的选择

一般情况下,应尽量选择逆流。但在某些对流体出口温度有严格限制的特殊情况下,如热敏性物料的加热过程,为避免物料出口温度过高而影响该产品质量,可采用并流操作。除逆流和并流之外,在列管式换热器中,冷、热流体还可以作各种多管程多壳程的复杂流动。当流量一定时,管程或壳程数越多,对流传热系数越大,对传热过程越有利。但是,采用多管程或多壳程必导致流体流动的能量损失增大,即输送流体的动力费用增加。因此,在决定换热器的程数时,需权衡传热和流体输送两方面的因素。当采用多管程或多壳程时,列管式换热器内的流动形式复杂,对数平均温度差要加以修正。

4. 流体两端温度和温度差的确定

若换热器中冷、热流体的温度都由工艺条件规定,就不存在确定流体两端温度的问题。当需选定热源或冷源时,通常进口温度已知,如对冷却水和空气的进口温度一般可取一年中最高的日平均温度,这时的出口温度需要选择。这需要根据经济核算来确定。为了节约用水,可使水的出口温度提高,但传热面积会增大。一般换热器高温端温度差不小于 20 ℃,低温端温度差不小于 5 ℃,平均温度差不小于 10 ℃。此外,冷却水出口温度不宜高于 45 ℃,以避免大量结垢。一般来说,缺水地区可选用较大的温度差,水源丰富的地区可选用较小的温度差。

5. 换热管规格和排列方式的选择

对一定的换热器体积而言,传热管径越小,单位体积设备的传热面积越大。对清洁的流体,管径可取小些,而对黏度较大或易结垢的流体,考虑管束的清洗方便或避免管子堵塞,管径可取大些。目前,常用的管子规格有 ϕ19 mm×2 mm、ϕ25 mm×2 mm和 ϕ25 mm×2.5 mm 等。

管长的选用应考虑管材的合理使用及便于清洗。推荐使用的换热器长度为1.5 m、2.0 m、3.0 m、6.0 m 和 9.0 m。其中 3.0 m 和 6.0 m 最为常用。此外,管长与外壳内径的比例应适当,一般为 4~6。管板上管子的排列方式常用的有正三角形、正方形直列和错列排列等,如图 5-44 所示。正三角形排列较紧凑,对相同壳体直径的换热器,排列的管子较多,换热效果也较好,但管外清洗困难;正方形排列则管外清洗方便,适用于壳程流体易结垢的情况,但其对流传热系数小于正三角形排列的。若将正方形排列的管束旋转 45 °安装,可适当增强传热效果。

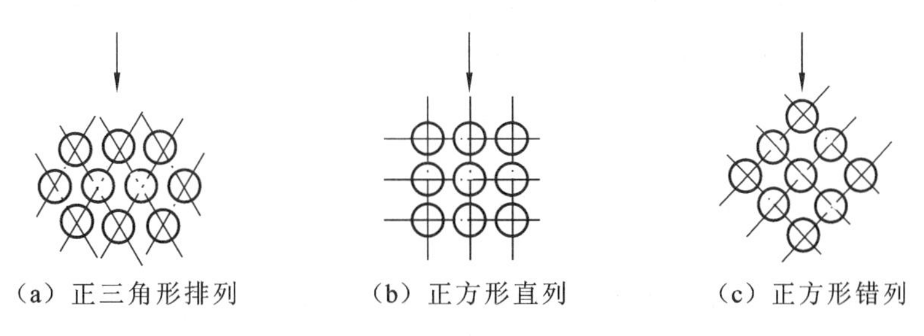

图 5-44 管子在管板上的排列

6. 折流挡板

换热器壳程上安装折流挡板的目的是提高壳程对流传热系数。为了取得良好的效果,折流挡板的形状和间距必须适当。常用的是圆缺形挡板。弓形缺口的大小对壳程流体的流动情况影响较大。由图 5-45 可以看出,弓形缺口太大或太小都会产生"死区",既不利于传热,又往往增加流体阻力。一般切口高度与直径之比为 0.15～0.45,常见的是 0.20 和 0.25 两种。

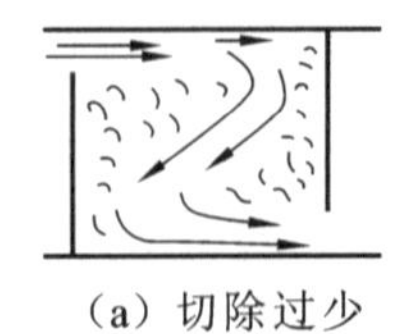
(a) 切除过少

(b) 切除适当

(c) 切除过多

图 5-45 挡板切口高度及板间距的影响

挡板的间距对壳体的流动亦有重要的影响。间距太大,不能保证流体垂直流过管束,使管外侧传热系数下降;间距太小,难以制造和检修,能量损失亦大。一般取挡板间距为壳体内径的 0.2～1.0 倍。通常的挡板间距为 50 mm 的倍数,但不小于100 mm。

5.6.4 列管式换热器的选用步骤

根据生产要求的换热任务,选定适当的载热体及出口温度后,可计算出热流量 Q 和逆流平均温度差 $\Delta t_{m逆}$。根据总热流量方程,并结合式(5-58),有

$$Q=KA\Delta t_m=KA\varphi\Delta t_{m逆}$$

由上式可知,欲求取传热面积 A,还需知道传热系数 K 和温度差校正系数 φ。而 K 和 φ 均与换热器的形式、结构和尺寸有关。故选用换热器必须通过试差,通常可按下列步骤进行。

1. 确定工艺特点与基本数据

(1) 冷、热流体的流量,进、出口温度,操作压力等。

(2) 冷、热流体的工艺特点,如腐蚀性、悬浮物含量等。

(3) 冷、热流体的物性数据。

2. 选用步骤

(1) 试算并初选换热器的型号、规格。

① 根据工艺任务,计算热流量。

② 计算平均温度差,先按逆流计算。初步选定换热器的流动方式,计算校正系数 φ。若 $\varphi<0.8$,应改变流动方式重新计算,并决定壳程数。

③ 依据总传热系数的经验值范围,或按生产实际情况,选取总传热系数 $K_{估}$。

④ 由总热流量方程 $Q=KA\Delta t_m$,初步估算传热面积 A。

⑤ 确定冷、热流体的流动空间,选定流体流速。

由流速和流量估算单管程的管子根数,由管子根数和估算的传热面积,估算管子长度及管程数,再由系列标准选择适当型号的换热器。

(2) 计算管程、壳程的压降。

根据初定的设备规格,计算管程、壳程流体的流速和压降。检查计算结果是否合理或满足工艺要求。若压降不满足要求,则要调整流速,再确定管程数或折流挡板间距,或选择另一规格的设备,重新计算压力直至满足要求为止。计算压降的经验公式可参阅有关资料。

(3) 计算总传热系数,校核传热面积。

① 分别计算管程和壳程的对流传热系数,选定污垢热阻,求出总传热系数 $K_{计}$,并与估算的总传热系数 $K_{估}$ 进行比较。如果相差较多,应重新估算。

② 根据计算的总传热系数和平均温度差,计算所需的传热面积,并与选定的换热器传热

面积相比，应有10%～25%的裕量。

从上述换热器选型计算步骤来看，该过程实际上是一个试差的过程。在试差过程中，应根据实际可能改变选用条件，反复试算，使最后的选用方案技术上可行、经济上合理。

【例5-15】 欲用某油品将30 000 kg/h的柴油从180 ℃冷却到130 ℃，油品的进、出口温度分别为60 ℃和110 ℃。试选择合适型号的列管式换热器。假设管壁热阻和热损失可以忽略。定性温度下流体物性如下。

	密度/(kg/m³)	比热容/[kJ/(kg·℃)]	黏度/(Pa·s)	导热系数/[W/(m·℃)]
柴油	715	2.48	6.4×10^{-4}	0.133
油品	860	2.2	5.2×10^{-3}	0.119

解 (1) 试算和初选换热器的规格。

① 计算热流量和油品流量。

$$Q=q_{m2}c_{p2}(T_1-T_2)=\frac{30\ 000\times2.48\times10^3\times(180-130)}{3\ 600}\ \text{W}=10.33\times10^5\ \text{W}$$

油品流量
$$q_{m1}=\frac{Q}{c_{p1}(t_2-t_1)}=\frac{10.33\times10^5}{2.2\times10^3\times(110-60)}\ \text{kg/s}=9.39\ \text{kg/s}$$

② 计算两流体的平均温度差。

逆流时平均温度差为

$$\Delta t_{\text{m}}=\frac{70+70}{2}\ ℃=70\ ℃$$

而
$$P=\frac{t_2-t_1}{T_1-t_1}=\frac{110-60}{180-60}=0.42$$

$$R=\frac{T_1-T_2}{t_2-t_1}=\frac{180-130}{110-60}=1.0$$

假设换热器为2、4、6管程，由图5-24查得$\varphi=0.91$，所以有

$$\Delta t_{\text{m折}}=\varphi\Delta t_{\text{m}}=0.91\times70\ ℃=63.7\ ℃$$

③ 初选换热器规格。

根据两流体的情况，假设$K_{估}=240\ \text{W/(m}^2\cdot℃)$，传热面积$A_{估}$应为

$$A_{估}=\frac{Q}{K_{估}\Delta t_{\text{m折}}}=\frac{10.33\times10^5}{240\times63.7}\ \text{m}^2=67.6\ \text{m}^2$$

本题为两流体均不发生相变的传热过程。为减少热损失和充分利用柴油的热量，可采用油品走壳程，柴油走管程。同时对于油品的换热，为便于清洗壳程的污垢，宜采用浮头式换热器B型。

④ 流速的选择。

管内流体流速取$u=1$ m/s。

⑤ 管子的选择。

管子采用普通无缝钢管，规格选$\phi25$ mm×2.5 mm，其内径$d_2=0.02$ m，外径$d_1=0.025$ m。

估算单程管子根数为

$$n'=\frac{q_{m2}}{3\ 600\rho_2\times0.785d_2^2u}=\frac{30\ 000}{3\ 600\times715\times0.785\times0.02^2\times1}=37$$

根据$A_{估}$，估算管子长度为

$$L'=\frac{A}{\pi d_1n'}=\frac{67.6}{\pi\times0.025\times37}=23.3$$

若采用4管程，则每程管长$l=6.0$ m。据此，由换热器系列标准，选定BES600-2.5-90-/25-6I型换热器，有关参数如下。其中，1 at=98.066 5 kPa。

壳径/mm	600	管长/m	6
工程大气压/at	16	管子总数	158
管程数	6	管子排列方法	正方形斜转 45°
壳程数	1	管中心距/mm	32
管子规格	ϕ25 mm×2.5 mm	折流挡板间距/mm	200
实际传热面积/mm²	73.1	折流挡板形式	圆缺形

由于取折流挡板 $h=200$ mm,挡板数应为

$$N_B=\frac{l}{h}-1=\frac{6.0}{0.2}-1=29$$

(2) 校核总传热系数 K。

① 管程对流传热系数 α_2。

管程流通面积 $$A_2=\frac{\pi}{4}d_2^2\frac{n}{N_p}=\frac{\pi}{4}\times0.02^2\times\frac{158}{6}\ \text{m}^2=0.008\,3\ \text{m}^2$$

$$u_2=\frac{q_{m2}}{\rho_2A_2}=\frac{30\,000}{3\,600\times715\times0.008\,3}\ \text{m/s}=1.4\ \text{m/s}$$

$$Re_2=\frac{d_2u_2\rho_2}{\mu_2}=\frac{0.02\times1.4\times715}{0.64\times10^{-3}}=3.13\times10^4(\text{湍流})$$

$$Pr_2=\frac{c_{p2}\mu_2}{\lambda_2}=\frac{2.48\times10^3\times6.4\times10^{-4}}{0.133}=11.9$$

$$\begin{aligned}\alpha_2&=0.023\frac{\lambda_2}{d_2}Re_2^{0.8}Pr_2^{0.3}=0.023\times\frac{0.133}{0.02}\times(3.13\times10^4)^{0.8}\times11.9^{0.3}\ \text{W/(m}^2\cdot\text{℃)}\\&=1\,270\ \text{W/(m}^2\cdot\text{℃)}\end{aligned}$$

② 壳程对流传热系数 α_1。

$$\alpha_1=0.36\left(\frac{\lambda_1}{d_e}\right)\left(\frac{d_eu_1\rho_1}{\mu_1}\right)^{0.55}\left(\frac{c_{p1}\mu_1}{\lambda_1}\right)^{1/3}\left(\frac{\mu_1}{\mu_w}\right)^{0.14}$$

流体通过管间最大截面积为

$$A=hD\left(1-\frac{d_o}{t}\right)=0.2\times0.6\times\left(1-\frac{0.025}{0.032}\right)\ \text{m}^2=0.026\,3\ \text{m}^2$$

油品的流速为

$$u_1=\frac{q_{m1}}{\rho_1A_1}=\frac{9.39}{860\times0.026\,3}\ \text{m/s}=0.415\ \text{m/s}$$

管子正方形排列的当量直径

$$d_e=\frac{4\left(t^2-\frac{\pi}{4}d_1^2\right)}{\pi d_1}=\frac{4\times\left(0.032^2-\frac{\pi}{4}\times0.025^2\right)}{\pi\times0.025}\ \text{m}=0.027\ \text{m}$$

$$Re_1=\frac{d_eu_1\rho_1}{\mu_1}=\frac{0.027\times0.415\times860}{5.2\times10^{-3}}=1\,853$$

$$Pr_1=\frac{c_{p1}\mu_1}{\lambda_1}=\frac{2.2\times10^3\times5.2\times10^{-3}}{0.119}=96.1$$

壳程中油品被加热,取

$$\left(\frac{\mu_1}{\mu_w}\right)^{0.14}=1.05$$

所以 $$\alpha_1=0.36\times\frac{0.119}{0.027}\times1\,853^{0.55}\times96.1^{1/3}\times1.05\ \text{W/(m}^2\cdot\text{℃)}=477.8\ \text{W/(m}^2\cdot\text{℃)}$$

③ 污垢热阻。

参考附录，管内、外侧污垢热阻分别取为

$$R_{s1}=0.000\ 2\ \mathrm{m^2\cdot ℃/W},\quad R_{s2}=0.000\ 2\ \mathrm{m^2\cdot ℃/W}$$

④ 总传热系数 K。

钢的导热系数 $\lambda=45\ \mathrm{W/(m^2\cdot ℃)}$

$$\frac{1}{K}=\frac{1}{\alpha_1}+R_{s1}+\frac{bd_1}{\lambda d_m}+R_{s2}\frac{d_1}{d_2}+\frac{d_1}{\alpha_2 d_2}$$

$$=\left(\frac{1}{477.8}+0.000\ 2+\frac{0.002\ 5\times0.025}{45\times0.022\ 5}+0.000\ 2\times\frac{0.025}{0.02}+\frac{0.025}{1\ 270\times0.02}\right)\mathrm{m^2\cdot ℃/W}$$

$$=0.003\ 6\ \mathrm{m^2\cdot ℃/W}$$

$$K=278\ \mathrm{W/(m^2\cdot ℃)}$$

⑤ 传热面积 A。

$$A=\frac{Q}{K\Delta t_{m折}}=\frac{10.33\times10^5}{278\times63.7}\ \mathrm{m^2}=58.3\ \mathrm{m^2}$$

安全系数为

$$\frac{73.1-58.3}{58.3}\times100\%=25.4\%$$

故所选择的换热器是合适的。

热棒技术解决高原冻土问题

5.6.5 换热器的传热强化途径

换热器的传热强化是采取一定的技术措施以提高换热器中冷、热流体之间的热流量。从总热流量方程 $Q=KA\Delta t_m$ 中可以看出，增大总传热系数 K、传热面积 A、平均温度差 Δt_m 中的任何一项，均可强化传热过程。现分析如下。

1. 增大传热平均温度差 Δt_m

通过提高加热剂入口温度(如用蒸气加热，可提高蒸气的压力来实现)或降低冷却剂入口温度，可以增加 Δt_m。至于采用何种冷却或加热介质，可根据提高 Δt_m 的需要而定。但工艺流体的温度是由工艺条件所决定的，一般不能随意变动。应该指出的是，Δt_m 的增大，会使有效能损失增大。因此，当两侧流体为变温传热时，应尽可能保证逆流或接近逆流操作。因为逆流操作时，不仅 Δt_m 较大，而且有效能损失也较小。螺旋板式换热器和套管式换热器可使两流体作严格的逆流流动。

需要指出的是，以增大传热温度差 Δt_m 来强化传热是有一定的限度的。

2. 扩展传热面积

扩展传热面积 A 的方法应从合理地提高设备单位体积的传热面积的角度出发，改进传热面结构和布置，如采用翅板片管、波纹管、螺纹管来代替光管等，以达到换热设备高效、紧凑的目的。不应单纯理解为通过扩大设备的体积来增加传热面积，或增加换热器的台数来增加热流量。

3. 增大总传热系数 K

强化传热的最有效途径是增大总传热系数。从总传热系数关系式

$$\frac{1}{K}=\left(\frac{1}{\alpha_o}+R_{so}\right)+\frac{b}{\lambda}\frac{d_o}{d_m}+\left(\frac{1}{\alpha_i}+R_{si}\right)\frac{d_o}{d_i}$$

可以看出，提高两流体的对流传热系数 α_o 和 α_i、金属壁的导热系数 λ，降低金属壁厚和两侧污垢热阻，都可提高总传热系数 K 值。根据对流传热的分析，对流传热热阻主要集中在靠近管壁的层流内层内，因此强化传热的措施应从以下几个方面考虑：

(1) 尽可能利用有相变的载热体(α 大),可得到较大的对流传热系数,如利用蒸气冷凝过程,并设法使冷凝液膜及时从壁面排除;

(2) 采用导热系数 λ 大的载热体,如液体金属 Na 等;

(3) 对金属制换热器而言,由于金属壁薄且导热系数大,一般热阻较小,只有当金属壁两侧的对流传热系数很大,污垢热阻很小时,金属壁的热阻才对传热过程有较明显的影响;

(4) 防止结垢和及时地清除垢层,以减小垢层热阻。有关这方面的研究,与水处理剂的开发及换热表面的改性有关。

当金属壁很薄,其导热系数较大,其壁面无污垢热阻时,则减小两侧流体的对流热阻就成为强化传热的主要方面。当两侧流体的对流传热系数 α 相差较大时,增大较小的 α 值,对提高 K 值,强化传热最为有效。一般无相变流体的 α 值较小,故应充分考虑,其提高方法如下。

(1) 增大流体流速。

增大流速,增强流体的湍动程度,减小层流内层厚度,以提高对流传热系数,即减小对流传热的热阻,如增加列管式换热器的管程数和在壳程中设置折流挡板,均可提高流体流速。但随着流速的提高,流体流动阻力增大很快,故提高流速是有局限性的。

(2) 管内加扰流元件。

在管内插入扰流元件,可以改变流动条件,使流体在流动过程中不断改变流动方向,提高湍动程度,如金属螺旋圈、麻花铁、静态混合器等,它们能增大壁面附近流体的扰动程度,减小层流内层厚度,增大 α 值。这种方法对强化气体、低 Re 流体及高黏度流体的传热更有效,它们能降低流体由层流向湍流过渡的 Re 值,从而强化传热。

(3) 改变传热面形状和增加粗糙度。

通过设计特殊的传热面,使流体在流动过程中不断改变流动方向,提高流体的扰动程度,产生旋涡,减小壁面层流内层的厚度,增大 α 值,如把加热面加工成波纹状、螺旋槽状、纵槽状、翅片状等,或挤压成皱纹、小凸起,或烧结一层多孔金属层,增加粗糙程度。改变传热面形状不仅增大 α 值,也扩展了传热面积,适用于管外热阻为主的单相流体传热过程的强化。

4. 新型传热技术

通过研究各种换热过程的强化问题来设计新颖的高效换热器以及能显著改善传热性能的节能新技术,不仅是现代工业发展过程中必须解决的课题,同时也是开发新能源和开展节能工作的紧迫任务。这方面的研究主要集中在以下几个方面。

(1) 热管技术开发。

热管换热器由于高效、紧凑并且不需要辅助动力,因而运行成本低,具有较好的应用前景。

(2) 纳米流体研究。

随着换热器表面强化技术的发展,低导热系数的换热工质已成为研究新一代高效换热器的主要障碍。目前要继续实现更高负荷的传热要求,必须从工质入手。

(3) 场协同效应研究。

这是当前研究的热点,目的是研究各种场,如速度场、超重力场、电场等对传热的协同效应,在此基础上开发第三代传热技术。

综上所述,强化传热的途径是多方面的,但对某个实际的传热过程,应作具体分析,抓住影响传热的主要因素,并结合设备结构、动力消耗、检修操作等予以全面考虑,采取经济而合理的强化传热的方法。

思 考 题

1. 传热有哪三种基本方式?

2. 流动对传热的贡献主要表现在哪些方面?

3. 在包有内、外两层相同厚度保温材料的圆形管道上,导热系数小的材料应包在哪一层?为什么?

4. 液体沸腾的必要条件有哪两个?

5. 为什么滴状冷凝的对流传热系数要比膜状冷凝的对流传热系数高?

6. 蒸气冷凝时为什么要定期排放不凝性气体?

7. 何谓黑体、灰体、镜体、透热体?

8. 影响辐射传热的主要因素有哪些?

9. 物体的吸收率与辐射能力之间存在什么关系?黑度与吸收率之间有何联系?

10. 为什么一般情况下,逆流总是优于并流?并流适用于哪些情况?

11. 列管式换热器在什么情况下需考虑热补偿?热补偿的形式有哪些?

12. 为提高列管式换热器的总传热系数 K,在结构上可采取哪些措施?

13. 有一管式换热器,管程走液体,壳程走蒸气,由于液体入口温度下降,在液体流量不变的情况下,仍要达到原来的出口温度,可采取什么措施?

14. 有一间壁式换热器,管内空气被加热,管间为饱和蒸汽,总传热系数 K 接近于哪一侧的对流传热系数?壁温接近于哪一侧流体的温度?

习 题

1. 某加热管外面包了一层厚为 300 mm 的绝缘材料,该材料的导热系数为 0.16 W/(m·℃),已测得该绝缘层外缘温度为 30 ℃,距加热管外壁 250 mm 处为 60 ℃,试求加热管外壁面温度。 (210 ℃)

2. 某燃烧炉的平壁由下列三种砖依次砌成:

耐火砖 $b_1=230$ mm, $\lambda_1=1.05$ W/(m·℃)

保温砖 $b_2=230$ mm, $\lambda_2=0.151$ W/(m·℃)

建筑砖 $b_3=240$ mm, $\lambda_3=0.93$ W/(m·℃)

已知耐火砖内侧温度为 1 000 ℃,耐火砖与保温砖界面处的温度为 940 ℃,要求保温砖与建筑砖界面处的温度不得超过 138 ℃,试求:

(1) 绝热层需几块保温砖?

(2) 建筑砖外侧温度。

((1) 2 块;(2) 34.9 ℃)

3. 红砖壁墙的厚度为 500 mm,内壁面温度为 200 ℃,外壁面温度为 30 ℃,设红砖的平均导热系数为 0.57 W/(m·℃)。试求:

(1) 红砖平壁内的热流密度 q;

(2) 距内壁面 350 mm 处的温度 t_A。

((1) 193.8 W/m^2;(2) 81 ℃)

4. 为减少热损失,在外径为 150 mm 的饱和蒸汽管道外覆盖保温层。已知保温材料的导热系数 $\lambda=0.103+0.000\,198t$(式中 t 的单位为℃),蒸汽管外壁温度为 180 ℃,要求保温层外壁温度不超过 50 ℃,每米管道由于热损失而造成蒸汽冷凝的量控制在 1×10^{-4} kg/(m·s)以下,问:保温层厚度应为多少?(180 ℃水蒸气冷凝潜热 $r=2\,019.3$ kJ/kg。) (49.8 mm)

5. ϕ60 mm×3 mm 铝合金管(导热系数近似按钢管选取)外面依次包有 30 mm 厚的石棉和 30 mm 厚的软木。石棉和软木的导热系数分别为 0.16 W/(m·K)和 0.04 W/(m·K),管外涂防水胶,以免水蒸气渗入后发生冷凝及冻结。

(1) 已知管内壁温度为−110 ℃,软木外侧温度为10 ℃,求每米管长上损失的冷量;

(2) 计算钢、石棉及软木层各层热阻在总热阻中所占的百分数;

(3) 若将两层保温材料互换(各层厚度仍为30 mm),钢管内壁面温度仍为−110℃,作为近似计算,假设最外层的石棉层表面温度仍为10 ℃。求此时每米管长损失的冷量。(提示:保温层互换后,保温层外壁面与空气间的对流传热膜系数与互换前相同。)

((1) −52.1 W/m;(2) 0.016%,29.94%,70.05%;(3) −37.94 W/m)

6. 冷却水在ϕ25 mm×2.5 mm,长为2 m的钢管中以1 m/s的流速通过。冷却水的进、出口温度分别为20 ℃和50 ℃,求管壁对水的对流传热系数。(4 778 W/(m^2·℃))

7. 一列管式换热器,由38根ϕ25 mm×2.5 mm的无缝钢管组成,苯在管内以8.32 kg/s的流量通过,从80 ℃冷却至20 ℃。求苯对管壁的对流传热系数。若流速增加一倍,其他条件不变,则对流传热系数又有何变化?(1 067 W/(m^2·℃),1 858 W/(m^2·℃))

8. 有一列管式换热器,外壳内径为190 mm,内含37根ϕ19 mm×2 mm的钢管。温度为12 ℃,压力为98.1 kPa的空气,以10 m/s的流速在列管式换热器管间沿管长方向流动,空气出口温度为30 ℃。试求空气对管壁的对流传热系数。(49.1 W/(m^2·℃))

9. 套管式换热器的内管规格为ϕ38 mm×2.5 mm,外管规格为ϕ57 mm×3 mm。甲苯在环隙中由72 ℃冷却至38 ℃,甲苯的流量为2 730 kg/h,甲苯55 ℃时的密度为835 kg/m^3。试求甲苯的对流传热系数。

(1 465 W/(m^2·℃))

10. 压力为4.76×10^5 Pa的饱和蒸气,在外径为100 mm、长度为0.75 m的单根直立圆管外冷凝。管外壁温度为110 ℃。试求:

(1) 圆管垂直放置时的对流传热系数;

(2) 管子水平放置时的对流传热系数;

(3) 若管长增加一倍,其他条件均不变,圆管垂直放置时的平均对流传热系数。

((1) 6 187 W/(m^2·K);(2) 6 573 W/(m^2·K);(3) 8 639 W/(m^2·K))

11. 用热电偶温度计测量管道中的气体温度,温度计读数为300 ℃,黑度为0.3。气体与热电偶间的传热系数为60 W/(m^2·K),管壁温度为230 ℃。

(1) 试求气体的真实温度;

(2) 若要减少测温误差值,应采取什么措施?

((1) 312 ℃;(2) 提高α,提高t_w,降低ε)

12. 在一套管式换热器中,用饱和蒸汽加热管内湍流的空气,此时的总传热系数近似等于空气的对流传热系数。若要求空气量增加一倍,而空气的进出口温度仍然不变,问:该换热器的长度应增加多少?(15%)

13. 在一套管式换热器中,用冷却水将1.25 kg/s的苯由350 K冷却至300 K,冷却水进、出口温度分别为290 K和320 K。试求冷却水消耗量。(0.916 kg/s)

14. 在一列管式换热器中,将某溶液自15 ℃加热至40 ℃,载热体从120 ℃降至60 ℃。试计算换热器逆流和并流时的冷、热流体平均温度差。(60.83 ℃,51.3 ℃)

15. 在一单壳程、四管程的列管式换热器中,用水冷却油。冷却水在壳程流动,进、出口温度分别为15 ℃和32 ℃。油的进、出口温度分别为100 ℃和40 ℃。试求传热平均温度差。(38.7 ℃)

16. 在一内管规格为ϕ180 mm×10 mm的套管式换热器中,管程中热水流量为3 000 kg/h,进、出口温度分别为90 ℃和60 ℃。壳程中冷却水的进、出口温度分别为20 ℃和50 ℃,总传热系数为2 000 W/(m^2·℃)。试求:

(1) 冷却水用量;

(2) 逆流流动时的平均温度差及管子的长度;

(3) 并流流动时的平均温度差及管子的长度。

((1) 3 000 kg/h;(2) 40 ℃,2.32 m;(3) 30.8 ℃,3.03 m)

17. 有一单管程列管式换热器，其管规格为 ϕ25 mm×2.5 mm，管子数 n=37。今拟采用此换热器冷凝并冷却 CS_2 饱和蒸气，自饱和温度 46 ℃冷却到 10 ℃。CS_2 在壳程冷凝，其流量为 300 kg/h，冷凝潜热为 351.6 kJ/kg，冷却水在管程流动，进口温度为 5 ℃，出口温度为 32 ℃，逆流流动。已知 CS_2 在冷凝和冷却时的传热系数分别为 K_1=291 W/(m^2·K)及 K_2=174 W/(m^2·K)。问：此换热器是否适用？(传热面积 A 及传热系数均以外表面积计。)　　(适用)

18. 由 ϕ25 mm×2.5 mm 的锅炉钢管组成的废热锅炉，管程为压力 2 570 kPa(表压)的沸腾水。管外为合成转化气，温度由 575 ℃下降到 472 ℃。已知转化气侧 α_2=300 W/(m^2·℃)，水侧 α_1=10^4 W/(m^2·℃)。忽略污垢热阻，试求平均壁温 T_w 和 t_w。　　(237.5 ℃，233.3 ℃)

19. 试计算一外径为 50 mm、长为 10 m 的氧化钢管，其外壁温度为 250 ℃时的辐射热损失。若将此管附设在：

(1) 与管径相比很大的车间内，车间内为石灰粉刷的壁面，壁面温度为 27 ℃，壁面黑度为 0.91；

(2) 截面为 200 mm×200 mm 的红砖砌的通道，通道壁温为 20 ℃。

((1) 4.75 kW；(2) 4.74 kW)

20. 拟用单程列管式换热器将重油由 180 ℃冷却至 120 ℃，重油流量为 10^4 kg/h，比热容为2.18 kJ/(kg·℃)；冷却剂为原油，其初温为 30 ℃，流量为 1.4×10^4 kg/h，比热容为 1.93 kJ/(kg·℃)。总传热系数 K=116.3 W/(m^2·℃)。试求并流操作和逆流操作所需的传热面积 $A_{并}$ 和 $A_{逆}$。　　(37.8 m^2，34.4 m^2)

21. 某管壳式换热器管束由 ϕ25 mm×2.5 mm 钢管构成。已知管内侧水的对流传热系数 α_i 为 1 500 W/(m^2·℃)，管外侧空气的对流传热系数 α_o 为 50 W/(m^2·℃)，钢的导热系数 λ 为 45 W/(m·℃)，污垢热阻可忽略，试求基于管外侧的总传热系数 K_o 及各分热阻的百分数。

(46.9 W/(m^2·℃)；管外、管壁、管内热阻占比分别为 93.9%、2.3%、3.8%)

22. 套管式换热器内管规格为 ϕ25 mm×2.5 mm，管内冷却水将环隙中的苯由 350 K 冷却至 300 K，冷却水与苯逆流流动的温度由 290 K 升至 320 K，苯的流量为 1.25 kg/s。已知水和苯的比热容分别为 4.187 kJ/(kg·℃)和 1.84 kJ/(kg·℃)，水和苯的对流传热系数分别为 850 W/(m^2·℃)和 1 700 W/(m^2·℃)，两侧的污垢热阻可不计。试求冷却水消耗量和换热管管长。　　(0.916 kg/s，170.7 m)

23. 有一列管冷凝器，换热管规格为 ϕ25 mm×2.5 mm，其有效长度为 3.0 m。水以 0.65 m/s 的流速在管内流过，其温度由 20 ℃升至 40 ℃。流量为 4 600 kg/h、温度为 75 ℃的饱和有机蒸气在壳程冷凝为同温度的液体后排出，冷凝潜热为 310 kJ/kg。已知蒸气冷凝传热系数为 820 W/(m^2·℃)，水侧污垢热阻为 0.000 7 m^2·K/W。蒸气侧污垢热阻和管壁热阻忽略不计。试核算该换热器中换热管的总根数及管程数。(定性温度下水的物性参数如下：c_{p2}=4.17 kJ/(kg·K)，ρ_2= 995.7 kg/m^3，λ_2=0.618 W/(m·K)，μ_2=0.801×10^{-3} Pa·s。)

(96 根；4 管程)

24. 有一逆流操作的列管换热器，壳程热流体为空气，其对流传热系数 α_1=100 W/(m^2·K)；冷却水走管内，其对流传热系数 α_2=2 000 W/(m^2·K)。已测得冷、热流体的进、出口温度：t_1=20 ℃，t_2=85 ℃，T_1=100 ℃，T_2=70 ℃。两种流体的对流传热系数均与各自流速的 0.8 次方成正比。忽略管壁及污垢热阻。其他条件不变，当空气流量增加一倍时，求水和空气的出口温度 t_2' 和 T_2'，并求现传热速率 Q' 比原传热速率 Q 增加的倍数。　　(T_2'=82.3 ℃，t_2'=96.5 ℃，1.18 倍)

25. 某列管式换热器由多根 ϕ25 mm×2.5 mm 的钢管所组成，将苯由 20 ℃加热到 55 ℃，苯在管中流动，其流量为 15 000 kg/h，流速为 0.5 m/s，加热剂为 130 ℃饱和蒸汽，在管外冷凝，苯的比热容 c_p=1.76 kJ/(kg·℃)，密度为 858 kg/m^3。已知加热器的传热系数为 700 W/(m^2·K)，试求此加热器所需管数 n 及单管长度 l。

(31 根，1.65 m)

26. 传热面积为 15 m^{2}的列管式换热器内，用 110 ℃的饱和蒸汽可将管程内的某溶液由 20 ℃加热至 80 ℃，溶液处理量为 2.5×10^4 kg/h，比热容为 4 kJ/(kg·℃)。试测算该操作条件下的总传热系数。换热器运行一年后，由于污垢热阻增加，溶液出口温度降至 72 ℃，若使出口温度仍为80 ℃，加热蒸汽温度应提高到多少？

(2 034.5 W/(m^2·℃)，123.8 ℃)

27. 有一单壳程双管程的列管式换热器，管外用 120 ℃饱和蒸汽加热，常压干空气以 12 m/s 的流速在管内流过，管子规格为 ϕ38 mm×2.5 mm，总管数为 200 根，已知空气进口温度为 26 ℃，要求空气出口温度为 86 ℃，试求：

(1) 该换热器的管长；

(2) 若气体处理量、进口温度、管长均保持不变，而将管子规格变为 ϕ45 mm×2 mm，总管数减少 20%，此时的出口温度。(不计出口温度变化对物性的影响，忽略热损失。)

((1) 1.08 m；(2) 73 ℃)

28. 试设计一列管冷凝器，用水来冷凝常压下的乙醇蒸气。乙醇的流量为 3 000 kg/h，冷水进口温度为 30 ℃，出口温度为 40 ℃。在常压下乙醇的饱和温度为 78 ℃，汽化潜热为 925 kJ/kg。乙醇蒸气冷凝传热系数估计为 1 660 W/(m^2 • ℃)，设计内容：

(1) 程数、总管数、管长；

(2) 管子在花板上排列的方式；

(3) 壳体内径。

(设计参考结果：(1)采用双管程，管子总数 114 根，长度 3 m，管子 ϕ 25 mm×2.5 mm；(2)管子按等边三角形排列，t=32 mm，管子为 6 层；(3)外壳的内径为 460 mm)

本章主要符号说明

符号	意　义	计量单位
A	传热面积	m^2
A	辐射吸收率	
b	平壁或管壁厚度	m
C	发射或辐射系数	W/(m^2 • K^4)
c_p	流体的定压比热容	kJ/(kg • ℃)或 kJ/(kg • K)
D	换热器壳径	m
D	透过率	
d	管径	m
d_e	当量管径	m
E	辐射能力	W/m^2
f	校正系数	
Gr	格拉晓夫数	
h	挡板间距	m
K	总传热系数	W/(m^2 • ℃)或 W/(m^2 • K)
l	管长	m
M	冷凝负荷	kg/(m • s)
Nu	努塞尔数	
Pr	普朗特数	
Q	热流量	W
q	热流密度	W/m^2

符号	意　义	计量单位
q_m	质量流量	kg/s
R	热阻	K/W 或℃/W
R	反射率	
R_s	污垢热阻	m^2 · ℃/W 或 m^2 · K/W
Re	雷诺数	
r	半径	m
r	汽化或冷凝潜热	kJ/kg
T	热流体温度	℃
T	绝对温度	K
t	冷流体温度	℃
t	管间距	m
u	流速	m/s
x、y、z	空间坐标	
α	对流传热系数	W/(m^2 · ℃)或 W/(m^2 · K)
β	体积膨胀系数	$℃^{-1}$或 K^{-1}
δ	边界层厚度	m
ε	黑度	
λ	导热系数	W/(m · ℃)或 W/(m · K)
μ	黏度	Pa · s
ν	运动黏度	m^2/s
ρ	密度	kg/m^3
σ	表面张力	N/m
σ_0	黑体的辐射常数	W/(m^2 · K^4)
τ	时间	s 或 h
φ	角系数	

下标

下标	意义
e	当量
i	内
m	平均
s	饱和
t	传热
w	壁面

第6章 蒸　　发

本章学习要求

■ **掌握**：蒸发操作的基本操作；单效蒸发的基本流程及应用计算；蒸发器的生产能力与生产强度及计算；多效蒸发的基本流程及应用计算。

■ **熟悉**：蒸发操作的分类及特点；多效蒸发效数。

■ **了解**：蒸发器的设备；蒸发器的总传热系数；蒸发器的选型。

6.1 概　　述

蒸发就是采用加热的方法，使溶液中的挥发性溶剂在沸腾状态下部分汽化并将其移除，从而提高溶液浓度的一种单元操作。蒸发操作是一个使溶液中的挥发性溶剂与不挥发性溶质分离的过程。蒸发设备称为蒸发器。蒸发操作的热源，一般为饱和蒸汽。如遇高沸点溶液，可选用其他高温载热体，可采用电加热法或融盐加热法。

蒸发操作被广泛应用于化学、轻工、食品、制药等工业中。工业生产中蒸发操作的主要目的如下：① 浓缩稀溶液以直接制取产品或将浓溶液再处理（如冷却结晶）制取固体产品（如电解烧碱液、栲胶浸提液、果汁和蔗汁的浓缩等）；② 获取溶液中的溶剂作为产品（如海水淡化的蒸发过程是为了脱除杂质，制取可饮用的淡水）；③ 同时制取浓缩液和回收溶剂（如制药工艺中浸取液的蒸发）。

工业上被蒸发处理的溶液大多为水溶液，所以本章只介绍水溶液的蒸发。原则上，相关的原理、设备和计算对非水溶液的蒸发也是适用的。

6.1.1 蒸发操作的分类

1. 按蒸发方式分类

1）自然蒸发

自然蒸发是指溶液在低于沸点温度下的蒸发，如海水晒盐。在这种情况下，因溶剂仅在溶液表面汽化，溶剂汽化速率低，蒸发速度慢。

2）沸腾蒸发

沸腾蒸发是指将溶液加热至沸点，使之在沸腾状态下的蒸发。沸腾蒸发的蒸发速度快，工业上的蒸发操作基本上采用此类方式。

2. 按加热方式分类

1）直接热源加热

它是将热源直接引入被蒸发的溶液中来加热溶液，使溶剂汽化的蒸发过程。

2）间接热源加热

它是热源将热量通过容器壁传给被蒸发的溶液，即在间壁式换热器中进行的传热过程。

3. 按操作压力分类

可分为常压蒸发、加压蒸发和减压蒸发，即在常压（大气压）下、高于或低于大气压下进行蒸发。在减压下的蒸发操作称为真空蒸发。很显然，对于热敏性物料，如含生物活性成分的溶液、果汁等宜在减压下进行；而对于高黏度物料，就应采用加压高温热源加热进行蒸发。

4. 按蒸发的连续性分类

可分为间歇蒸发和连续蒸发。间歇蒸发的特点是在蒸发过程中，溶液的浓度和沸点随时间改变，所以是不稳定操作，适合于小规模、多品种的场合。连续蒸发为稳定操作，适合于大规模的生产过程。

5. 按效数分类

可分为单效蒸发与多效蒸发。由于被蒸发的溶液多为水溶液，故溶液汽化所产生的蒸气是水蒸气，为了和加热蒸汽区别，将溶液汽化产生的蒸汽称为二次蒸汽。要保证蒸发操作正常进行，二次蒸汽需不断从蒸发器中移除。一般采用冷凝法移除二次蒸汽。若一台蒸发器产生的二次蒸汽直接被冷凝或引作他用，这种方式称为单效蒸发。若一台蒸发器产生的二次蒸汽被引至另一台蒸发器作为加热蒸汽使用，此种串联两台以上蒸发器的操作，称为多效蒸发。

6.1.2 蒸发操作的特点

工程上，蒸发过程只是从溶液中分离出部分溶剂，而溶质仍留在溶液中。由于溶剂的汽化速率取决于传热速率，故蒸发操作属于传热过程，蒸发设备为传热设备。显然，蒸发过程实质上是壳侧为蒸汽冷凝，管侧为液态沸腾的间壁式传热过程。但是，蒸发过程与通常的传热过程相比，又具有自身的特点，蒸发器与常见的换热器也有所不同。蒸发过程与一般传热过程比较，有以下特点。

(1) 传热壁面两侧均有相变化。

一侧为加热蒸汽冷凝，另一侧为溶液沸腾汽化。

(2) 溶液的沸点升高。

由于溶液含有不挥发性溶质，因此，在相同温度下，溶液的蒸气压比纯溶剂的小。也就是说，在相同压力下，溶液的沸点比纯溶剂的高，溶液浓度越高，这种影响就越显著。一般而言，稀溶液和有机胶体溶液的沸点升高值不大，但无机盐的浓溶液沸点升高值可达60～70 ℃甚至更高。由于溶液沸点的升高，蒸发过程的传热温度差会下降，这在设计和操作蒸发器时是必须考虑的。

(3) 物料的工艺特性改变。

蒸发过程中，溶液的某些性质随着溶液的浓缩而改变。有些物料在浓缩过程中可能结垢、析出结晶或产生泡沫；有些物料是热敏性的，在高温下易变性或分解；有些物料具有较大的腐蚀性或较高的黏度等。因此，在选择蒸发的方法和设备时，必须考虑物料的这些工艺特性。

(4) 要考虑能量利用与回收。

蒸发时需消耗大量的加热蒸汽，而溶液汽化又产生大量的二次蒸汽，如何充分利用二次蒸汽的潜热，提高加热蒸汽的利用效率，也是蒸发器设计中的重要问题。

6.2 单效蒸发

6.2.1 单效蒸发流程

图6-1为典型的蒸发装置示意图。蒸发器的主体由加热室和蒸发室组成。加热室为列管式换热器，加热蒸汽通过加热室的管间，将热量通过管壁传给管内的溶液，自身变成的冷凝水由疏水器排出。原料液在蒸发室经蒸发浓缩后的完成液利用自身重力从蒸发器底部排出。蒸

发器产生的二次蒸汽,经分离所夹带的液沫后,到冷凝器与冷水混合而被冷凝并排出。不凝性气体经分离器和缓冲罐,由真空泵抽出。

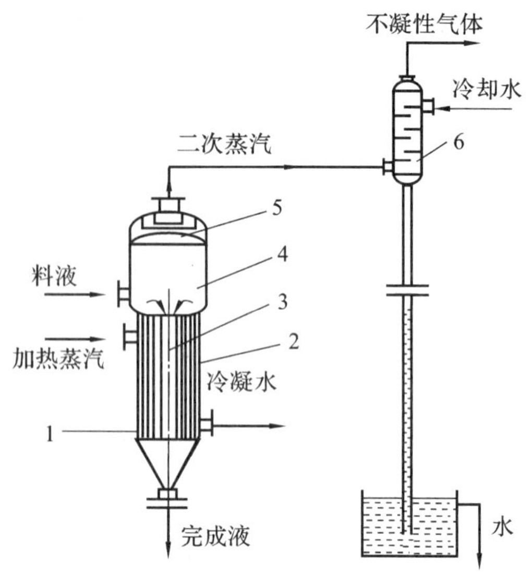

图 6-1　蒸发装置

1—加热室;2—加热管;3—中央循环管;4—蒸发室;5—除沫器;6—冷凝器

显然,蒸发过程就是一个在壳侧为蒸汽冷凝、管侧为液体沸腾的传热过程,故蒸发器也是一种换热器。

6.2.2　单效蒸发计算

对于单效蒸发,在给定的生产任务和确定的操作条件(如进料量、温度和浓度,完成液的浓度、加热蒸汽的压力和冷凝器操作压力)的情况下,通常需要计算以下内容:

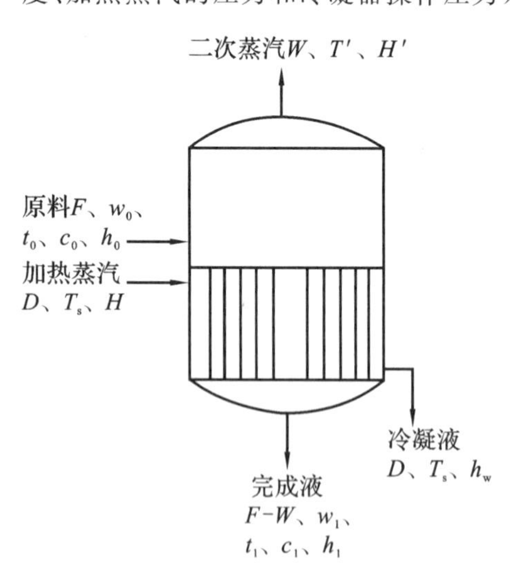

图 6-2　单效蒸发示意图

(1) 蒸发水量;

(2) 加热蒸汽消耗量;

(3) 蒸发器的传热面积。

要解决以上问题,可应用物料衡算方程、热量衡算方程和总热流量方程。

1. 单效蒸发的物料衡算

溶质在蒸发过程中不挥发,故在连续稳定操作状态下,蒸发过程是个定态过程,即单位时间进入和离开蒸发器的溶质的量相等,对图 6-2 所示的蒸发器作溶质的衡算:

$$Fw_0=(F-W)w_1=Lw_1$$

由此可得蒸发水量及完成液的浓度,即

$$W=F\left(1-\frac{w_0}{w_1}\right) \tag{6-1}$$

$$w_1=\frac{Fw_0}{F-W} \tag{6-2}$$

式中:F——原料液量,kg/h;

W——蒸发水量,kg/h;

L——完成液量,kg/h;

w_0——原料液中溶质的质量分数;

w_1——完成液中溶质的质量分数。

2. 单效蒸发的热量衡算

通过热量衡算可求得加热蒸汽用量。

设加热蒸汽的冷凝水在饱和温度下排出,对图6-2所示的蒸发器作热量衡算:

$$DH+Fh_0=WH'+(F-W)h_1+Dh_w+Q \tag{6-3}$$

式中:H——加热蒸汽的焓,kJ/kg;

H'——二次蒸汽的焓,kJ/kg;

h_0——原料液的焓,kJ/kg;

h_1——完成液的焓,kJ/kg;

h_w——冷凝水的焓,kJ/kg;

D——加热蒸汽消耗量,kg/h;

Q——热流量,kJ/h。

1) 溶液的稀释热不大,可以忽略不计的情况

此时溶液的焓可用比热容计算。

习惯上,以0 ℃的液体为基准,则

$$h_0=c_0t_0,\quad h_1=c_1t_1,\quad h_w=c_wT_s$$

代入式(6-3)并整理得

$$D(H-c_wT_s)=WH'+(F-W)c_1t_1-Fc_0t_0+Q \tag{6-4}$$

式中:c_w——水的比热容,kJ/(kg·℃);

T_s——加热蒸汽冷凝水的饱和温度,℃;

c_0——原料液的比热容,kJ/(kg·℃);

t_0——原料液的温度,℃;

c_1——完成液的比热容,kJ/(kg·℃);

t_1——蒸发器中溶液的温度,℃。

为了方便计算,改用原料液比热容c_0代替完成液比热容c_1,溶液的比热容可用以下经验公式计算:

$$c=c_w(1-w)+c_Bw$$

式中:c_B——溶质的比热容,kJ/(kg·℃)。

于是有

$$c_0=c_w(1-w_0)+c_Bw_0=c_w+(c_B-c_w)w_0$$

$$c_1=c_w(1-w_1)+c_Bw_1=c_w+(c_B-c_w)w_1$$

故

$$(F-W)c_1=Fc_0-Wc_w$$

将上式代入式(6-4)得

$$D(H-c_wT_s)=W(H'-c_wt_1)+Fc_0(t_1-t_0)+Q$$

若冷凝液在饱和温度下排出,且忽略溶液浓度变化对焓的影响,即

$$H-c_wT_s=r$$

及

$$H'-c_wt_1=r'$$

代入上式并整理得

$$D=\frac{Wr'+Fc_0(t_1-t_0)+Q}{r} \tag{6-5}$$

式中：r——加热蒸汽的汽化潜热，kJ/kg；

r'——二次蒸汽的汽化潜热，kJ/kg。

从上式可以看出，加热蒸汽提供的热量一部分用于将原料液由 t_0 升温到沸点 t_1，一部分用于蒸发水分，一部分用于补偿热损失。

若原料液预热到沸点，即 $t_0=t_1$，并略去热损失，则有 $D/W=r'/r\approx1$，即每蒸发 1 kg 水分大约需要 1 kg 加热蒸汽，实际过程有热损失，因此 D/W 值常在 1.1 左右。$e=D/W$ 称为单位蒸汽消耗量，为每蒸发单位质量水分时加热蒸汽的消耗量，其单位为kg/kg。e 值是衡量蒸发装置经济效益的指标。

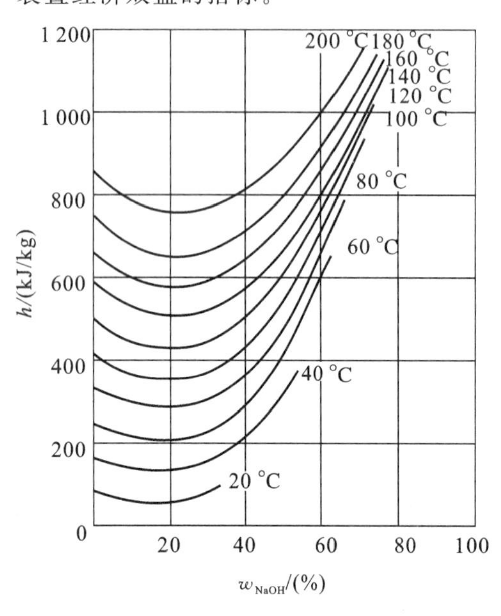

图 6-3　NaOH 溶液的焓-浓度图

2）溶液的稀释热较大的情况

对某些溶液，如 NaOH、CaO 的水溶液，在稀释时有明显的放热效应，被蒸发浓缩时，除需供给水蒸发所必需的汽化潜热外，还需供给与稀释相当的浓缩热。对这类溶液作蒸发传热计算时，若仍用比热容关系计算焓值，就会产生较大的误差，其焓的数据应由焓-浓度图查出。图 6-3 为 NaOH 溶液的焓-浓度图，如已知溶液的浓度和温度，可查出溶液相应的焓值。

3. 传热平均温度差 Δt_m 的确定

蒸发传热不同于一般的传热方式，因此计算其传热平均温度差 Δt_m 时也有别于一般的换热器。

在蒸发操作中，蒸发器加热室一侧是蒸汽冷凝，另一侧为液体沸腾，因此其传热平均温度差应为

$$\Delta t_m=T-t_1 \tag{6-6}$$

式中：T——加热蒸汽的温度，℃；

t_1——操作条件下溶液的沸点，℃。

当加热蒸汽的温度 T(如用绝对压为 470 kPa 的水蒸气作为加热蒸汽，$T=150$ ℃)一定时，若蒸发室的压力为 1 atm，而蒸发的是水(其沸点 $t_1=100$ ℃)，此时的传热温度差最大，$\Delta t_m=50$ ℃。如果蒸发的是 30% 的 NaOH 溶液，在常压下其沸点为 120 ℃，则有效传热温度差只有 30 ℃，比原来减小了 20 ℃。所减小的值称为传热温度差损失，简称温度差损失，用 Δ 表示。温度差损失一方面是由于溶液沸点的升高而导致温度差损失(用 Δ' 表示)，这是由于溶液蒸气压比纯溶剂(一般为水)在同一温度下的蒸气压要低，致使溶液的沸点比纯溶剂的高；另一方面是由于蒸发器中静压头的影响而导致温度差损失(用 Δ'' 表示)，以及流体流过加热管时产生摩擦阻力而导致温度差损失(用 Δ''' 表示)。下面分别进行讨论。

1）因溶液蒸气压下降而引起的温度差损失 Δ'

(1) 实际测定。

Δ' 值的大小与溶液的种类、浓度及蒸发压力有关。其值可通过实验测定溶液的沸点求

得，即

$$\Delta' = t_A - T' \tag{6-7}$$

式中：t_A——溶液蒸气压下降后溶液的沸点(实验测定)，℃；

T'——二次蒸汽的饱和温度，℃。

(2) 估算。

当缺乏实验数据时，可按下式进行估算：

$$\Delta' = f\Delta'_a \tag{6-8}$$

式中：Δ'_a——常压下由于溶液蒸气压下降而引起的沸点升高，℃；

f——校正系数，无因次。

$$f = \frac{0.016\,2(T'+273)^2}{r'} \tag{6-9}$$

式中：r'——操作压力下，二次蒸汽的汽化潜热，kJ/kg。

(3) 杜林规则计算溶液的沸点。

由于溶液蒸气压下降而引起的温度差损失 Δ'，也可按杜林规则计算。杜林规则就是指溶液的沸点和相同压力下标准溶液沸点之间呈线性关系。由于不同压力下水的沸点可从水蒸气表中查出，故一般选取水为标准液体。在直角坐标中用溶液的沸点与相同压力下水的沸点作图，得到的直线称为杜林直线。图 6-4 所示为 NaOH 溶液的杜林直线。

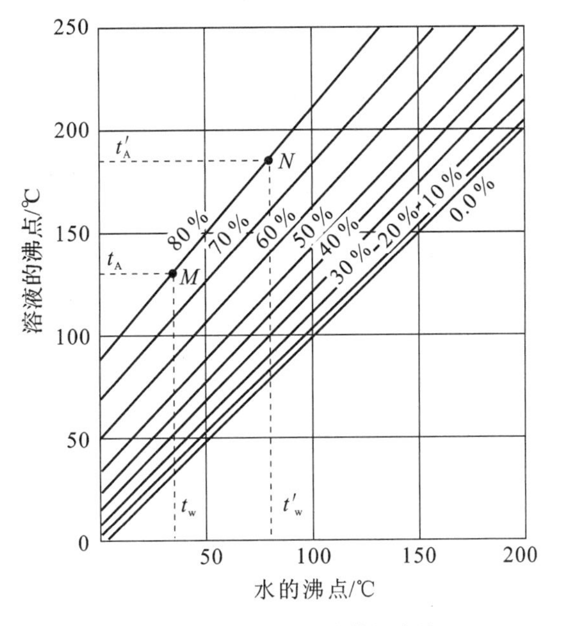

图 6-4 NaOH **溶液的杜林直线**

利用杜林直线查找溶液在各种压力下的沸点十分方便。先根据给定压力查出水的沸点(该压力下的饱和蒸汽温度)，然后由杜林直线可直接查出给定压力下溶液的沸点。

当无图可查时，根据杜林规则，某种溶液在任意两种不同压力下两沸点的差值($t'_A - t_A$)与水在同样两种不同压力下两沸点的差值($t'_w - t_w$)之比应为常数，以 k 表示：

$$k = \frac{t'_A - t_A}{t'_w - t_w} \tag{6-10}$$

只要从手册中查出给定浓度下溶液及水在两个不同压力下的沸点，便可计算出 k 值，那么,该溶液在其他压力下的沸点便可求出。

2) 因加热管内液柱静压而引起的温度差损失 Δ''

某些蒸发器的加热管内积有一定高度的液位,使得液面以下液体承受更大的压力,因而导致沸点升高。液层内部沸点与表面沸点之差即为因加热管内液柱静压而引起的温度差损失 Δ''。一般计算时以液层中部平均压力 p_m 下对应的沸点 T'_{p_m} 为依据。设分离室压力为 p',液面高度为 L,则液层中部压力为

$$p_m = p' + \frac{\rho g L}{2} \tag{6-11}$$

$$\Delta'' = T'_{p_m} - T'_p \tag{6-12}$$

式中:T'_{p_m}——压力 p_m 下水的沸点,℃(因溶液沸点难以查取,故取该压力下纯水沸点近似作为溶液沸点);

T'_p——与二次蒸汽压力 p' 对应的水的沸点,℃;

ρ——液体密度,kg/m³。

3) 因蒸汽流动阻力引起的温度差损失 Δ'''

二次蒸汽由分离室流到冷凝器(或下一效加热室)时,因管道内流动阻力使二次蒸汽的压力有所降低,温度也相应下降,由此引起的温度差损失即为 Δ'''。因二次蒸汽产生的压降,随管路的布置情况而异,其计算较烦琐。通常根据生产经验值选取。

(1) 单效蒸发:二次蒸汽从蒸发器到冷凝器 $\Delta''' = 1 \sim 1.5$ ℃。

(2) 多效蒸发:二次蒸汽从蒸发器到冷凝器 $\Delta''' = 1 \sim 1.5$ ℃。

(3) 多效蒸发:二次蒸汽从蒸发器到下一效加热室 $\Delta''' = 1$ ℃。

在三种温度差损失的计算中,Δ' 最大,为主要影响因素。总的温度差损失为

$$\Delta = \Delta' + \Delta'' + \Delta''' \tag{6-13}$$

蒸发过程的传热温度差(有效温度差)为

$$\Delta t = T - t_1 - \Delta \tag{6-14}$$

4. 传热面积的计算

蒸发器的传热面积可通过总热流量方程求得,即

$$Q = KA\Delta t_m \tag{6-15}$$

式中:A——蒸发器的传热面积,m²;

K——蒸发器的总传热系数,W/(m² · K)或 W/(m² · ℃);

Δt_m——传热平均温度差,℃;

Q——蒸发器的热流量,W 或 kJ/kg。

式(6-15)中,Q 可通过对加热室作热量衡算求得。若忽略热损失,Q 即为加热蒸汽冷凝放出的热量,即

$$Q = D(H - h_w) = Dr \tag{6-16}$$

6.2.3 蒸发器的生产能力与生产强度

1. 蒸发器的生产能力

蒸发器的生产能力可用单位时间内蒸发的水量来表示。由于蒸发水量取决于热流量的大小,因此其生产能力也可表示为

$$Q=KA\Delta t_m$$

2. 蒸发器的生产强度

由上式可以看出，蒸发器的生产能力仅反映蒸发器生产量的大小，而引入蒸发强度的概念却可反映蒸发器的优劣。

蒸发器的生产强度简称蒸发强度，是指单位时间内单位传热面积上所蒸发的水量，即

$$u=\frac{W}{A} \tag{6-17}$$

式中：u——蒸发强度，$kg/(m^2 \cdot h)$。

蒸发强度通常可用于评价蒸发器的优劣，对于一定的蒸发任务而言，若蒸发强度越大，则所需的传热面积越小，即设备的投资费用就越低。

当原料液以沸点进料时，可略去热损失，有 $D/W=r'/r\approx1$，所以将式(6-15)、式(6-16)代入式(6-17)可得

$$u=\frac{W}{A}=\frac{K\Delta t_m}{r} \tag{6-18}$$

由此式可知，提高蒸发强度的主要途径是提高总传热系数 K 和传热温度差 Δt_m。

3. 提高蒸发强度的途径

1) 提高传热温度差

提高传热温度差可从提高热源的温度或降低溶液的沸点等角度来考虑，工程上通常采用下列措施来实现。

(1) 真空蒸发。

真空蒸发可以降低溶液沸点，增大传热推动力，提高蒸发器的生产强度，同时由于沸点较低，可减少或防止热敏性物料的分解。另外，真空蒸发可降低对加热热源的要求，即可利用低温度的水蒸气作热源。但是，应该指出，溶液沸点降低，其黏度会增高，并使总传热系数 K 下降。当然，真空蒸发要增加真空设备并增加动力消耗。

(2) 高温热源。

提高 Δt_m 的另一个措施是提高加热蒸汽的压力，但这时要对蒸发器的设计和操作提出严格要求。一般加热蒸汽压力不超过 0.8 MPa。对于某些物料，如果采用加压蒸汽仍不能满足要求，则可选用高温导热油、熔盐或改用电加热，以增大传热推动力。

2) 提高总传热系数

蒸发器的总传热系数主要取决于溶液的性质、沸腾状况、操作条件以及蒸发器的结构等。因此，合理地设计蒸发器结构以建立良好的溶液循环流动，及时排除加热室中不凝性气体，经常清除污垢等均是蒸发器在高强度下操作的重要措施。

【例 6-1】 采用单效真空蒸发装置，连续蒸发 NaOH 水溶液。已知进料量为3 000 kg/h，进料浓度为40%(质量分数)，沸点进料，完成液浓度为 48.3%(质量分数)，其密度为 1 500 kg/m^3，加热蒸汽压力为0.3 MPa(表压)，冷凝器的真空度为51 kPa，加热室管内液层高度为 3 m。试求蒸发水量、加热蒸汽消耗量和蒸发器传热面积。已知总传热系数为 1 500 $W/(m^2 \cdot ℃)$，蒸发器的热损失为加热蒸汽量的 5%，当地大气压为 101.3 kPa。

解 (1) 蒸发水量 W。

$$W=F\left(1-\frac{w_0}{w_1}\right)=3\ 000\times\left(1-\frac{40}{48.3}\right)\ kg/h=515.5\ kg/h$$

(2) 加热蒸汽消耗量。

$$D=\frac{Wr'+Q}{r}$$

而

$$Q=0.05Dr$$

故

$$D=\frac{Wr'}{0.95r}$$

已知,当 $p=0.3$ MPa(表压)时

$$T=143.5\ ℃,\quad r=2\ 137\ \mathrm{kJ/kg}$$

当 $p_c=51$ kPa(真空度)时

$$T'=81.2\ ℃,\quad r'=2\ 304\ \mathrm{kJ/kg}$$

故

$$D=\frac{515.5\times 2\ 304}{0.95\times 2\ 137}\ \mathrm{kg/h}=585.0\ \mathrm{kg/h}$$

(3) 传热面积 A。

① 确定溶液沸点。

a. 计算 Δ'。

已知 $p_c=51$ kPa(真空度)下,冷凝器中二次蒸汽的饱和温度 $T'=81.2$ ℃,而常压下 48.3% NaOH 溶液的沸点近似为 $t_A=140$ ℃。故

$$\Delta'_a=(140-100)\ ℃=40\ ℃$$

因二次蒸汽的真空度为 51 kPa,故 Δ' 需用式(6-9)校正,即

$$f=\frac{0.016\ 2\times(T'+273)^2}{r'}=\frac{0.016\ 2\times(81.2+273)^2}{2\ 304}=0.88$$

所以

$$\Delta'=0.88\times 40\ ℃=35.2\ ℃$$

b. 计算 Δ''。

由于二次蒸汽流动的压降较小,故分离室压力可视为冷凝器的压力。则

$$p_m=p'+\frac{\rho gL}{2}=\left(50\times 10^3+\frac{1\ 500\times 9.81\times 3}{2}\right)\ \mathrm{Pa}=72\ \mathrm{kPa}$$

已知 72 kPa 下对应水的沸点为 90.4 ℃,则

$$\Delta''=T'_{p_m}-T'_p=(90.4-81.2)\ ℃=9.2\ ℃$$

c. 计算溶液的沸点。

$$\Delta'''=1\ ℃$$

则溶液的沸点

$$t_1=T'+\Delta'+\Delta''+\Delta'''=(81.2+35.2+9.2+1)\ ℃=126.6\ ℃$$

② 总传热系数。

已知

$$K=1\ 500\ \mathrm{W/(m^2\cdot ℃)}$$

③ 传热面积。

由式(6-15)、式(6-16)得蒸发器传热面积

$$A=\frac{Q}{K\Delta t_m}=\frac{Dr}{K(T-t_1)}$$

$$=\frac{585.0\times 2\ 137\times 1\ 000}{3\ 600\times 1\ 500\times(143.5-126.6)}\ \mathrm{m^2}=13.7\ \mathrm{m^2}$$

6.3 多效蒸发

6.3.1 加热蒸汽的经济性

通过上节的分析可知,在单效蒸发中,蒸发 1 kg 水分需消耗 1 kg 多的加热蒸汽。但在大

规模生产中为了节省蒸汽用量，同时也为了使析出的晶体及时与溶液分离，一般采用多效蒸发。多效蒸发就是将前一效产生的二次蒸汽作为后一效的加热蒸汽，这样，仅第一效需要消耗生蒸汽，同时要求后一效的操作压力和溶液的沸点相应降低，这时引入的二次蒸汽才仍能起到加热作用，而后一效的加热室成为前一效的冷凝器。如此将多个蒸发器串联操作的过程，组成了多效蒸发单元操作。多效蒸发与单效蒸发相比，主要在以下几个方面存在差异。

1. 溶液的温度差损失

当单效和多效蒸发操作条件（即加热蒸汽压力和冷凝器的操作压力）相同时，其理论传热温度差相同，而和效数无关，多效蒸发只是将此传热温度差分配到各效而已。由于多效蒸发的每一效中都存在传热温度差损失，因而总的有效传热温度差必小于单效蒸发，使得传热推动力下降。效数愈多，总的有效传热温度差就愈小，当效数增加到一定程度时，可使总的有效传热温度差降至零，此时蒸发将无法进行，即为效数的上限。

2. 加热蒸汽的经济性

当蒸发水量相同时，多效蒸发所需加热蒸汽消耗量比单效蒸发明显减少，因而提高了加热蒸汽的利用率，即经济性。因此，在蒸发大量水分时应采用多效。

3. 蒸发器的生产能力和生产强度

无论是生产能力还是生产强度，其大小取决于蒸发器的热流量，当操作条件一定时，单效蒸发热流量 $Q=KA\Delta t_{\mathrm{m}}$，而多效蒸发的热流量 $Q_n=KA\sum\Delta t_i$。由于 $\Delta t_{\mathrm{m}}>\sum\Delta t_i$，所以 $Q>Q_n$，即多效蒸发的生产能力小于单效蒸发的生产能力，又因多效蒸发传热面积为单效蒸发时的 n 倍，因而多效蒸发的生产强度远比单效蒸发的小。可见，多效蒸发是以牺牲生产能力和生产强度为代价换取加热蒸汽的利用率。

综上分析，采用多效蒸发具有以下优点。

(1) 降低能耗。

由于各效（末效除外）的二次蒸汽都作为下一效蒸发器的加热蒸汽，因而提高了加热蒸汽的利用率。

(2) 分离晶体。

当蒸发过程溶液有晶体析出时，可使晶体在某一效间析出，然后与溶液分离后继续蒸发，这样就避免了单效操作时晶粒和完成液一起排出的情况，可减少结垢、磨损现象，同时提高对流传热系数。

(3) 强化传热过程，提高蒸发效率。

6.3.2　多效蒸发流程

按加料方式的不同，多效蒸发可分为以下几种流程。

1. 并流加料流程

图 6-5 所示为并流加料三效蒸发流程。溶液和蒸汽的流向相同，都由第一效依次流至末效，生蒸汽通入第一效加热室，产出的二次蒸汽引入第二效的加热室作为加热蒸汽，第二效的二次蒸汽引入第三效的加热室作为加热蒸汽，第三效（末效）的二次蒸汽则送入冷凝器全部冷凝。原料液进入第一效，浓缩后由底部排出，再依次流入第二效和第三效继续增浓，完成液由末效底部排出。

这种流程的优点是料液可借助相邻二效的压力差自动流入后一效，而不需用泵输送。同时,由于前一效的沸点比后一效的高,因此当物料进入后一效时,会产生自蒸发,这可多蒸出一部分水汽。这种流程的操作比较简便,易于稳定。但其主要缺点是传热系数会下降,这是因为后序各效的浓度会逐渐增高,但沸点反而逐渐降低,导致溶液黏度逐渐增大。这种流程多适用于热敏性物料的蒸发。

2. 逆流加料流程

图 6-6 所示为逆流加料三效蒸发流程。原料液由最后一效加入,依次用泵送入前一效,完成液由第一效底部排出。而加热蒸汽的流向仍是由第一效依次流向末效。这种流程的优点:各效浓度和温度对溶液的黏度的影响大致相抵消,各效的传热条件大致相同,即传热系数大致相同。缺点:料液输送必须用泵,故能量消耗大。此外,各效(末效除外)均在低于沸点的温度下进行,与并流相比,所产生的二次蒸汽量较少。一般而言,这种流程只有在黏度随温度和浓度变化较大的溶液蒸发时才被采用。

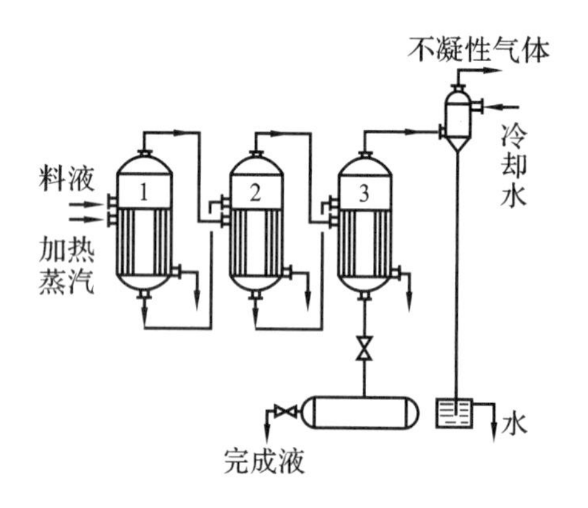

图 6-5　并流加料三效蒸发流程

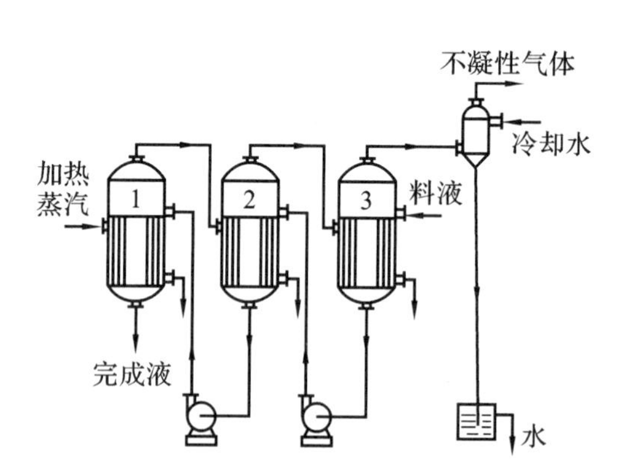

图 6-6　逆流加料三效蒸发流程

3. 平流加料流程

平流加料三效蒸发流程如图 6-7 所示。原料液分别由各效加入,完成液也分别从各效底部排出,蒸汽的走向与并流相同。这种流程适用于处理在低浓度时就有结晶析出的物料,如食盐水的蒸发。

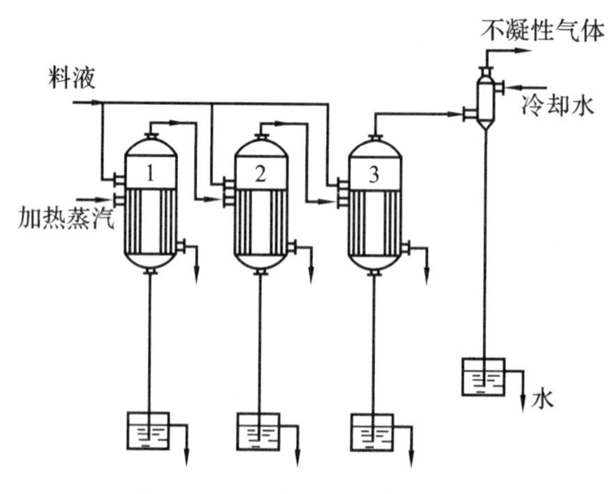

图 6-7　平流加料三效蒸发流程

在实际生产中,除了采用这些基本流程外,还常根据具体情况进行合并和组合。如不将所产生的二次蒸汽全部引入后一效作加热蒸汽，而引出部分二次蒸汽预热原料液或用于与蒸发无关的加热过程，其余部分仍进入后一效作加热蒸汽。

6.3.3　多效蒸发的计算

和单效蒸发相仿，多效蒸发需要计算的主要内容包括各效蒸发水量、加热蒸汽消耗量及各效传热面积。很明显，由于多效蒸发的效数多，计算中未知量也多，所以其计算比单效蒸发复杂得多。但基本依据和原理仍然是物料衡算、热量衡算及总热流量方程。

1. 物料衡算和热量衡算

以图 6-8 所示的并流加料流程为例进行衡算。

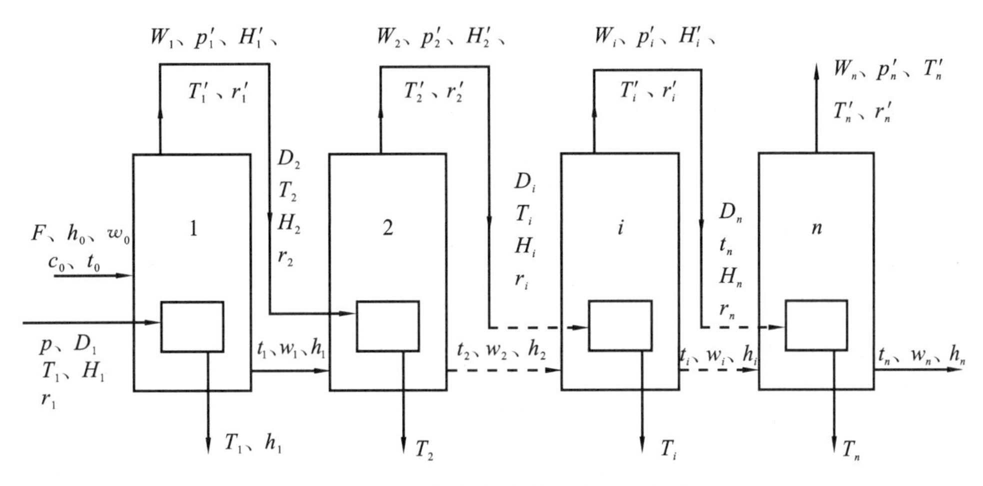

图 6-8　并流加料多效蒸发流程示意图

设 W 为总蒸发水量，kg/h；$W_1, W_2, \cdots, W_n$ 分别为各效的蒸发水量，kg/h；F 的意义和单位与前面相同；$w_0, w_1, \cdots, w_n$ 分别为原料液及各效完成液的质量分数。则有

$$W = W_1 + W_2 + \cdots + W_n$$

对全系统作溶质的物料衡算，即

$$Fw_0 = (F - W)w_n$$

或

$$W = \frac{F(w_n - w_0)}{w_n} = F\left(1 - \frac{w_0}{w_n}\right) \tag{6-19}$$

对任意第 i 效的溶质作物料衡算，有

$$Fw_0 = (F - W_1 - W_2 - \cdots - W_i)w_i$$

或

$$w_i = \frac{Fw_0}{F - W_1 - W_2 - \cdots - W_i} \tag{6-20}$$

由于在多效计算中，通常仅已知原料液质量分数 w_0 及完成液质量分数 w_n 的值，而中间各效浓度未知，因此从上述关系只能求出总蒸发水量和各效的平均蒸发水量，而各效蒸发水量和浓度还需结合热量衡算才能求出。

设 t_0 为原料液的温度，℃；$t_1, t_2, \cdots, t_n$ 分别为各效溶液的沸点，℃；D_1 为加热蒸汽消耗量，kg/h；$p_1', p_2', \cdots, p_n'$ 分别为各效二次蒸汽压力，Pa。

对第一效作热量衡算，若忽略热损失，则

$$Fh_0+D_1(H_1-h_w)=(F-W_1)h_1+W_1H_1' \tag{6-21}$$

若忽略溶液的稀释热,则溶液的焓可用比热容来计算,即

$$h_0=c_0t_0,\quad h_1=c_1t_1$$

且

$$H_1-h_w\approx r_1$$

仿效单效蒸发,将溶液比热容用原料液比热容表示,即

$$H_1'-c_wt_1\approx r_1'$$

可得

$$D_1=\frac{Fc_0(t_1-t_0)+W_1r_1'}{r_1} \tag{6-22}$$

则第一效加热室的热流量为

$$Q_1=D_1r_1=Fc_0(t_1-t_0)+W_1r_1' \tag{6-23}$$

同理,仿照上式可写出第二效直到第 i 效的热流量方程,即

$$Q_2=D_2r_2=(Fc_0-W_1c_w)(t_2-t_1)+W_2r_2'$$

$$Q_i=D_ir_i=(Fc_0-W_1c_w-W_2c_w-\cdots-W_{i-1}c_w)(t_i-t_{i-1})+W_ir_i' \tag{6-24}$$

则第 i 效的蒸发水量可写成

$$W_i=D_i\frac{r_i}{r_i'}-(Fc_0-W_1c_w-W_2c_w-\cdots-W_{i-1}c_w)\frac{t_i-t_{i-1}}{r_i'} \tag{6-25}$$

如果考虑稀释热和蒸发系统的热损失,则式(6-25)可写成

$$W_i=\left[D_i\frac{r_i}{r_i'}-(Fc_0-W_1c_w-W_2c_w-\cdots-W_{i-1}c_w)\frac{t_i-t_{i-1}}{r_i'}\right]\eta_i \tag{6-26}$$

式中:η_i——热利用系数,无因次,下标“i”表示第 i 效。

η_i 值根据经验选取,一般为 0.96~0.98;对于稀释热较大的物料,η_i 还与溶液的浓度有关,如 NaOH 水溶液,可取 $\eta_i=0.98-0.7\Delta w$。这里 Δw 为该效溶液质量分数的变化值。

2. *传热面积计算和有效温度差在各效的分配*

分配有效温度差的目的是求取各效蒸发器的传热面积。

求得各效蒸发水量后,即可利用热流量方程,计算各效的传热面积。对多效蒸发中任意一效(即第 i 效)的热流量有

$$A_i=\frac{Q_i}{K_i\Delta t_i}$$

式中:A_i——第 i 效的传热面积,m²;

K_i——第 i 效的传热系数,W/(m² · K);

Δt_i——第 i 效的有效温度差,℃;

Q_i——第 i 效的热流量,kJ/h。

现以三效蒸发为例来讨论,即可写出

$$A_1=\frac{Q_1}{K_1\Delta t_1}$$

$$A_2=\frac{Q_2}{K_2\Delta t_2}$$

$$A_3=\frac{Q_3}{K_3\Delta t_3}$$

同时,也可写出各效的有效温度差的关系式:

$$\Delta t_1 : \Delta t_2 : \Delta t_3 = \frac{Q_1}{K_1 A_1} : \frac{Q_2}{K_2 A_2} : \frac{Q_3}{K_3 A_3} \tag{6-27}$$

若取 $A_1 = A_2 = A_3 = A$,则分配在各效中的有效温度差分别为

$$\Delta t_1 = \frac{\sum \Delta t \dfrac{Q_1}{K_1}}{\sum \dfrac{Q}{K}}$$

$$\Delta t_2 = \frac{\sum \Delta t \dfrac{Q_2}{K_2}}{\sum \dfrac{Q}{K}}$$

$$\Delta t_3 = \frac{\sum \Delta t \dfrac{Q_3}{K_3}}{\sum \dfrac{Q}{K}}$$

式中:$\sum \Delta t$—— 蒸发系统的有效总温度差,℃。

$$\sum \Delta t = \Delta t_1 + \Delta t_2 + \Delta t_3$$

$$\sum \frac{Q}{K} = \frac{Q_1}{K_1} + \frac{Q_2}{K_2} + \frac{Q_3}{K_3}$$

$$Q_1 = D_1 r_1 , \quad Q_2 = W_1 r_1' , \quad Q_3 = W_2 r_2'$$

推广至 n 效蒸发时,任一效的有效温度差为

$$\Delta t_i = \frac{\sum_{i=1}^{n} \Delta t \dfrac{Q_i}{K_i}}{\sum_{i=1}^{n} \dfrac{Q}{K}} \tag{6-28}$$

式中:$\sum_{i=1}^{n} \Delta t_i$—— 各效的有效温度差之和。

第一效加热蒸汽压力 p 和冷凝器压力 p_c 确定后(其对应的温度分别为 T 和 T_c'),理论上的传热总温度差即为 $\Delta T_{理} = T - T'_c$。实际上,多效蒸发与单效蒸发一样,均存在传热的温度差损失 $\sum_{i=1}^{n} \Delta_i$,这样,多效蒸发中传热的有效温度差为

$$\sum_{i=1}^{n} \Delta t_i = \Delta T_{理} - \sum_{i=1}^{n} \Delta_i \tag{6-29}$$

式中:$\sum_{i=1}^{n} \Delta_i$—— 各效总温度差损失,它等于各效温度差损失之和。

$$\sum_{i=1}^{n} \Delta_i = \sum_{i=1}^{n} \Delta_i' + \sum_{i=1}^{n} \Delta_i'' + \sum_{i=1}^{n} \Delta_i''' \tag{6-30}$$

式中:Δ'、Δ''、Δ''' 的含义和计算方法与单效蒸发相同。因此,$\sum_{i=1}^{n} \Delta_i$、$\sum_{i=1}^{n} \Delta t_i$ 和 Q_i 均可求出。

若各效的传热系数 K_i 已知或可求,则可求出各效的传热面积。若计算出的各效传热面积不相等,则应重新调整有效温度差的分配,直至相等或相近为止。因蒸发器传热面积不等,会

给制造、安装等带来不便。

3. 多效蒸发的计算步骤

由于多效蒸发计算十分复杂,故一般采用试差法求解,即在计算中先应用一些假设条件进行估算,然后再作验算。若验算结果与假设条件不符,则调整原数据再进行计算。其基本步骤如下。

(1) 根据物料衡算求出总蒸发水量。

(2) 根据假设,估算各效溶液的浓度。

通常按各效蒸发水量相等的原则估算,对并流加料的多效蒸发过程,也可按如下比例估算:

两效　$W_1 : W_2 = 1 : 1.1$

三效　$W_1 : W_2 : W_3 = 1 : 1.1 : 2$

(3) 假设各效操作压力按等压降分配,估算各效溶液的沸点和有效总温度差。

(4) 应用热量衡算求出各效的加热蒸汽用量和蒸发水量。

(5) 按照各效传热面积相等的原则分配各效的有效温度差,并根据热流量方程求出各效的传热面积。

校验各效传热面积是否相等,若不等,则还需重新分配各效的有效温度差,再计算,直到各效传热面积相等或相近为止。

多效蒸发计算非常烦琐,目前已采用电子计算机进行计算。

6.3.4 多效蒸发效数的限制

为了减少加热蒸汽的消耗量,可采取多效蒸发,那是不是多效蒸发的效数越多就越好呢?下面就这个问题进行分析。

一方面,随着效数的增加,温度差损失增大,总的有效温度差因温度差损失的增加而减小,除使设备生产强度降低外,在技术上受到总的有效温度差的限制,否则,效数过多导致蒸发不能操作下去。根据生产经验,分配到每效蒸发器的有效温度差不应小于 10 ℃,因而效数是受到限制的。另一方面,随着效数的增加,虽然单位蒸汽耗量 D/W 在不断降低,但这种降低不与效数成正比,而在逐渐减少。如原料液以沸点进料,忽略热损失、各种温度差损失以及不同压力下汽化潜热的差别,将单效增为双效时,理论上每蒸发 1 kg 水所需加热蒸汽由 1 kg 减少至 0.5 kg,降低了 50%,而由四效增为五效时,这种降低率仅为 10%,但设备费用则几乎是成倍增加,所以当增加的设备费已大于减少的加热蒸汽费用时,就再无必要增加效数。由此可看出,效数的增加在经济上也是有限制的。

根据以上分析,在满足技术上的要求外,效数的确定原则上应根据设备费与操作费之和最小进行经济核算来选择最佳效数。实际的蒸发过程,效数并不多。一般对电解质溶液的蒸发,如 $NaOH$、NH_4NO_3 等水溶液,因溶液沸点升高较大,通常仅采用二效至三效;对非电解质溶液,如糖水溶液、有机溶液等的蒸发,由于溶液沸点升高较小,通常采用四效至五效;海水淡化时温度差损失极小,可采用二十效至三十效进行蒸发。

【例 6-2】 拟采用连续操作并流双效升膜式蒸发器蒸发烧碱水溶液。将原料浓度为 10%的 NaOH 溶液浓缩到 50%(均为质量分数)。已知原料液量为 10 000 kg/h,沸点加料,加热蒸汽采用 500 kPa(绝对压)的饱和蒸汽,冷凝器的操作压力为15 kPa(绝对压)。一、二效的传热系数分别为 1 170 W/(m^2 · ℃)和 700 W/(m^2 · ℃)。原料液的比热容为 3.77 kJ/(kg · ℃)。两效中溶液的平均密度分别为 1 120 kg/m^3 和 1 460 kg/m^3,估计蒸发器中溶液的液层高度为 1.2 m,各效冷凝液均在饱和温度下排出。试求:

(1) 总蒸发水量和各效蒸发水量；

(2) 加热蒸汽量；

(3) 各效蒸发器所需传热面积(要求两效传热面积相等)。

解　(1) 总蒸发水量。

由式(6-19)得

$$W=F\left(1-\frac{w_0}{w_n}\right)=10\ 000\times\left(1-\frac{0.1}{0.5}\right)\ \mathrm{kg/h}=8\ 000\ \mathrm{kg/h}$$

(2) 估算第一效中的溶液浓度。

因两效并流操作，故设：

$$W_1 : W_2=1 : 1.1$$

又
$$W=W_1+W_2=2.1W_1$$

故
$$W_1=\frac{8\ 000}{2.1}\ \mathrm{kg/h}=3\ 810\ \mathrm{kg/h}$$

则
$$W_2=4\ 190\ \mathrm{kg/h}$$

再由式(6-20)可求得

$$w_1=\frac{Fw_0}{F-W}=\frac{10\ 000\times 0.1}{10\ 000-3\ 810}=0.162$$

(3) 按各效等压降原则，估算第一、二效溶液沸点 t_1 和 t_2。

每效压降为
$$\Delta p_{\mathrm{f}}=\frac{500-15}{2}\ \mathrm{kPa}=242.5\ \mathrm{kPa}$$

故
$$p_1'=(500-242.5)\ \mathrm{kPa}=257.5\ \mathrm{kPa}$$

对第一效而言：

① 已知常压下浓度为 16.2% 的 NaOH 溶液的沸点为 $t_{\mathrm{A}}=105.9$ ℃，故

$$\Delta'_{常}=(105.9-100)\ ℃=5.9\ ℃$$

二次蒸汽为 257.5 kPa 下的，饱和温度为 $T_1'=127.9$ ℃，$r=2\ 183$ kJ/kg，故 $\Delta'_{常}$ 需校正，即

$$\Delta'=f\Delta'_{常}$$

由式(6-9)得

$$\Delta'=0.016\ 2\times\frac{(127.9+273)^2}{2\ 183}\times 5.9\ ℃=7\ ℃$$

② 液层的平均压力为

$$p_{\mathrm{m1}}=\left(257.5+\frac{1\ 120\times 9.81\times 1.2}{2\times 10^3}\right)\ \mathrm{kPa}=264\ \mathrm{kPa}$$

在此压力下水的沸点为 128.8 ℃，故

$$\Delta''=(128.8-127.9)\ ℃=0.9\ ℃$$

③ 取 Δ''' 为 1 ℃，因此，第一效中溶液的沸点为

$$t_1=T_1'+\Delta'+\Delta''+\Delta'''=(127.9+7+0.9+1)\ ℃=136.8\ ℃$$

对第二效而言：

① 查取常压下 50% NaOH 溶液的沸点为 $t_{\mathrm{B}}=142.8$ ℃。又知 $p_2'=15$ kPa 下，水的沸点为 $T_2'=53.5$ ℃，$r_2'=2\ 370$ kJ/kg，故

$$\Delta'_{2常}=(142.8-100)\ ℃=42.8\ ℃$$

则
$$\Delta_2'=f\Delta'_{2常}=0.016\ 2\times\frac{(53.5+273)^2}{2\ 370}\times 42.8\ ℃=31.2\ ℃$$

② 液层的平均压力为

$$p_{\mathrm{m2}}=\left(15+\frac{1\ 460\times 9.81\times 1.2}{2\times 10^3}\right)\ \mathrm{kPa}=23.6\ \mathrm{kPa}$$

在此压力下水的沸点为 62.4 ℃,故

$$\Delta_2''=(62.4-53.5)\ ℃=8.9\ ℃$$

③ Δ'''取 1 ℃,故第二效中溶液的沸点为

$$t_2=T_2'+\Delta_2=(53.5+31.2+8.9+1)\ ℃=94.6\ ℃$$

(4) 求加热量、汽量及各效蒸发水量。

第一效,因沸点加料,有

$$T_0=t_1=136.8\ ℃$$

热利用系数为

$$\eta_1=0.98-0.7\times(0.162-0.1)=0.937$$

已知压力为 500 kPa 时加热蒸汽的汽化潜热 $r_1=2\ 113$ kJ/kg;而压力为 257.5 kPa 时,汽化潜热 $r_1'=2\ 183$ kJ/kg。则

$$W_1=\eta_1 D_1\ \frac{r_1}{r_1'}=0.937\times\frac{2\ 113}{2\ 183}\times D_1=0.907D_1 \tag{a}$$

第二效,热利用系数为

$$\eta_2=0.98-0.7\times(0.5-0.162)=0.743$$

$$r_2\approx r_1'=2\ 183\ \mathrm{kJ/kg}$$

第二效中溶液的沸点为 94.6 ℃,而此沸点相应二次蒸汽的汽化潜热 $r_2'=2\ 273$ kJ/kg,则

$$\begin{aligned}W_2&=\eta_2\left[W_1\ \frac{r_2}{r_2'}+(Fc_0+W_1c_w)\frac{t_1-t_2}{r_2'}\right]\\&=0.743\times\left[W_1\times\frac{2\ 183}{2\ 273}+(10\ 000\times3.77+4.187W_1)\times\frac{136.8-94.6}{2\ 273}\right]\\&=0.743\times(0.96W_1+701.2+0.078W_1)\\&=0.771W_1+521\end{aligned} \tag{b}$$

又

$$W_1+W_2=8\ 000\ \mathrm{kg/h} \tag{c}$$

由式(a)、式(b)、式(c)可解得

$$W_1=4\ 223\ \mathrm{kg/h}$$

$$W_2=3\ 777\ \mathrm{kg/h}$$

$$D_1=4\ 656\ \mathrm{kg/h}$$

(5) 利用热流量方程,求各效的传热面积。

$$A_1=\frac{Q_1}{K_1\Delta t_1}=\frac{D_1r_1}{K_1(T_1-t_1)}=\frac{4\ 656\times2\ 113\times10^3}{1\ 170\times(151.7-136.8)\times3\ 600}\ \mathrm{m^2}=156.8\ \mathrm{m^2}$$

$$A_2=\frac{Q_2}{K_2\Delta t_2}=\frac{W_2r_2}{K_2(T_1'-t_2)}=\frac{3\ 777\times2\ 183\times10^3}{700\times(127.9-94.6)\times3\ 600}\ \mathrm{m^2}=98.3\ \mathrm{m^2}$$

(6) 校核第 1 次计算结果。

由于 $A_1\neq A_2$,且 W_1、W_2 与初值相差较大,需重新分配各效温度差,再次设定蒸发水量,重新计算,其步骤如下。

① 重新分配各效温度差,则重新调整后的传热面积

$$A_1=A_2=A$$

并设调整后的各效推动力为

$$\Delta t_1'=\frac{Q_1}{K_1A}$$

$$\Delta t_2'=\frac{Q_2}{K_2A} \tag{d}$$

由式(d)与式(6-28)可得

$$\Delta t_1'=\frac{A_1\Delta t_1}{A},\quad \Delta t_2'=\frac{A_2\Delta t_2}{A}$$

故

$$\sum_{m=1}^{2}\Delta t'_m = \Delta t'_1 + \Delta t'_2 = \frac{A_1\Delta t_1 + A_2\Delta t_2}{A}$$

则

$$A=\frac{A_1\Delta t_1 + A_2\Delta t_2}{\Delta t'_1 + \Delta t'_2}=\frac{132.7\times 14.9+111.7\times 33.7}{14.9+33.7}\ \mathrm{m}^2=118\ \mathrm{m}^2$$

② 取各效蒸发水量为上一次计算值。即

$$W_1=4\ 223\ \mathrm{kg/h},\quad W_2=3\ 777\ \mathrm{kg/h}$$

③ 重复上述步骤(3)～(6)。

各沸点和蒸汽温度如下：

效数序号	加热蒸汽温度 T_i /℃	溶液沸点 t_i /℃	二次蒸汽温度 T'_i /℃	加热蒸汽汽化潜热 r_i /(kJ/kg)
1	151.7	135.6	125.8	2 113
2	125.8	94.2	53.5	2 370

计算得

$$W_1=4\ 493\ \mathrm{kg/h},\quad W_2=4\ 012\ \mathrm{kg/h},\quad D_1=4\ 012\ \mathrm{kg/h}$$

$$A_1=\frac{D_1 r_1}{K_1\Delta t_1}=\frac{4\ 012\times 2\ 113\times 10^3}{1\ 170\times 16.1\times 3\ 600}\ \mathrm{m}^2=125\ \mathrm{m}^2$$

$$A_2=\frac{W_1 r'_1}{K_2\Delta t'_2}=\frac{4\ 493\times 2\ 191\times 10^3}{700\times 31.6\times 3\ 600}\ \mathrm{m}^2=124\ \mathrm{m}^2$$

重算后的结果与初设值基本一致，可认为结果合适，并取有效传热面积为 125 m^2。

6.4 蒸　发　器

6.4.1 蒸发器的类型

工业生产的需要和发展，促进了蒸发器结构的不断改进，蒸发设备的形式日渐增多。工业生产中蒸发器虽然有多种结构形式，但都包括加热室和蒸发室两个基本部分。同时由于在蒸发过程中，需要不断移除产生的二次蒸汽，而二次蒸汽又不可避免地会夹带一些溶液，所以蒸发设备还包括使液沫进一步分离的除沫器、除去二次蒸汽的冷凝器等辅助设备。现根据溶液在加热室内的流动情况，将常用蒸发器分别介绍如下。

1. 循环型蒸发器

1) 自然循环蒸发器

蒸发器内溶液因受热程度不同而产生密度差，从而造成溶液的循环，这类蒸发器称为自然循环蒸发器。根据其结构的不同，这类蒸发器包括以下几种形式。

(1) 中央循环管式(标准式)蒸发器。

这是一种最为常见的蒸发器，其结构如图 6-9 所示，它主要由加热室、蒸发室、中央循环管和除沫器组成。蒸发器的加热器由垂直管束构成，为了保证溶液在蒸发器内的良好自然循环，管束中央有一根直径较大的管子，称为中央循环管，其截面积一般为管束总截面积的 40%～100%。当加热蒸汽(介质)在管间冷凝放热时，由于加热管束内单位体积溶液的受热面积远大

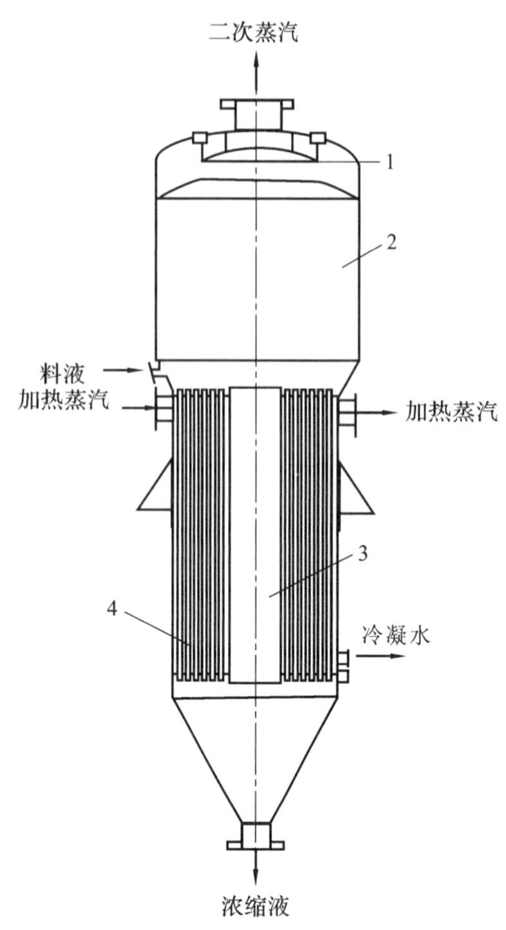

图 6-9　中央循环管式蒸发器

1—除沫器；2—蒸发室；
3—中央循环管；4—加热室

于中央循环管内溶液的受热面积，因此，管束中溶液的相对汽化率就大于中央循环管内溶液的汽化率，所以管束中的气-液混合物的密度远小于中央循环管内气-液混合物的密度。这样，就造成了混合液在管束中向上，在中央循环管向下的自然循环流动。混合液的循环速度与密度差和管长有关。密度差越大，加热管越长，循环速度就越大。但这类蒸发器受总高限制，通常加热管为 1～2 m，直径为 25～75 mm，长径比为 20～40。这种蒸发器在蒸发过程中，应注意以下两点。

① 在加热室中，溶液的沸点随着溶液浓度的增加而升高，且随所处位置高度的不同而有差异，该位置以上的液柱越高，则静压越大，沸点就越高。这样，加热蒸汽与溶液之间的有效温度差就越小。

② 为了保持较高的传热系数，溶液侧的管壁要力求洁净、不结污垢和定期清洗；在管外侧的加热蒸汽空间，特别是在某些死角，应设有不凝性气体的排放口，以免气体积聚而影响传热。

中央循环管式蒸发器的主要优点：结构简单、紧凑，制造方便，操作可靠，投资费用少。由于溶液能在蒸发器内不断自然循环，加热管又不长，尚可处理黏性及生垢的溶液，故在化工生产中应用十分广泛，有“标准式”之称。其缺点：清理和检修麻烦，溶液循环速度较低(一般仅在 0.5 m/s 以下)，且溶液的循环使得蒸发器中溶液浓度接近完成液浓度，溶液黏度总是较大，传热系数小。它适用于黏度适中、结垢不严重溶液的处理，如制糖工业中用得较多。

(2) 悬筐式蒸发器。

为了克服中央循环管式蒸发器中蒸发液易结晶、易结垢且不易清洗等缺点，对其结构进行了改进，这就是悬筐式蒸发器，其结构如图 6-10 所示。这种蒸发器的加热室是一个独立的筐式构件，可悬挂(或支托)在蒸发器器壁上，故名为“悬筐”。悬筐式蒸发器也是一种常用的循环型蒸发器，其加热室中仅有立式列管束而无中心管，利用加热室与器壁之间的环形截面空间作为溶液的循环回路。由于环隙流道的截面积较大，环隙截面积为加热管束总面积的 100%～150%，溶液的循环较好，传热效率较高，且加热室的一端可自由膨胀，避免了管子与管板之间的温度差应力；因蒸发器外壳接触的是温度较低的料液，故热损失小。由于加热室易于更换，悬筐式蒸发器常用于烧碱工业中。

(3) 外加热式蒸发器。

其结构如图 6-11 所示。这种蒸发器的加热室置于蒸发室之外。这样，不仅可降低整个蒸发器的高度，且便于清洗和更换。它的加热管束较长，一般在 5 m 以上，且循环管不受热，管中全为液相，故循环速度也较大，传热效率较高，晶粒不易结垢。但加热管束的上部易被磨损和堵塞。

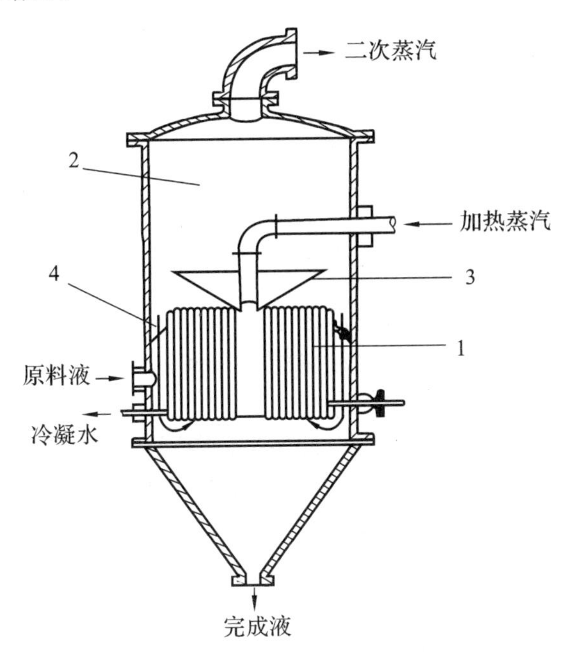

图 6-10 悬筐式蒸发器

1—加热室；2—分离室；3—除沫器；4—环行循环通道

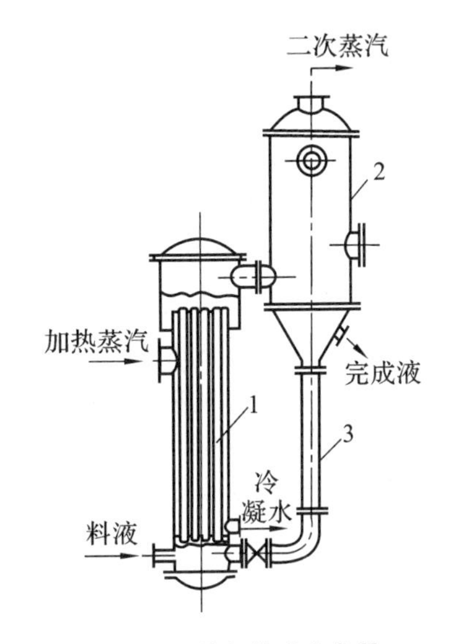

图 6-11 外加热式蒸发器

1—加热室；2—蒸发室；3—循环管

(4) 列文式蒸发器。

列文式蒸发器如图 6-12 所示。它的原理是在 20 世纪 50 年代由苏联的 P. E. 列文提出的。将加热室降低，并在加热室与蒸发室之间设置支撑段和稳流段，因而能在高液位下操作。

这样，在加热室建立了相当的液位静压，以提高溶液的沸点，使溶液在加热室中只加热升温而不沸腾(控制其温度低于沸点 2～3 ℃)，因而也就不会有晶粒析出。当溶液上行时，经支撑段和稳流段到蒸发室，压力降低，沸点也降低，即行沸腾蒸发，晶粒析出，这样就避免了在加热管壁上结垢。因为溶液循环速度高达 2 m/s 以上，故须在加热室上方出口处设置稳流段，以使液流分散，避免发生“水击”。列文式蒸发器循环速度快，结垢少，主要适用于蒸发有晶粒析出的溶液。这种蒸发器的缺点是设备庞大，消耗金属材料多，并需要高大的厂房。

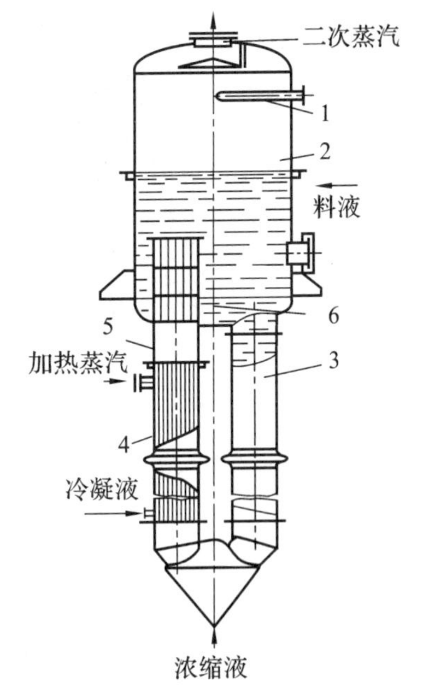

图 6-12 列文式蒸发器

1—清洗管；2—蒸发室；3—循环管；4—加热室；5—支撑段；6—稳流段

2) 强制循环式蒸发器

为了提高溶液在蒸发器内的循环速度，可采用外力促进溶液的循环。强制循环式蒸发器就是一种用泵强制溶液作循环流动的蒸发器，其结构如图 6-13 所示。循环泵多数外置，但也有内置的。循环泵外置的蒸发器，其加热室中，溶液是自下而上流动的；而循环泵内置的蒸发器，其加热室中，溶液是自上而下流动，然后穿过加热室与器壁之间的环隙向上，经泵后面的导向隔板，引入循环泵，向下循环流动。在加热管束的下方，也有导向隔板，以使液流均匀和减少阻力。采用强制循环的目的如下：① 强化传热。适用于小温度差条件下的蒸发，温度比溶液沸点高出 3～5 ℃的低位能蒸汽也可利用；而自然循环的蒸发温度差，一般都在 10 ℃以上。② 减少结垢和大晶粒析出量。溶液在 3 m/s 左右的高速下，其中小晶粒难以沉积，且在加热管中溶液实际上并不沸腾，故小晶粒也不会长大。

2. 膜式蒸发器

在循环型蒸发器中，溶液在蒸发器内停留的时间较长，对热敏性物料的处理不利。膜式蒸发器的特点是溶液沿加热管呈膜状流动（上升或下降），一次通过加热室即可达到要求的浓度，在加热管内的停留时间很短（一般仅几秒到十几秒）。

膜式蒸发器的优点是传热效率高，蒸发速度快，溶液受热时间短，特别适用于热敏性物料的蒸发，对黏度大和容易起泡的溶液也较适用，是目前广泛使用的高效蒸发设备。按溶液在加热管内流动方向及成膜原因的不同，膜式蒸发器分为以下几种类型。

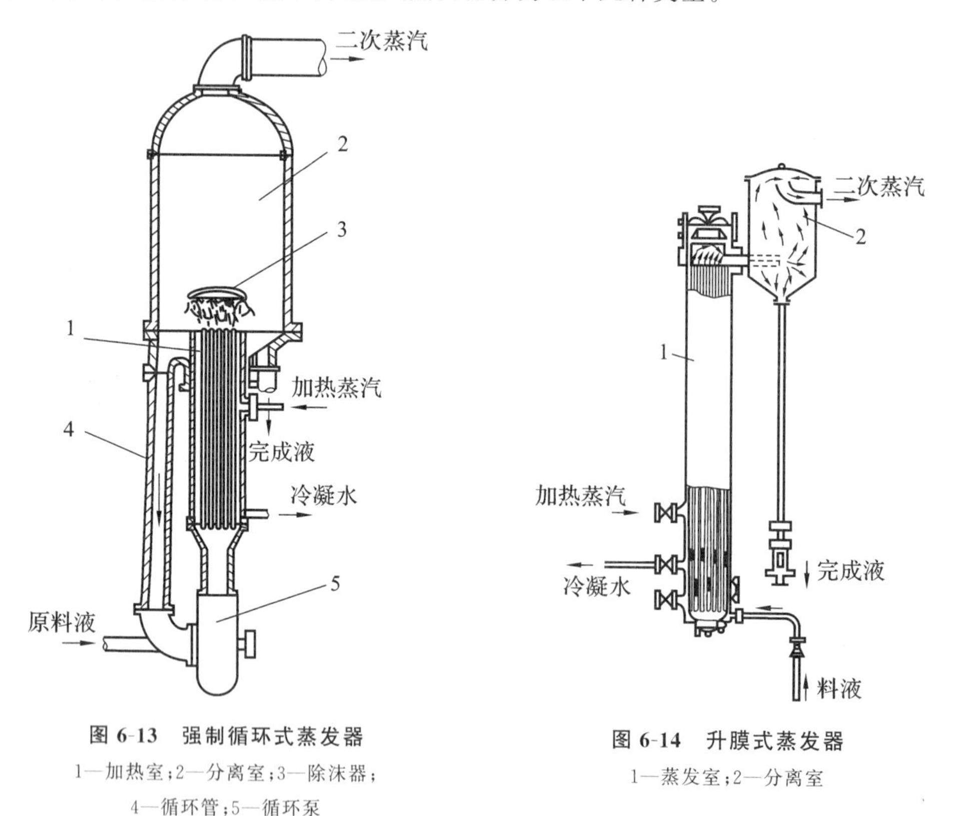

图 6-13　强制循环式蒸发器

1—加热室；2—分离室；3—除沫器；4—循环管；5—循环泵

图 6-14　升膜式蒸发器

1—蒸发室；2—分离室

1）升膜式蒸发器

这种蒸发器加热室内有许多垂直长管组成的管束，结构如图 6-14 所示。常用的加热管直径为 25～50 mm，管长和管径之比为 100～150。溶液经预热后在加热室的下部引入，在管内上行的过程中，被管间的蒸汽加热，迅速沸腾汽化，形成大量的气泡，气泡带着溶液上升，在管壁形成高速流动的液膜。为了能有效地成膜，上升蒸汽的速度应维持在一定值以上，如常压下管上端适宜的出口气速一般为 20～50 m/s，减压下的气速将更高。带有大量液沫的气流，进入蒸发室，分出的浓缩液与从分离室中分出的液滴相混，作为产品由下端排出。升膜式蒸发器的特点：传热系数大，传热效率高，在加热面上的停留时间短，适合于中等黏度和浓度的、有起泡倾向的、热敏性溶液的蒸发；但对于太浓的、在沸腾区将有结晶析出的溶液，则不适宜。

2）降膜式蒸发器

这种蒸发器加热管的上端，装有带螺旋形沟槽的液体分布器，其结构如图 6-15 所示。溶液由上部加入，经分布器的沟槽作螺旋形运动而散布于管壁，形成液膜，因重力向下流动并受热蒸发。由于蒸发室内的压力低于加热室，在加热管中的蒸汽也就受到蒸发室的抽吸而向下流动（与液膜同向），并使之加速。溶液在加热管中的停留时间同升膜式蒸发器差不多，这种蒸发器的用途也与升膜式蒸发器相似。降膜式蒸发器除适合用于热敏性溶液外，还可用于蒸发浓度较高的溶液。但仍不适用于易结晶、易结垢和黏度很大的溶液。

3）升-降膜式蒸发器

这种蒸发器将升膜和降膜组装在一个外壳中，结构如图 6-16 所示。预热后的溶液先经升膜加热室上升，然后由降膜加热室下降，最后在分离室中与二次蒸汽分离，即得浓缩液。这种蒸发器大多用于在操作过程中溶液的黏度变化较大，溶液中水分蒸发量不大和厂房高度有一定限制的场合。

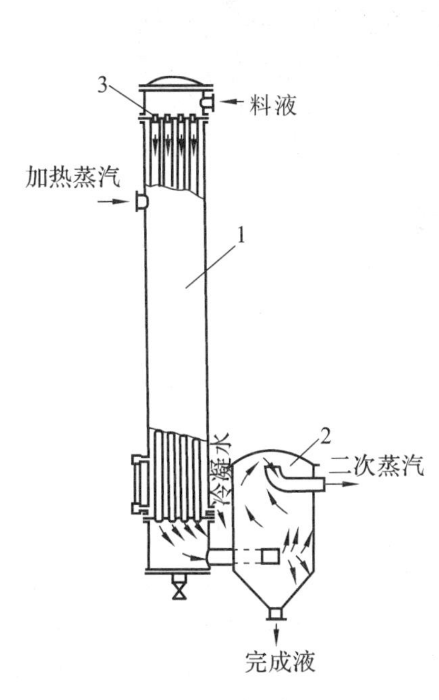

图 6-15　降膜式蒸发器

1—蒸发室；2—分离室；3—液体分布器

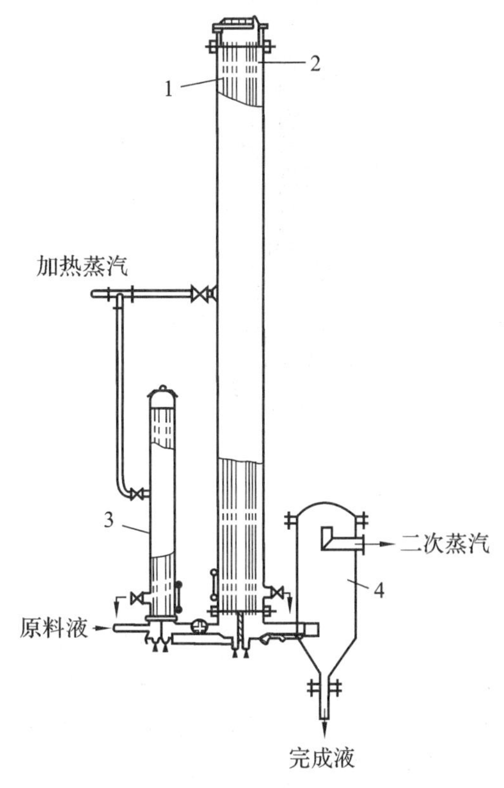

图 6-16　升-降膜式蒸发器

1—升膜加热管；2—降膜加热管；
3—预热器；4—分离室

4）刮板薄膜式蒸发器

如图 6-17 所示，刮板薄膜式蒸发器主要由加热夹套和刮板组成，夹套内通加热蒸汽，刮板装在可旋转的轴上，刮板和加热夹套内壁保持很小间隙，通常为 0.5～1.5 mm。料液经预热后由蒸发器上部沿切线方向加入，在重力和旋转刮板的作用下，分布在内壁，形成下旋薄膜，并在下降过程中不断被蒸发浓缩，完成液由底部排出，二次蒸汽由顶部逸出。在某些场合下，这种蒸发器可将溶液蒸干，在底部直接得到固体产品。

刮板薄膜式蒸发器是一种适应性很强的新型蒸发器，例如对高黏度、热敏性和易结晶、结垢的物料都适用，如用于皮胶、栲胶的蒸发及蜂蜜浓缩。这类蒸发器的缺点是结构复杂(制造、安装和维修工作量大)，加热面积不大，且动力消耗大。

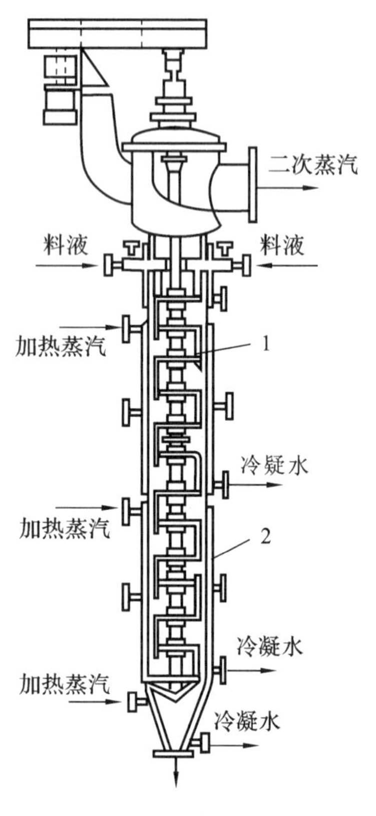

图 6-17　刮板薄膜式蒸发器

1—刮板；2—加热夹套

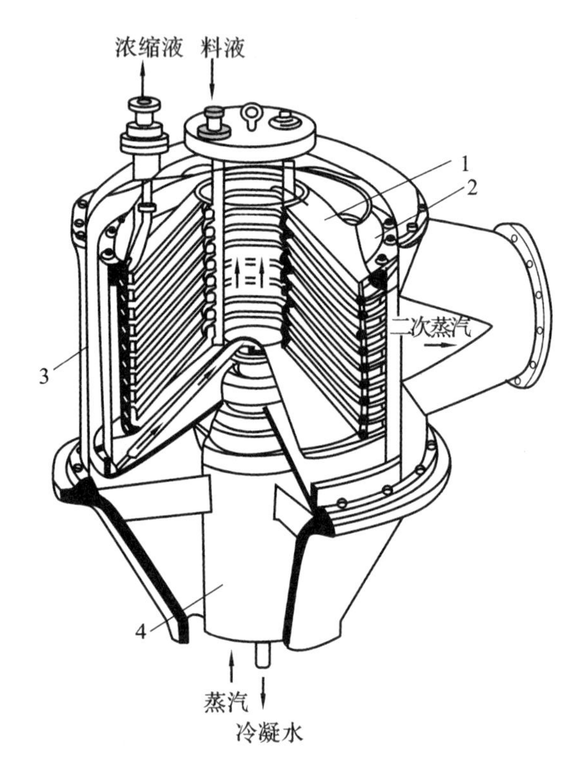

图 6-18　离心薄膜式蒸发器

1—锥形碟；2—转鼓；3—外壳；4—传动装置

5）离心薄膜式蒸发器

这是一种将“离心分离”和“薄膜蒸发”两过程融于一体的高效蒸发器，如图 6-18 所示。它利用高速转鼓的离心力，使溶液在传热面上形成极薄的、连续的、高速流动的液体膜层，因而具有很高的传热系数，能够快速蒸发和高效分离其二次蒸汽。它的基本构件有外壳、转鼓和传动装置。其中，转鼓是个回转壳，壳内装有离心薄膜式蒸发器的核心元件——锥形碟，它起到传热和分离的作用。锥形碟中空，内走加热蒸汽，若干个锥形碟叠置于转鼓内，碟间空间走溶液。当转鼓高速回转时，溶液借离心力的作用而依附和分布于锥形碟的下表面呈液膜状，在此受热蒸发，又在离心力的作用下进行气-液分离。同时，在锥形碟的空腔内，进行一次蒸汽的冷凝和冷凝液的离心分离。因此，在锥形碟下锥板的内、外两侧，都是相变传热，它们的传热系数都很大。由于转鼓的高速转动，传热面上的液膜层极薄，仅为0.05～0.1 mm；膜以高速流动，溶液在传热面上的停留时间极短，通常不超过1 s。所以这种蒸发器宜于处理高热敏性的溶液，尤其适用于食品和药物的精制浓缩。

3. 浸没燃烧式蒸发器

这是一种传热介质与被处理的溶液直接接触进行传热的接触型蒸发器，其结构如图6-19所示。燃料（如煤气或油）与空气混合后，在浸没于溶液中的燃烧室内燃烧，产生的高温火焰和烟气通过燃烧室下部的喷嘴，直接喷入所处理的溶液中，鼓泡向上穿过液层，使其中部分溶剂迅速汽化。产生的蒸汽与燃烧气一同从蒸发器的上部出口管排出。这种蒸发器结构简单，没有固定的传热面，特别适用于易结晶、结垢和腐蚀性溶液的蒸发，其传热效果好，热利用率高，但对于不允许被烟气污染的溶液，则不宜用这种蒸发器。它已被广泛地用在废酸、硫酸铵溶液的蒸发，以及砷酸、盐酸或黏土泥浆的处理中。

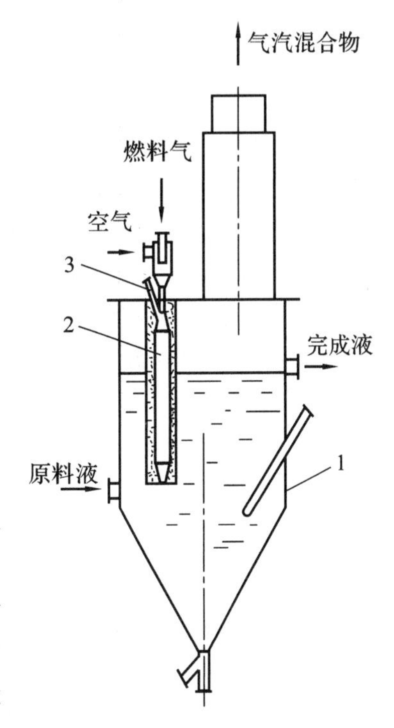

图6-19　浸没燃烧式蒸发器

1—外壳；2—燃烧室；3—点火管

由于蒸发器本身实质上就是一种换热器，随着换热器的发展，对蒸发器的研究也取得了一定的进展，主要如下：① 通过改进传热面的结构来提高传热效果。如适用于对高温非常敏感的物料的板式蒸发器、用于浓缩糖浆的同轴管式蒸发器等。② 通过增强原有换热面积上的传热性能来提高传热效果。如在蒸发器的铜管上覆盖一层多孔性的铜纤维状的表面覆盖物，形成一种高热流管式蒸发器。③ 为了解决耐蚀和高温的特殊条件问题，在盐酸生产装置中，研发出了一种用高 SiO_2 含量的硼硅玻璃制造的循环型蒸发器；为了耐高温，提出了一种金属-陶瓷材料的蒸发元件，可用于金属喷镀时的真空装置中。④ 通过改进溶液的工艺特性来提高传热效果。研究表明，加入适当的表面活性剂，可使总传热系数提高1倍以上。在蒸发器内的积垢的抑制和预防方面，不少学者做了一些研究工作，且提出可在溶液中加入晶种、添加多磷酸盐混合物和进行超声波处理等。

6.4.2　蒸发器的总传热系数

仿生双峰太阳能驱动蒸发器

总传热系数 K 的确定，是蒸发器设计计算的首要问题。K 值可直接选用经验数据，亦可依据传热基本关系式进行计算。

1. 总传热系数的计算及经验值

蒸发器的总传热系数可按下式计算：

$$K=\frac{1}{\frac{1}{\alpha_i}+R_i+\frac{b}{\lambda}+R_o+\frac{1}{\alpha_o}} \tag{6-31}$$

式中：α_i——管内溶液沸腾的对流传热系数，W/(m^2·℃)或W/(m^2·K)；

α_o——管外蒸汽冷凝的对流传热系数,W/(m² · ℃)或 W/(m² · K);

R_i——管内污垢热阻,m² · ℃/W 或 m² · K/W;

R_o——管外污垢热阻,m² · ℃/W 或 m² · K/W。

式(6-31)中 α_o、R_o在第 5 章中均已阐述,这里不再赘述。只是 R_i和 α_i成为蒸发设计计算和操作中的主要问题。由于在蒸发过程中,加热面处溶液中的水分汽化,浓度上升,因此溶液很容易超过饱和状态,溶质析出并包裹固体杂质,附着于表面,形成污垢,所以 R_i往往是蒸发器总热阻的主要部分。为降低污垢热阻,工程中常采用的措施有加快溶液循环速度、在溶液中加入晶种和微量的阻垢剂等。设计时,污垢热阻 R_i目前仍需根据经验数据确定。至于管内溶液沸腾的对流传热系数 α_i,其也是影响总传热系数的主要因素。影响 α_i的因素很多,如溶液的性质、沸腾传热的状况、操作条件和蒸发器的结构等。目前,虽然有不少人对管内沸腾进行过不少研究,但其所推荐的经验关联式并不大可靠,再加上管内污垢热阻变化较大,因此,目前蒸发器的总传热系数仍主要靠现场实测,以作为设计计算的依据。表 6-1 中列出了常用蒸发器总传热系数 K 的大致范围,供设计计算参考。

表 6-1　常用蒸发器总传热系数 K 的经验值

蒸发器形式	总传热系数 K/[W/(m² · K)]
中央循环管式	580～3 000
带搅拌的中央循环管式	1 200～5 800
悬筐式	580～3 500
自然循环式	1 000～3 000
强制循环式	1 200～3 000
升膜式	580～5 800
降膜式	1 200～3 500
刮膜式,黏度为 1 mPa · s	2 000
刮膜式,黏度为 100～10 000 mPa · s	200～1 200

2. 管内沸腾传热系数的计算式

下面介绍几种常见蒸发器管内传热系数的关联式。

1）中央循环管式蒸发器

$$Nu=0.008Re^{0.8}Pr^{0.6}\left(\frac{\sigma_w}{\sigma}\right)^{0.38} \tag{6-32}$$

$$\alpha_2=0.008\frac{\lambda}{d}\left(\frac{du_m\rho}{\mu}\right)^{0.8}\left(\frac{c_p\mu}{\lambda}\right)^{0.6}\left(\frac{\sigma_w}{\sigma}\right)^{0.38} \tag{6-33}$$

式中:λ——溶液的导热系数,W/(m · ℃);

μ——溶液的黏度,Pa · s;

d——加热管的内径,m;

c_p——溶液的定压比热容,kJ/(kg · ℃);

u_m——溶液的平均流速,m/s;

σ_w——水的表面张力，N/m；

ρ——溶液的密度，kg/m^3；

σ——溶液的表面张力，N/m。

式(6-33)适用于压力或真空度较低的场合，即在常压下使用比较准确。

2）强制循环式蒸发器

由于溶液在这类蒸发器中循环速度大，其传热类似于强制湍流传热，可使用无相变时管内强制湍流的公式作粗略计算，即

$$\alpha_2 = 0.023\frac{d}{\lambda}Re^{0.8}Pr^{0.4} \tag{6-34}$$

3）升膜式蒸发器

对升膜式蒸发器，可采用以下公式计算其传热系数：

当热流量较小时

$$\alpha_2 = (1.3 + 128d)\frac{d}{\lambda}Re^{0.23}Re_v^{0.24}\left(\frac{\rho}{\rho_v}\right)^{0.25}Pr^{0.9}\left(\frac{\mu_v}{\mu}\right) \tag{6-35}$$

当热流量较大时

$$\alpha_2 = 0.225\frac{d}{\lambda}Pr^{0.69}Re_v^{0.69}\left(\frac{pd}{\sigma}\right)^{0.31}\left(\frac{\rho}{\rho_v}-1\right) \tag{6-36}$$

式中：Re_v——蒸汽的雷诺数，无因次，$Re_v = \frac{du_v\rho_v}{\mu_v}$；

u_v——蒸汽的流速，m/s；

μ_v——蒸汽的黏度，Pa·s；

ρ_v——蒸汽的密度，kg/m^3；

p——绝对压，Pa。

6.4.3 蒸发设备的附属装置

蒸发设备的附属装置主要有除沫器、冷凝器和真空泵。

1. 除沫器(气-液分离器)

蒸发操作时产生的二次蒸汽，在分离室与液体分离后，仍夹带大量液滴，尤其是处理易产生泡沫的液体时，夹带更为严重。为了防止产品损失或冷却水被污染，常在蒸发器内(或外)设除沫器。图6-20为几种除沫器的结构示意图。其中图6-20(a)～(d)所示的除沫器直接安装在蒸发器顶部，图6-20(e)～(g)所示的除沫器安装在蒸发器外部。

2. 冷凝器

冷凝器的作用是冷凝二次蒸汽。冷凝器有间壁式和直接接触式两种，倘若二次蒸汽为需回收的有价值物料或会严重污染水源的物料，则应采用间壁式冷凝器，否则，通常采用直接接触式冷凝器。后一种冷凝器一般在负压下操作，这时为将混合冷凝后的水排出，冷凝器必须设置得足够高，冷凝器底部的长管称为大气腿。

3. 真空装置

当蒸发器在负压下操作时，无论采用哪一种冷凝器，均需在冷凝器后安装真空装置。需要指出的是，蒸发器中的负压主要是由于二次蒸汽冷凝所致，而真空装置仅是抽吸蒸发系统泄漏的空气、物料及冷却水中溶解的不凝性气体和冷却水饱和温度下的水蒸气等，冷凝器后必须安

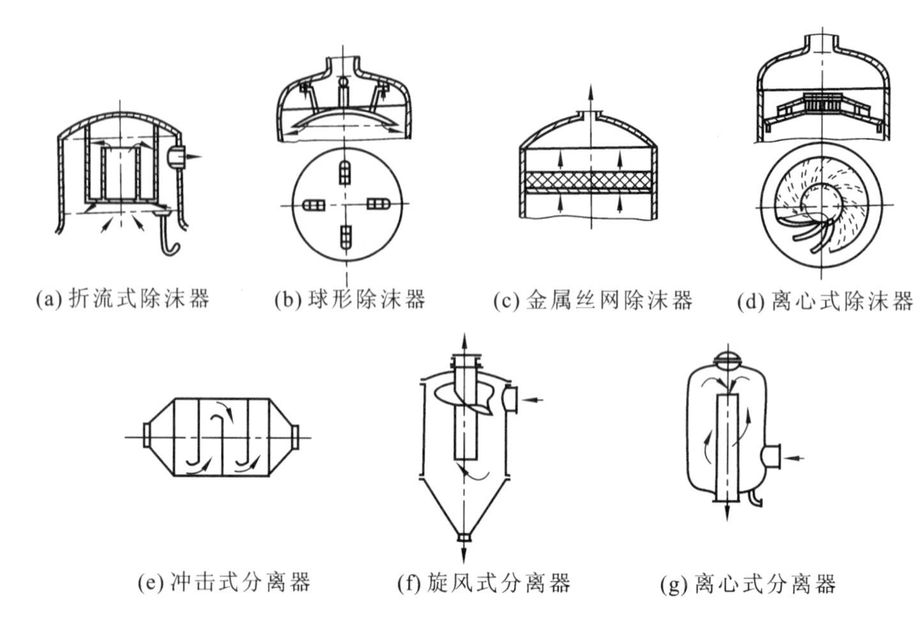

(a)折流式除沫器 (b)球形除沫器 (c)金属丝网除沫器 (d)离心式除沫器

(e)冲击式分离器 (f)旋风式分离器 (g)离心式分离器

图 6-20 几种除沫器结构示意图

装真空装置才能维持蒸发操作的真空度。常用的真空装置有喷射泵、水环式真空泵、往复式或旋转式真空泵等。

6.4.4 蒸发器的选型

关于蒸发器的选型设计,应根据具体情况作具体分析,一般按以下步骤进行。

1. 确定适当的操作条件与操作方法

蒸发操作条件与操作方法主要根据溶液的性质、生产任务、产品质量要求和经济效益等方面综合考虑后进行确定。内容包括:加热蒸汽压力、冷凝器压力;加压或者真空蒸发;单效蒸发或者多效蒸发;多效蒸发效数、流程等。一般应在满足工艺要求的条件下通过经济核算,多方案比较和结合实际情况作出选择。

2. 蒸发器结构形式的选用

蒸发器的结构形式很多,选用时应结合生产过程的蒸发任务,选择适宜的蒸发器。选型时,一般考虑以下几个方面。

1)溶液的黏度

蒸发过程中,溶液黏度变化的情况,是选型时应考虑的很重要的因素。对于高黏度的溶液应选用对其适应性好的蒸发器,如强制循环式、降膜式、刮板搅拌薄膜式等。

2)溶液的热稳定性

热稳定性差的物料,应选用滞料量少、停留时间短的蒸发器,如各种膜式蒸发器。

3)有晶体析出的溶液

选用溶液流动速度大的蒸发器,以使晶体在加热管内停留时间短,不易堵塞加热管,如外热式、强制循环式蒸发器。

4)易发泡的溶液

泡沫的产生,不仅损失物料,而且污染蒸发器。应选用溶液湍动程度剧烈的蒸发器,以抑制或破碎泡沫，如外热式、强制循环式、升膜式等。条件允许时，也可将分离室加大。

5）有腐蚀性的溶液

蒸发此种物料，加热管采用特殊材质制成，或内壁衬以耐腐蚀材料。若溶液不怕污染，也可采用浸没燃烧式蒸发器。

6）易结垢的溶液

蒸发器使用一段时间后，就会有污垢产生，垢层的导热系数小，从而使热流量下降。应选用便于清洗和溶液循环速度大的蒸发器，如悬筐式、强制循环式、浸没燃烧式等。

7）溶液的处理量

溶液的处理量也是选型时应考虑的因素。处理量小的，选用尺寸较大的单效蒸发；处理量大的，选用尺寸适宜的多效蒸发。

总之，不同类型的蒸发器，各有其特点，它们对不同的溶液的适应性也不相同。表6-2列出了常见蒸发器的一些主要性能。应根据具体情况，选用适宜的蒸发器。

表6-2　常用蒸发器的性能

蒸发器类型	造价	总传热系数		浓缩比	处理量	对溶液性质的适应性					
		稀溶液	高黏度			稀溶液	高黏度	易生泡沫	易结垢	热敏性	有结晶析出
水平管式	最廉	良好	低	良好	一般	适	适	适	不适	不适	不适
标准式	最廉	良好	低	良好	一般	适	适	适	尚适	尚适	稍适
外热式	廉	高	良好	良好	较大	适	尚适	较好	尚适	尚适	稍适
列文式	高	高	良好	良好	较大	适	尚适	较好	尚适	尚适	稍适
强制循环式	高	高	高	较高	大	适	好	好	适	尚适	适
升膜式	廉	高	良好	高	大	适	尚适	好	尚适	良好	不适
降膜式	廉	良好	高	高	大	较适	好	适	不适	良好	不适
刮板式	最高	高	良好	高	较小	较适	好	较好	不适	良好	不适
甩盘式	较高	高	低	较高	较小	适	尚适	适	不适	较好	不适
旋风式	最廉	高	良好	较高	较小	适	适	适	尚适	尚适	适
板式	高	高	良好	良好	较小	适	尚适	适	不适	尚适	不适
浸没燃烧式	廉	高	高	良好	较大	适	适	适	适	不适	适

进行蒸发器的结构设计，还应充分考虑如何防止或减轻雾沫夹带。某些溶液，蒸发时会产生泡沫，将导致大量的雾沫伴随二次蒸汽离开蒸发器。被二次蒸汽带出的雾沫，可能是有用的产品。雾沫进入冷凝器，将会污染冷凝水；如二次蒸汽再利用，则可能导致蒸汽冷凝器表面的结垢或腐蚀。因此，必须考虑二次蒸汽与雾沫的分离措施。

3. 对系统进行物料、热量衡算，确定加热蒸汽用量以及传热面积

传热面积的计算要选择合适的传热系数。对多效蒸发，通过计算判断所选效数，流程在技

术上、经济上是否可行合理,必要时对上述选择进行适当调整。具体的计算方法前面已经介绍。

4. 蒸发器主要结构工艺尺寸的设计

现以中央循环管式蒸发器为例,介绍蒸发器主要结构尺寸的设计计算方法。中央循环管式蒸发器主体为加热室和分离室。加热室由直立的加热管束组成,管束中间为一根直径较大的中央循环管,分离室是气-液分离的空间。主要结构参数包括:加热室和分离室的直径和高度;加热管和循环管的规格、长度及在管板上的排列方式等。这些尺寸的确定取决于工艺计算结果,主要是传热面积。

1) 加热管的选择和管束的初步估计

加热管通常选用 ϕ25 mm×2.5 mm、ϕ38 mm×2.5 mm、ϕ57 mm×3.5 mm 等几种规格的无缝钢管,长度一般为 0.6～6 m。管子长度的选择应根据溶液结垢的难易程度、溶液的起泡性和厂房的高度等因素来考虑。易结垢和易起泡溶液的蒸发宜采用短管。

当加热管规格与长度确定后,可由下式初估所需管数 n':

$$n'=\frac{S}{\pi d_0(l-0.1)} \tag{6-37}$$

式中:S——蒸发器需要的传热面积,m^2;

l——管子的长度,m。

因加热管固定在管板上,考虑到管板厚度所占据的传热面积,计算 n'时的管长用 $l-0.1$ m。为完成传热任务所需的最小实际管数 n 只有在管板上排列加热管后才能确定。

2) 循环管的选择

循环管的截面积是根据使循环阻力尽量减少的原则来考虑的。其截面积可取加热管总截面积的 40%～100%,若以 D_i表示循环管内径,则

$$\frac{\pi D_i^2}{4}=(0.4\sim1)\times\frac{n'\pi d_i^2}{4}$$

故

$$D_i=\sqrt{(0.4\sim1)\times n'}d_i \tag{6-38}$$

对加热面积较小的蒸发器,应取较大的百分数。按上式计算出 D_i后,应从管规格表中选取管径相近的标准管,只要 n 与 n'相差不大,循环管的规格可一次确定。循环管的管长与加热管相等,循环管的表面积不计入传热面积中。

3) 加热管的直径及加热管数目的确定

加热管的内径取决于加热管和循环管的规格、数目及在管板上的排列方式。加热管在管板上的排列方式有三角形排列、正方形排列和同心圆排列三种,而以三角形排列居多。管心距 t 为相邻两管中心线之间的距离,t 一般为加热管外径的1.25～1.5 倍,目前其值已标准化,只要确定了管子规格,相应的管心距则为确定值,加热管内径和加热管数采用作图法来确定。在 5.6 节已经讲过,这里不再重述。

4) 分离室的直径与高度

分离室的直径与高度取决于分离室的体积,而分离室的体积又与二次蒸汽量及蒸发体积强度有关。分离室体积 V 的计算式为

$$V=\frac{W\rho U}{3\ 600} \tag{6-39}$$

式中：W——某效蒸发的二次蒸汽量，kg/h；

ρ——某效蒸发的二次蒸汽密度，kg/m^3；

U——蒸发体积强度，kg/(m^2·s)。

根据蒸发工艺计算得到的各效二次蒸汽量，再选取适当的 U 值，即可得到 V。但各效的二次蒸汽量、二次蒸汽密度不同，按上式计算得到的 V 值也不相同，通常末效最大。为方便计算，各效分离室的尺寸可取为一致，分离室体积宜取其中较大者。

确定了分离室的体积后，其高度与直径应符合 $V=\frac{\pi D^2 H}{4}$，确定高度与直径时应考虑以下原则：

(1) 分离室的高度与直径之比 $H/D=1\sim2$。

对中央循环管式蒸发器，其分离室高度一般不小于 1.8 m，以保证足够的雾沫分离高度。分离室的直径也不能太小，否则二次蒸汽流速过大将导致雾沫夹带现象严重。

(2) 在条件允许时，分离室直径应尽量与加热室相同，这样可使加热室结构简单，制造方便。

(3) 分离室高度和直径都适于施工现场的安放。

总之，蒸发是一个需消耗大量的加热蒸汽的操作过程，为了节省加热蒸汽，在设计时除了采用多效蒸发装置节约蒸汽以外，为了进一步提高蒸汽的利用率，可以考虑采用蒸汽再压缩蒸发器，将蒸发室出来的二次蒸汽，经机械压缩机(如透平压缩机)或喷射泵，提高了压力和相应的饱和温度后，再进入该蒸发器的加热室，作为一次蒸汽使用，这样可提高蒸汽利用率。或者是将蒸发器中蒸出的二次蒸汽引出(或部分引出)，作为其他加热设备的热源，如用来加热原料液等，可大大提高加热蒸汽的经济性，同时还降低了冷凝器的负荷，减少了冷却水量。还可将蒸发器加热室排出的大量高温冷凝水返回锅炉房重新使用，或用于其他加热或需工业用水的场合。

思　考　题

1. 通过与一般的传热过程比较，简述蒸发操作的特点。

2. 什么是温度差损失和溶液的沸点升高？简要分析产生的原因。

3. 并流加料的多效蒸发装置中，一般各效的总传热系数逐效减小，而蒸发量却逐效略有增加，试分析原因。

4. 多效蒸发中为什么有最佳效数？

5. 提高生产强度的措施有哪些？各有什么局限性？

习　　题

1. 采用标准蒸发器将10%(质量分数)的 NaOH 水溶液浓缩至25%。蒸发室的操作压力为 50 kPa，试求操作条件下溶液的沸点升高及沸点。　(沸点升高 11.8℃，沸点为93℃)

2. 在单效蒸发器内，将 NaOH 稀溶液浓缩至50%，蒸发器内液面高度为 2.0 m，溶液密度为 1 500 kg/m^3，加热蒸汽绝对压力为 300 kPa，冷凝器真空度为 90 kPa，问：蒸发器的有效传热温度差为多少？　(32 ℃)

3. 在单效真空蒸发器中将牛奶从15%(质量分数)浓缩至50%，原料液流量 F=1 500 kg/h，其平均比热容 c_p=3.90 kJ/(kg·℃)，进料温度为 30 ℃。操作压力下，溶液的沸点为 65 ℃，加热蒸汽压力为 10^5 Pa (表压)。当地大气压为 101.3 kPa。蒸发器的总传热系数 $K_0=1\ 160\ \mathrm{W/(m^2\cdot ℃)}$,其热损失为 8 kW。试求:

(1) 产品的流量;

(2) 加热蒸汽消耗量;

(3) 蒸发器的传热面积。

((1)450 kg/h;(2)1.164;(3)11.54 $\mathrm{m^2}$)

4. 在双效并流蒸发装置上浓缩盐的水溶液。已知条件如下:第一效,浓缩液的组成为 x_1(质量分数,下同),流量 $L_1=500$ kg/h,溶液沸点为 105 ℃(即二次蒸汽温度),该温度下水的汽化潜热 $r_1=2\ 245.4$ J/kg,物料平均比热容 $c_p=3.52$ kJ/(kg·℃);第二效,完成液组成为 32%,溶液沸点为 90 ℃,该温度下水的汽化潜热 $r_2=2\ 283.1$ kJ/kg。忽略溶液的沸点升高、稀释热及蒸发装置的热损失。试计算原料液的处理量 F 及组成 x_0。

(734.6 kg/h,0.108 9)

5. 在三效并流蒸发装置上浓缩糖水溶液。沸点升高及蒸发器的热损失均可忽略不计。已知第一效的生蒸汽压力 $p_0=270.3$ kPa(对应饱和温度为 130 ℃)、第三效溶液的沸点 $t_3=55$ ℃ (对应 $p_3=15.74$ kPa)。各效的总传热系数分别为:$K_1=2\ 600\ \mathrm{W/(m^2\cdot ℃)}$,$K_2=2\ 000\ \mathrm{W/(m^2\cdot ℃)}$,$K_3=1\ 400\ \mathrm{W/(m^2\cdot ℃)}$。各效蒸发器传热面积相等。试按以下两种简化估算各效溶液沸点:

(1) 各效传热量相等;

(2) 各效等压力降。

((1) $t_1=111.96$ ℃,$t_2=88.51$ ℃,$t_3=55$ ℃;(2)$t_1=117.6$ ℃,$t_2=99.9$℃)

本章主要符号说明

符号	意　义	计量单位
A	传热面积	$\mathrm{m^2}$
c_0、c_1;c_w;c_B	溶液的比热容;水的比热容;溶质的比热容	kJ/(kg·℃)
c_p	定压比热容	kJ/(kg·℃)
D	加热蒸汽消耗量	kg/s
E	额外蒸汽引用量	kg/s
F	原料液量	kg/s
H	加热蒸汽的焓	kJ/kg
h	溶液的焓	kJ/kg
K	总传热系数	$\mathrm{W/(m^2\cdot ℃)}$或$\mathrm{W/(m^2\cdot K)}$
L	蒸发器内的液面高度	m
p	蒸发器内液面上方的蒸汽压力	Pa
Q	热流量	W
R_i	管内侧的污垢热阻	$\mathrm{m^2\cdot ℃/W}$ 或 $\mathrm{m^2\cdot K/W}$
r	汽化潜热	kJ/kg
T	蒸汽温度	℃
t	溶液温度	℃

符号	意　义	计量单位
Δt	传热温度差	℃
W	蒸发水量	kg/s
w	溶液中溶质的质量分数	
α	对流传热系数	$W/(m^2 \cdot ℃)$或$W/(m^2 \cdot K)$
Δ	传热温度差损失	℃
λ	导热系数	$W/(m \cdot ℃)$或$W/(m \cdot K)$
ρ	溶液密度	kg/m^3

附　　录

附录 A　单位和量纲

表 A-1　部分物理量的单位和量纲

物理量的名称	SI 单位		
	单位名称	单位符号	量　纲
长度	米	m	[L]
时间	秒	s	[T]
质量	千克(公斤)	kg	[M]
力,重力	牛[顿]	N($kg\cdot m/s^2$)	[MLT^{-2}]
速度	米每秒	m/s	[LT^{-1}]
加速度	米每二次方秒	m/s^2	[LT^{-2}]
密度	千克每立方米	kg/m^3	[ML^{-3}]
压力,压强	帕[斯卡]	Pa(N/m^2)	[$ML^{-1}T^{-2}$]
能[量],功,热量	焦[耳]	J($kg\cdot m^2/s^2$)	[ML^2T^{-2}]
功率	瓦[特]	W(J/s)	[ML^2T^{-3}]
[动力]黏度	帕[斯卡]·秒	Pa·s[kg/(m·s)]	[$ML^{-1}T^{-1}$]
运动黏度	二次方米每秒	m^2/s	[L^2T^{-1}]
表面张力	牛[顿]每米	N/m(kg/s^2)	[MT^{-2}]
扩散系数	二次方米每秒	m^2/s	[L^2T^{-1}]

附录B　水与蒸汽的物理性质

表 B-1　水的物理性质

温度 /℃	压力 p /kPa	密度 ρ /(kg/m^3)	焓 h /(J/kg)	比热容 c_p/[kJ/(kg·K)]	导热系数 λ/[W/(m·K)]	导温系数 $a\times10^6$/(m^2/s)	动力黏度 μ/(μPa·s)	运动黏度 $\nu\times10^6$/(m^2/s)	体积膨胀系数 $\beta\times10^3$/K^{-1}	表面张力 σ/(mN/m)	普朗特数 Pr
0	101	999.9	0	4.212	0.550 8	0.131	1 788	1.789	−0.063	75.61	13.67
10	101	999.7	42.04	4.191	0.574 1	0.137	1 305	1.306	0.070	74.14	9.52
20	101	998.2	83.90	4.183	0.598 5	0.143	1 004	1.006	0.182	72.67	7.02
30	101	995.7	125.69	4.174	0.617 1	0.149	801.2	0.805	0.321	71.20	5.42
40	101	992.2	165.71	4.174	0.633 3	0.153	653.2	0.659	0.387	69.63	4.31
50	101	988.1	209.30	4.174	0.647 3	0.157	549.2	0.556	0.449	67.67	3.54
60	101	983.2	211.12	4.178	0.658 9	0.161	469.8	0.478	0.511	66.20	2.98
70	101	977.8	292.99	4.167	0.667 0	0.163	406.0	0.415	0.570	64.33	2.55
80	101	971.8	334.94	4.195	0.674 0	0.166	355	0.365	0.632	62.57	2.21
90	101	965.3	376.98	4.208	0.679 8	0.168	314.8	0.326	0.695	60.71	1.95
100	101	958.4	419.19	4.220	0.682 1	0.169	282.4	0.295	0.752	58.84	1.75
110	143	951.0	461.34	4.233	0.684 4	0.170	258.9	0.272	0.808	56.88	1.60
120	199	943.1	503.67	4.250	0.685 6	0.171	237.3	0.252	0.864	54.82	1.47
130	270	934.8	546.38	4.266	0.685 6	0.172	217.7	0.233	0.917	52.86	1.36
140	362	926.1	589.08	4.287	0.684 4	0.173	201.0	0.217	0.972	50.70	1.26
150	476	917.0	632.20	4.312	0.683 3	0.173	186.3	0.203	1.03	48.64	1.17
160	618	907.4	675.33	4.346	0.682 1	0.173	173.6	0.191	1.07	46.58	1.10
170	792	897.3	719.29	4.379	0.678 6	0.173	162.8	0.181	1.13	44.33	1.05
180	1 003	886.9	763.25	4.417	0.674 0	0.172	153.0	0.173	1.19	42.27	1.00
190	1 255	876.0	807.63	4.460	0.669 3	0.171	144.2	0.165	1.26	40.01	0.96

续表

温度 /℃	压力 p /kPa	密度 ρ /(kg/m³)	焓 h /(J/kg)	比热容 c_p/[kJ/(kg·K)]	导热系数 λ/[W/(m·K)]	导温系数 $a\times10^6$/(m²/s)	动力黏度 μ/(μPa·s)	运动黏度 $\nu\times10^6$/(m²/s)	体积膨胀系数 $\beta\times10^3$/K⁻¹	表面张力 σ/(mN/m)	普朗特数 Pr
200	1 555	863.0	852.43	4.505	0.662 4	0.170	136.3	0.158	1.33	37.66	0.93
210	1 908	852.8	897.65	4.555	0.654 8	0.169	130.4	0.153	1.41	35.40	0.91
220	2 320	840.3	943.71	4.614	0.664 9	0.166	124.6	0.148	1.48	33.15	0.89
230	2 798	827.3	990.18	4.681	0.636 8	0.164	119.7	0.145	1.59	30.99	0.88
240	3 348	813.6	1 037.49	4.756	0.627 5	0.162	114.7	0.141	1.68	28.54	0.87
250	3 978	799.0	1 085.64	4.844	0.627 1	0.159	109.8	0.137	1.81	26.19	0.86
260	4 695	784.0	1 135.04	4.949	0.604 3	0.156	105.9	0.135	1.97	23.73	0.87
270	5 506	767.9	1 185.28	5.070	0.589 2	0.151	102.0	0.133	2.16	21.48	0.88
280	6 420	750.7	1 236.28	5.229	0.574 1	0.146	98.1	0.131	2.37	19.12	0.90
290	7 446	732.3	1 289.95	5.485	0.557 8	0.139	94.2	0.129	2.62	16.87	0.93
300	8 592	712.5	1 344.80	5.736	0.539 2	0.132	91.2	0.128	2.92	14.42	0.97
310	9 870	691.1	1 402.16	6.071	0.522 9	0.125	88.3	0.128	3.29	12.06	1.03
320	11 290	667.1	1 462.03	6.573	0.505 5	0.115	85.3	0.128	3.82	9.81	1.11
330	12 865	640.2	1 526.19	7.243	0.483 4	0.104	81.4	0.127	4.33	7.67	1.22
340	14 609	610.1	1 594.75	8.164	0.456 7	0.092	77.5	0.127	5.34	5.67	1.39
350	16 538	574.4	1 671.37	9.504	0.430 0	0.079	72.6	0.126	6.68	3.82	1.60
360	18 675	528.0	1 761.39	13.984	0.395 1	0.054	66.7	0.126	10.9	2.02	2.35
370	21 054	450.5	1 892.43	40.319	0.337 0	0.019	56.9	0.126	26.4	0.47	6.79

表 B-2　水在不同温度下的黏度

温度/℃	黏度/(mPa·s)	温度/℃	黏度/(mPa·s)	温度/℃	黏度/(mPa·s)
0	1.792 1	22	0.957 9	45	0.598 8
1	1.731 3	23	0.935 8	46	0.588 3
2	1.672 8	24	0.914 2	47	0.578 2
3	1.619 1	25	0.893 7	48	0.568 3
4	1.567 4	26	0.873 7	49	0.558 8
5	1.518 8	27	0.854 5	50	0.549 4
6	1.472 8	28	0.836 0	51	0.540 4
7	1.428 4	29	0.818 0	52	0.531 5
8	1.386 0	30	0.800 7	53	0.522 9
9	1.346 2	31	0.784 0	54	0.514 6
10	1.307 7	32	0.767 9	55	0.506 4
11	1.271 3	33	0.752 3	56	0.498 5
12	1.236 3	34	0.737 1	57	0.490 7
13	1.202 8	35	0.722 5	58	0.483 2
14	1.170 9	36	0.708 5	59	0.475 9
15	1.140 4	37	0.694 7	60	0.468 8
16	1.111 1	38	0.681 4	61	0.461 8
17	1.082 8	39	0.668 5	62	0.455 0
18	1.055 9	40	0.656 0	63	0.448 3
19	1.029 9	41	0.643 9	64	0.441 8
20	1.005 0	42	0.632 1	65	0.435 5
20.2	1.000 0	43	0.620 7	66	0.429 3
21	0.981 0	44	0.609 7	67	0.423 3

续表

温度/℃	黏度/(mPa·s)	温度/℃	黏度/(mPa·s)	温度/℃	黏度/(mPa·s)
68	0.417 4	80	0.356 5	92	0.309 5
69	0.411 7	81	0.352 1	93	0.306 0
70	0.406 1	82	0.347 8	94	0.302 7
71	0.400 6	83	0.343 6	95	0.299 4
72	0.395 2	84	0.339 5	96	0.296 2
73	0.390 0	85	0.335 5	97	0.293 0
74	0.384 9	86	0.331 5	98	0.289 9
75	0.379 9	87	0.327 6	99	0.286 8
76	0.375 0	88	0.323 9	100	0.283 8
77	0.370 2	89	0.320 2	—	—
78	0.365 5	90	0.316 5	—	—
79	0.361 0	91	0.313 0	—	—

表 B-3　水的饱和蒸气压

t/℃	p/Pa	t/℃	p/Pa	t/℃	p/Pa
−20	102.92	−11	237.31	−2	516.75
−19	113.32	−10	259.44	−1	562.08
−18	124.65	−9	283.31	0	610.47
−17	136.92	−8	309.44	1	657.27
−16	150.39	−7	337.57	2	705.26
−15	165.05	−6	368.10	3	758.59
−14	180.92	−5	401.03	4	813.25
−13	198.11	−4	436.76	5	871.91
−12	216.91	−3	475.42	6	934.57

续表

t/℃	p/Pa	t/℃	p/Pa	t/℃	p/Pa
7	1 001.23	30	4 242.24	53	14 291.90
8	1 073.23	31	4 492.88	54	14 998.50
9	1 147.89	32	4 754.19	55	15 731.76
10	1 227.88	33	5 030.16	56	16 505.02
11	1 311.87	34	5 319.47	57	17 304.94
12	1 402.53	35	5 623.44	58	18 144.85
13	1 497.18	36	5 940.74	59	19 011.43
14	1 598.51	37	6 275.37	60	19 910.00
15	1 705.16	38	6 619.34	61	20 851.25
16	1 817.15	39	6 691.30	62	21 837.82
17	1 937.14	40	7 375.26	63	22 851.05
18	2 063.79	41	7 777.89	64	23 904.28
19	2 197.11	42	8 199.18	65	24 997.50
20	2 338.43	43	8 639.14	66	26 144.05
21	2 486.42	44	9 100.42	67	27 330.60
22	2 646.40	45	9 583.04	68	28 557.14
23	2 809.05	46	10 085.66	69	29 823.68
24	2 983.70	47	10 612.27	70	31 156.88
25	3 167.68	48	11 160.22	71	32 516.75
26	3 361.00	49	11 734.83	72	33 943.27
27	3 564.98	50	12 333.43	73	35 423.12
28	3 779.62	51	12 958.70	74	36 956.30
29	4 004.93	52	13 611.97	75	38 542.81

续表

t/℃	p/Pa	t/℃	p/Pa	t/℃	p/Pa
76	40 182.65	84	55 567.78	92	75 592.44
77	41 875.81	85	57 807.55	93	78 472.15
78	43 635.64	86	60 113.99	94	81 445.19
79	45 462.12	87	62 220.44	95	84 511.55
80	47 341.93	88	64 940.17	96	87 671.23
81	49 288.40	89	67 473.25	97	90 937.57
82	51 314.87	90	70 099.66	98	94 297.24
83	53 407.99	91	72 806.05	99	97 750.22
—	—	—	—	100	101 325.00

表 B-4　饱和蒸汽的性质(以温度为准)

t/℃	绝对压/kPa	蒸汽的比容/(m^3/kg)	蒸汽的密度/(kg/m^3)	焓(液体)/(kJ/kg)	焓(蒸汽)/(kJ/kg)	汽化潜热/(kJ/kg)
0	0.608 2	206.5	0.004 84	0	2 491.3	2 491.3
5	0.873 0	147.1	0.006 80	20.94	2 500.9	2 480.0
10	1.226 2	106.4	0.009 40	41.87	2 510.5	2 468.6
15	1.706 8	77.9	0.012 83	62.81	2 520.6	2 457.8
20	2.334 6	57.8	0.017 19	83.74	2 530.1	2 446.3
25	3.168 4	43.40	0.023 04	104.68	2 538.6	2 433.9
30	4.247 4	32.93	0.030 36	125.60	2 549.5	2 423.7
35	5.620 7	25.25	0.039 60	146.55	2 559.1	2 412.6
40	7.376 6	19.55	0.051 14	167.47	2 568.7	2 401.1
45	9.583 7	15.28	0.065 43	188.42	2 577.9	2 389.5
50	12.340	12.054	0.083 0	209.34	2 587.6	2 378.1
55	15.744	9.589	0.104 3	230.29	2 596.8	2 366.5
60	19.923	7.687	0.130 1	251.21	2 606.3	2 355.1
65	25.014	6.209	0.161 1	272.16	2 615.6	2 343.4
70	31.164	5.052	0.197 9	293.08	2 624.4	2 331.2

续表

t/℃	绝对压 /kPa	蒸汽的比容 /(m^3/kg)	蒸汽的密度 /(kg/m^3)	焓(液体) /(kJ/kg)	焓(蒸汽) /(kJ/kg)	汽化潜热 /(kJ/kg)
75	38.551	4.139	0.241 6	314.03	2 629.7	2 315.7
80	47.379	3.414	0.292 9	334.94	2 642.4	2 307.3
85	57.875	2.832	0.353 1	355.90	2 651.2	2 295.3
90	70.136	2.365	0.422 9	376.81	2 660.0	2 283.1
95	84.556	1.985	0.503 9	397.77	2 668.8	2 271.0
100	101.33	1.675	0.597 0	418.68	2 677.2	2 258.4
105	120.85	1.421	0.703 6	439.64	2 685.1	2 245.5
110	143.31	1.212	0.825 4	460.97	2 693.5	2 232.4
115	169.11	1.038	0.963 5	481.51	2 702.5	2 221.0
120	198.64	0.893	1.119 9	503.67	2 708.9	2 205.2
125	232.19	0.771 5	1.296	523.38	2 716.5	2 193.1
130	270.25	0.669 3	1.494	546.38	2 723.9	2 177.6
135	313.11	0.583 1	1.715	565.25	2 731.2	2 166.0
140	361.47	0.509 6	1.962	589.08	2 737.8	2 148.7
145	415.72	0.446 9	2.238	607.12	2 744.6	2 137.5
150	476.24	0.393 3	2.543	632.21	2 750.7	2 118.5
160	618.28	0.307 5	3.252	675.75	2 762.9	2 087.1
170	792.59	0.243 1	4.113	719.29	2 773.3	2 054.0
180	1 003.5	0.194 4	5.145	763.25	2 782.6	2 019.3
190	1 255.6	0.156 8	6.378	807.63	2 790.1	1 982.5
200	1 554.8	0.127 6	7.840	852.01	2 795.5	1 943.5
210	1 917.7	0.104 5	9.567	897.23	2 799.3	1 902.1
220	2 320.9	0.086 2	11.600	942.45	2 801.0	1 858.5
230	2 798.6	0.071 55	13.98	988.50	2 800.1	1 811.6
240	3 347.9	0.059 67	16.76	1 034.56	2 796.8	1 762.2
250	3 977.7	0.049 98	20.01	1 081.45	2 790.1	1 708.6
260	4 693.7	0.041 99	23.82	1 128.76	2 780.9	1 652.1
270	5 504.0	0.035 38	28.27	1 176.91	2 760.3	1 591.4
280	6 417.2	0.029 88	33.47	1 225.48	2 752.0	1 526.5

续表

t/℃	绝对压/kPa	蒸汽的比容/(m³/kg)	蒸汽的密度/(kg/m³)	焓(液体)/(kJ/kg)	焓(蒸汽)/(kJ/kg)	汽化潜热/(kJ/kg)
290	7 443.3	0.025 25	39.60	1 274.46	2 732.3	1 457.8
300	8 592.9	0.021 31	46.93	1 325.54	2 708.0	1 382.5
310	9 878.0	0.017 99	55.59	1 378.71	2 680.0	1 301.3
320	11 300	0.015 16	65.95	1 436.07	2 648.2	1 212.1
330	12 880	0.012 73	78.53	1 446.78	2 610.5	1 113.7
340	14 616	0.010 64	93.98	1 562.93	2 568.6	1 005.7
350	16 538	0.008 84	113.2	1 632.20	2 516.7	880.5
360	18 667	0.007 16	139.6	1 729.15	2 442.6	713.4
370	21 041	0.005 85	171.0	1 888.25	2 301.9	411.1
374	22 071	0.003 10	322.6	2 098.0	2 098.0	0

表 B-5　饱和蒸汽的性质(以压力为准)

绝对压/kPa	温度/℃	蒸汽的比容/(m³/kg)	蒸汽的密度/(kg/m³)	焓(液体)/(kJ/kg)	焓(蒸汽)/(kJ/kg)	汽化潜热/(kJ/kg)
1.0	6.3	129.37	0.007 73	26.48	2 503.1	2 476.8
1.5	12.5	88.26	0.011 33	52.26	2 515.3	2 463.0
2.0	17.0	67.29	0.014 86	71.21	2 524.2	2 452.9
2.5	20.9	54.47	0.018 36	87.45	2 531.8	2 444.3
3.0	23.5	45.52	0.021 79	98.38	2 536.8	2 438.4
3.5	26.1	39.45	0.025 23	109.30	2 541.8	2 432.5
4.0	28.7	34.88	0.028 67	120.23	2 546.8	2 426.6
4.5	30.8	33.06	0.032 05	129.00	2 550.9	2 421.9
5.0	32.4	28.27	0.035 37	135.69	2 554.0	2 418.3
6.0	35.6	23.81	0.042 00	149.06	2 560.1	2 411.0
7.0	38.8	20.56	0.048 64	162.44	2 566.3	2 403.8
8.0	41.3	18.13	0.055 14	172.73	2 571.0	2 398.2
9.0	43.3	16.24	0.061 56	181.16	2 574.8	2 393.6
10	45.3	14.71	0.067 98	189.59	2 578.5	2 388.9
15	53.5	10.04	0.099 56	224.03	2 594.0	2 370.0

续表

绝对压/kPa	温度/℃	蒸汽的比容/(m³/kg)	蒸汽的密度/(kg/m³)	焓(液体)/(kJ/kg)	焓(蒸汽)/(kJ/kg)	汽化潜热/(kJ/kg)
20	60.1	7.65	0.130 68	251.51	2 606.4	2 354.9
30	66.5	5.24	0.190 93	288.77	2 622.4	2 333.7
40	75.0	4.00	0.249 75	315.93	2 634.1	2 312.2
50	81.2	3.25	0.307 99	339.80	2 644.3	2 304.5
60	85.6	2.74	0.365 14	358.21	2 652.1	2 293.9
70	89.9	2.37	0.422 29	376.61	2 659.8	2 283.2
80	93.2	2.09	0.478 07	390.08	2 665.3	2 275.3
90	96.4	1.87	0.533 84	403.49	2 670.8	2 267.4
100	99.6	1.70	0.589 61	416.90	2 676.3	2 259.5
120	104.5	1.43	0.698 68	437.51	2 684.3	2 246.8
140	109.2	1.24	0.807 58	457.67	2 692.1	2 234.4
160	113.0	1.21	0.829 81	473.88	2 698.1	2 224.2
180	116.6	0.988	1.020 9	489.32	2 703.7	2 214.3
200	120.2	0.887	1.127 3	493.71	2 709.2	2 204.6
250	127.2	0.719	1.390 4	534.39	2 719.7	2 185.4
300	133.3	0.606	1.650 1	560.38	2 728.5	2 168.1
350	138.8	0.524	1.907 4	583.76	2 736.1	2 152.3
400	143.4	0.463	2.161 8	603.61	2 742.1	2 138.5
450	147.7	0.414	2.415 2	622.42	2 747.8	2 125.4
500	151.7	0.375	2.667 3	639.59	2 752.8	2 113.2
600	158.7	0.316	3.168 6	670.22	2 761.4	2 091.1
700	164.7	0.273	3.665 7	696.27	2 767.8	2 071.5
800	170.4	0.240	4.161 4	720.96	2 773.7	2 052.7
900	175.1	0.215	4.652 5	741.82	2 778.1	2 036.2
1×10^3	179.9	0.194	5.143 2	762.68	2 782.5	2 019.7
1.1×10^3	180.2	0.177	5.633 9	780.34	2 785.5	2 005.1
1.2×10^3	187.8	0.166	6.124 1	797.92	2 788.5	1 990.6
1.3×10^3	191.5	0.155	6.614 1	814.25	2 790.9	1 976.7
1.4×10^3	194.8	0.141	7.103 8	829.06	2 792.4	1 963.7
1.5×10^3	198.2	0.132	7.593 5	843.86	2 794.5	1 950.7

续表

绝对压/kPa	温度/℃	蒸汽的比容/(m^3/kg)	蒸汽的密度/(kg/m^3)	焓(液体)/(kJ/kg)	焓(蒸汽)/(kJ/kg)	汽化潜热/(kJ/kg)
1.6×10^3	201.3	0.124	8.081 4	857.77	2 796.0	1 938.2
1.7×10^3	204.1	0.117	8.567 4	870.58	2 797.1	1 926.5
1.8×10^3	206.9	0.110	9.053 3	883.39	2 798.1	1 914.8
1.9×10^3	209.8	0.105	9.539 2	896.21	2 799.2	1 903.0
2×10^3	212.2	0.099 7	10.033 8	907.32	2 799.7	1 892.4
3×10^3	233.7	0.066 6	15.007 5	1 005.4	2 798.9	1 793.5
4×10^3	250.3	0.049 8	20.096 9	1 082.9	2 789.8	1 706.8
5×10^3	263.8	0.039 4	25.366 3	1 146.9	2 776.2	1 629.2
6×10^3	275.4	0.032 4	30.849 4	1 203.2	2 759.5	1 556.3
7×10^3	285.7	0.027 3	36.574 4	1 253.2	2 740.8	1 487.6
8×10^3	294.8	0.023 5	42.576 8	1 299.2	2 720.5	1 403.7
9×10^3	303.2	0.020 5	48.894 5	1 343.4	2 699.1	1 356.6
1×10^4	310.9	0.018 0	55.540 7	1 384.0	2 677.1	1 293.1
1.2×10^4	324.5	0.014 2	70.307 5	1 463.4	2 631.2	1 167.7
1.4×10^4	336.5	0.011 5	87.302 0	1 567.9	2 583.2	1 043.4
1.6×10^4	347.2	0.009 27	107.801 0	1 615.8	2 531.1	915.4
1.8×10^4	356.9	0.007 44	134.481 3	1 699.8	2 466.0	766.1
2×10^4	365.6	0.005 66	176.596 1	1 817.8	2 364.2	544.9
2.207×10^4	374.0	0.003 10	362.6	2 098.0	2 098.0	0

附录C　干空气的物理性质

表 C-1　定压下干空气的物理性质(p=101.33 kPa)

温度 t/℃	密度 ρ /(kg/m^3)	比热容 c_p /[kJ/(kg·K)]	导热系数 λ /[mW/(m·K)]	导温系数 $a\times10^6$ /(m^2/s)	动力黏度 μ /(μPa·s)	运动黏度 $\nu\times10^6$ /(m^2/s)	普朗特数 Pr
−50	1.584	1.013	20.34	12.7	14.6	9.23	0.728
−40	1.515	1.013	21.15	13.8	15.2	10.04	0.728
−30	1.453	1.013	21.96	14.9	15.7	10.80	0.723
−20	1.395	1.009	22.78	16.2	16.2	11.60	0.716
−10	1.342	1.009	23.59	17.4	16.7	12.43	0.712
0	1.293	1.005	24.40	18.8	17.2	13.28	0.707
10	1.247	1.005	25.10	20.1	17.7	14.16	0.705
20	1.205	1.005	25.91	21.4	18.1	15.06	0.703
30	1.165	1.005	26.73	22.9	18.6	16.00	0.701
40	1.128	1.005	27.54	24.3	19.1	16.96	0.699
50	1.093	1.005	28.24	25.7	19.6	17.95	0.698
60	1.060	1.005	28.93	27.2	20.1	18.97	0.696
70	1.029	1.009	29.63	28.6	20.6	20.02	0.694
80	1.000	1.009	30.44	30.2	21.1	21.09	0.692
90	0.972	1.009	31.26	31.9	21.5	22.10	0.690
100	0.946	1.009	32.07	33.6	21.9	23.13	0.688
120	0.898	1.009	33.35	36.8	22.9	25.45	0.686
140	0.854	1.013	31.86	40.3	23.7	27.80	0.684
160	0.815	1.017	36.37	43.9	24.5	30.09	0.682
180	0.779	1.022	37.77	47.5	25.3	32.49	0.681
200	0.746	1.026	39.28	51.4	26.0	34.85	0.680
250	0.674	1.038	46.25	61.0	27.4	40.61	0.677

续表

温度 t/℃	密度 ρ /(kg/m^3)	比热容 c_p /[kJ/(kg·K)]	导热系数 λ /[mW/(m·K)]	导温系数 $a\times10^6$ /(m^2/s)	动力黏度 μ /(μPa·s)	运动黏度 $\nu\times10^6$ /(m^2/s)	普朗特数 Pr
300	0.615	1.047	46.02	71.6	29.7	48.33	0.674
350	0.566	1.059	49.04	81.9	31.4	55.46	0.676
400	0.524	1.068	52.06	93.1	33.1	63.09	0.678
500	0.456	1.093	57.40	115.3	36.2	79.38	0.687
600	0.404	1.114	62.17	138.3	39.1	96.89	0.699
700	0.362	1.135	67.0	163.4	41.8	115.4	0.706
800	0.329	1.156	71.70	188.8	44.3	134.8	0.713
900	0.301	1.172	76.23	216.2	46.7	155.1	0.717
1 000	0.277	1.185	80.64	245.9	49.0	177.1	0.719
1 100	0.257	1.197	84.94	276.3	51.2	199.3	0.722
1 200	0.239	1.210	91.45	316.5	53.5	233.7	0.724

附录 D　液体的物理性质

表 D-1　某些液体的重要物理性质

序号	名称	分子式	相对分子质量	密度(20 ℃)/(kg/m^3)	沸点(101.3 kPa)/℃	汽化潜热(101.3kPa)/(kJ/kg)	比热容(20 ℃)/[kJ/(kg·K)]	黏度(20 ℃)/(mPa·s)	导热系数(20 ℃)/[W/(m·K)]	体积膨胀系数×10^3(20 ℃)/(1/℃)	表面张力(20 ℃)/(mN/m)
1	水	H_2O	18.02	998	100	2 258	4.183	1.005	0.599	0.182	72.8
2	盐水(25%NaCl)	—	—	1 186 (25 ℃)	107	—	3.39	2.3	0.57 (30 ℃)	0.44	—
3	盐水(25%$CaCl_2$)	—	—	1 228	107	—	2.89	2.5	0.57	0.34	—
4	硫酸	H_2SO_4	98.08	1 831	340 (分解)	—	1.47 (98%)	23	0.38	0.57	—
5	硝酸	HNO_3	63.02	1 513	86	481.1	—	1.17 (10 ℃)	—	—	—
6	盐酸(30%)	HCl	36.47	1 149	—	—	2.55	2(31.5%)	0.42	1.21	—
7	二硫化碳	CS_2	76.13	1 262	46.3	352	1.00	0.38	0.16	1.59	32
8	戊烷	C_5H_{12}	72.15	626	36.07	357.5	2.25 (15.6 ℃)	0.229	0.113	—	16.2
9	己烷	C_6H_{14}	86.17	659	68.74	335.1	2.31 (15.6 ℃)	0.313	0.119	—	18.2
10	庚烷	C_7H_{16}	100.20	684	98.43	316.5	2.21 (15.6 ℃)	0.411	0.123	—	20.1
11	辛烷	C_8H_{18}	114.22	703	125.67	306.4	2.19 (15.6 ℃)	0.540	0.131	—	21.8
12	三氯甲烷	$CHCl_3$	119.38	1 489	61.2	254	0.992	0.58	0.138 (30 ℃)	1.26	28.5 (10 ℃)

续表

序号	名称	分子式	相对分子质量	密度(20 ℃)/(kg/m³)	沸点(101.3 kPa)/℃	汽化潜热(101.3kPa)/(kJ/kg)	比热容(20 ℃)/[kJ/(kg·K)]	黏度(20 ℃)/(mPa·s)	导热系数(20 ℃)/[W/(m·K)]	体积膨胀系数×10^3(20 ℃)/(1/℃)	表面张力(20 ℃)/(mN/m)
13	四氯化碳	CCl_4	153.82	1 594	76.8	195	0.850	1.0	0.12	—	26.8
14	1,2-二氯乙烷	$C_2H_4Cl_2$	98.96	1 253	83.6	324	1.26	0.83	0.14 (50 ℃)	—	30.8
15	苯	C_6H_6	78.11	879	80.10	394	1.70	0.737	0.148	1.24	28.6
16	甲苯	C_7H_8	92.13	867	110.63	363	1.70	0.675	0.138	1.09	27.9
17	邻二甲苯	C_8H_{10}	106.16	880	144.42	347	1.74	0.811	0.142	—	30.2
18	间二甲苯	C_8H_{10}	106.16	864	139.10	343	1.70	0.611	0.167	1.01	29.0
19	对二甲苯	C_8H_{10}	106.16	861	138.35	340	1.70	0.643	0.129	—	28.0
20	苯乙烯	C_8H_8	104.1	911 (15.6 ℃)	145.2	352	1.733	0.72	—	—	—
21	氯苯	C_6H_5Cl	112.56	1 106	131.8	325	3.391	0.85	0.14 (30 ℃)	—	32
22	硝基苯	$C_6H_5NO_2$	123.17	1 203	210.9	396	1.465	2.1	0.15	—	41
23	苯胺	$C_6H_5NH_2$	93.13	1 022	184.4	448	2.068	4.3	0.174	0.85	42.9
24	酚	C_6H_5OH	94.1	1 050 (50 ℃)	181.8 (熔点 40.9 ℃)	511	—	3.4 (50 ℃)	—	—	—
25	萘	$C_{10}H_8$	128.17	1 145 (固体)	217.9 (熔点 80.2 ℃)	314	1.805 (100 ℃)	0.59 (100 ℃)	—	—	—

续表

序号	名称	分子式	相对分子质量	密度(20 ℃)/(kg/m³)	沸点(101.3 kPa)/℃	汽化潜热(101.3kPa)/(kJ/kg)	比热容(20 ℃)/[kJ/(kg·K)]	黏度(20 ℃)/(mPa·s)	导热系数(20 ℃)/[W/(m·K)]	体积膨胀系数×10³(20 ℃)/(1/℃)	表面张力(20 ℃)/(mN/m)
26	甲醇	CH_3OH	32.04	791	64.7	1 101	2.495	0.6	0.212	1.22	22.6
27	乙醇	C_2H_5OH	46.07	789	78.3	846	2.395	1.15	0.172	1.16	22.8
28	乙醇(95%)	—	—	804	78.2	—	—	1.4	—	—	—
29	乙二醇	$C_2H_4(OH)_2$	62.05	1 113	197.6	800	2.349	23	—	—	47.7
30	甘油	$C_3H_5(OH)_3$	92.09	1 261	290(分解)	—	—	1 499	0.59	0.53	63
31	乙醚	$(C_2H_5)_2O$	74.12	714	84.6	360	2.336	0.24	0.14	1.63	18
32	乙醛	CH_3CHO	44.05	783(18 ℃)	20.2	574	1.88	1.3(18 ℃)	—	—	21.2
33	糠醛	$C_5H_4O_2$	96.09	1 160	161.7	452	1.59	1.15(50 ℃)	—	—	48.5
34	丙酮	CH_3COCH_3	58.08	792	56.2	523	2.349	0.32	0.174	—	23.7
35	甲酸	$HCOOH$	46.03	1 220	100.7	494	2.169	1.9	0.256	—	27.8
36	醋酸	CH_3COOH	60.03	1 049	118.1	406	1.997	1.3	0.174	1.07	23.9
37	醋酸乙酯	$CH_3COOC_2H_5$	88.11	901	77.1	368	1.992	0.48	0.14(10 ℃)	—	—
38	煤油	—	—	780～820	—	—	—	3	0.15	1.00	—
39	汽油	—	—	680～800	—	—	—	0.7～0.8	0.13(30 ℃)	—	—

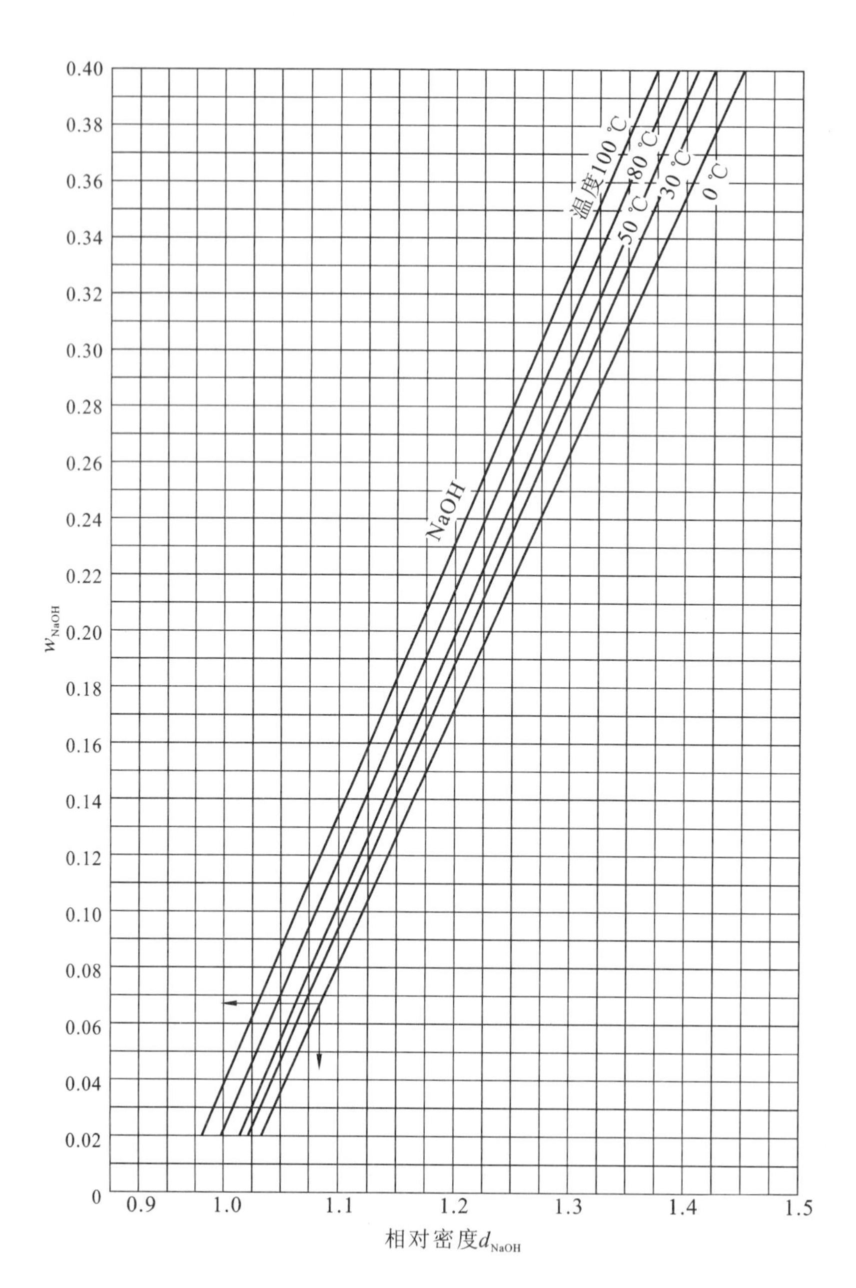

图 D-1　氢氧化钠水溶液的相对密度图

相对密度为液体密度与 4 ℃水的密度之比。

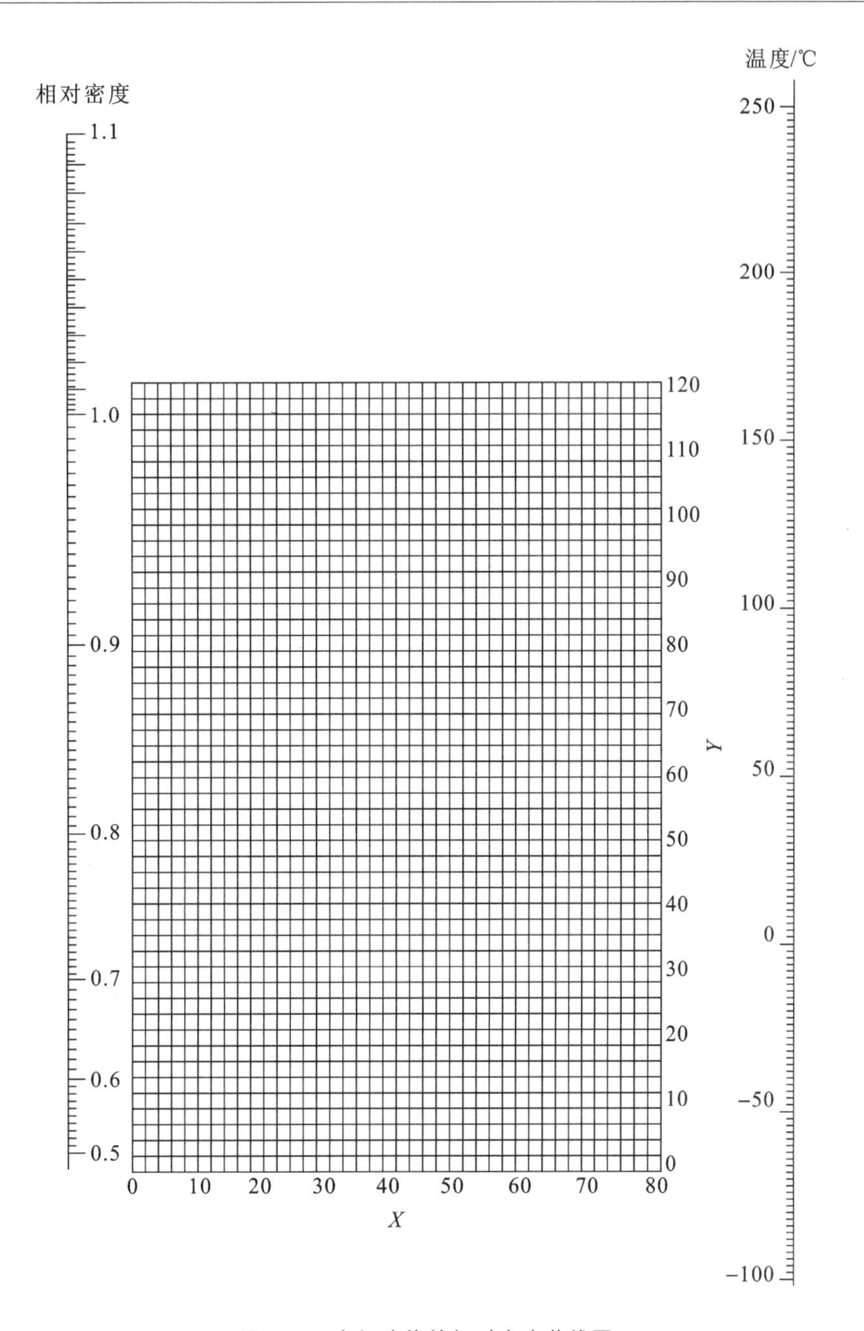

图 D-2　有机液体的相对密度共线图

表 D-2　各种液体在图 D-2 中的 X、Y 值

名　称	X	Y	名　称	X	Y
乙炔	20.8	10.1	甲酸乙酯	37.6	68.4
乙烷	10.3	4.4	甲酸丙酯	33.8	66.7
乙烯	17.0	3.5	丙烷	14.2	12.2
乙醇	24.2	48.6	丙酮	26.1	47.8
乙醚	22.6	35.8	丙醇	23.8	50.8
乙丙醚	20.0	37.0	丙酸	35.0	83.5
乙硫醇	32.0	55.5	丙酸甲酯	36.5	68.3
乙硫醚	25.7	55.3	丙酸乙酯	32.1	63.9
二乙胺	17.8	33.5	戊烷	12.6	22.6
二硫化碳	18.6	45.4	异戊烷	13.5	22.5
异丁烷	13.7	16.5	辛烷	12.7	32.5
丁酸	31.3	78.7	庚烷	12.6	29.8
丁酸甲酯	31.5	65.5	苯	32.7	63.0
异丁酸	31.5	75.9	苯酚	35.7	103.8
丁酸(异)甲酯	33.0	64.1	苯胺	33.5	92.5
十一烷	14.4	39.2	氟苯	41.9	86.7
十二烷	14.3	41.4	癸烷	16.0	38.2
十三烷	15.3	42.4	氨	22.4	24.6
十四烷	15.8	43.3	氯乙烷	42.7	62.4
三乙胺	17.9	37.0	氯甲烷	52.3	62.9
三氢化磷	28.0	22.1	氯苯	41.7	105.0
己烷	13.5	27.0	氰丙烷	20.1	44.6
壬烷	16.2	36.5	氰甲烷	21.8	44.9
六氢吡啶	27.5	60.0	环己烷	19.6	44.0
甲乙醚	25.0	34.4	醋酸	40.6	93.5
甲醇	25.8	49.1	醋酸甲酯	40.1	70.3
甲硫醇	37.3	59.6	醋酸乙酯	35.0	65.0
甲硫醚	31.9	57.4	醋酸丙酯	33.0	65.5
甲醚	27.2	30.1	甲苯	27.0	61.0
甲酸甲酯	46.4	74.6	异戊醇	20.5	52.0

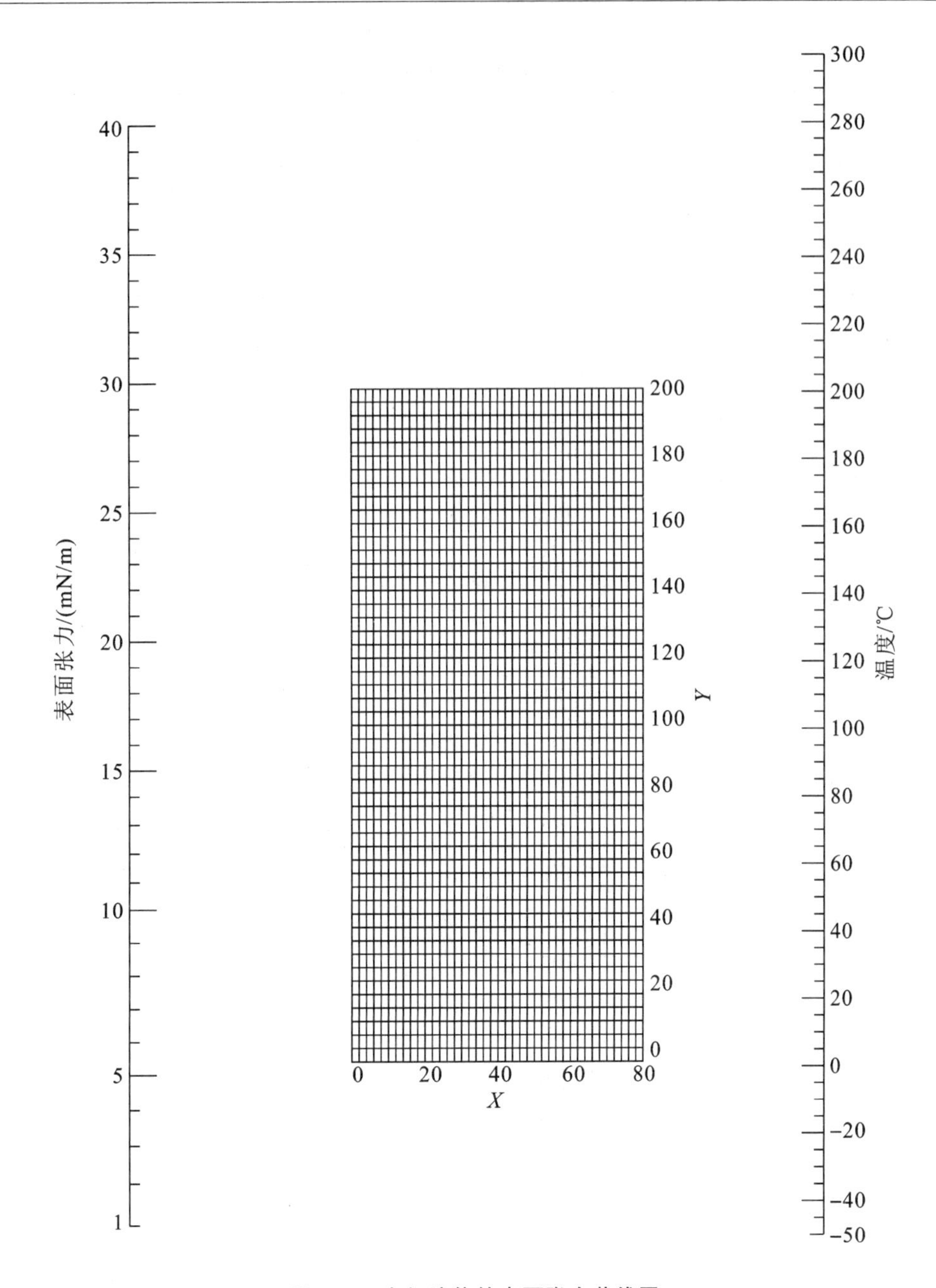

图 D-3　有机液体的表面张力共线图

表 D-3　各种液体在图 D-3 中的 X、Y 值

序号	名　　称	X	Y	序号	名　　称	X	Y
1	环氧乙烷	42	83	35	对-甲酚	11.5	160.5
2	乙苯	22	118	36	邻-甲酚	20	161
3	乙胺	11.2	83	37	甲醇	17	93
4	乙硫醇	35	81	38	甲酸甲酯	38.5	88
5	乙醇	10	97	39	甲酸乙酯	30.5	88.8
6	乙醚	27.5	64	40	甲酸丙酯	24	97
7	乙醛	33	78	41	丙胺	25.5	87.2
8	乙醛肟	23.5	127	42	对-丙(异)基甲苯	12.8	121.2
9	乙酰胺	17	192.5	43	丙酮	28	91
10	乙酰醋酸乙酯	21	132	44	丙醇	8.2	105.2
11	二乙醇缩乙醛	19	88	45	丙酸	17	112
12	间二甲苯	20.5	118	46	丙酸乙酯	22.6	97
13	对二甲苯	19	117	47	丙酸甲酯	29	95
14	二甲胺	16	66	48	3-戊酮	20	101
15	二甲醚	44	37	49	异戊醇	6	106.8
16	二氯乙烷	32	120	50	四氯化碳	26	104.5
17	二硫化碳	35.8	117.2	51	辛烷	17.7	90
18	丁酮	23.6	97	52	苯	30	110
19	丁醇	9.6	107.5	53	苯乙酮	18	163
20	异丁醇	5	103	54	苯乙醚	20	134.2
21	丁酸	14.5	115	55	苯二乙胺	17	142.6
22	异丁酸	14.8	107.4	56	苯二甲胺	20	149
23	丁酸乙酯	17.5	102	57	苯甲醚	24.4	138.9
24	丁(异)酸乙酯	20.9	93.7	58	苯胺	22.9	171.8
25	丁酸甲酯	25	88	59	苯(基)甲胺	25	156
26	三乙胺	20.1	83.9	60	苯酚	20	168
27	1,3,5-三甲苯	17	119.8	61	氨	56.2	63.5
28	三苯甲烷	12.5	182.7	62	氧化亚氮	62.5	0.5
29	三氯乙醛	30	113	63	氯	45.5	59.2
30	三聚乙醛	22.3	103.8	64	氯仿	32	101.3
31	己烷	22.7	72.2	65	对-氯甲苯	18.7	134
32	甲苯	24	113	66	氯甲烷	45.8	53.2
33	甲胺	42	58	67	氯苯	23.5	132.5
34	间-甲酚	13	161.2	68	吡啶	34	138.2

续表

序号	名　　称	X	Y	序号	名　　称	X	Y
69	丙腈	23	108.6	82	对甲氧基苯丙烯	13	158.1
70	丁腈	20.3	113	83	醋酸	17.1	116.5
71	乙腈	73.3	111	84	醋酸甲酯	34	90
72	苯腈	19.5	159	85	醋酸乙酯	27.5	92.4
73	氰化氢	30.6	66	86	醋酸丙酯	23	97
74	硫酸二乙酯	19.5	139.5	87	醋酸异丁酯	16	97.2
75	硫酸二甲酯	23.5	158	88	醋酸异戊酯	16.4	103.1
76	硝基乙烷	25.4	126.1	89	醋酸酐	25	129
77	硝基甲烷	30	139	90	噻吩	35	121
78	萘	22.5	165	91	环己烷	42	86.7
79	溴乙烷	31.6	90.2	92	硝基苯	23	173
80	溴苯	23.5	145.5	93	水(查出的值乘 2)	12	162
81	碘乙烷	28	113.2	—	—	—	—

表 D-4　某些无机物水溶液的表面张力

溶　　质	温度/℃	表面张力/(mN/m)			
		质量分数为 5%	质量分数为 10%	质量分数为 20%	质量分数为 50%
H_2SO_4	18	—	74.1	75.2	77.3
HNO_3	20	—	72.7	71.1	65.4
NaOH	20	74.6	77.3	85.8	—
NaCl	18	74.0	75.5	—	—
Na_2SO_4	18	73.8	75.2	—	—
$NaNO_3$	30	72.1	72.8	74.4	79.8
KCl	18	73.6	74.8	77.3	—
KNO_3	18	73.0	73.6	75.0	—
K_2CO_3	10	75.8	77.0	79.2	106.4
NH_4OH	18	66.5	63.5	59.3	—
NH_4Cl	18	73.3	74.5	—	—
NH_4NO_3	100	59.2	60.1	61.6	67.5
$MgCl_2$	18	73.8	—	—	—
$CaCl_2$	18	73.7	—	—	—

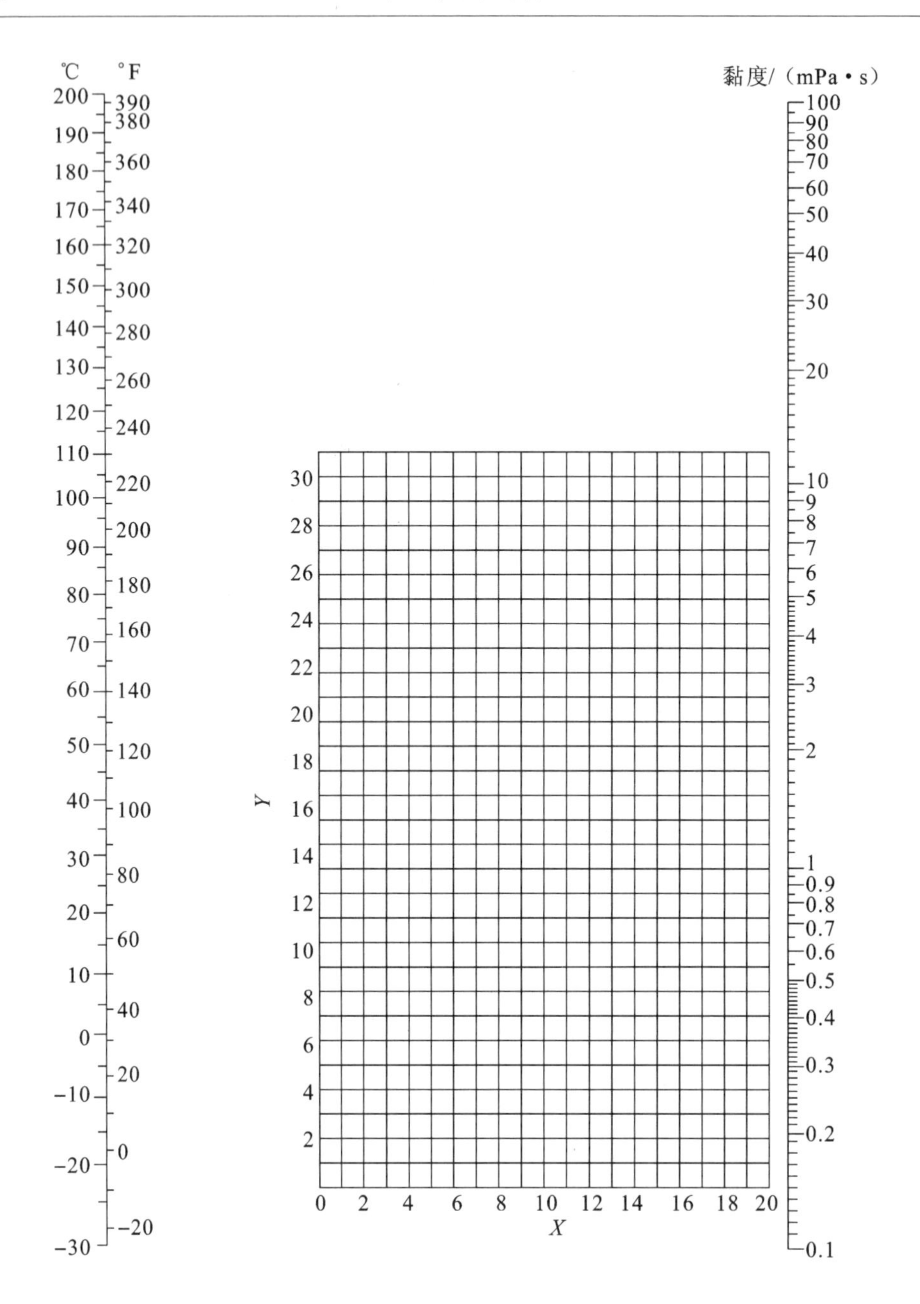

图 D-4　液体黏度共线图

表 D-5　各液体在图 D-4 中的 X、Y 值

序号	名　　称	X	Y	序号	名　　称	X	Y
1	水	10.2	13.0	31	乙苯	13.2	11.5
2	盐水(25%NaCl)	10.2	16.6	32	氯苯	12.3	12.4
3	盐水(25%$CaCl_2$)	6.6	15.9	33	硝基苯	10.6	16.2
4	氨	12.6	2.2	34	苯胺	8.1	18.7
5	氨水(26%)	10.1	13.9	35	酚	6.9	20.8
6	二氧化碳	11.6	0.3	36	联苯	12.0	18.3
7	二氧化硫	15.2	7.1	37	萘	7.9	18.1
8	二硫化碳	16.1	7.5	38	甲醇(100%)	12.4	10.5
9	溴	14.2	18.2	39	甲醇(90%)	12.3	11.8
10	汞	18.4	16.4	40	甲醇(40%)	7.8	15.5
11	硫酸(110%)	7.2	27.4	41	乙醇(100%)	10.5	13.8
12	硫酸(100%)	8.0	25.1	42	乙醇(95%)	9.8	14.3
13	硫酸(98%)	7.0	24.8	43	乙醇(40%)	6.5	16.6
14	硫酸(60%)	10.2	21.3	44	乙二醇	6.0	23.6
15	硝酸(95%)	12.8	13.8	45	甘油(100%)	2.0	30.0
16	硝酸(60%)	10.8	17.0	46	甘油(50%)	6.9	19.6
17	盐酸(31.5%)	13.0	16.6	47	乙醚	14.5	5.3
18	氢氧化钠水溶液(50%)	3.2	25.8	48	乙醛	15.2	14.8
19	戊烷	14.9	5.2	49	丙酮	14.5	7.2
20	己烷	14.7	7.0	50	甲酸	10.7	15.8
21	庚烷	14.1	8.4	51	醋酸(100%)	12.1	14.2
22	辛烷	13.7	10.0	52	醋酸(70%)	9.5	17.0
23	三氯甲烷	14.4	10.2	53	醋酸酐	12.7	12.8
24	四氯化碳	12.7	13.1	54	醋酸乙酯	13.7	9.1
25	二氯乙烷	13.2	12.2	55	醋酸戊酯	11.8	12.5
26	苯	12.5	10.9	56	氟利昂-11	14.4	9.0
27	甲苯	13.7	10.4	57	氟利昂-12	16.8	5.6
28	邻二甲苯	13.5	12.1	58	氟利昂-21	15.7	7.5
29	间二甲苯	13.9	10.6	59	氟利昂-22	17.2	4.7
30	对二甲苯	13.9	10.9	60	煤油	10.2	16.9

注：如求苯在 50 ℃时的黏度，从表 D-5 序号 26 查得苯的 $X=12.5$，$Y=10.9$。把这两个数值标在前页共线图的 X-Y 坐标上得一点，把这点与图中左方温度标尺上 50 ℃的点连成一直线，延长，与右方黏度标尺相交，由此交点定出 50 ℃苯的黏度为 0.44 mPa·s。

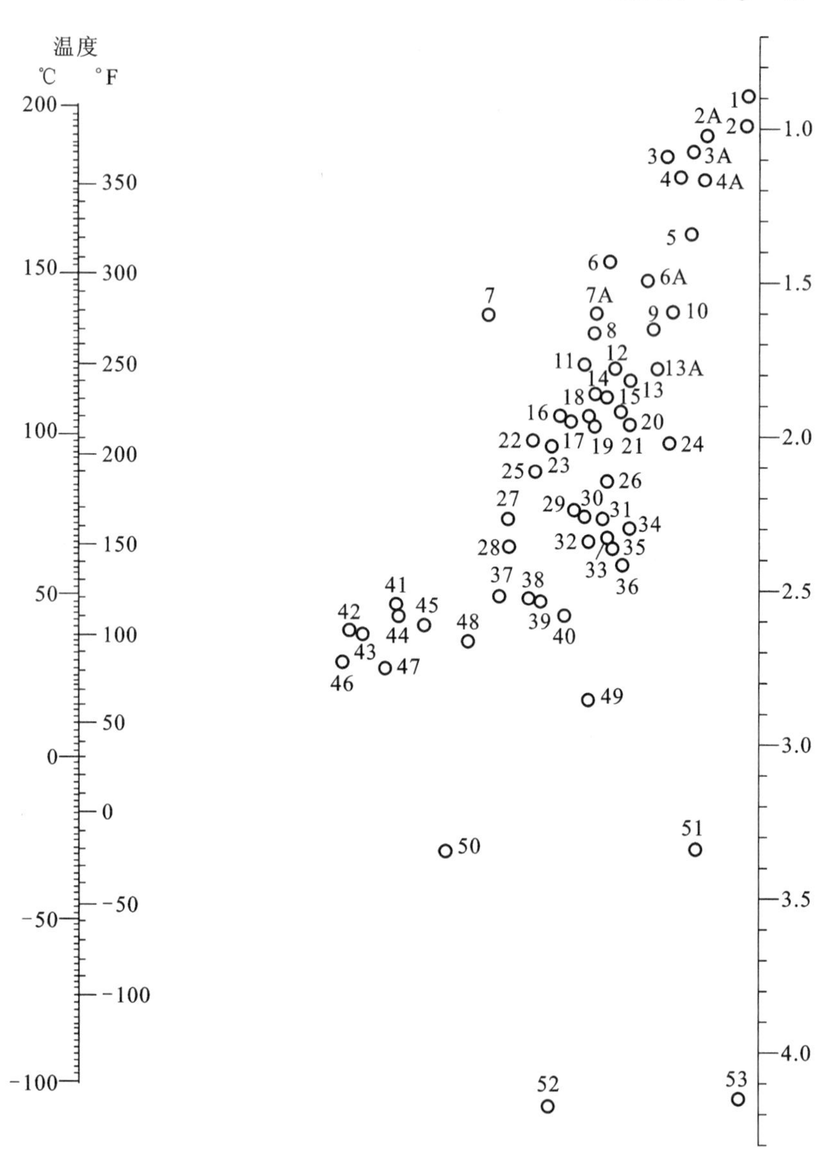

图 D-5　液体比热容共线图

表 D-6　图 D-5 中各液体的 A、B 值

编号	名　称	温度范围/℃	拟合参数		编号	名　称	温度范围/℃	拟合参数	
			A	B				A	B
1	溴乙烷	5～25	1.333×10^{-3}	0.843	23	甲苯	0～60	4.667×10^{-3}	1.60
2	二氧化碳	−100～25	1.667×10^{-3}	0.967	24	醋酸乙酯	−50～25	1.57×10^{-3}	1.879
2A	氟利昂-11	−20～70	8.889×10^{-4}	0.858	25	乙苯	0～100	5.099×10^{-3}	1.67
3	四氯化碳	10～60	2.0×10^{-3}	0.78	26	醋酸戊酯	0～100	2.9×10^{-3}	1.9
3	过氯乙烯	−30～140	1.647×10^{-3}	0.789	27	苯甲醇	−20～30	5.8×10^{-3}	1.836
3A	氟利昂-113	−20～70	3.333×10^{-3}	0.867	28	庚烷	0～60	5.834×10^{-3}	1.98
4A	氟利昂-21	−20～70	8.889×10^{-4}	1.028	29	醋酸	0～80	3.75×10^{-3}	1.94
4	三氯甲烷	0～50	1.2×10^{-3}	0.94	30	苯胺	0～130	4.693×10^{-3}	1.99
5	二氯甲烷	−40～50	1.0×10^{-3}	1.17	31	异丙醚	−80～200	3.0×10^{-3}	2.04
6A	二氯乙烷	−30～60	1.778×10^{-3}	1.203	32	丙酮	20～50	3.0×10^{-3}	2.13
6	氟利昂-12	−40～15	3.0×10^{-3}	0.99	33	辛烷	−50～25	3.143×10^{-3}	2.127
7A	氟利昂-22	−20～60	3.0×10^{-3}	1.16	34	壬烷	−50～25	2.286×10^{-3}	2.134
7	碘乙烷	0～100	6.6×10^{-3}	0.67	35	己烷	−80～20	2.7×10^{-3}	2.176
8	氯苯	0～100	3.3×10^{-3}	1.22	36	乙醚	−100～25	2.5×10^{-3}	2.27
9	硫酸(98%)	10～45	1.429×10^{-3}	1.405	37	戊醇	−50～25	5.858×10^{-3}	2.203
10	苯甲基氯	−30～30	1.667×10^{-3}	1.39	38	甘油	−40～20	5.168×10^{-3}	2.267
11	二氧化硫	−20～100	3.75×10^{-3}	1.325	39	乙二醇	−40～200	4.789×10^{-3}	2.312
12	硝基苯	0～100	2.7×10^{-3}	1.46	40	甲醇	−40～20	4.0×10^{-3}	2.40
13A	氯甲烷	−80～20	1.7×10^{-3}	1.566	41	异戊醇	10～100	1.144×10^{-2}	1.986
13	氯乙烷	−30～40	2.286×10^{-3}	1.539	42	乙醇(100%)	30～80	1.56×10^{-2}	2.012
14	萘	90～200	3.182×10^{-3}	1.514	43	异丁醇	0～100	1.41×10^{-2}	2.13
15	联苯	80～120	5.75×10^{-3}	2.19	44	丁醇	0～100	1.14×10^{-2}	2.09
16	联苯醚	0～200	4.25×10^{-3}	1.49	45	丙醇	−20～100	9.497×10^{-3}	0.19
16	联苯-联苯醚	0～200	4.25×10^{-3}	1.49	46	乙醇(95%)	20～80	1.58×10^{-2}	2.264
17	对二甲苯	0～100	4.0×10^{-3}	1.55	47	异丙醇	20～50	1.167×10^{-2}	2.447
18	间二甲苯	0～100	3.4×10^{-3}	1.58	48	盐酸(30%)	20～100	7.375×10^{-3}	2.393
19	邻二甲苯	0～100	3.4×10^{-3}	1.62	49	盐水(25% $CaCl_2$)	−40～20	3.5×10^{-3}	2.79
20	吡啶	−50～25	2.428×10^{-3}	1.621	50	乙醇(50%)	20～80	8.333×10^{-3}	3.633
21	癸烷	−80～25	2.6×10^{-3}	1.728	51	盐水(25% NaCl)	−40～20	1.167×10^{-3}	3.367
22	二苯基甲烷	30～100	5.285×10^{-3}	1.501	52	氨	−70～50	4.715×10^{-3}	4.68
23	苯	10～80	4.429×10^{-3}	1.606	53	水	10～200	2.143×10^{-4}	4.198

注：根据相似三角形原理，当共线图的两边标尺均为等距刻度时，可用 $c_p = At + B$ 的关系式来表示因变量与自变量的关系，式中的 A、B 值列于表 D-6 中，式中 c_p 的单位为 kJ/(kg·K)，t 的单位为℃。

表 D-7　某些液体的导热系数

液体名称	导热系数 λ/[W/(m·K)]						
	0 ℃	25 ℃	50 ℃	75 ℃	100 ℃	125 ℃	150 ℃
丁醇	0.156	0.152	0.148 3	0.144	—	—	—
异丙醇	0.154	0.150	0.146 0	0.142	—	—	—
甲醇	0.214	0.210 7	0.207 0	0.205	—	—	—
乙醇	0.189	0.183 2	0.177 4	0.171 5	—	—	—
醋酸	0.177	0.171 5	0.166 3	0.162	—	—	—
甲酸	0.260 5	0.256	0.251 8	0.247 1	—	—	—
丙酮	0.174 5	0.169	0.163	0.157 6	0.151	—	—
硝基苯	0.154 1	0.150	0.147	0.143	0.140	0.136	—
二甲苯	0.136 7	0.131	0.127	0.121 5	0.117	0.111	—
甲苯	0.141 3	0.136	0.129	0.123	0.119	0.112	—
苯	0.151	0.144 8	0.138	0.132	0.126	0.120 4	—
苯胺	0.186	0.181	0.177	0.172	0.168 1	0.163 4	0.159
甘油	0.277	0.279 7	0.283 2	0.286	0.289	0.292	0.295
凡士林	0.125	0.120 4	0.122	0.121	0.119	0.117	0.115 7
蓖麻油	0.184	0.180 8	0.177 4	0.174	0.171	0.168 0	0.165

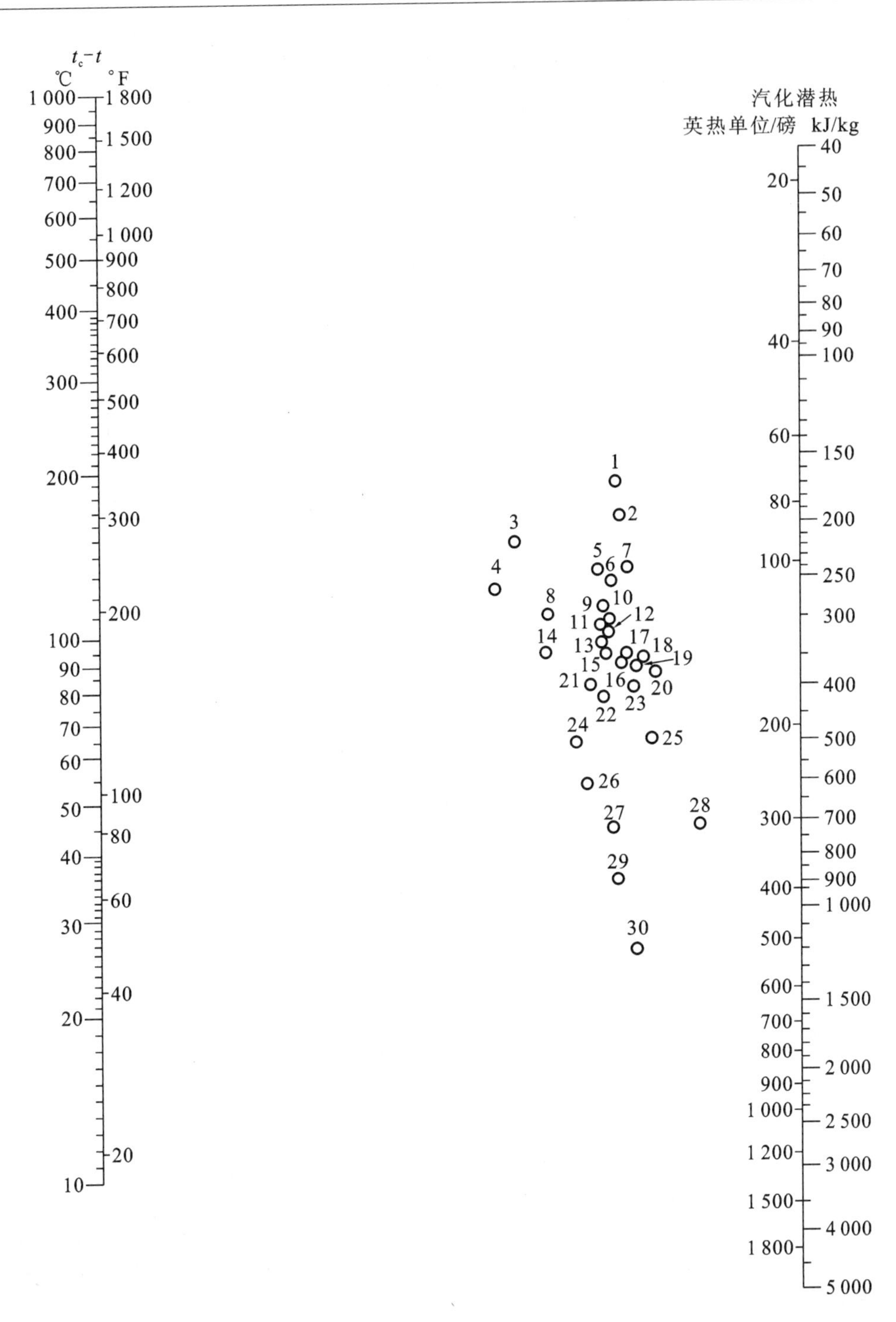

图 D-6 液体汽化潜热共线图

表 D-8　图 D-6 中各液体的 A、B 值

编号	名　称	t_c/℃	(t_c-t)/℃	拟合参数		编号	名　称	t_c/℃	(t_c-t)/℃	拟合参数	
				A	B					A	B
1	氟利昂-113	214	90～250	28.18	0.336	14	二氧化硫	157	90～160	26.92	0.563 7
2	四氯化碳	283	30～250	34.59	0.337	15	异丁烷	134	80～200	64.27	0.373 6
2	氟利昂-11	198	70～250	34.51	0.337 7	16	丁烷	153	90～200	77.27	0.341 9
2	氟利昂-12	111	40～200	32.43	0.35	17	氯乙烷	187	100～250	79.07	0.325 8
3	联苯	527	175～400	6.855	0.688 2	18	醋酸	321	100～225	95.72	0.287 7
4	二硫化碳	273	140～275	6.252	0.776 4	19	一氧化碳	36	25～150	101.6	0.292 1
5	氟利昂-21	178	70～250	34.59	0.401 1	20	一氯甲烷	143	70～250	115.9	0.263 3
6	氟利昂-22	96	50～170	43.45	0.363	21	二氧化碳	31	10～100	64.0	0.413 6
7	三氯甲烷	263	140～275	50.00	0.323 9	22	丙酮	235	120～210	75.34	0.391 2
8	二氯甲烷	216	150～250	21.43	0.554 6	23	丙烷	96	40～200	106.4	0.302 7
9	辛烷	296	30～300	23.88	0.581 1	24	丙醇	264	20～200	74.13	0.461
10	庚烷	267	20～300	56.10	0.36	25	乙烷	32	25～150	169.4	0.259 3
11	己烷	235	50～225	47.64	0.402 7	26	乙醇	243	20～140	113	0.421 8
12	戊烷	197	20～200	59.16	0.367 4	27	甲醇	240	40～250	188.4	0.355 7
13	苯	289	10～400	57.54	0.382 8	29	氨	133	50～200	235.1	0.367 6
13	乙醚	194	10～400	57.54	0.382 7	30	水	374	100～500	445.6	0.300 3

注：根据相似三角形原理，当共线图的两边标尺均为对数刻度时，可用 $r=A(t_c-t)^B$ 的关系式来表示变量间的关系，式中的 A、B 值列于表 D-8 中。式中 r 的单位为 kJ/kg，t 的单位为℃。

若求水在 $t=100$ ℃时的汽化潜热，从表 D-8 查得水的编号为 30，又查得水的 $t_c=374$ ℃，故得 $t_c-t=(374-100)$ ℃ = 274 ℃，在图 D-6 的 t_c-t 标尺定出 274 ℃的点，与图 D-6 中编号为 30 的圆圈中心点连一直线，延长到汽化潜热的标尺上，读出交点读数为 2 300 kJ/kg。

表 D-9　无机溶液在 101.3 kPa 下的沸点

溶液 \ 温度/℃	101	102	103	104	105	107	110	115	120	125	140	160	180	200	220	240	260	280	300	340
	质量分数/(%)																			
$CaCl_2$	5.66	10.31	14.16	17.36	20.00	24.24	29.33	35.68	40.83	54.80	57.89	68.94	75.85	64.91	68.73	72.64	75.76	78.95	81.63	86.18
KOH	4.49	8.51	11.96	14.82	17.01	20.88	25.65	31.97	36.51	40.23	48.05	54.89	60.41							
KCl	8.42	14.31	18.96	23.02	26.57	32.62	36.47		(近于 108.5)											
K_2CO_3	10.31	18.37	24.20	28.57	32.24	37.69	43.67	50.86	56.04	60.40	66.94	(近于 133.5)								
KNO_3	13.19	23.66	32.23	39.20	45.10	54.65	65.34	79.53												
$MgCl_2$	4.67	8.42	11.66	14.31	16.59	20.23	24.41	29.48	33.07	36.02	38.61									
$MgSO_4$	14.31	22.78	28.31	32.23	35.32	42.86				(近于 108)										
NaOH	4.12	7.40	10.15	12.51	14.53	18.32	23.08	26.21	33.77	37.58	48.32	60.13	69.97	77.53	84.03	88.89	93.02	95.92	98.47	(近于 314)
NaCl	6.19	11.03	14.67	17.69	20.32	25.09	28.92													
$NaNO_3$	8.26	15.61	21.87	17.53	32.45	40.47	49.87	60.94	68.94											
Na_2SO_4	15.26	24.81	30.73	31.83		(近于 103.2)														
Na_2CO_3	9.42	17.22	23.72	29.18	33.66															
$CuSO_4$	26.95	39.98	40.83	44.47	45.12		(近于 104.2)													
$ZnSO_4$	20.00	31.22	37.89	42.92	46.15															
NH_4NO_3	9.09	16.66	23.08	29.08	34.21	42.52	51.92	63.24	71.26	77.11	87.09	93.20	69.00	97.61	98.94	10.0				
NH_4Cl	6.10	11.35	15.96	19.80	22.89	28.37	35.98	46.94												
$(NH_4)_2SO_4$	13.34	23.41	30.65	36.71	41.79	49.73	49.77	53.55			(近于 108.2)									

注：括号内的数值为饱和溶液的沸点。

附录E 气体的重要物理性质

表 E-1 某些气体的重要物理性质

名称	化学符号	密度(0 ℃,101.3 kPa)/(kg/m^3)	相对分子质量	比热容(20 ℃,101.3 kPa)/[kJ/(kg·K)]		$k=\frac{c_p}{c_V}$	黏度(0 ℃,101.3 kPa)/(μPa·s)	沸点(101.3 kPa)/℃	蒸发热(101.3 kPa)/(kJ/kg)	临界点		导热系数(0 ℃,101.3 kPa)/[W/(m·K)]
				c_p	c_V					温度/℃	压力/MPa	
氮	N_2	1.250 7	28.02	1.047	0.745	1.40	17.0	−195.78	199.2	−147.13	3.39	0.022 8
氨	NH_3	0.771	17.03	2.22	1.67	1.29	9.18	−33.4	1 373	+132.4	11.29	0.021 5
氩	Ar	1.782 0	39.94	0.532	0.322	1.66	20.9	−185.87	162.9	−122.44	4.86	0.017 3
乙炔	C_2H_2	1.171	26.04	1.683	1.352	1.24	9.35	−83.66(升华)	829	+35.7	6.24	0.018 4
苯	C_6H_6	—	78.11	1.252	1.139	1.1	7.2	+80.2	394	+288.5	4.83	0.008 8
丁烷(正)	C_4H_{10}	2.673	58.12	1.918	1.733	1.108	8.10	−0.5	386	+152	3.80	0.013 5
空气	—	1.293	28.95	1.009	0.720	1.40	17.3	−195	197	−140.7	3.77	0.024
氢	H_2	0.089 85	2.016	14.27	10.13	1.407	8.42	−252.754	454	−239.9	1.30	0.163
氦	He	0.178 5	4.00	5.275	3.182	1.66	18.8	−268.85	19.5	−267.96	0.229	0.144
二氧化氮	NO_2	—	46.01	0.804	0.615	1.31	—	+21.2	711.8	+158.2	10.13	0.040 0
二氧化硫	SO_2	2.867	64.07	0.632	0.502	1.25	11.7	−10.8	394	+157.5	7.88	0.007 7
二氧化碳	CO_2	1.96	44.01	0.837	0.653	1.30	13.7	−782(升华)	574	+31.1	7.38	0.013 7
氧	O_2	1.428 95	32	0.913	0.653	1.40	20.3	−182.98	213.2	−118.82	5.04	0.024 0
甲烷	CH_4	0.717	16.04	2.223	1.700	1.31	10.3	−161.58	511	−82.15	4.62	0.030 0
一氧化碳	CO	1.250	28.01	1.047	0.754	1.40	16.6	−101.48	211	−140.2	3.50	0.022 6
戊烷(正)	C_5H_{12}	—	72.15	1.72	1.574	1.09	8.74	+36.08	360	+917.1	3.34	0.012 8
丙烷	C_3H_8	2.020	44.1	1.863	1.650	1.13	7.95(18 ℃)	−42.1	427	+95.6	4.36	0.014 8
丙烯	C_3H_6	1.914	42.08	1.633	1.436	1.17	8.35(20 ℃)	−47.7	440	+91.4	4.60	—
硫化氢	H_2S	1.589	34.08	1.059	0.804	1.30	11.66	−60.2	548	+100.4	19.14	0.013 1
氯	Cl_2	3.217	70.91	0.481	0.355	1.36	12.9(16 ℃)	−33.8	305.4	+144.0	7.71	0.007 2
氯甲烷	CH_3Cl	2.308	50.49	0.741	0.582	1.28	9.89	−24.1	405.7	+148	6.69	0.008 5
乙烷	C_2H_6	1.357	30.07	1.729	1.444	1.20	8.50	−88.50	486	+32.1	4.95	0.018 0
乙烯	C_2H_4	1.261	28.05	1.528	1.222	1.25	9.85	−103.7	481	+9.7	5.14	0.016 4

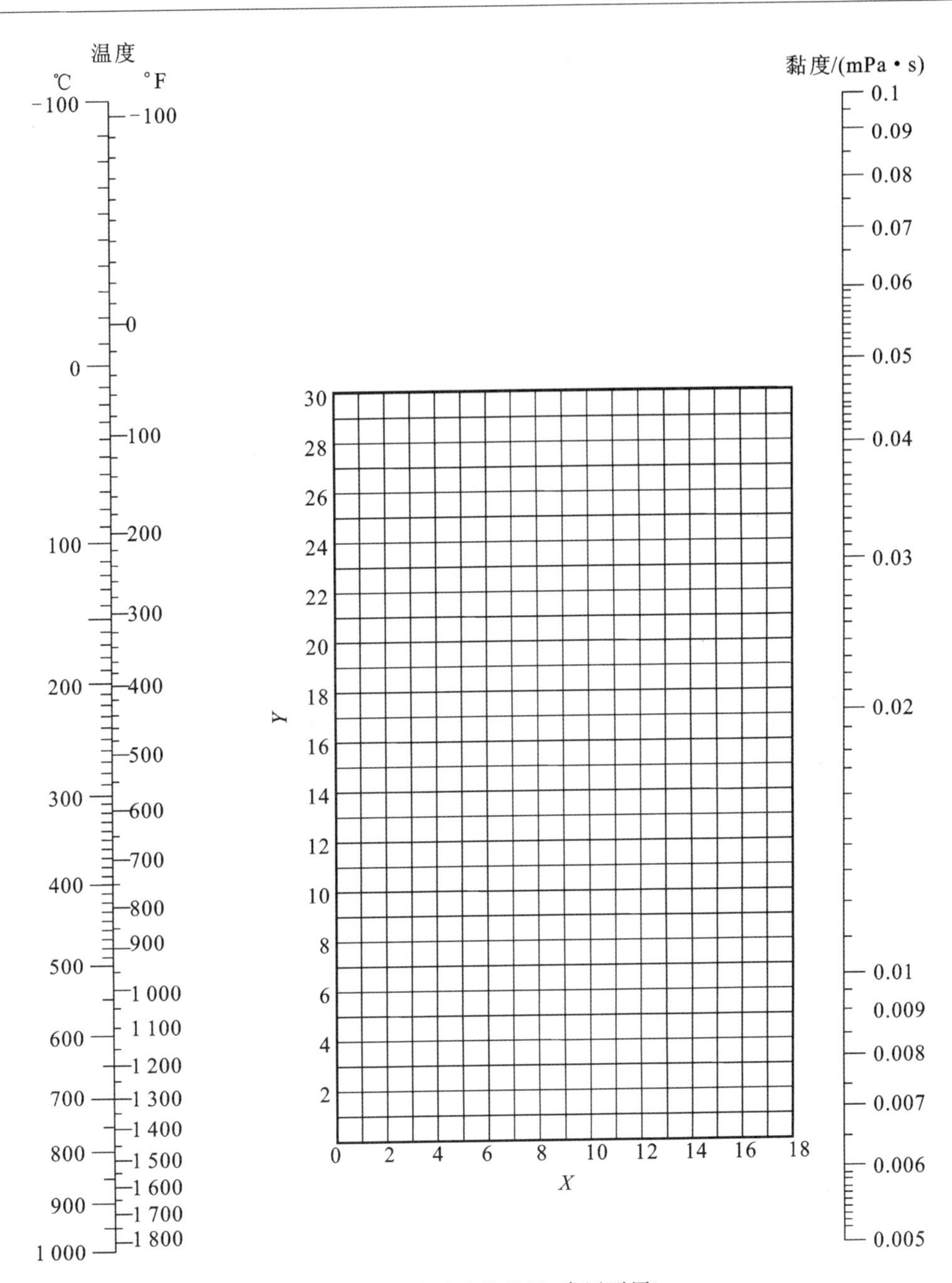

图 E-1　气体黏度共线图(常压下用)

表 E-2　各气体在图 E-1 中的 X、Y 值

序号	名称	X	Y	序号	名称	X	Y
1	空气	11.0	20.0	21	乙炔	9.8	14.9
2	氧	11.0	21.3	22	丙烷	9.7	12.9
3	氮	10.6	20.0	23	丙烯	9.0	13.8
4	氢	11.2	12.4	24	丁烯	9.2	13.7
5	$3H_2+N_2$	11.2	17.2	25	戊烷	7.0	12.8
6	水蒸气	8.0	16.0	26	己烷	8.6	11.8
7	二氧化碳	9.5	18.7	27	三氯甲烷	8.9	15.7
8	一氧化碳	11.0	20.0	28	苯	8.5	13.2
9	氨	8.4	16.0	29	甲苯	8.6	12.4
10	硫化氢	8.6	18.0	30	甲醇	8.5	15.6
11	二氧化硫	9.6	17.0	31	乙醇	9.2	14.2
12	二硫化碳	8.0	16.0	32	丙醇	8.4	13.4
13	一氧化二氮	8.8	19.0	33	醋酸	7.7	14.3
14	一氧化氮	10.9	20.5	34	丙酮	8.9	13.0
15	氟	7.3	23.8	35	乙醚	8.9	13.0
16	氯	9.0	18.4	36	醋酸乙酯	8.5	13.2
17	氯化氢	8.8	18.7	37	氟利昂-11	10.6	15.1
18	甲烷	9.9	15.5	38	氟利昂-12	11.1	16.0
19	乙烷	9.1	14.5	39	氟利昂-21	10.8	15.3
20	乙烯	9.5	15.1	40	氟利昂-22	10.1	17.0

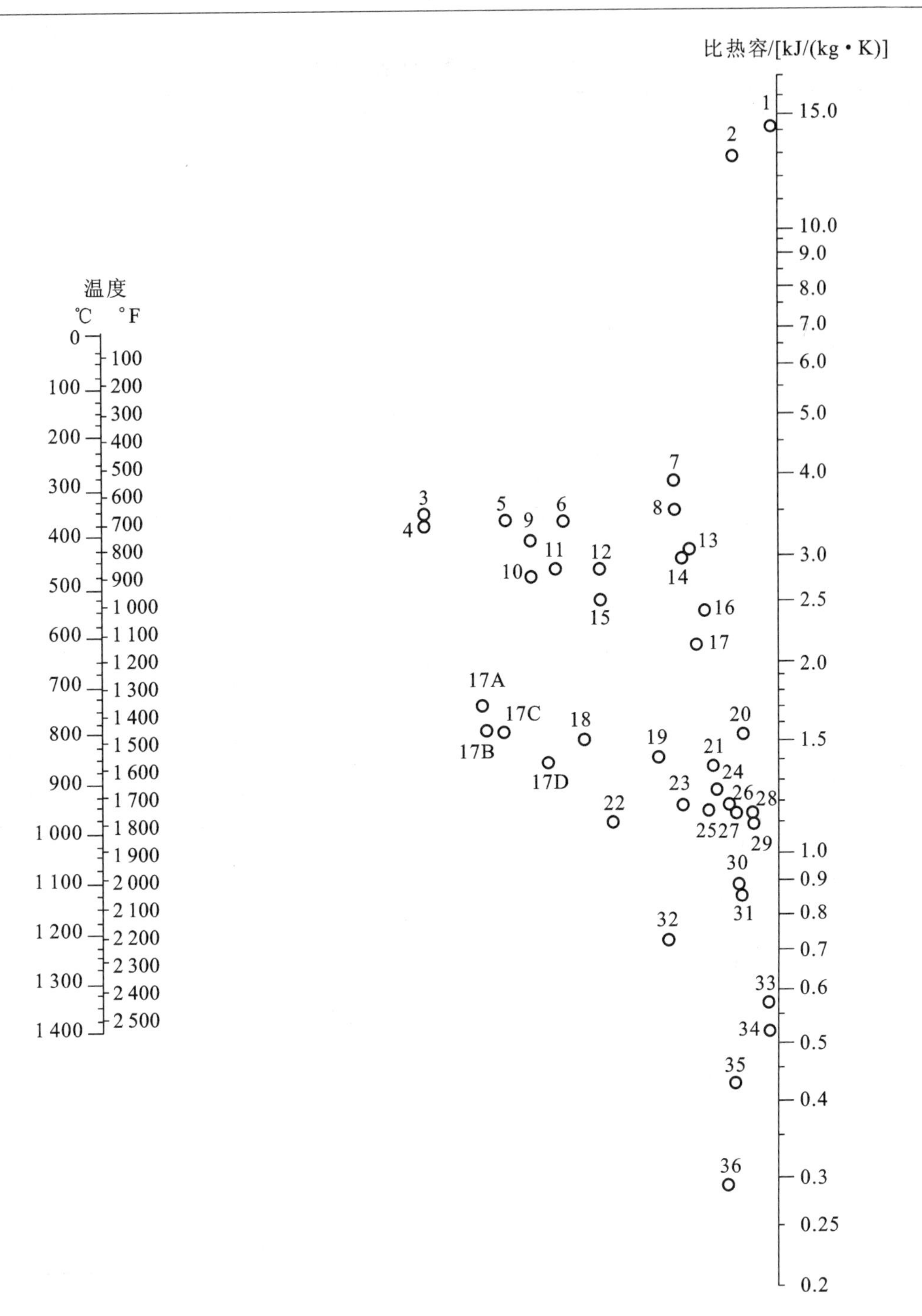

图 E-2　定压下气体比热容共线图(常压下用)

表 E-3　图 E-2 中各气体的温度范围

编　号	名　称	温度范围/℃	编　号	名　称	温度范围/℃
27	空气	0～1 400	20	氟化氢	0～1 400
23	氧	0～500	30	氯化氢	0～1 400
29	氧	500～1 400	35	溴化氢	0～1 400
26	氮	0～1 400	36	碘化氢	0～1 400
1	氢	0～600	5	甲烷	0～300
2	氢	600～1 400	6	甲烷	300～700
32	氯	0～200	7	甲烷	700～1 400
34	氯	200～1 400	3	乙烷	0～200
33	硫	300～1 400	9	乙烷	200～600
12	氨	0～600	8	乙烷	600～1 400
14	氨	600～1 400	4	乙烯	0～200
25	一氧化氮	0～700	11	乙烯	200～600
28	一氧化氮	700～1 400	13	乙烯	600～1 400
18	二氧化碳	0～400	10	乙炔	0～200
24	二氧化碳	400～1 400	15	乙炔	200～400
22	二氧化硫	0～400	16	乙炔	400～1 400
31	二氧化硫	400～1 400	17B	氟利昂-11	0～150
17	水蒸气	0～1 400	17C	氟利昂-21	0～150
19	硫化氢	0～700	17A	氟利昂-22	0～150
21	硫化氢	700～1 400	17D	氟利昂-113	0～150

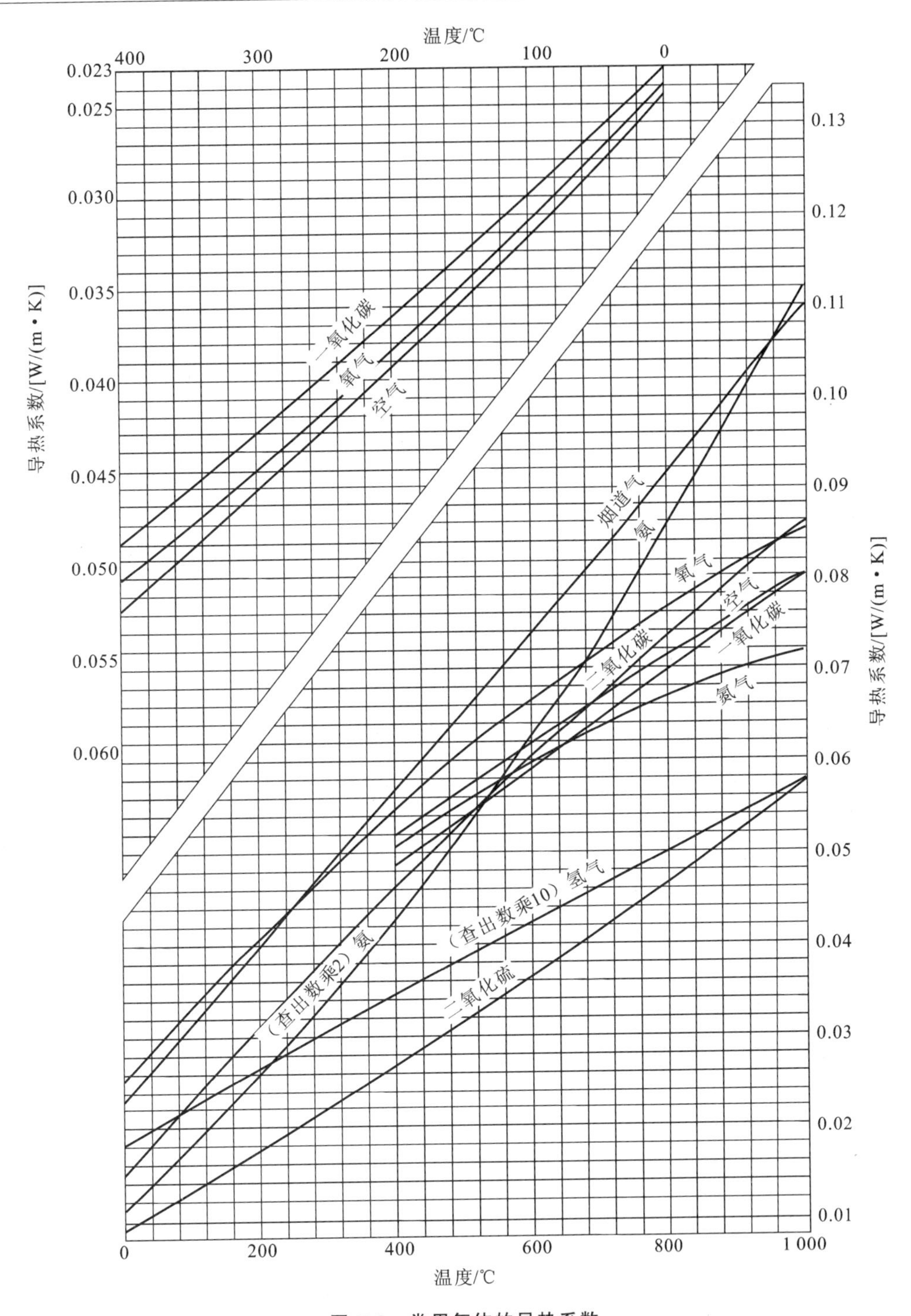

图 E-3　常用气体的导热系数

附录F　固体性质

表 F-1　常用固体材料的重要物理性质

类　别	名　称	ρ/(kg/m³)	λ/[W/(m·K)]	c_p/[kJ/(kg·K)]
金属	钢	7 850	45.4	0.46
	不锈钢	7 900	17.4	0.50
	铸铁	7 220	62.8	0.50
	铜	8 800	383.8	0.406
	青铜	8 000	64.0	0.381
	黄铜	8 600	85.5	0.38
	铝	2 670	203.5	0.92
	镍	9 000	58.2	0.46
	铅	11 400	34.9	0.130
塑料	酚醛	1 250～1 300	0.13～0.26	1.3～1.7
	脲醛	1 400～1 500	0.30	1.3～1.7
	聚氯乙烯	1 380～1 400	0.16	1.84
	聚苯乙烯	1 050～1 070	0.08	1.34
	低压聚乙烯	940	0.29	2.55
	高压聚乙烯	920	0.26	2.22
	有机玻璃	1 180～1 190	0.14～0.20	—
建筑材料、绝热材料、耐酸材料及其他	干沙	1 500～1 700	0.45～0.58	0.75(−20～20 ℃)
	黏土	1 600～1 800	0.47～0.53	—
	锅炉炉渣	700～1 100	0.19～0.30	—
	黏土砖	1 600～1 900	0.47～0.67	0.92
	耐火砖	1 840	1.0(800～1 100 ℃)	0.96～1.00
	绝热砖(多孔)	600～1 400	0.16～0.37	—
	混凝土	2 000～2 400	1.3～1.55	0.84
	松木	500～600	0.07～0.10	2.72(0～100 ℃)
	软木	100～300	0.041～0.064	0.96
	石棉板	700	0.12	0.816
	石棉水泥板	1 600～1 900	0.35	—
	玻璃	2 500	0.74	0.67
	耐酸陶瓷制品	2 200～2 300	0.9～1.0	0.75～0.80
	耐酸砖和板	2 100～2 400	—	—
	耐酸搪瓷	2 300～2 700	0.99～1.05	0.84～1.26
	橡胶	1 200	0.16	1.38
	冰	900	2.3	2.11

表 F-2 某些固体材料的黑度

材料名称	温度/℃	ε
表面被磨光的铝	225～575	0.039～0.057
表面未磨光的铝	26	0.055
表面被磨光的铁	425～1 020	0.144～0.377
用金刚砂冷加工后的铁	20	0.242
氧化后的铁	100	0.736
氧化后表面光滑的铁	125～525	0.78～0.82
未经加工处理的铸铁	925～1 115	0.87～0.95
表面被磨光的铸铁件	770～1 040	0.52～0.56
经过研磨后的钢板	940～1 100	0.55～0.61
表面上有一层有光泽的氧化物的钢板	25	0.82
经过刮面加工的生铁	830～990	0.60～0.70
氧化铁	500～1 200	0.85～0.95
无光泽的黄铜板	50～360	0.22
氧化铜	800～1 100	0.66～0.84
铬	100～1 000	0.08～0.26
有光泽的镀锌铁板	28	0.228
已经氧化的灰色镀锌铁板	24	0.276
石棉纸板	24	0.96
石棉纸	40～370	0.93～0.945
水	0～100	0.95～0.963
石膏	20	0.903
表面粗糙、基本完整的红砖	20	0.93
表面粗糙、没有上过釉的硅砖	100	0.80
表面粗糙、上过釉的硅砖	1 100	0.85
上过釉的黏土耐火砖	1 100	0.75
耐火砖	—	0.8～0.9
涂在铁板上的有光泽的黑漆	25	0.875
无光泽的黑漆	40～95	0.96～0.98
白漆	40～95	0.80～0.95
平整的玻璃	22	0.937
烟尘，发光的煤尘	95～270	0.952
上过釉的瓷器	22	0.924

附录G　管子规格

附录 G-1　水煤气输送钢管规格

表 G-1　部分水煤气输送钢管规格(摘自 GB3091—1993,GB3092—1993)

公称直径 DN/mm(in)	外径/mm	普通管壁厚/mm	加厚管壁厚/mm
$8\left(\frac{1}{4}\right)$	13.50	2.25	2.75
$10\left(\frac{3}{8}\right)$	17.00	2.25	2.75
$15\left(\frac{1}{2}\right)$	21.25	2.75	3.25
$20\left(\frac{3}{4}\right)$	26.75	2.75	3.50
25(1)	33.50	3.25	4.00
$32\left(1\frac{1}{4}\right)$	42.25	3.25	4.00
$40\left(1\frac{1}{2}\right)$	48.00	3.50	4.25
50(2)	60.00	3.50	4.50
$65\left(2\frac{1}{2}\right)$	75.50	3.75	4.50
80(3)	88.50	4.00	4.75
100(4)	114.00	4.00	5.00
125(5)	140.00	4.50	5.50
150(6)	165.00	4.50	5.50

附录 G-2　无缝钢管规格

表 G-2　冷拔无缝钢管规格(摘自 GB8163—1988)

外径/mm	壁厚/mm		外径/mm	壁厚/mm		外径/mm	壁厚/mm	
	从	到		从	到		从	到
6	0.25	2.0	10	0.25	3.5	16	0.25	5.0
7	0.25	2.5	11	0.25	3.5	18	0.25	5.0
8	0.25	2.5	12	0.25	4.0	19	0.25	6.0
9	0.25	2.8	14	0.25	4.0	20	0.25	6.0

续表

外径/mm	壁厚/mm		外径/mm	壁厚/mm		外径/mm	壁厚/mm	
	从	到		从	到		从	到
22	0.40	6.0	34	0.40	8.0	48	1.0	10.0
25	0.40	7.0	36	0.40	8.0	50	1.0	12
27	0.40	7.0	38	0.40	9.0	51	1.0	12
28	0.40	7.0	40	0.40	9.0	53	1.0	12
29	0.40	7.5	42	1.0	9.0	54	1.0	12
30	0.40	8.0	44.5	1.0	9.0	56	1.0	12
32	0.40	8.0	45	1.0	10.0	—	—	—

注:壁厚/mm可分别为0.25,0.30,0.40,0.50,0.60,0.80,1.0,1.2,1.4,1.5,1.6,1.8,2.0,2.2,2.5,2.8,3.0,3.2,3.5,4.0,4.5,5.0,5.5,6.0,6.5,7.0,7.5,8.0,8.5,9.0,9.5,10,11,12。

表G-3　热轧无缝钢管规格(摘自GB8163—1987)

外径/mm	壁厚/mm		外径/mm	壁厚/mm		外径/mm	壁厚/mm	
	从	到		从	到		从	到
32	2.5	8.0	63.5	3.0	14	102	3.5	22
38	2.5	8.0	68	3.0	16	108	4.0	28
42	2.5	10	70	3.0	16	114	4.0	28
45	2.5	10	73	3.0	19	121	4.0	28
50	2.5	10	76	3.0	19	127	4.0	30
54	3.0	11	83	3.5	19	133	4.0	32
57	3.0	13	89	3.5	22	140	4.5	36
60	3.0	14	95	3.5	22	146	4.5	36

注:壁厚/mm可分别为2.5,3,3.5,4,4.5,5,5.5,6,6.5,7,7.5,8,8.5,9,9.5,10,11,12,13,14,15,16,17,18,19,20,22,25,28,30,32,36。

附录G-3　热交换器用拉制黄铜管规格

表G-4　部分热交换器用拉制黄铜管规格(摘自GB1529—1987)

外　径/mm	壁　厚/mm														
	0.5	0.75	1.0	1.5	2.0	2.5	3.0	3.5	4.0	4.5	5.0	6.0	7.0	8.0	10.0
3,4,5,6,7	○	○	○												
8,9,10,11,12,14,15,16	○	○	○	○	○	○	○	○							

续表

外　径/mm	壁　厚/mm														
	0.5	0.75	1.0	1.5	2.0	2.5	3.0	3.5	4.0	4.5	5.0	6.0	7.0	8.0	10.0
17,18,19	○	○	○	○	○	○	○	○	○	○					
20,21,22,23			○	○	○	○	○	○	○	○	○	○			
24,25,26,27,28,29,30			○	○	○	○	○	○	○	○	○	○	○		
31,32,33,34,35,36,37,38,39,40			○	○	○	○	○		○	○	○	○	○		○
42,44,46,48,50			○		○	○	○	○	○		○	○	○		
52,54,56,58,60			○		○	○	○	○	○	○	○	○			
62,64					○		○	○	○				○		
65								○	○	○	○	○	○	○	○
66,68,70					○		○	○	○				○		
72,74,76,78,80,82,84,86,88,90					○	○	○		○				○		○
92,94,96					○		○	○	○					○	
97					○										
98,100					○		○	○	○					○	
102,104,106,108,110,112,114,116,118,120,122,124,126,128,130					○	○	○	○	○		○	○	○		○
132,134,136,138,140,142,144,146,148,150					○	○	○	○			○	○	○		○
152,154,156,158,160							○	○	○	○	○				
165,170,175,180							○	○	○		○				○
185,190,195,200							○	○	○		○		○		○

注:表中“○”表示有产品。

附录 G-4　承插式铸铁管规格

表 G-5　部分承插式铸铁管规格

内径/mm	壁厚/mm	有效长度/mm	内径/mm	壁厚/mm	有效长度/mm
75	9	3 000	450	13.4	6 000
100	9	3 000	500	14	6 000
150	9.5	4 000	600	15.4	6 000
200	10	4 000	700	16.5	6 000
250	10.8	4 000	800	18	6 000
300	11.4	4 000	900	19.5	4 000
350	12	6 000	1 000	20.5	4 000
400	12.8	6 000	—	—	—

附录H　泵与风机

附录H-1　IS型单级单吸离心泵性能

表H-1　IS型单级单吸离心泵性能表(摘录)

型号	转速 n/(r/min)	流量		压头 H/m	效率 η/(%)	功率/kW		必需汽蚀余量(NPSH)$_r$/m	质量(泵/底座)/kg
		m^3/h	L/s			轴功率	电机功率		
IS50—32—125	2 900	7.5	2.08	22	47	0.96	2.2	2.0	32/46
		12.5	3.47	20	60	1.13		2.0	
		15	4.17	18.5	60	1.26		2.5	
	1 450	3.75	1.04	5.4	43	0.13	0.55	2.0	32/38
		6.3	1.74	5	54	0.16		2.0	
		7.5	2.08	4.6	55	0.17		2.5	
IS50—32—160	2 900	7.5	2.08	34.3	44	1.59	3	2.0	50/46
		12.5	3.47	32	54	2.02		2.0	
		15	4.17	29.6	56	2.16		2.5	
	1 450	3.75	1.04	8.5	35	0.25	0.55	2.0	50/38
		6.3	1.74	8	4.8	0.29		2.0	
		7.5	2.08	7.5	49	0.31		2.5	
IS50—32—200	2 900	7.5	2.08	52.5	38	2.82	5.5	2.0	52/66
		12.5	3.47	50	48	3.54		2.0	
		15	4.17	48	51	3.95		2.5	
	1 450	3.75	1.04	13.1	33	0.41	0.75	2.0	52/38
		6.3	1.74	12.5	42	0.51		2.0	
		7.5	2.08	12	44	0.56		2.5	
IS50—32—250	2 900	7.5	2.08	82	23.5	5.87	11	2.0	88/110
		12.5	3.47	80	38	7.16		2.0	
		15	4.17	78.5	41	7.83		2.5	
	1 450	3.75	1.04	20.5	23	0.91	1.5	2.0	88/64
		6.3	1.74	20	32	1.07		2.0	
		7.5	2.08	19.5	35	1.14		3.0	
IS65—50—125	2 900	15	4.17	21.8	58	1.54	3	2.0	50/41
		25	6.94	20	69	1.97		2.5	
		30	8.33	18.5	68	2.22		3.0	
	1 450	7.5	2.08	5.35	53	0.21	0.55	2.0	50/38
		12.5	3.47	5	64	0.27		2.0	
		15	4.17	4.7	65	0.30		2.5	

续表

型　　号	转速 n/(r/min)	流　　量		压头 H/m	效率 η/(%)	功率/kW		必需汽蚀余量(NPSH)$_r$/m	质量(泵/底座)/kg
		m^3/h	L/s			轴功率	电机功率		
IS65—50—160	2 900	15 25 30	4.17 6.94 8.33	35 32 30	54 65 66	2.65 3.35 3.71	5.5	2.0 2.0 2.5	51/66
	1 450	7.5 12.5 15	2.08 3.47 4.17	8.8 8.0 7.2	50 60 60	0.36 0.45 0.49	0.75	2.0 2.0 2.5	51/38
IS65—40—200	2 900	15 25 30	4.17 6.94 8.33	53 50 47	49 60 61	4.42 5.67 6.29	7.5	2.0 2.0 2.5	62/66
	1 450	7.5 12.5 15	2.08 3.47 4.17	13.2 12.5 11.8	43 55 57	0.63 0.77 0.85	1.1	2.0 2.0 2.5	62/46
IS65—40—250	2 900	15 25 30	4.17 6.94 8.33	82 80 78	37 50 53	9.05 10.89 12.02	15	2.0 2.0 2.5	82/110
	1 450	7.5 12.5 15	2.08 3.47 4.17	21 20 19.4	35 46 48	1.23 1.48 1.65	2.2	2.0 2.0 2.5	82/67
IS65—40—315	2 900	15 25 30	4.17 6.94 8.33	127 125 123	28 40 44	18.5 21.3 22.8	30	2.5 2.5 3.0	152/110
	1 450	7.5 12.5 15	2.08 3.47 4.17	32.2 32.0 31.7	25 37 41	6.63 2.94 3.16	4	2.5 2.5 3.0	152/67
IS80—65—125	2 900	30 50 60	8.33 13.9 16.7	22.5 20 18	64 75 74	2.87 3.63 3.98	5.5	3.0 3.0 3.5	44/46
	1 450	15 25 30	4.17 6.94 8.33	5.6 5 4.5	55 71 72	0.42 0.48 0.51	0.75	2.5 2.5 3.0	44/38

续表

型号	转速 n/(r/min)	流量		压头 H/m	效率 η/(%)	功率/kW		必需汽蚀余量(NPSH)$_r$/m	质量(泵/底座)/kg
		m^3/h	L/s			轴功率	电机功率		
IS80—65—160	2 900	30 50 60	8.33 13.9 16.7	36 32 29	61 73 72	4.82 5.97 6.59	7.5	2.5 2.5 3.0	48/66
	1 450	15 25 30	4.17 6.94 8.33	9 8 7.2	55 69 68	0.67 0.79 0.86	1.5	2.5 2.5 3.0	48/46
IS80—50—200	2 900	30 50 60	8.33 13.9 16.7	53 50 47	55 69 71	7.87 9.87 10.8	15	2.5 2.5 3.0	64/124
	1 450	15 25 30	4.17 6.94 8.33	13.2 12.5 11.8	51 65 67	1.06 1.31 1.44	2.2	2.5 2.5 3.0	64/46
IS80—50—250	2 900	30 50 60	8.33 13.9 16.7	84 80 75	52 63 64	13.2 17.3 19.2	22	2.5 2.5 3.0	90/110
	1 450	15 25 30	4.17 6.94 8.33	21 20 18.8	49 60 61	1.75 2.27 2.52	3	2.5 2.5 3.0	90/64
IS80—50—315	2 900	30 50 60	8.33 13.9 16.7	128 125 123	41 54 57	25.5 31.5 35.3	37	2.5 2.5 3.0	125/160
	1 450	15 25 30	4.17 6.94 8.33	32.5 32 31.5	39 52 56	3.4 4.19 4.6	5.5	2.5 2.5 3.0	125/66
IS100—80—125	2 900	60 100 120	16.7 27.8 33.3	24 20 16.5	67 78 74	5.86 7.00 7.28	11	4.0 4.5 5.0	49/64
	1 450	30 50 60	8.33 13.9 16.7	6 5 4	64 75 71	0.77 0.91 0.92	1	2.5 2.5 3.0	49/46

续表

型　　号	转速 n/(r/min)	流　　量		压头 H/m	效率 η/(%)	功率/kW		必需汽蚀余量(NPSH)$_r$/m	质量(泵/底座)/kg
		m^3/h	L/s			轴功率	电机功率		
IS100—80—160	2 900	60 100 120	16.7 27.8 33.3	36 32 28	70 78 75	8.42 11.2 12.2	15	3.5 4.0 5.0	69/110
	1 450	30 50 60	8.33 13.9 16.7	9.2 8.0 6.8	67 75 71	1.12 1.45 1.57	2.2	2.0 2.5 3.5	69/64
IS100—65—200	2 900	60 100 120	16.7 27.8 33.3	54 50 47	65 76 77	13.6 17.9 19.9	22	3.0 3.6 4.8	81/110
	1 450	30 50 60	8.33 13.9 16.7	13.5 12.5 11.8	60 73 74	1.84 2.33 2.61	4	2.0 2.0 2.5	81/64
IS100—65—250	2 900	60 100 120	16.7 27.8 33.3	87 80 74.5	61 72 73	23.4 30.0 33.3	37	3.5 3.8 4.8	90/160
	1 450	30 50 60	8.33 13.9 16.7	21.3 20 19	55 68 70	3.16 4.00 4.44	5.5	2.0 2.0 2.5	90/66
IS100—65—315	2 900	60 100 120	16.7 27.8 33.3	133 125 118	55 66 67	39.6 51.6 57.5	75	3.0 3.6 4.2	180/295
	1 450	30 50 60	8.33 13.9 16.7	34 32 30	51 63 64	5.44 6.92 7.67	11	2.0 2.0 2.5	180/112
IS125—100—200	2 900	120 200 240	33.3 55.6 66.7	57.5 50 44.5	67 81 80	28.0 33.6 36.4	45	4.5 4.5 5.0	108/160
	1 450	60 100 120	16.7 27.8 33.3	14.5 12.5 11.0	62 76 75	3.83 4.48 4.79	7.5	2.5 2.5 3.0	108/66

续表

型　　号	转速 n/(r/min)	流　　量		压头 H/m	效率 η/(%)	功率/kW		必需汽蚀余量(NPSH)$_r$/m	质量(泵/底座)/kg
		m^3/h	L/s			轴功率	电机功率		
IS125—100—250	2 900	120 200 240	33.3 55.6 66.7	87 80 72	66 78 75	43.0 55.9 62.8	75	3.8 4.2 5.0	166/295
	1 450	60 100 120	16.7 27.8 33.3	21.5 20 18.5	63 76 77	5.59 7.17 7.84	11	2.5 2.5 3.0	166/112
IS125—100—315	2 900	120 200 240	33.3 55.6 66.7	132.5 125 120	60 75 77	72.1 90.8 101.9	110	4.0 4.5 5.0	189/330
	1 450	60 100 120	16.7 27.8 33.3	33.5 32 30.5	58 73 74	9.4 11.9 13.5	15	2.5 2.5 3.0	189/160
IS125—100—400	1 450	60 100 120	16.7 27.8 33.3	52 50 48.5	53 65 67	16.1 21.0 23.6	30	2.5 2.5 3.0	205/233
IS150—125—250	1 450	120 200 240	33.3 55.6 66.7	22.5 20 17.5	71 81 78	10.4 13.5 14.7	18.5	3.0 3.0 3.5	758/158
IS150—125—315	1 450	120 200 240	33.3 55.6 66.7	34 32 29	70 79 80	15.9 22.1 23.7	30	2.5 2.5 3.0	192/233
IS150—125—400	1 450	120 200 240	33.3 55.6 66.7	53 50 46	62 75 74	27.9 36.3 40.6	45	2.0 2.8 3.5	223/233
IS200—150—250	1 450	240 400 460	66.7 111.1 127.8	20	82	26.6	37		203/233
IS200—150—315	1 450	240 400 460	66.7 111.1 127.8	37 32 28.5	70 82 80	34.6 42.5 44.6	55	3.0 3.5 4.0	262/295
IS200—150—400	1 450	240 400 460	66.7 111.1 127.8	55 50 48	74 81 76	48.6 67.2 74.2	90	3.0 3.8 4.5	295/298

附录 H-2　离心通风机综合特性曲线

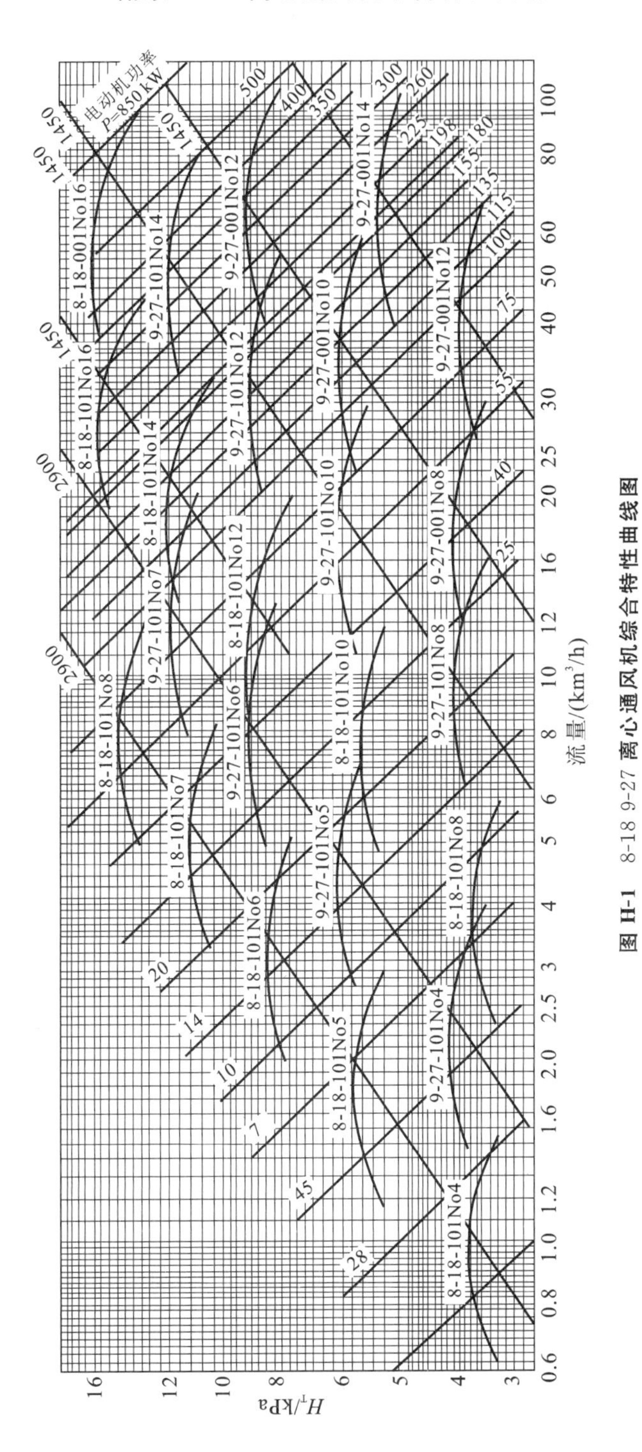

图 H-1　8-18 9-27 离心通风机综合特性曲线图

附录Ⅰ　换热器基本参数

附录Ⅰ-1　管壳式换热器系列标准(摘自 JB/T 4714—1992,JB/T 4715—1992)

附录Ⅰ-1-1　固定管板式换热器基本参数

表Ⅰ-1　换热管为 ϕ19 mm 的换热器基本参数(管心距为 25 mm)

公称直径 DN/mm	公称压力 PN/MPa	管程数 N	管子根数 n	中心排管数	管程流通面积/m²	计算换热面积/m² 换热管长度 L/mm					
						1 500	2 000	3 000	4 500	6 000	9 000
159	1.60 2.50 4.00 6.40	1	15	5	0.002 7	1.3	1.7	2.6	—	—	—
219			33	7	0.005 8	2.8	3.7	5.7	—	—	—
273		1	66	9	0.011 5	5.4	7.4	11.3	17.1	22.9	—
		2	56	8	0.004 9	4.7	6.4	9.7	14.7	19.7	—
325		1	99	11	0.017 5	8.3	11.2	17.1	26.0	34.9	—
		2	88	10	0.007 8	7.4	10.0	15.2	23.1	31.0	—
		4	68	11	0.003 0	5.7	7.7	11.8	17.9	23.9	—
400	0.60 1.00 1.60 2.50	1	174	14	0.030 7	14.5	19.7	30.1	45.7	61.3	—
		2	164	15	0.014 5	13.7	18.6	28.4	43.1	57.8	—
		4	146	14	0.006 5	12.2	16.6	25.3	38.3	51.4	—
450		1	237	17	0.041 9	19.8	26.9	41.0	62.2	83.5	—
		2	220	16	0.019 4	18.4	25.0	38.1	57.8	77.5	—
		4	200	16	0.008 8	16.7	22.7	34.6	52.5	70.4	—
500		1	275	19	0.048 6	—	31.2	47.6	72.2	96.8	—
		2	256	18	0.022 6	—	29.0	44.3	67.2	90.2	—
		4	222	18	0.009 8	—	25.2	38.4	58.3	78.2	—
600		1	430	22	0.076 0	—	48.8	74.4	112.9	151.4	—
		2	416	23	0.036 8	—	47.2	72.0	109.3	146.5	—
		4	370	22	0.016 3	—	42.0	64.0	97.2	130.3	—
		6	360	20	0.010 6	—	40.8	62.3	94.5	126.8	—

续表

公称直径 DN/mm	公称压力 PN/MPa	管程数 N	管子根数 n	中心排管数	管程流通面积/m^2	计算换热面积/m^2					
						换热管长度 L/mm					
						1 500	2 000	3 000	4 500	6 000	9 000
700	4.00	1	607	27	0.107 3	—	—	105.1	159.4	213.8	—
		2	574	27	0.050 7	—	—	99.4	150.8	202.1	—
		4	542	27	0.023 9	—	—	93.8	142.3	190.9	—
		6	518	24	0.015 3	—	—	89.7	136.0	182.4	—
800	0.60 1.00 1.60 2.50 4.00	1	797	31	0.140 8	—	—	138.0	209.3	280.7	—
		2	776	31	0.068 6	—	—	134.3	203.8	273.3	—
		4	722	31	0.031 9	—	—	125.0	189.8	254.3	—
		6	710	30	0.020 9	—	—	122.9	186.5	250.0	—
900	0.60 1.00 1.60 2.50 4.00	1	1 009	35	0.178 3	—	—	174.7	265.0	355.3	536.0
		2	988	35	0.087 3	—	—	171.0	259.5	347.9	524.9
		4	938	35	0.041 4	—	—	162.4	246.4	330.3	498.3
		6	914	34	0.026 9	—	—	158.2	240.0	321.9	485.6
1 000		1	1 267	39	0.223 9	—	—	219.3	332.8	446.2	673.1
		2	1 234	39	0.109 0	—	—	213.6	324.1	434.6	655.6
		4	1 186	39	0.052 4	—	—	205.3	311.5	417.7	630.1
		6	1 148	38	0.033 8	—	—	198.7	301.5	404.3	609.9
(1 100)		1	1 501	43	0.265 2	—	—	—	394.2	528.6	797.4
		2	1 470	43	0.129 9	—	—	—	386.1	517.7	780.9
		4	1 450	43	0.064 1	—	—	—	380.8	510.6	770.3
		6	1 380	42	0.040 6	—	—	—	362.4	486.0	733.1

注：表中的管程流通面积为各程平均值。括号内公称直径不推荐使用。管子为正三角形排列。

表 I-2　换热管为 ϕ25 mm 的换热器基本参数(管心距为 32 mm)

公称直径 DN/mm	公称压力 PN /MPa	管程数 N	管子根数 n	中心排管数	管程流通面积/m²		计算换热面积/m²					
							换热管长度 L/mm					
					ϕ25 mm ×2 mm	ϕ25 mm ×2.5 mm	1 500	2 000	3 000	4 500	6 000	9 000
159	1.60 2.50 4.00 6.40	1	11	3	0.003 8	0.003 5	1.2	1.6	2.5	—	—	—
219		1	25	5	0.008 7	0.007 9	2.7	3.7	5.7	—	—	—
273		1	38	6	0.013 2	0.011 9	4.2	5.7	8.7	13.1	17.6	—
		2	32	7	0.005 5	0.005 0	3.5	4.8	7.3	11.1	14.8	—
325		1	57	9	0.019 7	0.017 9	6.3	8.5	13.0	19.7	26.4	—
		2	56	9	0.009 7	0.008 8	6.2	8.4	12.7	19.3	25.9	—
		4	40	9	0.003 5	0.003 1	4.4	6.0	9.1	13.8	18.5	—
400	0.60 1.00 1.60 2.50 4.00	1	98	12	0.033 9	0.030 8	10.8	14.6	22.3	33.8	45.4	—
		2	94	11	0.016 3	0.014 8	10.3	14.0	21.4	32.5	43.5	—
		4	76	11	0.006 6	0.006 0	8.4	11.3	17.3	26.3	35.2	—
450		1	135	13	0.046 8	0.042 4	14.8	20.1	30.7	46.6	62.5	—
		2	126	12	0.021 8	0.019 8	13.9	18.8	28.7	43.5	58.4	—
		4	106	13	0.009 2	0.008 3	11.7	15.8	24.1	36.6	49.1	—
500	0.60 1.00 1.60 2.50 4.00	1	174	14	0.060 3	0.054 6	—	26.0	39.6	60.1	80.6	—
		2	164	15	0.028 4	0.025 7	—	24.5	37.3	56.6	76.0	—
		4	144	15	0.012 5	0.011 3	—	21.4	32.8	49.7	66.7	—
600		1	245	17	0.084 9	0.076 9	—	36.5	55.8	84.6	113.5	—
		2	232	16	0.040 2	0.036 4	—	34.6	52.8	80.1	107.5	—
		4	222	17	0.019 2	0.017 4	—	33.1	50.5	76.7	102.8	—
		6	216	16	0.012 5	0.011 3	—	32.2	49.2	74.6	100.0	—
700		1	355	21	0.123 0	0.111 5	—	—	80.0	122.6	164.4	—
		2	342	21	0.059 2	0.053 7	—	—	77.9	118.1	158.4	—
		4	322	21	0.027 9	0.025 3	—	—	73.3	111.2	149.1	—
		6	304	20	0.017 5	0.015 9	—	—	69.2	105.0	140.8	—

续表

公称直径 DN/mm	公称压力 PN /MPa	管程数 N	管子根数 n	中心排管数	管程流通面积/m²		计算换热面积/m²					
							换热管长度 L/mm					
					ϕ25 mm×2 mm	ϕ25 mm×2.5 mm	1 500	2 000	3 000	4 500	6 000	9 000
800		1	467	23	0.161 8	0.146 6	—	—	106.3	161.3	216.3	—
		2	450	23	0.077 9	0.070 7	—	—	102.4	155.4	208.5	—
		4	442	23	0.038 3	0.034 7	—	—	100.6	152.7	204.7	—
		6	430	24	0.024 8	0.022 5	—	—	97.9	148.5	119.2	—
900		1	605	27	0.209 5	0.190 0	—	—	137.8	209.0	280.2	422.7
	0.60	2	588	27	0.101 8	0.092 3	—	—	133.9	203.1	272.3	410.8
		4	554	27	0.048 0	0.043 5	—	—	126.1	191.4	256.6	387.1
		6	538	26	0.031 1	0.028 2	—	—	122.5	185.8	249.2	375.9
1 000		1	749	30	0.259 4	0.235 2	—	—	170.5	258.7	346.9	523.3
	1.60	2	742	29	0.128 5	0.116 5	—	—	168.9	256.3	343.7	518.4
		4	710	29	0.061 5	0.055 7	—	—	161.6	245.2	328.8	496.0
	2.50	6	698	30	0.040 3	0.036 5	—	—	158.9	241.1	323.3	487.7
(1 100)		1	931	33	0.322 5	0.292 3	—	—	—	321.6	431.2	650.4
		2	894	33	0.154 8	0.140 4	—	—	—	308.8	414.1	624.6
		4	848	33	0.073 4	0.066 6	—	—	—	292.9	392.8	592.5
	4.00	6	830	32	0.047 9	0.043 4	—	—	—	286.7	384.4	579.9

注:表中的管程流通面积为各程平均值。括号内公称直径不推荐使用。管子为正三角形排列。

附录I-1-2 浮头式(内导流)换热器的主要参数

表 I-3 常用浮头式(内导流)换热器的主要参数

DN/mm	N	n①		中心排管数		管程流通面积/m²			A②/m²							
		d				$d\times\delta_r$			L=3 m		L=4.5 m		L=6 m		L=9 m	
		19	25	19	25	19×2	25×2	25×2.5	19	25	19	25	19	25	19	25
325	2	60	32	7	5	0.005 3	0.005 5	0.005 0	10.5	7.4	15.8	11.1	—	—	—	—
	4	52	28	6	4	0.002 3	0.002 4	0.002 2	9.1	6.4	13.7	9.7	—	—	—	—
426	2	120	74	8	7	0.010 6	0.012 6	0.011 6	20.9	16.9	31.6	25.6	42.3	34.4	—	—
400	4	108	68	9	6	0.004 8	0.005 9	0.005 3	18.8	15.6	28.4	23.6	38.1	31.6	—	—
500	2	206	124	11	8	0.018 2	0.021 5	0.019 4	35.7	28.3	54.1	42.8	72.5	57.4	—	—
	4	192	116	10	9	0.008 5	0.010 0	0.009 1	33.2	26.4	50.4	40.1	67.6	53.7	—	—
600	2	324	198	14	11	0.028 6	0.034 3	0.031 1	55.8	44.9	84.8	68.2	113.9	91.5	—	—
	4	308	188	14	10	0.013 6	0.016 3	0.014 8	53.1	42.6	80.7	64.8	108.2	86.9	—	—
	6	284	158	14	10	0.008 3	0.009 1	0.008 3	48.9	35.8	74.4	54.4	99.8	73.1	—	—
700	2	468	268	16	13	0.041 4	0.046 4	0.042 1	80.4	60.6	122.2	92.1	164.1	123.7	—	—
	4	448	256	17	12	0.019 8	0.022 2	0.020 1	76.9	57.8	117.0	87.9	157.1	118.1	—	—
	6	382	224	15	10	0.011 2	0.012 9	0.011 6	65.6	50.6	99.8	76.9	133.9	103.4	—	—
800	2	610	366	19	15	0.053 9	0.063 4	0.057 5	—	—	158.9	125.4	213.5	168.5	—	—
	4	588	352	18	14	0.026 0	0.030 5	0.027 6	—	—	153.2	120.6	205.8	162.1	—	—
	6	518	316	16	14	0.015 2	0.018 2	0.016 5	—	—	134.9	108.3	181.3	145.5	—	—

续表

DN/mm	N	n[1]		中心排管数		管程流通面积/m^2			A[2]/m^2							
		d				$d\times\delta_r$			$L=3$ m		$L=4.5$ m		$L=6$ m		$L=9$ m	
		19	25	19	25	19×2	25×2	25×2.5	19	25	19	25	19	25	19	25
900	2	800	472	22	17	0.070 7	0.081 7	0.074 1	—	—	207.6	161.2	279.2	216.8	—	—
	4	776	456	21	16	0.034 3	0.039 5	0.035 3	—	—	201.4	155.7	270.8	209.4	—	—
	6	720	426	21	16	0.021 2	0.024 6	0.022 3	—	—	186.9	145.5	251.3	195.6	—	—
1 000	2	1 006	606	24	19	0.089 0	0.105	0.095 2	—	—	260.6	206.6	350.6	277.9	—	—
	4	980	588	23	18	0.043 3	0.050 9	0.046 2	—	—	253.9	200.4	341.6	269.7	—	—
	6	892	564	21	18	0.026 2	0.032 6	0.029 5	—	—	231.1	192.2	311.0	258.7	—	—
1 100	2	1 240	736	27	21	0.110 0	0.127 0	0.116 0	—	—	320.3	250.2	431.3	336.8	—	—
	4	1 212	716	26	20	0.053 6	0.062 0	0.056 2	—	—	313.1	243.4	421.6	327.7	—	—
	6	1 120	692	24	20	0.032 9	0.039 9	0.036 2	—	—	289.3	235.2	389.6	316.7	—	—
1 200	2	1 452	880	28	22	0.129 0	0.152 0	0.138 0	—	—	374.4	298.6	504.3	402.2	764.2	609.4
	4	1 424	860	28	22	0.062 9	0.074 5	0.067 5	—	—	367.2	291.8	494.6	393.1	749.5	595.6
	6	1 348	828	27	21	0.039 6	0.047 8	0.043 4	—	—	347.6	280.9	468.2	378.4	709.5	573.4
1 300	4	1 700	1024	31	24	0.075 1	0.088 7	0.080 4	—	—	—	—	589.3	467.1	—	—
	6	1 616	972	29	24	0.047 6	0.056 0	0.050 9	—	—	—	—	560.2	443.3	—	—

注：①排管数按正方形旋转45°排列计算；

②计算换热面积按光管及公称压力2.5 MPa的管板厚度确定。

附录 I-2　管壳式换热器型号的表示方法

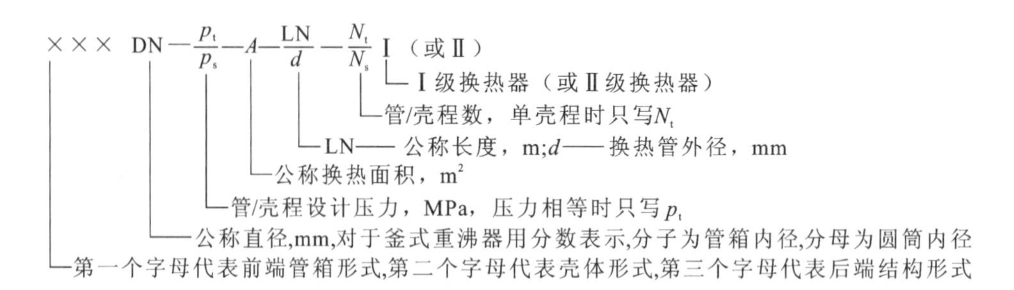

附录 I-3　管壳式换热器的结构形式

表 I-4　管壳式换热器前端、壳体和后端结构形式分类

代号	前端固定管箱形式
A	管箱和可拆端盖
B	封头(整体端盖)
C	仅用于可拆管束 管板与管箱为整体及可拆端盖

代号	壳体形式
E	单程壳体
F	具有纵向隔板的双程壳体
G	分流壳体
H	双分流壳体
J	无隔板分流壳体

代号	后端管箱形式
L	与“A”类似的固定管板
M	与“B”类似的固定管板
N	与“N”类似的固定管板
P	外部填料函浮头
S	有背衬的浮头
T	可抽式浮头

续表

代号	前端固定管箱形式	代号	壳体形式	代号	后端管箱形式
N	管板 与管箱为整体及可拆端盖	K	釜式再沸器	U	U 形管束
D	高压特殊封头	X	错流壳体	W	外密封浮动管板

附录J　筛的主要参数

表 J-1　国内常用筛主要参数

目数	筛孔尺寸/mm	目数	筛孔尺寸/mm	目数	筛孔尺寸/mm	目数	筛孔尺寸/mm
8	2.50	32	0.56	75	0.200	190	0.080
10	2.00	35	0.50	80	0.180	200	0.071
12	1.60	40	0.45	90	0.160	240	0.063
16	1.25	45	0.40	100	0.154	260	0.056
18	1.00	50	0.355	110	0.140	300	0.050
20	0.900	55	0.315	120	0.125	320	0.045
24	0.800	60	0.28	130	0.112	360	0.040
26	0.700	65	0.25	150	0.100	—	—
28	0.63	70	0.224	160	0.090	—	—

注:目数为每英寸(25.4 mm)长度的筛孔数。

表 J-2　各种筛系参数比较

国际筛	美国筛 E11-70		泰勒筛		英国筛		日本筛(1982 年标准)	德国筛		法国筛	
筛孔尺寸/mm	筛号	筛孔尺寸/mm	筛号	筛孔尺寸/mm	筛号	筛孔尺寸/mm	筛孔尺寸/mm	筛号	筛孔尺寸/mm	筛号	筛孔尺寸/mm
	$3\frac{1}{2}$	5.6	$3\frac{1}{2}$	5.613	3	5.6	5.6				
	4	4.75	4	4.699	$3\frac{1}{2}$	4.75	4.75				
4.00	5	4.00	5	3.962	4	4.00	4.00			37	4.00
	6	3.35	6	3.327	5	3.35	3.35				
2.80	7	2.80	7	2.794	6	2.80	2.80				
	8	2.36	8	2.362	7	2.36	2.36			35	2.500
2.00	10	2.00	9	1.981	8	2.00	2.00			34	2.000
	12	1.70	10	1.651	10	1.70	1.70			33	1.600

续表

国际筛	美国筛 E11-70		泰勒筛		英国筛		日本筛（1982年标准）	德国筛		法国筛	
筛孔尺寸/mm	筛号	筛孔尺寸/mm	筛号	筛孔尺寸/mm	筛号	筛孔尺寸/mm	筛孔尺寸/mm	筛号	筛孔尺寸/mm	筛号	筛孔尺寸/mm
1.40	14	1.40	12	1.397	12	1.40	1.40	4	1.5		
	16	1.18	14	1.168	14	1.18	1.18	5	1.2		
1.00	18	1.00	16	0.991	16	1.00	1.00	6	1.02	31	1.000
	20	0.850	20	0.833	18	0.850	0.850	8	0.75		
0.710	25	0.710	24	0.701	22	0.710	0.710	10	0.60		
0.710	30	0.600	28	0.589	25	0.600	0.600	11	0.54		
0.500	35	0.500	32	0.495	30	0.500	0.500	12	0.49	28	0.500
	40	0.425	35	0.417	36	0.425	0.425	14	0.43		
0.355	45	0.355	42	0.351	44	0.355	0.355	16	0.385		
	50	0.300	48	0.295	52	0.300	0.300	20	0.300		
0.25	60	0.250	60	0.246	60	0.250	0.250	24	0.250	25	0.250
	70	0.212	65	0.208	72	0.212	0.212	30	0.200		
0.18	80	0.180	80	0.175	85	0.180	0.180				
	100	0.150	100	0.167	100	0.150	0.150	40	0.150		
0.125	120	0.125	115	0.124	120	0.125	0.125	50	0.120	22	0.125
	140	0.106	150	0.104	150	0.106	0.106	60	0.102		
0.090	170	0.090	170	0.088	170	0.090	0.090	70	0.088		
	200	0.075	200	0.074	220	0.075	0.075	80	0.075		
0.063	230	0.063	250	0.061	240	0.063	0.063	90	0.066	19	0.063
	270	0.053	270	0.053	300	0.053	0.053	100	0.060		
0.045	325	0.045	325	0.043	350	0.045	0.045				
	400	0.038	400	0.038	400	0.038	0.038				

附录K　管壳式换热器总传热系数 K 的推荐值

表 K-1　管壳式换热器用作冷却器时 K 值范围

高温流体	低温流体	总传热系数范围 /[W/(m² · ℃)]	备注
水	水	1 400～2 840	污垢系数 0.52 m² · ℃/kW
甲醇、氨	水	1 400～2 840	
有机物黏度 0.5×10^{-3} Pa · s 以下①	水	430～850	
有机物黏度 0.5×10^{-3} Pa · s 以下①	冷冻盐水	220～570	
有机物黏度 $(0.5\sim1)\times10^{-3}$ Pa · s②	水	280～710	
有机物黏度 1×10^{-3} Pa · s 以上③	水	28～430	
气体	水	12～280	
水	冷冻盐水	570～1 200	
水	冷冻盐水	230～580	传热面为塑料衬里
硫酸	水	870	传热面为不透性石墨，两侧对流传热系数均为 2 440 W/(m² · ℃)
四氯化碳	氯化钙溶液	76	管内流速 0.005 2～0.011 m/s
氯化氢(冷却除水)	盐水	35～175	传热面为不透性石墨
氯气(冷却除水)	水	35～175	传热面为不透性石墨
焙烧 SO_2 气体	水	230～465	传热面为不透性石墨
氮	水	66	计算值
水	水	410～1 160	传热面为塑料衬里
20%～40%硫酸	水(30～60 ℃)	465～1 050	冷却洗涤用硫酸的冷却
20%盐酸	水(25～ 110 ℃)	580～1 160	
有机溶剂	盐水	175～510	

注：①为苯、甲苯、丙酮、乙醇、丁酮、汽油、轻煤油、石脑油等有机物；

②为煤油、热柴油、热吸收油、原油馏分等有机物；

③为冷柴油、燃料油、原油、焦油、沥青等有机物。

表 K-2　管壳式换热器用作冷凝器时的 K 值范围

高温流体	低温流体	总传热系数范围/[W/(m² • ℃)]	备　注
有机质蒸气	水	230～930	传热面为塑料衬里
有机质蒸气	水	290～1 160	传热面为不透性石墨
有机质饱和蒸气(大气压下)	盐水	570～1 140	
有机质饱和蒸气(减压下且含有少量不凝性气体)	盐水	280～570	
低沸点碳氢化合物(大气压下)	水	450～1 140	
高沸点碳氢化合物(减压下)	水	60～175	
21%盐酸蒸气	水	110～1 750	传热面为不透性石墨
氨蒸气	水	870～2 330	水流速 1～1.5 m/s
有机溶剂蒸气和水蒸气混合物	水	350～1 160	传热面为塑料衬里
有机质蒸气(减压下且含有大量不凝性气体)	水	60～280	
有机质蒸气(大气压下且含有大量不凝性气体)	盐水	115～450	
氟利昂蒸气	水	870～990	水流速 1.2 m/s
汽油蒸气	水	520	水流速 1.5 m/s
汽油蒸气	原油	115～175	原油流速 0.6 m/s
煤油蒸气	水	290	水流速 1 m/s
水蒸气(加压下)	水	1 990～4 260	
水蒸气(减压下)	水	1 700～3 440	
氯乙醛(管外)	水	165	直立式,传热面为搪瓷玻璃
甲醇(管内)	水	640	直立式
四氯化碳(管内)	水	360	直立式
缩醛(管内)	水	460	直立式
糠醛(管外,有不凝性气体)	水	125～220	直立式
水蒸气(管外)	水	610	卧式

主要参考文献

[1] 郑旭煦，杜长海. 化工原理：上册[M]. 2 版. 武汉：华中科技大学出版社，2017.

[2] 戴干策，陈敏恒. 化工流体力学[M]. 2 版. 北京：化学工业出版社，2005.

[3] 谭天恩，窦梅. 化工原理：上册[M]. 4 版. 北京：化学工业出版社，2013.

[4] 柴诚敬，张国亮. 化工流体流动与传热[M]. 2 版. 北京：化学工业出版社，2007.

[5] 李云倩. 化工原理：上册[M]. 北京：中央广播电视大学出版社，1991.

[6] 王志魁. 化工原理[M]. 5 版. 北京：化学工业出版社，2018.

[7] 王绍亭，陈涛. 化工传递过程基础[M]. 北京：化学工业出版社，1987.

[8] 机械工程手册编辑委员会. 机械工程手册[M]. 2 版. 北京：机械工业出版社，1997.

[9] 余国琮. 化工机械工程手册：中卷[M]. 北京：化学工业出版社，2003.

[10] 陈敏恒，丛德滋，方图南，等. 化工原理：上册[M]. 4 版. 北京：化学工业出版社，2015.

[11] 柴诚敬，贾绍义. 化工原理：上册[M]. 3 版. 北京：高等教育出版社，2017.

[12] 姚玉英. 化工原理：上册[M]. 天津：天津科学技术出版社，2011.

[13] 陈乙崇. 搅拌设备设计[M]. 上海：上海科学技术出版社，1985.

[14] 朱家骅，叶世超，夏素兰，等. 化工原理：上册[M]. 2 版. 北京：科学出版社，2005.

[15] 杨祖荣. 化工原理[M]. 4 版. 北京：化学工业出版社，2021.

[16] 蒋维钧，戴猷元，顾惠君. 化工原理：上册[M]. 北京：清华大学出版社，2009.

[17] 时钧. 化学工程手册：第 6 篇[M]. 北京：化学工业出版社，2002.

[18] 钱伯章. 无相变液-液换热设备的优化设计和强化技术[J]. 化工机械，1996，23(3)：169-174.

[19] 陶文铨. 传热学[M]. 5 版. 北京：高等教育出版社，2019.

[20] 成都科技大学《化工原理》编写组. 化工原理：上册[M]. 成都：成都科技大学出版社，1991.

[21] 余文琳. 化工原理解题分析[M]. 南京：江苏科学技术出版社，1988.

[22] 宣益民，李强. 纳米流体强化传热研究[J]. 工程热物理学报，2000，21(4)：466-470.

[23] 徐国想，邓先和，张亚君，等. 强化传热技术及其在硫酸转化系统中的应用进展[J]. 化工进展，2001，(11)：23-27.

[24] Uhl V W，Gray J B. Mixing Theory and Practice[M]. New York：Academic Press，1967.

[25] McCabe W L，Smith J C. Unit Operations of Chemical Engineering[M]. 7th ed. New York：McGraw-Hill，Inc.，2008.

[26] Coulson J M，Richardson J F . Chemical Engineering：Vol. 1[M]. 3rd ed. Oxford：Pergamon Press，1977.

[27] Griskey R G. Chemical Engineering Portable Handbook[M]. New York：McGraw-Hill，2000.